Heiko Federlein

Mathematik heute

Einführung in die Analysis 1

Herausgegeben von
Heinz Griesel
Helmut Postel

Schroedel Verlag
Verlag Ferdinand Schöningh

Mathematik heute

Einführung in die Analysis 1

Herausgegeben von
Professor Dr. Heinz Griesel
Professor Helmut Postel

Bearbeitet von
Dr. Werner Blum, Günter Cöster, Dr. Heinz Griesel, Horst Jahner, Helmut Postel,
Heinz Klaus Strick, Hans Weckesser

Beratend wirkten mit
Jörn Bruhn, Helmut Coers, Dr. Arnold Kirsch, Dr. Lothar Profke

Mitbegründet von
Oberstudiendirektor Dr. Hermann Athen †

CHLORFREI
Gedruckt auf Papier, das nicht mit Chlor gebleicht wurde. Bei der Produktion entstehen keine chlorkohlenwasserstoffhaltigen Abwässer.

Zu diesem Schülerband gibt es:
Lösungen und didaktisch-methodischer Kommentar (Best.-Nr. 83910)

ISBN 3-507-**83900**-8 (Schroedel)
ISBN 3-506-**83900**-4 (Schöningh)

Druck A 14 13 12 11 10 / Jahr 2002 2001 2000 1999 98

Alle Drucke der Serie A sind im Unterricht parallel verwendbar.
Die letzte Zahl bezeichnet das Jahr dieses Druckes.

Umschlagentwurf: Konrad Jesse/Karl Slipek
Zeichnungen: Peter Langner
Herstellung: Universitätsdruckerei H. Stürtz AG, Würzburg

Inhaltsverzeichnis

Kennzeichnung der Differenzierung

Angebot für Leistungskurse ○
Zusatzstoffe △
Zusatzstoffe mit erhöhtem Schwierigkeitsgrad ▲

Hinweise für den Lehrer

Zur Zielgruppe des Buches

Einführung in die Analysis 1 ist geschrieben für den Mathematikunterricht des 11. Schuljahres der gymnasialen Oberstufe sowie für Fachoberschulklassen. Es ist für alle Kurse geeignet, unabhängig davon, wann der Unterricht in Grund- und Leistungskurse eingeteilt wird. Das Buch enthält dazu Differenzierungshinweise.

Zur Konzeption des Buches

(a) Bereitstellen der Grundlagen für den Aufbau der Analysis
In Kapitel 1 wird der zentrale Begriff der Funktion systematisch behandelt. Eingebaut werden dabei auch die Kreisgleichung, Elemente der Analytischen Geometrie der Geraden und geometrische Abbildungen von Funktionsgraphen. Dadurch werden die für den Aufbau der Analysis erforderlichen Grundlagen vermittelt.

(b) Implizite und explizite Wiederholungen
Das für die Analysis wichtige Handwerkszeug aus der Mittelstufe wird implizit in Kapitel 1 (Funktionen S. 6–63) und explizit im Anhang (S. 228–235) durch Bereitstellen von Aufgabenmaterial als Angebot wiederholt. Dadurch wird dem Schüler der Übergang in das 11. Schuljahr erleichtert.

(c) Möglichkeiten der individuellen Schwerpunktsetzung
Das Werk besteht aus einem Kern-Lehrgang und mehreren zusätzlichen Kapiteln und Abschnitten, die als Angebot zur Erweiterung und Vertiefung zu verstehen sind und deren Behandlung nicht unbedingt erforderlich ist. Dadurch kann der Zugang zur Ableitung zügig auf der Grundlage eines intuitiven Grenzwertbegriffs erfolgen. Andererseits kann die Analysis auch mit Hilfe eines präzisierten Grenzwertbegriffs aufgebaut werden.
Auch eine vertiefte Behandlung von Anwendungen ist als Schwerpunkt möglich.

Exkurse

Exkurse über den Funktionsbegriff, über den Begriff Unendlich, zur Geschichte der Differentialrechnung, zum Algorithmusbegriff sowie zu Anwendungen und Modellbildung sollen zum Lesen anregen.

Übersichtliche Gestaltung

Der ausführliche Lehrtext ist übersichtlich gegliedert. Das aus Definitionen, Sätzen und Strategien bestehende mathematische Gerüst ist deutlich herausgearbeitet und in rot umrandeten Kästen herausgehoben, um dem Schüler eine rasche Orientierung zu ermöglichen.

Hilfen bei der Unterrichtsplanung

Das methodisch sorgfältig abgestufte Vorgehen gibt dem Lehrer viele Hilfen bei der Vorbereitung des Unterrichts. Auf der ersten Seite jedes Kapitels erfolgt neben einer Einstimmung in die Probleme des Kapitels auch die Darlegung der Ziele. Die Kennzeichnung der Stoffgebiete mit Leistungskursniveau durch Differenzierungszeichen erleichtert die unterrichtliche Vorbereitung.

Umfangreiches, unterrichtsnahes Beispiel- und Übungsmaterial

Das Übungs- und Beispielmaterial wurde deutlich vermehrt und den Bedürfnissen des Unterrichts noch besser angepaßt. Neue, interessante Anwendungsaufgaben über Tunnelbau, Ausbreitung von Aids, Medikamentenabbau im Körper, Fraktale, Reaktionsgeschwindigkeit und verschiedene Wachstums- und Abnahmeprozesse wurden aufgenommen. Vermischte Übungen, die auch mehrgliedrige Aufgaben mit Klausurcharakter (u.a. über Funktionenscharen) enthalten, sind in besonderen Unterkapiteln oder am Ende von Unterkapiteln zusammengefaßt.
Musterbeispiele geben Hilfen für Schreibweisen und Anordnungen.

1. Funktionen

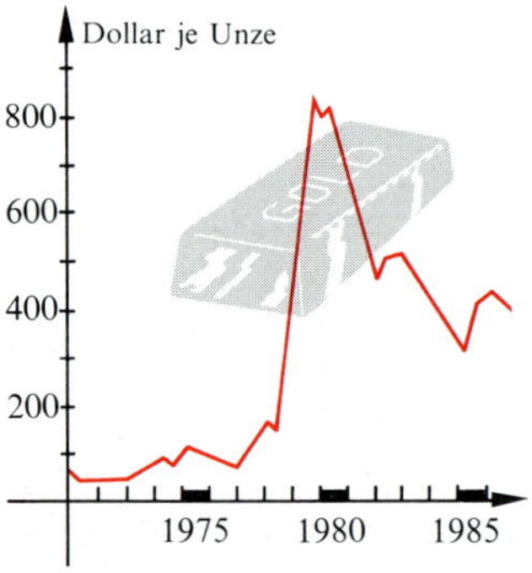

Entwicklung des Goldpreises

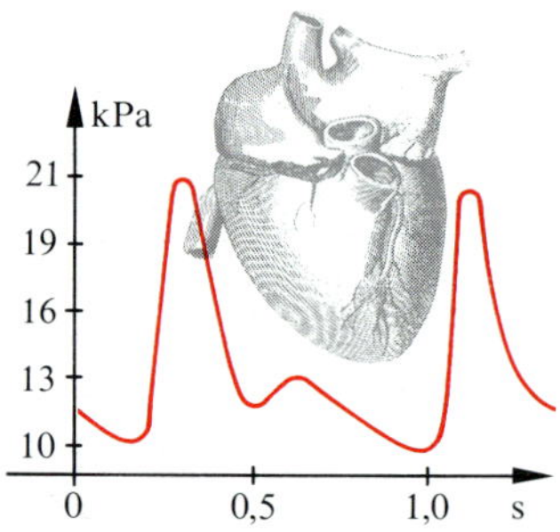

Blutdruckkurve (Pulsschlag)

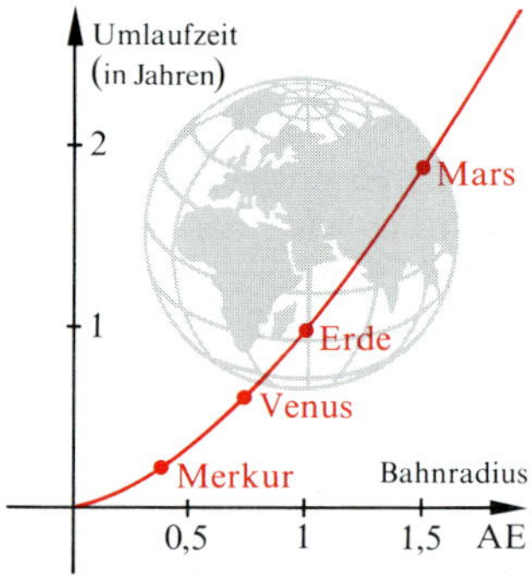

Bahnradien und Umlaufzeiten von Planeten

In der Bildleiste sind *Graphen von Funktionen* dargestellt. Diese zeigen exemplarisch, daß bei der Anwendung der Mathematik in Wirtschaft, Technik, Medizin und Naturwissenschaften der Begriff der Funktion eine wesentliche Rolle spielt. Zusammenhänge und Abhängigkeiten, wie die oben dargestellten, lassen sich mit Hilfe von Funktionen übersichtlich beschreiben, in vielen Fällen sogar durch eine *Funktionsgleichung* quantitativ fassen.

So fiel zu Beginn des 17. Jahrhunderts dem deutschen Astronomen *Johannes Kepler* auf, daß es zwischen den (mittleren) Abständen der Planeten von der Sonne (den Bahnradien) und den Umlaufzeiten dieser Planeten um die Sonne einen gesetzmäßigen Zusammenhang geben muß. Diese Abhängigkeit wird durch die Darstellung im Diagramm oben rechts deutlich.

Eine quantitative Fassung dieses Zusammenhangs fand Kepler – nach langjährigen Bemühungen – am 15. Mai des Jahres 1618:
Die Quadrate der Umlaufzeiten der Planeten sind den dritten Potenzen der mittleren Entfernungen von der Sonne proportional:

$y^2 = k \cdot x^3$ für den Bahnradius x und die Umlaufzeit y

Diese Gesetzmäßigkeit läßt sich auch in Form einer Funktionsgleichung schreiben: $y = a \cdot \sqrt{x^3}$. Mißt man x in der Astronomischen Einheit (AE) und y in Jahren, dann haben die konstanten Faktoren k und a den Zahlenwert 1 (eine *Astronomische Einheit* ist der mittlere Abstand der Erde von der Sonne: 1 AE = 149,6 Mill. km).

Natur und Technik bieten zahlreiche Beispiele für die „Mathematisierung der Umwelt“ mit Hilfe von Funktionen. Aber auch innerhalb der Mathematik haben Funktionen als Hilfsmittel eine große Bedeutung.

Ziel des Kapitels:
Es sollen Grundtypen einfacher Funktionen (lineare Funktionen, quadratische Funktionen, rationale Funktionen, trigonometrische Funktionen) mit deren Eigenschaften vorgestellt und der mathematische Umgang mit solchen Funktionen angestrebt werden.

1.1. Funktionen als eindeutige Zuordnungen

1.1.1. Vorgabe einer Funktion durch Funktionsterm und Definitionsbereich

Aufgabe

Auf einer Teststrecke wurden (bei trockener Fahrbahn) für ein Kraftfahrzeug zu unterschiedlichen Ausgangsgeschwindigkeiten die Längen der zugehörigen Bremswege gemessen. Die Ergebnisse dieser Meßreihe sind in der Tabelle dargestellt.

Wir wollen versuchen, einen Zusammenhang zwischen der Geschwindigkeit und der Länge des Bremsweges zu entdecken und als Funktion darzustellen.

Geschwindigkeit (in km/h)	20	40	60	80	100
Länge des Bremsweges (in m)	4	14	33	55	88

a) Wähle x für die Maßzahl der Geschwindigkeit und y für die Maßzahl der Bremsweglänge. Veranschauliche die Zahlenpaare der Wertetabelle durch Punkte (Meßpunkte) in einem Koordinatensystem. Stelle dann den Zusammenhang zwischen Geschwindigkeit und Bremsweg durch eine Gleichung mit x und y dar, deren Graph sich diesen Meßpunkten so gut wie möglich anpaßt.

b) Berechne mit Hilfe der unter a) aufgestellten Gleichung die Länge des Bremsweges zu jeder der folgenden Geschwindigkeiten: 30 km/h, 50 km/h, 70 km/h, 90 km/h, 110 km/h.
Die zulässige Höchstgeschwindigkeit von 130 km/h soll nicht überschritten werden. Wie lang kann dann der Bremsweg höchstens sein?

Lösung

a) Die Lage der Meßpunkte läßt vermuten, daß der gesuchte Graph Teil einer Parabel ist mit der Gleichung:

$y = a \cdot x^2$

Um zu prüfen, ob dieser Ansatz gerechtfertigt ist, bilden wir zu den Wertepaaren der gegebenen Tabelle die Quotienten $y : x^2$.

x	y	$y:x^2$
20	4	0,01000
40	14	0,00875
60	33	0,00917
80	55	0,00859
100	88	0,00880

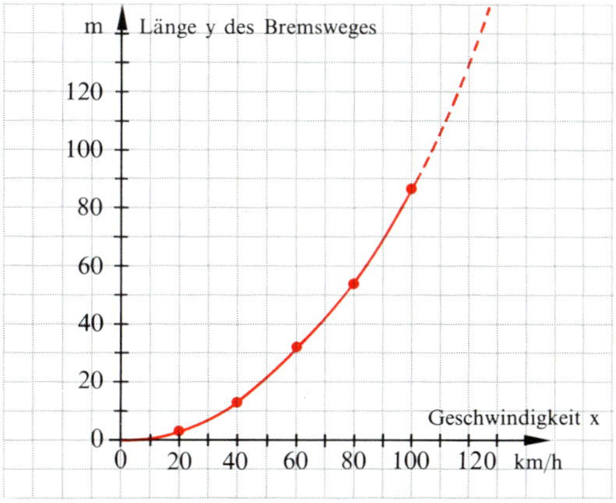

Bei dem Vergleich der Quotienten müssen wir beachten, daß die gegebenen Meßwerte mit kleinen Fehlern behaftet sein können. Daher wählen wir als geeigneten Wert für den Faktor a den (gerundeten) Mittelwert aus allen Quotienten: $a = 0{,}009$.

Der Zusammenhang zwischen der Geschwindigkeit und der zu erwartenden Länge des Bremsweges wird dargestellt durch die Gleichung: $y = 0{,}009 \cdot x^2$

b) Setzt man für x die Maßzahl einer Geschwindigkeit ein, so läßt sich mit Hilfe dieser Gleichung berechnen, welche Länge als Bremsweg zu erwarten ist. Z. B. $x = 30$; $y = 0{,}009 \cdot 30^2 = 8{,}1$

Geschwindigkeit (in km/h)	30	50	70	90	110	130
Bremsweg (gerundet) (in m)	8	23	44	73	109	152

Der Bremsweg kann höchstens 152 m lang sein.

Information

Mit Hilfe der Gleichung $y = 0{,}009 \cdot x^2$ läßt sich für jedes zulässige x der zugehörige Wert für y eindeutig berechnen.

Die *eindeutige Zuordnung* $x \mapsto y$ ist daher eine **Funktion**.

Dabei ist
- der *Funktionsterm:* $0{,}009 \cdot x^2$
- die *Funktionsgleichung:* $y = 0{,}009 \cdot x^2$
- die *Zuordnungsvorschrift:* $x \mapsto 0{,}009 \cdot x^2$

Für x sind nur positive Zahlen bis 130 zugelassen. Das bedeutet:
$\{x \in \mathbb{R} \mid 0 \leq x \leq 130\}$ ist der *Definitionsbereich* (die Definitionsmenge) der Funktion.
Alle zugehörigen Werte für y bilden den *Wertebereich* (die Wertemenge) der Funktion:
$\{y \in \mathbb{R} \mid 0 \leq y \leq 152{,}1\}$.

Definition 1
Eine Zuordnung, die jeder Zahl x aus einer Menge D genau eine reelle Zahl y (eindeutig) zuordnet, heißt **Funktion**.
Die Menge D nennt man den **Definitionsbereich** der Funktion.
Die Menge W aller zugeordneten Zahlen y (die Menge aller Funktionswerte) nennt man den **Wertebereich** der Funktion.
Als Kurzbezeichnung für eine Funktion verwendet man häufig Buchstaben wie f, g, h. Den Funktionsterm einer Funktion f bezeichnet man mit f(x) bzw. g(x) bzw. h(x).

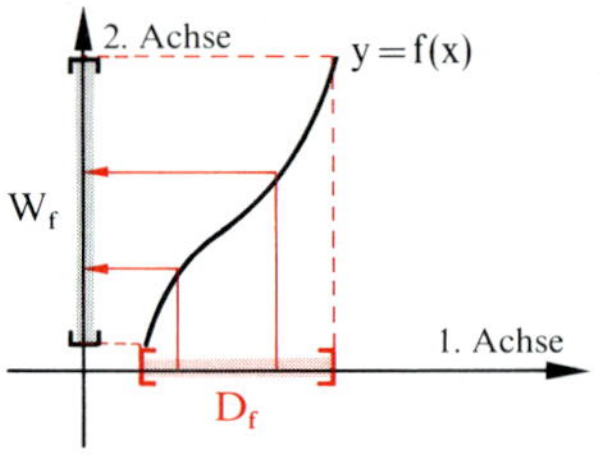

Wir beschränken uns auf Funktionen, bei denen Definitions- und Wertebereich Zahlenmengen sind. Eine Funktion f ist durch die Angabe der Zuordnungsvorschrift (bzw. des Funktionsterms oder der Funktionsgleichung) und die Angabe des Definitionsbereichs festgelegt.

Wir vereinbaren: Wenn über den Definitionsbereich nichts anderes vorgeschrieben ist, soll dieser aus allen reellen Zahlen bestehen, auf die man die Zuordnungsvorschrift anwenden kann (für die also der Funktionsterm definiert ist). Der Definitionsbereich ist dann *maximal.*

Zum Weiterarbeiten

1.
Die **Wurzelfunktion** hat die Zuordnungsvorschrift $x \mapsto \sqrt{x}$.
Wie kann man an dem **Pfeildiagramm** rechts erkennen, daß es sich um eine *eindeutige* Zuordnung handelt? Warum sind für den Definitionsbereich nur Zahlen aus $\mathbb{R}_0^+$ zugelassen?
Stelle die Funktion auch durch einen Graphen im Koordinatensystem dar. Notiere den Wertebereich.

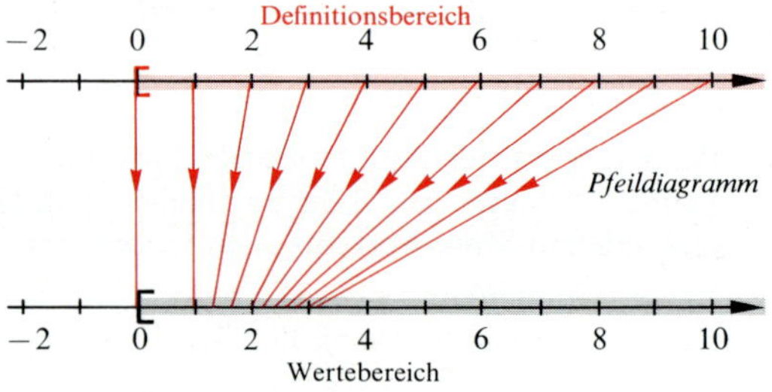

2.

Gegeben ist die Gleichung $x^2+y^2=25$.

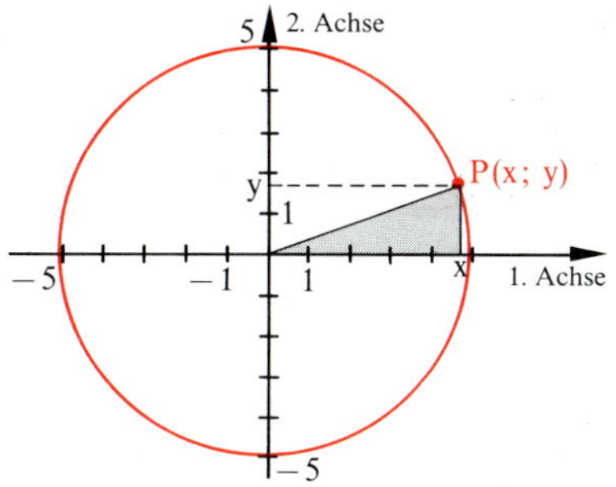

a) Zeige, daß die Koordinaten der Punkte $P_1(4;3)$ und $P_2(-5;0)$ diese Gleichung erfüllen. Suche weitere Punkte, deren Koordinaten die Gleichung erfüllen.

b) Zeige, daß alle diese Punkte vom Koordinatenursprung gleich weit entfernt sind und damit auf einem Kreis liegen, dessen Mittelpunkt der Koordinatenursprung ist.
Welchen Radius hat dieser Kreis?

c) Ist der Kreis mit der Gleichung $x^2+y^2=25$ der Graph einer Funktion? Prüfe dazu, ob jeder zulässigen Zahl x *genau ein* Wert y zugeordnet wird.

Satz 1
Die Menge aller Punkte P, deren Koordinaten die Gleichung $x^2+y^2=r^2$ erfüllen, bildet den Kreis um den Koordinatenursprung O mit dem Radius r.

Kreisgleichung: $x^2+y^2=r^2$

Beachte: Die Kreisgleichung ist *keine* Funktionsgleichung.
Der Kreis ist nicht der Graph einer Funktion.

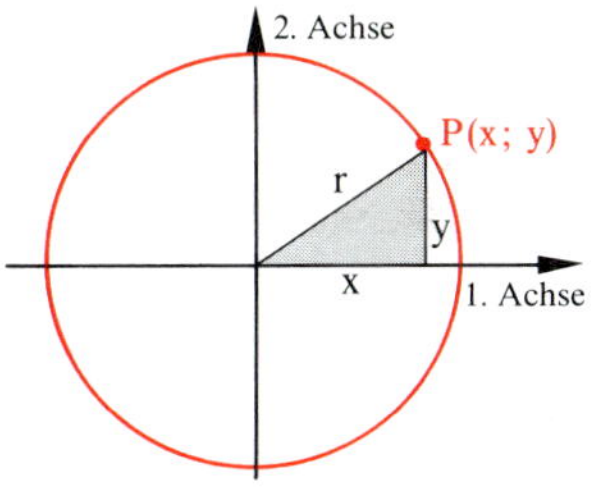

Übungen

3.

Für Stahlkugeln unterschiedlicher Größe werden Durchmesser und Gewicht gemessen:

Durchmesser (in cm)	0,4	0,6	0,8	1,0	1,2	1,4
Gewicht (in g)	0,3	0,9	2,1	4,0	7,0	11,8

a) Zeichne den Graphen der Zuordnung *Durchmesser x* (in cm) → *Gewicht y* (in g).

b) Das Gewicht einer Kugel ist (bei gleichem Material) der dritten Potenz des Durchmessers proportional. Die Funktionsgleichung hat also die Form $y=a\cdot x^3$.
Bestimme für den Faktor a einen passenden Mittelwert. Wie lautet dann die Funktionsgleichung?

c) Vergleiche die angegebenen Meßwerte für das Gewicht mit den entsprechenden Funktionswerten, die man durch Einsetzen in die Funktionsgleichung berechnet. Bei welchem Durchmesser ist die prozentuale Abweichung des Meßwertes von dem theoretischen Wert am größten?

4.

Zeichne den Graphen der Funktion. Welche reellen Zahlen können als Funktionswerte auftreten? Notiere den Wertbereich. Zeichne zu den Teilaufgaben a), b) und c) auch ein Pfeildiagramm.

a) $x \mapsto 2-\frac{x}{2}$ für $0 \leq x \leq 4$

b) $x \mapsto x\cdot(x-4)$ für $-1 \leq x \leq 5$

c) $x \mapsto \frac{6}{x}$ für $1 \leq x \leq 6$

d) $x \mapsto 5$ für $-2 \leq x \leq 4$

e) $x \mapsto \frac{3}{1+x^2}$ für $-3 \leq x \leq 3$

f) $x \mapsto x^3-2x$ für $-2 \leq x \leq 2$

5.

Die Funktion g hat den Term $g(x)=\sqrt{x\cdot(6-x)}$.

a) Überlege zunächst, welche reellen Zahlen für x in den Funktionsterm eingesetzt werden dürfen. Bestimme so den (maximalen) Definitionsbereich.

b) Prüfe, ob die Punkte zum Graphen der Funktion gehören:

$P_1(3;3)$, $P_2(6;0)$, $P_3(2;8)$, $P_4(5;\sqrt{5})$, $P_5(-1;\sqrt{7})$, $P_6(1{,}2;\,-2{,}4)$.

c) Zeichne den Graphen der Funktion. Lies aus dem Graphen den Wertebereich ab.

6.

Die Funktion f hat den Term:

a) $f(x)=3x$ **b)** $f(x)=\sqrt{x+4}$ **c)** $f(x)=\frac{6}{x^2}$ **d)** $f(x)=\sqrt{36-x^2}$

Berechne: $f(1)$, $f(3)$, $f(6)$, $f(-4)$, $f(0{,}41)$, $f(-\frac{3}{2})$, $f(a)$, $f(3+h)$, $f(3-h)$.
Bestimme den maximalen Definitionsbereich und den Wertebereich. Zeichne den Graphen.

7.

Stelle fest, ob die angegebene Gleichung eine Funktionsgleichung sein kann.

a) $y=-x$ **b)** $-y=x^2$ **c)** $y^2=x$ **d)** $x\cdot y=1$ **e)** $(x-2)\cdot y=0$

8.

Gegeben ist die Gleichung eines Kreises: $x^2+y^2=100$ $[x^2+y^2=6{,}25]$.

a) Gib acht Punkte an, deren Koordinaten diese Gleichung erfüllen.

b) Zeichne den Kreis. Ist der Kreis ein Funktionsgraph?

9.

Gegeben ist die Gleichung einer Ellipse: $x^2+4y^2=36$.
Zeichne die Ellipse als den Graphen, auf dem alle Punkte liegen, deren Koordinaten die Gleichung erfüllen. Ist diese Ellipse ein Funktionsgraph?

10.

Kann der Graph zu einer Funktion gehören? Begründe die Antwort.

a)

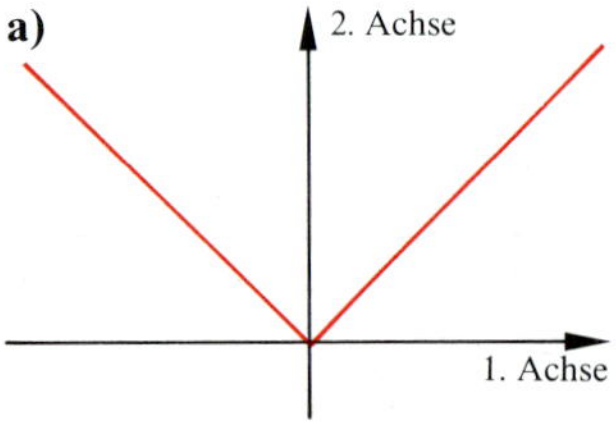

b)

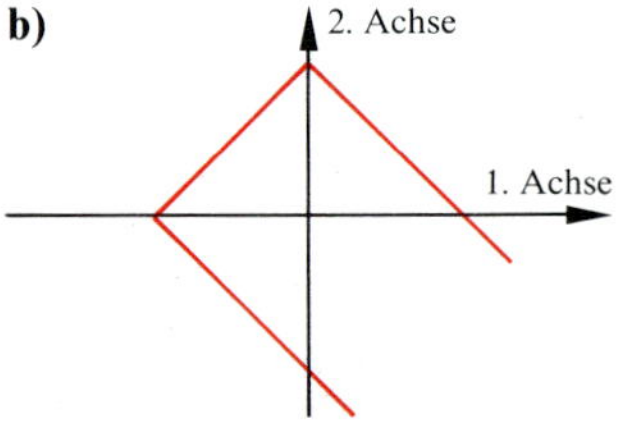

c)

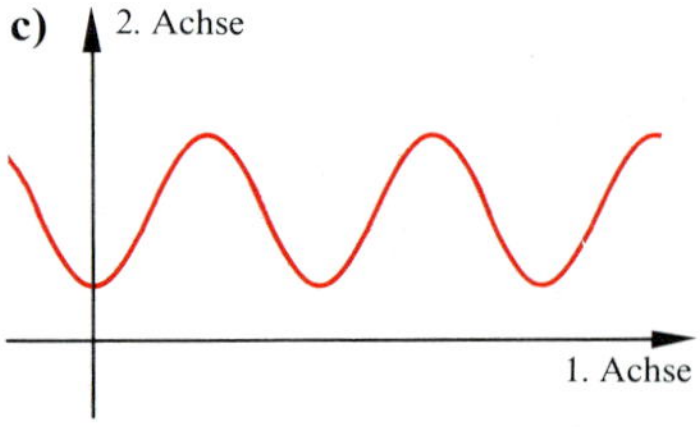

1.1.2. Funktionen, die abschnittsweise definiert sind

Aufgabe

Wieviel Wasser durch einen Graben fließen kann, hängt davon ab, welche Form und welche Maße das Profil des Grabens hat.

Für das nebenstehende Profil läßt sich aus der Höhe des Wasserstandes (bis zu 1,50 m) die zugehörige Größe der Querschnittsfläche des Wassers eindeutig berechnen.

Welche Terme können für diese Rechnung verwendet werden?

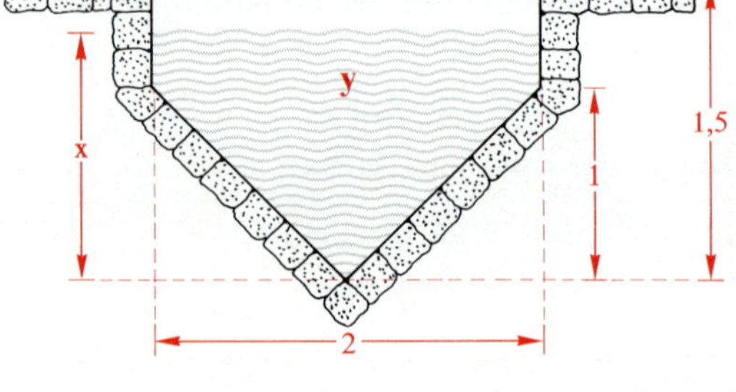

Lösung

Wir ordnen der Höhe x (in m) den Inhalt der Querschnittsfläche des Wassers y (in m^2) zu.

Dann ist die Zuordnung $x \mapsto y$ eine Funktion f mit dem Definitionsbereich $\{x \in \mathbb{R} \mid 0 \leq x \leq 1{,}5\}$. Die Querschnittsfläche ist bis zu der Höhe 1 m dreieckig. Beträgt die Wasserhöhe mehr als 1 m, kommt zu der Dreiecksfläche noch eine Rechtecksfläche hinzu. Zur Berechnung der Flächeninhalte zerlegen wir daher den Definitionsbereich in zwei *Intervalle:*

$0 \leq x \leq 1$ und $1 < x \leq 1{,}5$

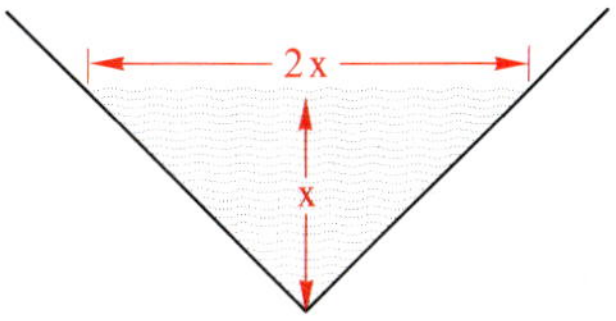

(1) *Querschnittsfläche für das Intervall* $0 \leq x \leq 1$
Den Flächeninhalt y berechnen wir mit Hilfe der Gleichung:

$y = \frac{1}{2} \cdot 2x \cdot x$, also $y = x^2$

Wenn der Wasserstand die Höhe von 1 m erreicht hat, ist diese Dreiecksfläche 1 m^2 groß.

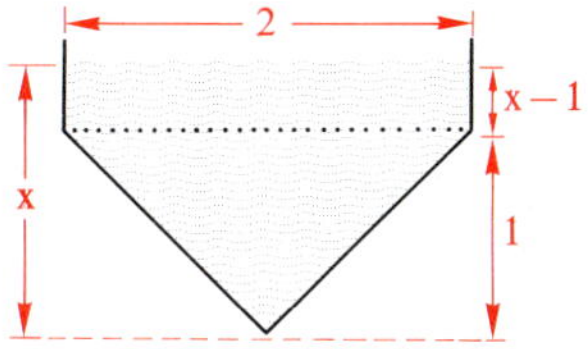

(2) *Querschnittsfläche für das Intervall* $1 < x \leq 1{,}5$
Der Inhalt der zusätzlichen Rechtecksfläche beträgt $2 \cdot (x-1)$.
Für den gesamten Flächeninhalt y bedeutet das:

$y = 1 + 2 \cdot (x-1)$, also $y = 2x - 1$

(3) *Darstellung der Funktion im gesamten Definitionsbereich*
Zur Berechnung der Funktionswerte werden zwei *verschiedene Terme* verwendet. Je nachdem, in welchem Intervall die Zahl x liegt, muß in den ersten oder in den zweiten Term eingesetzt werden:

$$f(x) = \begin{cases} x^2 & \text{für } 0 \leq x \leq 1 \\ 2x-1 & \text{für } 1 < x \leq 1{,}5 \end{cases}$$

Beachte: Insgesamt handelt es sich nur um *eine* Funktion.

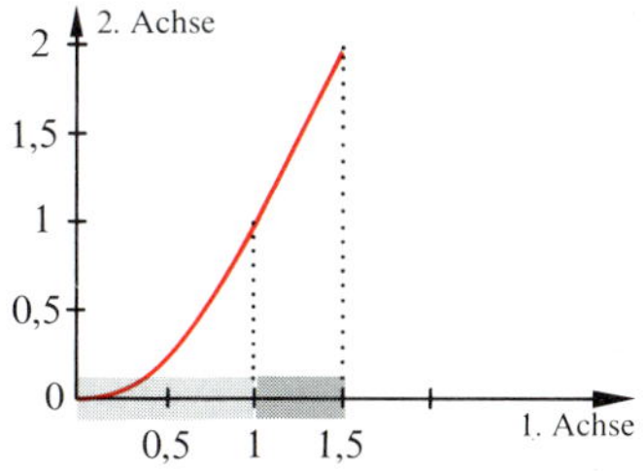

Information

Um Funktionswerte zu berechnen, kann es günstig oder erforderlich sein, den Definitionsbereich in *Intervalle* zu zerlegen, damit man für die einzelnen Intervalle (Abschnitte) *unterschiedliche Terme* verwenden kann. Auf die Anzahl der verwendeten Terme kommt es dabei nicht an. Es muß aber gesichert sein, daß die *Eindeutigkeit der Zuordnung* für den gesamten Definitionsbereich gilt.
Ist eine Funktion so festgelegt, spricht man von einer **abschnittsweise definierten Funktion.**

Ein **Intervall** ist eine spezielle Untermenge (Teilmenge) von $\mathbb{R}$.

a) abgeschlossenes Intervall von a bis b
$[a; b] = \{x \in \mathbb{R} \mid a \leq x \leq b\}$

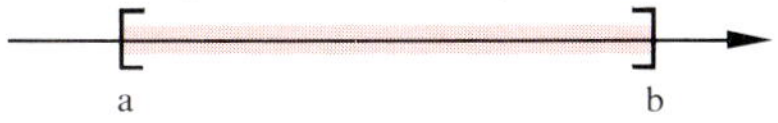

b) offenes Intervall von a bis b
$]a; b[= \{x \in \mathbb{R} \mid a < x < b\}$

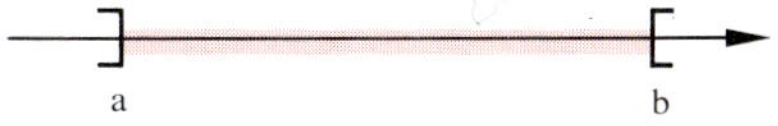

c) rechtsoffenes Intervall von a bis b
$[a; b[= \{x \in \mathbb{R} \mid a \leq x < b\}$

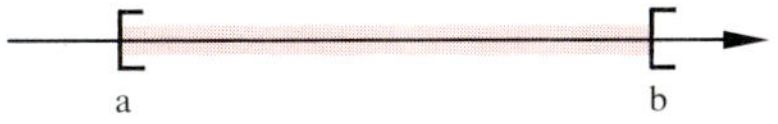

d) linksoffenes Intervall von a bis b
$]a; b] = \{x \in \mathbb{R} \mid a < x \leq b\}$

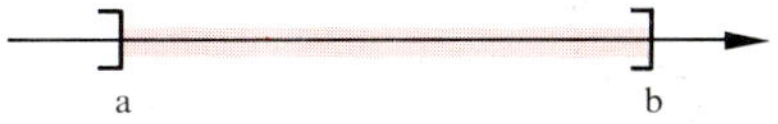

e) offenes Intervall von $-\infty$ bis a
$]-\infty; a[= \{x \in \mathbb{R} \mid x < a\}$

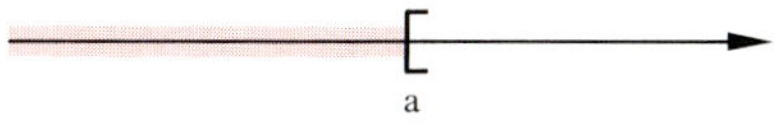

f) rechtsoffenes Intervall von a bis $+\infty$
$[a; +\infty[= \{x \in \mathbb{R} \mid a \leq x\}$

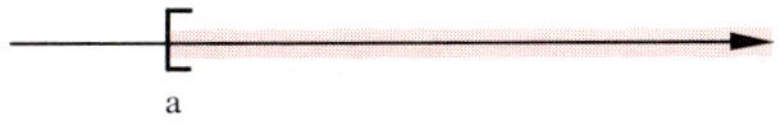

Zum Weiterarbeiten

1.

Die Funktion f ist abschnittsweise definiert. Der Definitionsbereich $\mathbb{R}$ ist in Intervalle aufgeteilt:

(1) $f(x)=\begin{cases} x+3 & \text{für } x<0 \\ -x & \text{für } x\geq 0 \end{cases}$

(2) $f(x)=\begin{cases} \frac{1}{x} & \text{für } x<0 \\ 3 & \text{für } 0\leq x<2 \\ 7-x^2 & \text{für } x\geq 2 \end{cases}$

a) Zeichne den Graphen. Bestimme mit Hilfe des Graphen den Wertebereich.

b) Untersuche, ob es keine, genau eine, zwei oder unendlich viele Stellen x gibt, für die gilt: (1) $f(x)=0{,}75$; (2) $f(x)=-2$; (3) $f(x)=3$; (4) $f(x)=6$.

2.

Die Funktion f, die jeder reellen Zahl x ihren Betrag $|x|$ zuordnet, heißt **Betragsfunktion**. So gilt z. B. $f(-3)=|-3|=3$, $f(1{,}8)=|1{,}8|=1{,}8$.

a) Zeichne mit Hilfe einer Wertetabelle den Graphen der Betragsfunktion.

b) Erläutere, daß man die Betragsfunktion auch wie rechts angeben kann.

c) Begründe: $|x|=\sqrt{x^2}$

Betragsfunktion $|x|=\begin{cases} x & \text{für } x\geq 0 \\ -x & \text{für } x<0 \end{cases}$

3.

Zeichne den Graphen

a) der **Signum-Funktion** mit dem Term

$\operatorname{sgn}(x)=\begin{cases} 1 & \text{für } x>0 \\ 0 & \text{für } x=0 \\ -1 & \text{für } x<0 \end{cases}$

b) der **Ganzteil-Funktion** mit dem Term

$\text{INT}(x)=\begin{cases} x, \text{ falls } x \text{ ganzzahlig;} \\ \text{die zu } x \text{ nächstkleinere ganze Zahl,} \\ \quad \text{falls } x \text{ nicht ganzzahlig} \end{cases}$

Übungen

4.

Die Bodenfläche eines Schwimmbeckens besteht aus zwei Teilen. Der untere Teil liegt 3 m unter dem Beckenrand und ist 120 m² groß, der obere Teil liegt nur 1,50 m unter dem Beckenrand und ist 60 m² groß. Das Becken wird neu gefüllt. Die Pumpen liefern stündlich 36 m³ Wasser.

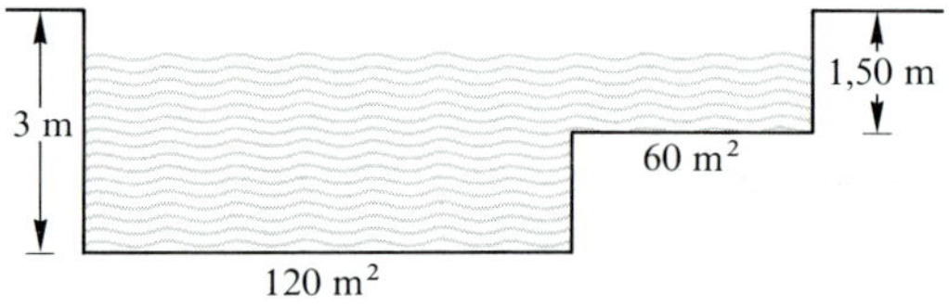

a) Zeichne den Graphen der Zuordnung
Einfüllzeit (in Std.) → *Wasserhöhe* (in m über der unteren Bodenfläche)

b) Die Wasserhöhe soll aus der Einfüllzeit berechnet werden. Warum ist es sinnvoll, zwei Zeitabschnitte zu unterscheiden?
Notiere die Terme, mit denen man die Wasserhöhe aus der Einfüllzeit berechnen kann.

c) Nach welcher Zeit (in Stunden) beträgt die Wasserhöhe 1,20 m [1,90 m; 2,90 m]?

5.

Die Funktion f ist abschnittsweise definiert. Zeichne den Graphen. Bestimme: $f(-7)$, $f(-4)$, $f(-2)$, $f(-1)$, $f(0)$, $f(1)$, $f(2)$, $f(4)$. Gib den Wertebereich der Funktion an.

a) $f(x)=\begin{cases} -x & \text{für } x<0 \\ x^2 & \text{für } x\geq 0 \end{cases}$

b) $f(x)=\begin{cases} 4 & \text{für } x\leq -2 \\ x^2 & \text{für } -2<x<2 \\ 4x-4 & \text{für } x\geq 2 \end{cases}$

c) $f(x)=\begin{cases} \sqrt{1-x} & \text{für } x\in\,]-\infty;1[\\ \sqrt{x-1} & \text{für } x\in[1;+\infty[\end{cases}$

d) $f(x)=\begin{cases} 3 & \text{für } x\in\,]-\infty;0[\\ 4-x^2 & \text{für } x\in[0;2] \\ 1-x & \text{für } x\in\,]2;+\infty[\end{cases}$

6.

Notiere den Funktionsterm abschnittsweise (ohne Betragsstriche). Zeichne den Graphen.

a) $g(x)=|-x|$ **b)** $h(x)=-|x|$ **c)** $r(x)=|x|-5$ **d)** $s(x)=|x-5|$

7.

Vereinfache die Funktionsgleichung $y=|x|\cdot \operatorname{sgn}(x)$ und erläutere, warum man die Funktion mit dem Term sgn (x) auch *Vorzeichenfunktion* nennt.

1.1.3. Vermischte Übungen

1.

a) $f(x)=5-x^2$ **b)** $f(x)=\frac{5}{x+1}$ **c)** $f(x)=(x+2)^2$ **d)** $f(x)=\sqrt{x+9}$

(1) Bestimme die Funktionswerte $f(3)$, $f(2)$, $f(0)$, $f(\frac{1}{2})$, $f(-2)$, $f(-9)$, $f(-\frac{3}{4})$, $f(-0{,}8)$.

(2) Die Punkte $P_1(4;\square)$, $P_2(-6;\square)$, $P_3(\square;1)$, $P_4(\square;4)$, $P_5(\square;0)$, $P_6(\square;-4)$ sollen auf dem Funktionsgraphen liegen. Fülle – soweit möglich – die Lücken aus.

2.

Welche der Punkte $P_1(0;0)$, $P_2(0;1)$, $P_3(1;0)$, $P_4(1;1)$, $P_5(8;2)$, $P_6(-0{,}5;3)$, $P_7(27;-3)$, $P_8(-1;9)$ liegen auf dem Graphen der Funktion mit der Gleichung

a) $y=x^3$ **b)** $y=\sqrt[3]{x}$ **c)** $y=\frac{1-x}{1+x}$ **d)** $y=1$?

3.

Kann der Graph zu einer Funktion gehören? Begründe die Antwort.

a)

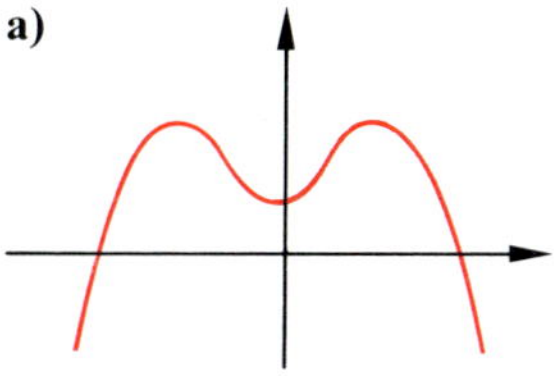

b)

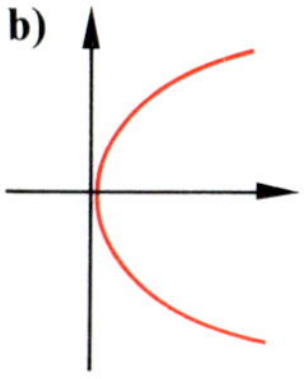

c)

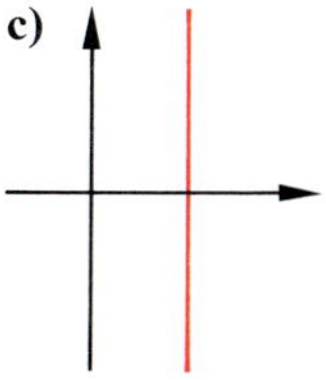

d)

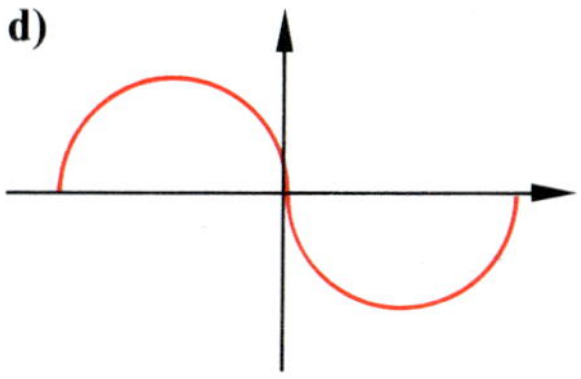

4.

Ein Kreis k hat den Koordinatenursprung als Mittelpunkt und den Radius $r=6{,}5$.

a) Bestimme für jeden der Punkte $P_1(6{,}5;0)$, $P_2(0;-6{,}5)$, $P_3(-6;2{,}5)$, $P_4(6{,}5;6{,}5)$, $P_5(-2{,}5;-6)$, $P_6(2{,}5;-2{,}5)$, $P_7(-6;-2{,}5)$, $P_8(0;0)$ den Abstand zum Koordinatenursprung. Welche Punkte liegen auf dem Kreis k?

b) Zeichne den Kreis k. Notiere die Gleichung, die zu k gehört. Ist diese eine Funktionsgleichung?

c) Zeichne die Graphen zu den Funktionen f und g mit $f(x)=\sqrt{42{,}25-x^2}$ und $g(x)=-\sqrt{42{,}25-x^2}$. Vergleiche diese Graphen mit dem Kreis k.

5.

Zeichne den Graphen. Notiere Definitions- und Wertebereich.

a) $f(x)=\begin{cases}2x & \text{für } -1\leq x<2\\ 6-x & \text{für } \quad 2\leq x<5\end{cases}$

b) $f(x)=\begin{cases}-1 & \text{für } -2\leq x<0\\ 1 & \text{für } \quad 0\leq x<2\\ 3 & \text{für } \quad 2\leq x\leq 4\end{cases}$

c) $f(x)=\begin{cases}\sqrt{2-x} & \text{für } x\leq 2\\ 1 & \text{für } x>2\end{cases}$

d) $f(x)=\begin{cases}\sqrt{-x}-1 & \text{für } x<0\\ 0 & \text{für } x=0\\ \sqrt{x}+1 & \text{für } x>0\end{cases}$

6.

Notiere den Funktionsterm abschnittsweise. Zeichne auch den Graphen.

a) $f(x)=|x|+2$ **c)** $g(x)=|2x+1|$ **e)** $g(x)=|\operatorname{sgn}(x)|$ **g)** $h(x)=\operatorname{sgn}(\mathrm{INT}(x))$

b) $f(x)=|x+2|$ **d)** $g(x)=|x|+x$ **f)** $h(x)=|x|+\operatorname{sgn}(x)$ **h)** $h(x)=\mathrm{INT}(\frac{1}{2}\operatorname{sgn}(x))$

1.2. Lineare Funktionen

1.2.1. Begriff der linearen Funktion

Aufgabe

Ein Thermometer soll geeicht werden. Dazu wird jeweils bei verschiedenen Temperaturen die Höhe der Flüssigkeitssäule gemessen.

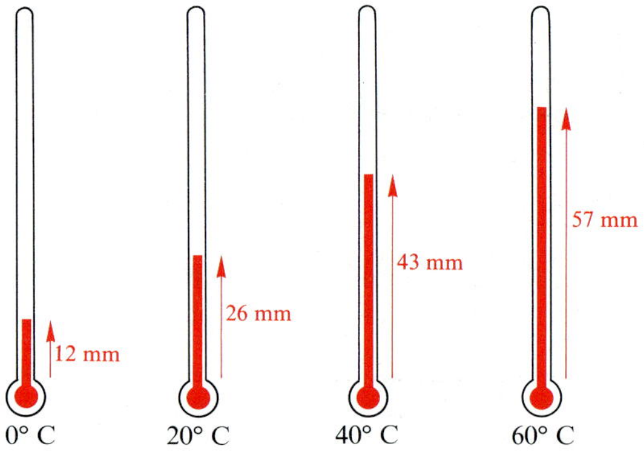

a) Veranschauliche, wie sich die Höhe der Flüssigkeitssäule mit steigender Temperatur ändert. Übertrage dazu die Meßwerte in ein Koordinatensystem und zeichne einen entsprechenden Graphen.

b) Stelle einen Term auf, mit dem man zu einer vorgegebenen Temperatur die zugehörige Höhe der Flüssigkeitssäule berechnen kann.

c) Welches ist die niedrigste Temperatur, die man mit diesem Thermometer messen kann?

Lösung

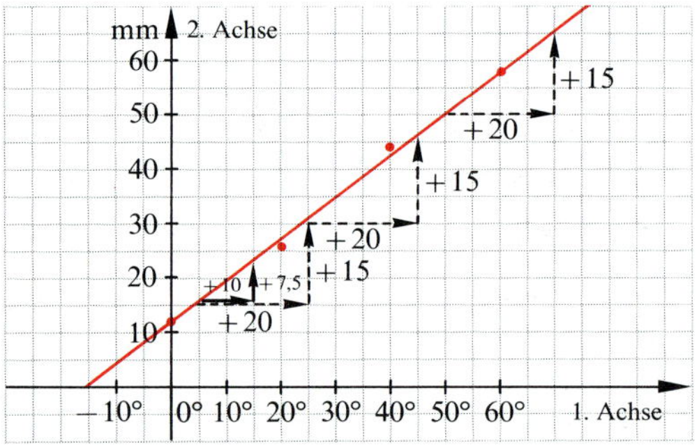

a) Die Meßpunkte liegen nahezu auf einer Geraden. Wir können einen geradlinigen Graphen so zeichnen, daß die Meßpunkte von diesem nur geringfügig abweichen.

b) Der Graph ist geradlinig. Wir wissen, daß dann der Funktionsterm f(x) die Form $m \cdot x + b$ hat. b gibt den Funktionswert an der Stelle 0 an: $f(0) = b$. Hier ist $b = 12$, da bei 0° die Höhe der Flüssigkeitssäule 12 mm beträgt.

Bei gleichen Temperaturänderungen ändert sich auch die Höhe um jeweils gleiche Beträge, z. B. wächst die Höhe um 15 mm, wenn die Temperatur um 20° ansteigt. Bei jedem Grad Temperaturänderung ändert sich die Höhe der Flüssigkeitssäule um $\frac{15}{20}$ mm (bzw. $\frac{3}{4}$ mm). Man sagt: Die *Änderungsrate* beträgt $\frac{3}{4}$ mm je Grad. Die Höhe der Flüssigkeitssäule läßt sich also berechnen mit Hilfe des Terms $\frac{3}{4} \cdot x + 12$. Die Zuordnung $x \mapsto \frac{3}{4}x + 12$ beschreibt eine *lineare Funktion* f.

c) Am unteren Ende der Temperaturskala hat die Flüssigkeitssäule die Höhe *Null*. Es gilt dort $f(x) = 0$. Das bedeutet $\frac{3}{4}x + 12 = 0$, also $x = -16$. Man kann nach unten bis zu $-16°$ messen.

Definition 2
Eine Funktion, deren Zuordnungsvorschrift in der Form $x \mapsto m \cdot x + b$ geschrieben werden kann, heißt **lineare Funktion**.
Als Definitionsbereich einer linearen Funktion wird meist $\mathbb{R}$ gewählt.

Zum Weiterarbeiten

1.

Die Gerade g geht durch die Punkte A(1; 2) und B(4; 2,8). Zeichne.

a) Gehe vom Punkt A um 1 Einheit nach rechts. Um wie viele Einheiten muß man dann nach oben gehen, um wieder einen Punkt der Geraden zu erreichen? Vergleiche dazu die *Steigungsdreiecke* und notiere die *Steigung* m der Geraden.

b) Begründe (mit Hilfe der Steigungsdreiecke), daß für zwei beliebige Punkte $P_1(x_1; y_1)$ und $P_2(x_2; y_2)$ der Geraden g gilt: $m = \frac{y_2 - y_1}{x_2 - x_1}$.

c) Bestimme den Wert für b so, daß die Gerade g Graph der linearen Funktion f mit der Gleichung $y = m \cdot x + b$ ist. Welche geometrische Bedeutung hat b?

2.

Gegeben ist die lineare Funktion f durch die Gleichung $y = 0{,}8 \cdot x - 0{,}4$.

a) Wandert man auf dem Graphen von einem Punkt P_1 zu einem Punkt P_2, so ändern sich die Funktionswerte. Notiere zu je zwei Stellen x_1 und x_2 die Änderung $\Delta x = x_2 - x_1$, ferner die Änderung $\Delta y = y_2 - y_1$ der zugehörigen Funktionswerte. Berechne dann jeweils die relative Änderung $\frac{\Delta y}{\Delta x}$ der Funktionswerte bezüglich x. Fülle so die Tabelle aus. Diese relative Änderung nennt man auch *Änderungsrate*.

x_1	x_2	y_1	y_2	Δx	Δy	$\frac{\Delta y}{\Delta x}$
1	3	0,4	2	+2	+1,6	
2	5	1,2	3,6			
−1	4					
−4	−2					
8	6					

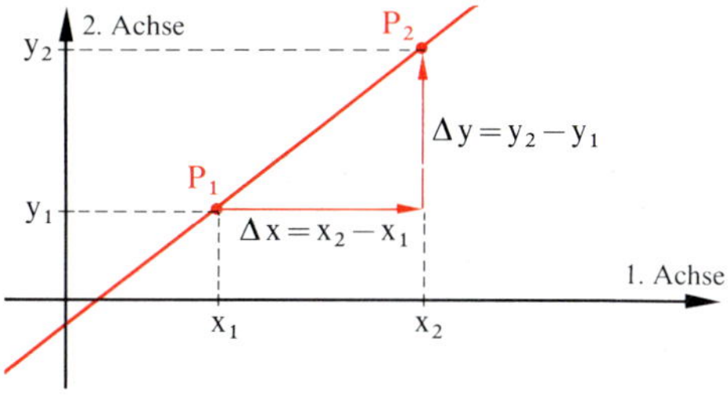

b) Zeige mit Hilfe der Funktionsgleichung von f, daß für ein beliebiges Paar $(x_1; x_2)$ und das zugehörige Paar $(y_1; y_2)$ der Funktionswerte gilt:
Die Änderungsrate $\frac{\Delta y}{\Delta x} = \frac{y_2 - y_1}{x_2 - x_1}$ hat stets den gleichen Wert und stimmt mit der Steigung 0,8 des Graphen überein.

Satz 2
Der Graph einer linearen Funktion f mit $f(x) = mx + b$ ist eine Gerade.
m gibt die *Steigung*, b den *Achsenabschnitt* (auf der 2. Koordinatenachse) an. Die Steigung m des Graphen stimmt mit der *Änderungsrate* der Funktionswerte überein:

$$m = \frac{\Delta y}{\Delta x} = \frac{y_2 - y_1}{x_2 - x_1}$$

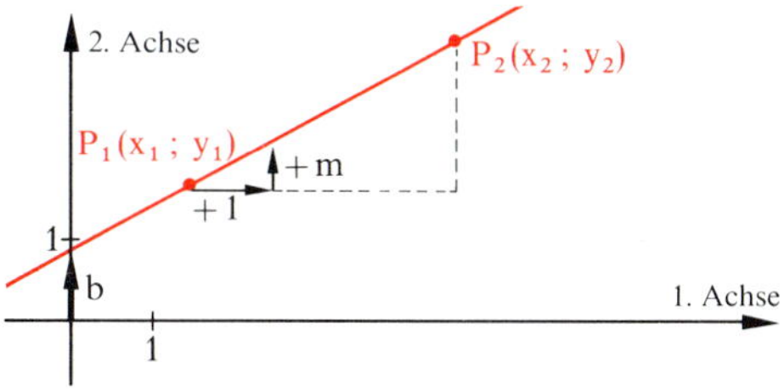

3.

Welche Punkte haben die beiden Geraden gemeinsam? Löse die Aufgabe auch zeichnerisch.

a) $y = \frac{1}{2}x + 3$
$y = -x + 6$

b) $y = 0{,}4x - 1$
$y = \frac{2}{5}x + 1$

c) $x + y = 0{,}8$
$x - y = 3{,}2$

d) $4x - 2y = 24$
$y - 2x + 12 = 0$

e) $2x + 3y = 5$
$3x + 2y = 5$

f) $\frac{x - y}{2} = 0{,}5$
$y = x$

Haben die Geraden mit den Gleichungen
$y = x - 1; \quad y = -2x + 8$
einen Punkt gemeinsam?
Dazu suchen wir eine (gemeinsame) Lösung des zugehörigen Gleichungssystems.

$$\left| \begin{matrix} y = x - 1 \\ y = -2x + 8 \end{matrix} \right| \text{ genau dann, wenn } \left| \begin{matrix} x = 3 \\ y = 2 \end{matrix} \right|$$

Der Punkt P(3; 2) ist gemeinsamer Punkt beider Geraden.

Übungen

4.

Zeichne die Gerade mit der Gleichung

a) $y=\frac{3}{2}x-1$ **b)** $y=-2x+6$ **c)** $y=2{,}4x+0{,}8$ **d)** $y=-\frac{3}{4}x-\frac{8}{3}$ **e)** $y=-2{,}5$

5.

Ein Segelflugzeug setzt in einer Höhe von 2000 m über dem Erdboden zum Gleitflug an (ohne Einfluß von Auf- und Abwinden). In Abständen von jeweils 3 Minuten notiert der Pilot die Höhe.

Zeit (in min)	0	3	6	9	12
Höhe (in m)	2000	1720	1390	1105	795

a) Stelle die Tabellenwerte graphisch dar.

b) Zeichne für die Zuordnung *Zeit* (in Minuten) → *Höhe* (in Metern) einen geradlinigen Graphen, der sich den Meßpunkten gut anpaßt.

c) Lies aus dem Graphen die Höhenänderung pro Minute (Änderungsrate) ab. Stelle danach für die Zuordnung *Zeit* → *Höhe* einen Funktionsterm auf.

d) Mit welcher Höhe kann der Pilot nach einer Gleitflugzeit von 15 Minuten [18 Minuten] noch rechnen? Nach welcher Flugzeit wird das Segelflugzeug voraussichtlich den Erdboden erreichen?

6.

Bestimme die Gleichungen zu den Geraden.

a)

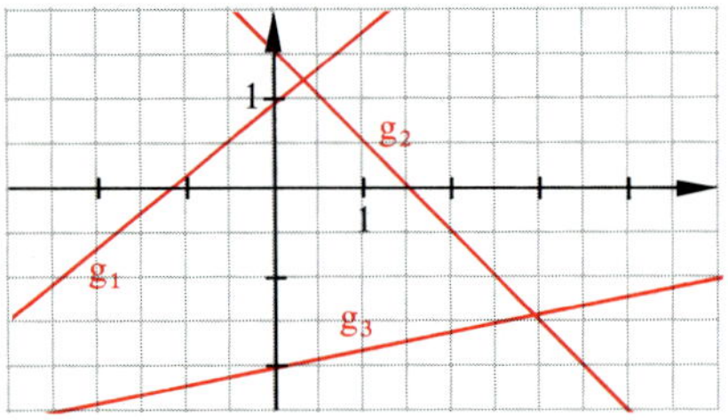

b)

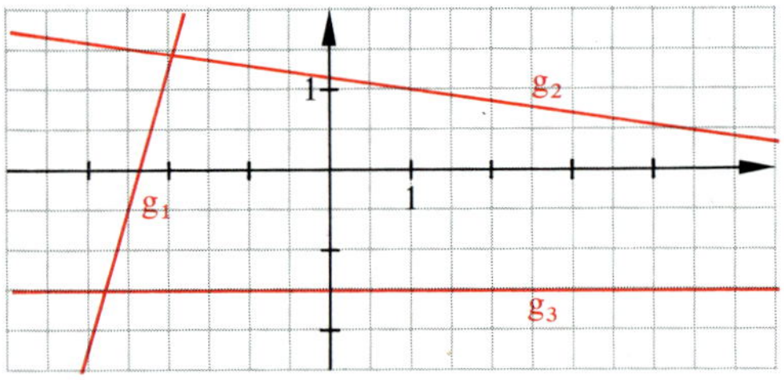

7.

Der Punkt P liegt auf dem Graphen der linearen Funktion. Zeichne mit Hilfe von P und der Steigung m den Graphen. Verwende dazu ein Steigungsdreieck. Notiere auch den Funktionsterm.

a) $P(0;\,-1)$, $m=3$ **b)** $P(0;\,2{,}4)$, $m=\frac{1}{10}$ **c)** $P(0;\,4)$, $m=-\frac{1}{2}$

8.

Die Punkte P_1 und P_2 liegen auf dem Graphen der Funktion f. Bestimme die fehlenden Koordinaten.

a) $f(x)=0{,}3x+1$;
$P_1(2;\,\square)$, $P_2(\square;\,2{,}5)$

b) $f(x)=0{,}4x-2{,}5$;
$P_1(-2;\,\square)$, $P_2(\square;\,-1{,}3)$

c) $f(x)=mx+b$;
$P_1(x_1;\,\square)$, $P_2(\square;\,y_2)$

9.

Die Gerade g geht durch die Punkte P_1 und P_2. Berechne ihre Steigung m.

a) $P_1(1;\,2)$, $P_2(5;\,4)$

b) $P_1(-1;\,-6)$, $P_2(2;\,0)$

c) $P_1(-3{,}5;\,-1)$, $P_2(0{,}5;\,-1)$

d) $P_1(0;\,8)$, $P_2(-2;\,0)$

e) $P_1(\frac{1}{4};\,\frac{2}{5})$, $P_2(\frac{5}{4};\,\frac{8}{3})$

f) $P_1(\sqrt{8};\,\sqrt{2})$, $P_2(\sqrt{2};\,\sqrt{18})$

Gib zwei weitere Punkte der Geraden an.

10.

Welche Punkte haben die beiden Geraden gemeinsam?

a) $y=3x-5$
$y=-2x$

b) $y=4x+0{,}5$
$y=6x-0{,}5$

c) $y=0{,}2x-0{,}8$
$y=\frac{x}{5}+\frac{4}{5}$

d) $2x+y+6=0$
$3x-y-1=0$

e) $\frac{x}{2}+\frac{y}{3}=1$
$3x+2y=6$

f) $y+3=0$
$y+3x=0$

g) $y+0\cdot x-4=0$
$y+2x=0$

h) $y+2x=4$
$y+2x=5$

11.
Eine Schar von Geraden ist gegeben durch die Zuordnung

a) $x \mapsto 1{,}5x + b$.
Zeichne Geraden dieser Schar für die speziellen Werte des Scharparameters b: 5; 2,8; 0; −1.

b) $x \mapsto m \cdot x + 2{,}5$.
Zeichne Geraden dieser Schar für die speziellen Werte des Scharparameters m: 2; 0,5; 0; −1,2.

Was haben alle Geraden dieser Schar gemeinsam? Worin unterscheiden sie sich?

1.2.2. Aufstellen von Funktionsgleichungen für lineare Funktionen

Der Graph einer linearen Funktion ist eine Gerade. Kennt man den Achsenabschnitt b und die Steigung m der Geraden, so lautet deren Gleichung:

$y = mx + b$ *Normalform* der Geradengleichung

Wie kann man für eine Gerade eine Gleichung aufstellen, wenn diese Gerade statt durch m und b auf andere Weise festgelegt ist?

Aufgabe

a) Die Gerade g geht durch den Punkt P_1 und hat die Steigung m.
(1) Punkt auf der Geraden: $P_1(2; 4)$, Steigung der Geraden: $\frac{3}{4}$
(2) Punkt auf der Geraden: $P_1(x_1; y_1)$, Steigung der Geraden: m

b) Die Gerade g geht durch die Punkte P_1 und P_2.
(1) $P_1(2; 4)$, $P_2(6; 7)$
(2) $P_1(x_1; y_1)$, $P_2(x_2; y_2)$ mit $x_1 \neq x_2$.

Stelle für die Gerade g eine Gleichung auf.

Lösung

a) (1)

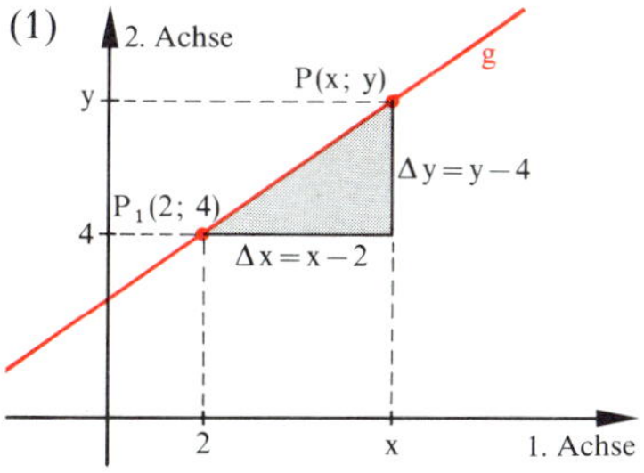

(2)

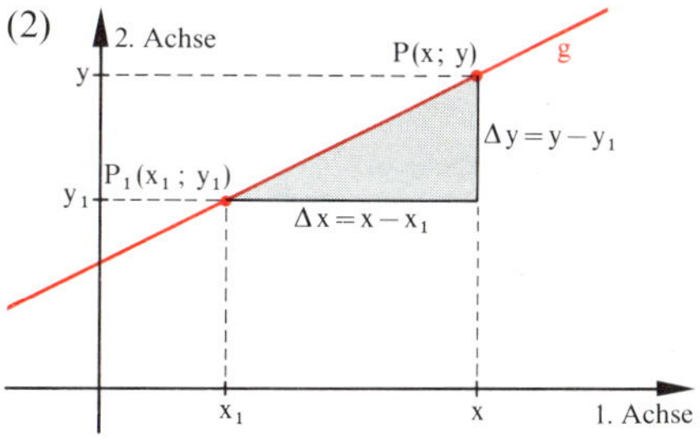

Damit ein (von P_1 verschiedener) Punkt P(x; y) auf der Geraden g liegt, muß der Quotient

(1) $\frac{\Delta y}{\Delta x} = \frac{y-4}{x-2}$ | (2) $\frac{\Delta y}{\Delta x} = \frac{y-y_1}{x-x_1}$

mit der gegebenen Steigung von g übereinstimmen:

(1) $\frac{y-4}{x-2} = \frac{3}{4}$ | (2) $\frac{y-y_1}{x-x_1} = m$

Ist P(x; y) ein Punkt der Geraden g, so erfüllen seine Koordinaten die Gleichung

(1) $y - 4 = \frac{3}{4} \cdot (x-2)$ | (2) $y - y_1 = m \cdot (x - x_1)$

Diese Gleichung bezeichnet man als *Punkt-Steigungs-Form* der Geradengleichung.

b) (1)

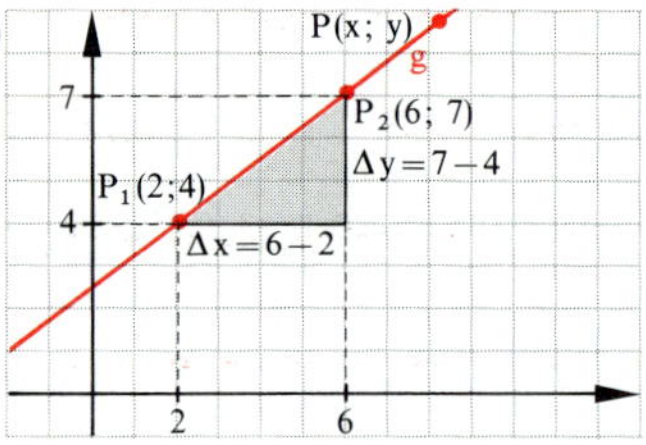

(2)

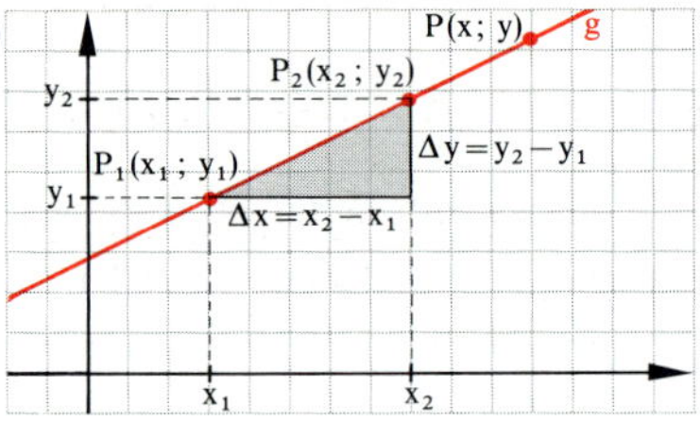

Mit Hilfe der Koordinaten von P_1 und P_2 kann man die Steigung der Geraden g bestimmen:

$m = \frac{\Delta y}{\Delta x} = \frac{7-4}{6-2}$ | $m = \frac{\Delta y}{\Delta x} = \frac{y_2 - y_1}{x_2 - x_1}$

Setzt man dies für die Steigung m in die Punkt-Steigungs-Form ein, so erhält man die Gleichung

$y - 4 = \frac{7-4}{6-2}(x-2)$ | $y - y_1 = \frac{y_2 - y_1}{x_2 - x_1} \cdot (x - x_1)$

Diese Gleichung bezeichnet man als *Zwei-Punkte-Form* der Geradengleichung.

Verschiedene Formen von Geradengleichungen

Normalform: Die Gerade hat die Steigung m und den Achsenabschnitt b:

$y = m \cdot x + b$

Punkt-Steigungs-Form: Die Gerade hat die Steigung m und geht durch den Punkt $P_1(x_1; y_1)$:

$y - y_1 = m \cdot (x - x_1)$

Zwei-Punkte-Form: Die Gerade geht durch die Punkte $P_1(x_1; y_1)$ und $P_2(x_2; y_2)$ mit $x_1 \neq x_2$:

$y - y_1 = \frac{y_2 - y_1}{x_2 - x_1} \cdot (x - x_1)$

Zum Weiterarbeiten

1.

Die Gerade g hat die Steigung m und geht durch den Punkt P_1. Stelle für g eine Gleichung auf. Führe diese in die Normalform über.

a) $m = \frac{3}{4}$; $P_1(4; 1)$ **c)** $m = \frac{4}{5}$; $P_1(-10; 0)$

b) $m = -\frac{1}{2}$; $P_1(6; -1{,}5)$ **d)** $m = -0{,}8$; $P_1(-1; -6)$

$m = -2$; $P_1(4; -3)$
$y - (-3) = -2 \cdot (x - 4)$
$y + 3 = -2x + 8$
$y = -2x + 5$

2.

Die Gerade g geht durch die Punkte P_1 und P_2. Stelle für g eine Gleichung auf und führe diese in die Normalform über.

a) $P_1(3; 1)$, $P_2(5; 5)$ **c)** $P_1(-6{,}3; -4{,}3)$, $P_2(2; 0)$

b) $P_1(2; 7)$, $P_2(5; 1)$ **d)** $P_1(3; 3)$, $P_2(-\frac{1}{3}; -\frac{1}{3})$

$P_1(2; 1)$, $P_2(6; -2)$
$y - 1 = \frac{-2-1}{6-2} \cdot (x - 2)$
$y - 1 = -\frac{3}{4}(x - 2)$
$y = -\frac{3}{4}x + \frac{5}{2}$

3.

In manchen Formelsammlungen findet man als Formen von Geradengleichungen: $\frac{y - y_1}{x - x_1} = m$ bzw. $\frac{y - y_1}{x - x_1} = \frac{y_2 - y_1}{x_2 - x_1}$

Werden durch diese Gleichungen alle Punkte der Geraden erfaßt? Begründe deine Antwort.

4.

Die Gerade g ist gegeben durch die Gleichung:

a) $0 \cdot x + 2 \cdot y = 6$ **b)** $0 \cdot x - 4 \cdot y = 0$ **c)** $-4 \cdot x + 0 \cdot y = 0$

Vereinfache die gegebene Gleichung. Welche besondere Lage hat die Gerade g?
Ist die Gerade g Graph einer linearen Funktion? Kann man die Steigung von g angeben?

Satz 3
Eine *Parallele zur 1. Koordinatenachse* ist Graph einer linearen Funktion und hat eine Gleichung der Form $y=b$.
Dagegen ist eine *Parallele zur 2. Koordinatenachse* nicht Graph einer linearen Funktion. Die Gleichung einer solchen Parallelen hat die Form $x=a$.

Übungen

5.
Die Gerade g geht durch den Punkt P_1 und hat die Steigung m. Stelle mit Hilfe der Punkt-Steigungs-Form die Gleichung von g auf und führe diese in die Normalform über.

a) $P_1(4; 1)$, $m=\frac{1}{2}$ **d)** $P_1(8; 0)$, $m=-\frac{3}{4}$ **g)** $P_1(\frac{16}{5}; -\frac{24}{5})$, $m=-\frac{3}{2}$
b) $P_1(-6; 0)$, $m=\frac{1}{3}$ **e)** $P_1(0; 7{,}5)$, $m=1$ **h)** $P_1(\sqrt{2}; 1)$, $m=\sqrt{2}$
c) $P_1(-4; 4)$, $m=-2$ **f)** $P_1(-1{,}8; -4)$, $m=0$ **i)** $P_1(\sqrt{7}; -\sqrt{7})$, $m=-1$

6.
Die Gerade g geht durch die Punkte P_1 und P_2. Stelle mit Hilfe der Zwei-Punkte-Form die Gleichung von g auf und führe diese in die Normalform über.

a) $P_1(1; 2)$, $P_2(2; 4)$ **d)** $P_1(-4; 1)$, $P_2(4; 3)$ **g)** $P_1(-\frac{26}{5}; -\frac{3}{5})$, $P_2(-\frac{6}{5}; \frac{2}{5})$
b) $P_1(4; 6)$, $P_2(8; 7)$ **e)** $P_1(-3; 1)$, $P_2(4; -6)$ **h)** $P_1(-1{,}3; -4{,}7)$, $P_2(4{,}7; 1{,}3)$
c) $P_1(0; 3)$, $P_2(5; 0)$ **f)** $P_1(-2; -\frac{1}{2})$, $P_2(7; -\frac{1}{2})$ **i)** $P_1(1; 2)$, $P_2(\sqrt{3}; \sqrt{12})$

7.
Gegeben sind ein Punkt P und die Gleichung der Geraden g. Stelle die Gleichung derjenigen Geraden auf, die durch P geht und dieselbe Steigung hat wie g.

a) $P(-4; 0)$, $y=2x+1{,}8$ **b)** $P(4; -3)$, $\frac{x}{2}+y=3{,}5$ **c)** $P(-4; 4)$, $x=4-y$

8.
Notiere die Geradengleichung ausführlicher als Gleichung mit *beiden* Variablen x und y.

a) $x=3$ **b)** $x=-2$ **c)** $x=0$ **d)** $y=3$ **e)** $y+2=0$ **f)** $y=0$

Zeichne die Gerade. Welche der Punkte $P_0(-4; 3)$, $P_1(0; -2)$, $P_2(0; -2)$, $P_3(3; -2{,}5)$, $P_4(-2; 0)$, $P_5(0; 0)$ liegen auf dieser Geraden?

9.
Notiere die Gleichungen der Parallelen zu den Koordinatenachsen durch den Punkt:

a) $P(3; 4)$ **b)** $P(0; -\frac{5}{7})$ **c)** $P(-\frac{4}{9}; 0)$ **d)** $P(0; 0)$ **e)** $P(-2; -3)$

10.
Die Gerade g hat die Steigung m und geht durch den Punkt P_1. Die Gerade h geht durch die Punkte P_2 und P_3. Bestimme die Menge aller gemeinsamen Punkte von g und h.

a) $m=\frac{1}{2}$, $P_1(6; 0)$, $P_2(5; -2)$, $P_3(-1; 4)$ **c)** $m=8$, $P_1(1; 1)$, $P_2(-1; -15)$, $P_3(1{,}7; 6{,}6)$
b) $m=-\frac{2}{3}$, $P_1(3; 3)$, $P_2(-3; -3)$, $P_3(0; -5)$ **d)** $m=-\frac{1}{3}$, $P_1(3; -2)$, $P_2(1; 2{,}4)$, $P_3(\sqrt{5}; \frac{12}{5})$

1.2.3. Parallelität und Orthogonalität zweier Geraden

Hat eine Gerade im Koordinatensystem die Gleichung $y=mx+b$, so gibt die Steigung m die Richtung der Geraden an. Zwei Geraden mit der gleichen Steigung m sind daher *parallel* zueinander. Wir untersuchen nun die Bedingung, unter der zwei Geraden *orthogonal* (senkrecht) zueinander sind. Dabei sollen die Einheitsstrecken auf beiden Koordinatenachsen gleich lang sein.

Aufgabe

a) Die Gerade g mit der Gleichung $y=\frac{2}{3}x+3$ geht durch den Punkt $P_1(3;5)$. Bestimme die Gleichung der Orthogonalen (Senkrechten) s zu g durch P_1.

b) m_1 und m_2 seien die Steigungen zweier zueinander orthogonaler Geraden g und s mit $m_1 \neq 0$ und $m_2 \neq 0$. Welche Beziehung besteht dann zwischen m_1 und m_2?

Lösung

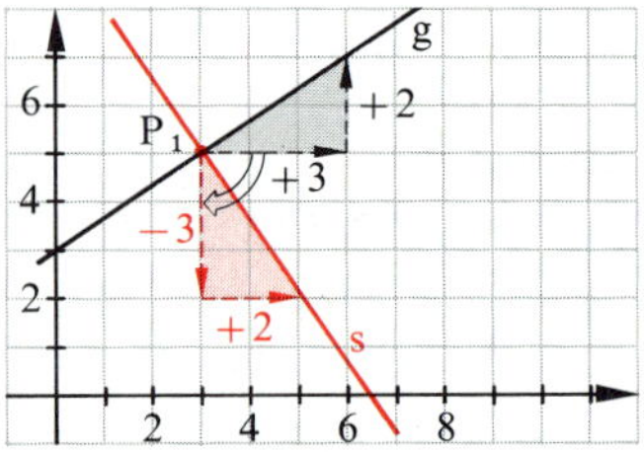

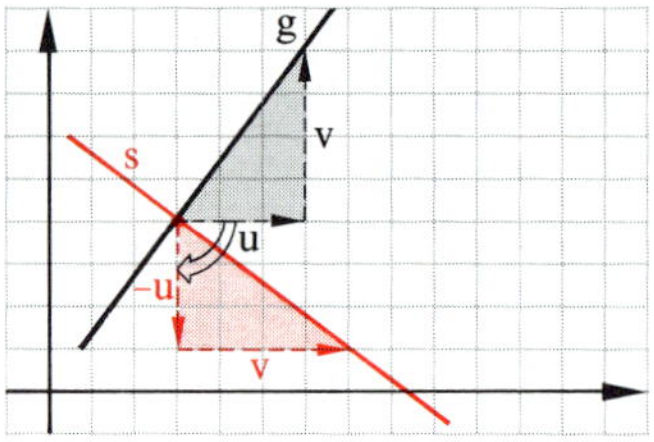

a) Wir legen ein geeignetes Steigungsdreieck für g an, das P_1 als Eckpunkt hat. Wenn wir dieses Steigungsdreieck um 90° (rechts herum) drehen mit P_1 als Drehpunkt, erhalten wir ein Dreieck, an dem wir die Steigung für die Gerade s ablesen können:

$$m_s=\frac{-3}{+2}=-\frac{3}{2}$$

Mit Hilfe der Punkt-Steigungs-Form können wir eine Gleichung für die Orthogonale s aufstellen:

$y-5=-\frac{3}{2}\cdot(x-3)$, in der Normalform: $y=-\frac{3}{2}x+\frac{19}{2}$

b) Aus den Steigungsdreiecken lesen wir ab:

$m_1=\frac{v}{u}$; $m_2=\frac{-u}{v}$. Dann gilt: $m_1\cdot m_2=\frac{v}{u}\cdot\frac{-u}{v}=\frac{-uv}{uv}$

also: $m_1\cdot m_2=-1$

Zum Weiterarbeiten

Bisher haben wir gezeigt: Wenn zwei Geraden mit den Steigungen m_1 und m_2 orthogonal zueinander sind, so gilt die Beziehung $m_1\cdot m_2=-1$.
Jetzt wollen wir prüfen, ob man auch umgekehrt schließen darf: Wenn für die Steigungen m_1 und m_2 zweier Geraden die Beziehungen $m_1\cdot m_2=-1$ gilt, dann sind die Geraden orthogonal.

1.

Für zwei Geraden g_1 und g_2 mit den Steigungen m_1 und m_2 soll gelten: $m_1\cdot m_2=-1$.
g_3 sei eine zu g_1 orthogonale Gerade mit der Steigung m_3.
Welche Beziehung gilt dann für die Steigungen m_1 und m_3?
Zeige nun, daß $m_2=m_3$ gilt, und folgere, daß g_2 orthogonal zu g_1 ist.

Satz 4
Zwei Geraden mit den Steigungen m_1 und m_2 sind genau dann **parallel** zueinander, wenn $m_1=m_2$ ist.
Zwei Geraden mit den Steigungen m_1 und m_2 sind genau dann **orthogonal** zueinander, wenn $m_1\cdot m_2=-1$ ist.

Übungen

2.

Die Gerade g hat die Steigung m_1. Bestimme die Steigung m_2 einer Orthogonalen zu g.

a) $m_1=\frac{3}{5}$ **b)** $m_1=\frac{1}{4}$ **c)** $m_1=2$ **d)** $m_1=-3$ **e)** $m_1=-0{,}75$ **f)** $m_1=-0{,}1$

3.

Welche der Geraden sind zueinander parallel und welche zueinander orthogonal?

a) $g_1: y=\frac{4}{3}x-5$; $g_2: y=-0{,}75x-5$; $g_3: y=\frac{8x+1}{6}$; $g_4: y=7$; $g_5: x=4$; $g_6: y=-2{,}8$

b) $g_1: y=8x-1$; $g_2: y=\frac{x}{3}+7$; $g_3: y=-3x+1$; $g_4: y=-0{,}125x+7$

4.

Bestimme die Gleichung (falls möglich in der Normalform) für diejenige Gerade, die durch den Punkt P geht und zu der Geraden mit der angegebenen Gleichung parallel [orthogonal] ist.

a) $P(0; 0)$, $y=2x$ **d)** $P(2; -4)$, $y=-\frac{x}{3}-2$ **g)** $P(\sqrt{2}; 3)$, $y=4$

b) $P(0; 6)$, $y=4x+2$ **e)** $P(-1{,}5; 0{,}4)$, $y=1{,}2x+0{,}8$ **h)** $P(-2; 5)$, $x=3$

c) $P(0; 5)$, $y=-5x+1$ **f)** $P(-3; 0)$, $y=-x$ **i)** $P(0; 0)$, $x=-1$

1.2.4. Mittelpunkt und Länge einer Strecke

Aufgabe

Bestimme zu der Strecke $\overline{P_1P_2}$ mit $P_1(x_1; y_1)$ und $P_2(x_2; y_2)$

a) den Mittelpunkt M; **b)** die Länge d der Strecke.

Lösung

a) Aus den Strahlensätzen folgt:

$$x_M - x_1 = x_2 - x_M$$
$$2x_M = x_1 + x_2$$
$$x_M = \frac{x_1+x_2}{2}$$
$$y_M - y_1 = y_2 - y_M$$
$$2y_M = y_1 + y_2$$
$$y_M = \frac{y_1+y_2}{2}$$

Der Mittelpunkt ist $M\left(\frac{x_1+x_2}{2}; \frac{y_1+y_2}{2}\right)$.

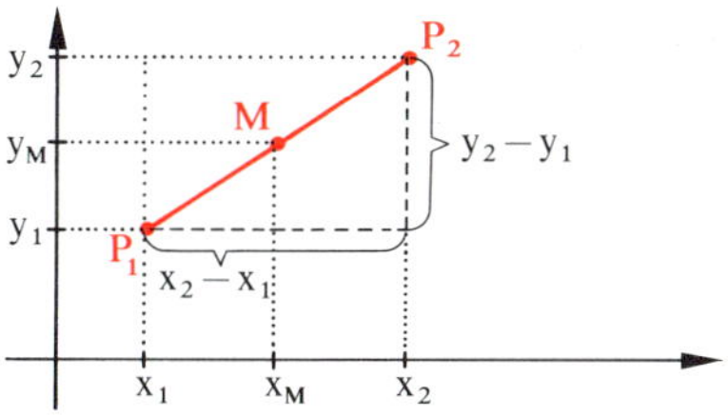

b) Nach dem Satz von Pythagoras gilt:

$$d^2=(x_2-x_1)^2+(y_2-y_1)^2$$
$$d=\sqrt{(x_2-x_1)^2+(y_2-y_1)^2}$$

Für eine Strecke mit den Endpunkten $P_1(x_1; y_1)$ und $P_2(x_2; y_2)$ gilt:

Der **Mittelpunkt** M hat die Koordinaten $x_M=\frac{x_1+x_2}{2}$; $y_M=\frac{y_1+y_2}{2}$

Die **Länge** der Strecke ist $d=\sqrt{(x_2-x_1)^2+(y_2-y_1)^2}$

Zum Weiterarbeiten

1.

Prüfe an Beispielen, daß die Formel für den Mittelpunkt einer Strecke $\overline{P_1P_2}$ auch dann gilt, wenn

a) die Punkte P_1, P_2 in einem anderen Quadranten des Koordinatensystems liegen,

b) die Strecke $\overline{P_1P_2}$ eine negative Steigung hat.

Übungen

2.

M ist der Mittelpunkt der Strecke $\overline{AB}$. Bestimme die fehlenden Koordinaten.

a) $A(8; -5)$, $B(-2; 7)$, $M(\square; \square)$

b) $A(0{,}5; -1)$, $B(4{,}3; -6{,}6)$, $M(\square; \square)$

c) $A(2; 4)$, $B(\square; \square)$, $M(3; 6)$

d) $A(\square; \square)$, $B(-1; -2)$, $M(2; -4)$

e) $A(-3; 4)$, $B(\square; \square)$, $M(-4; -2)$

f) $A(7; \square)$, $B(\square; -1)$, $M(0; 0)$

3.

Berechne die Längen der Seiten und die Längen der Diagonalen des Vierecks ABCD.

a) A(−4; 1), B(−1; −3), C(11; 2), D(3; 6) **b)** A(1; −3), B(9; −3), C(13; 0), D(1; 9)

4.

Bestimme den Mittelpunkt und den fehlenden Eckpunkt des Parallelogramms ABCD.

a) A(−2; −2), B(4; 1), C(2; 6) **b)** A(1; 0), B(7; 3), C(6; 5)

1.2.5. Vermischte Übungen

1.

Vom Graphen einer linearen Funktion sind gegeben der Achsenabschnitt b und die Steigung m. Zeichne den Graphen. Stelle den Funktionsterm auf. Wo schneidet der Graph die 1. Achse?

a) $b=2;\quad m=0{,}5$ **c)** $b=6;\quad m=-1{,}5$ **e)** $b=-1;\quad m=-\frac{1}{5}$

b) $b=-3;\quad m=2$ **d)** $b=-4{,}5;\quad m=0{,}75$ **f)** $b=0;\quad m=-1{,}7$

2.

Welche der Punkte

$P_1(-8; 3)$, $P_2(2; -2)$, $P_3(-1; -4)$, $P_4(-4; -7)$, $P_5(-4; 4)$, $P_6(1; 5)$, $P_7(0{,}8; -2{,}2)$

gehören zum Graphen der linearen Funktion mit der Gleichung

a) $y=x-3$ **b)** $y=2{,}4x+2{,}6$ **c)** $y=\frac{x}{4}+5$ **d)** $y=-\frac{x}{2}-1$ **e)** $y=2-3x$?

Zeichne den Graphen. Bestimme die Koordinaten der Schnittpunkte mit der 1. Koordinatenachse und mit der 2. Koordinatenachse.

3.

Durch die Gleichung **a)** $y=r\cdot x+2$ **b)** $y=1{,}2\cdot x+r$

ist eine Schar von Geraden gegeben. Welchen Wert muß man für den Parameter r wählen, damit die zugehörige Gerade durch den Punkt P(2; 1) geht?

4.

Bei einer Autovermietung werden die Mietkosten für einen Personenwagen pro Tag so berechnet: 0,50 DM für jeden gefahrenen Kilometer, mindestens aber insgesamt 60 DM. Werden an einem Tag mehr als 300 km gefahren, so ermäßigen sich die Kosten für jeden darüber hinaus gefahrenen Kilometer um 0,15 DM.

Stelle die Zuordnung *Fahrstrecke* (in km) → *Mietkosten* (in DM) durch einen Graphen dar. Zerlege dazu den Definitionsbereich so in Teilabschnitte (Intervalle), daß man für jeden dieser Teilabschnitte einen linearen Term zur Berechnung der Mietkosten angeben kann.

5.

Zeichne den Graphen der *stückweise linearen Funktion* f mit

a) $f(x)=\begin{cases}\frac{3}{4}x+4 & \text{für } x<0\\ \frac{3}{4}x-4 & \text{für } x\geq 0\end{cases}$ **b)** $f(x)=\begin{cases}2-x & \text{für } x\in\,]-\infty; 0[\\ 2 & \text{für } x\in[0; 4]\\ 2x-6 & \text{für } x\in\,]4; +\infty[\end{cases}$

Welche Nullstellen hat f? Bestimme auch den Wertbereich von f.

6.

Notiere für die stückweise lineare Funktion den Term f(x) (abschnittsweise).

a)

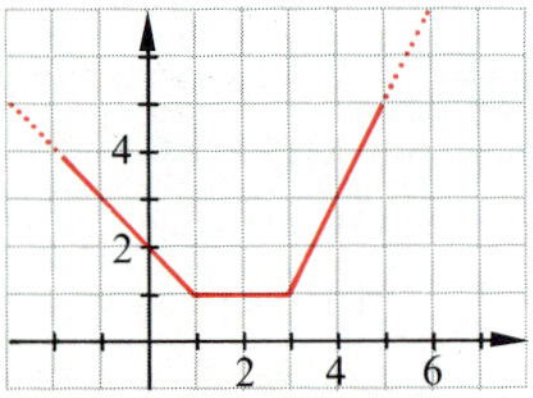

b)

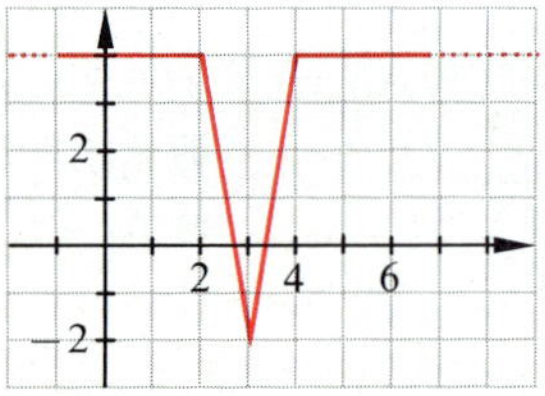

c)

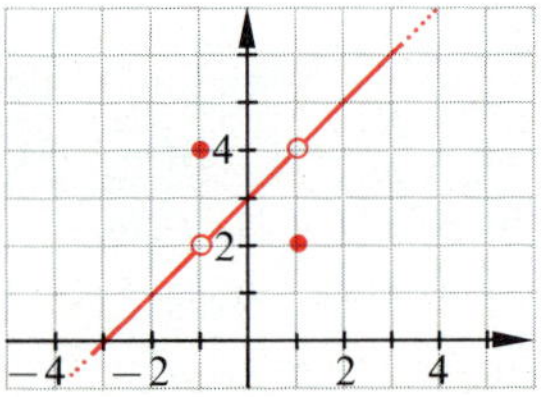

7.

Prüfe, ob alle drei Punkte auf derselben Geraden liegen.

a) A(4,3; 5,2), B(5,9; 7,6), C(6,7; 8,8) **b)** A(−4,5; −1,9) B(−2,1; −0,3) C(−0,1; 0,9)

8.

Die Gerade g_1 geht durch die Punkte P_1 und P_2; die Gerade g_2 geht durch den Punkt P_3 und hat die Steigung m.
Bestimme den Schnittpunkt beider Geraden und berechne dessen Abstand vom Koordinatenursprung.

a) $P_1(-1; -5)$, $P_2(6; 2)$, $P_3(-2; -4)$, $m=2$ **b)** $P_1(2; 4)$, $P_2(-6; 0)$, $P_3(9; 2)$, $m=\frac{1}{3}$

9.

Die Gerade g geht durch die Punkte A und B. Zeichne die Gerade, stelle ihre Gleichung auf. Ist die Gleichung eine Funktionsgleichung?

a) A(0; 4), B(5; 4) **c)** A(2; 6), B(2; −1) **e)** $A(-8; 0)$, $B(\frac{1}{2}; 0)$

b) $A(-\frac{4}{5}; -\frac{7}{2})$, $B(\frac{3}{4}; -\frac{7}{2})$ **d)** A(−1,5; 4,7), B(−1,5; −0,9) **f)** $A(0; \frac{11}{4})$, B(0; −1,4)

Notiere die Gleichung der Parallelen [Orthogonalen] zu g durch den Koordinatenursprung.

10.

Die Gerade g hat die Gleichung

a) $y=\frac{3}{4}x+2$ **b)** $y=-\frac{5}{12}x+18$ **c)** $y=x-7$ **d)** $x=-2{,}5$.

Stelle die Gleichung derjenigen Geraden h auf, die g auf der 1. Koordinatenachse orthogonal schneidet. Berechne die Abstände des Punktes P(7; 1) von den Geraden g und h.

11.

A(−2; −1), B(6; −3) und C(−2; 5) sind Eckpunkte eines Dreiecks. Bestimme für dieses Dreieck die Gleichungen

a) der Seitenhalbierenden, **b)** der Mittelsenkrechten, **c)** der Höhengeraden.

Zeige, daß sich die drei Geraden jeweils in einem gemeinsamen Punkt schneiden.

d) Berechne den Umfang und den Flächeninhalt des Dreiecks.

12.

Zeige, daß für eine beliebige lineare Funktion f gilt: Ist x_M das arithmetische Mittel von x_1 und x_2, so ist $f(x_M)$ das arithmetische Mittel von $f(x_1)$ und $f(x_2)$.

13.

Die Gerade g geht durch den Punkt $P_1(0; 3)$ und hat die Steigung m. Die Gerade h geht durch den Punkt $P_2(0; -3)$ und ist orthogonal zu g. S ist der Schnittpunkt von g und h.

a) Setze $m=-\frac{1}{2}$ und berechne den Abstand des Punktes S vom Koordinatenursprung.

b) Zeige, daß für jede beliebige Steigung m der Punkt S stets den gleichen Abstand vom Koordinatenursprung hat. Welcher geometrische Lehrsatz beschreibt diesen Sachverhalt?

14.

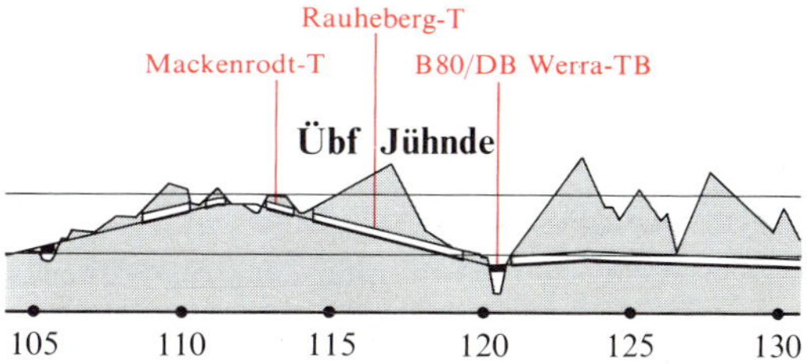

Die Neubaustrecke Hannover–Würzburg der Bundesbahn fällt von Kilometer 113 bis zum Kilometer 120 gleichmäßig ab. Bei Kilometer 114,5 (Einfahrt Rauheberg-Tunnel) beträgt die Höhe 264,5 m über NN, bei Kilometer 119,5 (Ausfahrt Rauheberg-Tunnel) 199,5 m über NN.

a) Welche Höhe über NN hat die Bahnstrecke
(1) in der Mitte des Rauheberg-Tunnels (bei Kilometer 117)
(2) an der Einfahrt des Mackenrodt-Tunnels (bei Kilometer 113)
(3) kurz vor der Werrabrücke (bei Kilometer 120)?

b) An welcher Stelle beträgt die Höhe 245 m [271 m] über NN?

1.3. Quadratische Funktionen

1.3.1. Begriff der quadratischen Funktion

Aufgabe

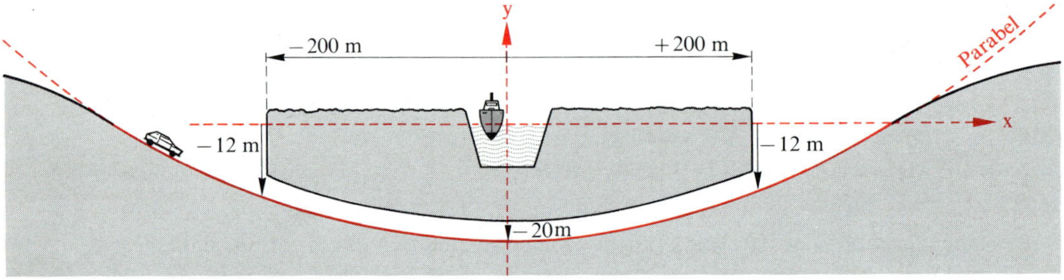

Eine Zufahrtsstraße führt unter einem Kanal hindurch. Das Bauwerk wurde so geplant, daß der Verlauf der Fahrbahn im Tunnel einen Parabelbogen bildet, so daß die jeweilige Höhenlage durch eine Gleichung der Form

$y = a \cdot x^2 + b$

beschrieben wird. Dabei bedeutet:
x die horizontale Koordinate, gemessen (in Metern) von der Kanalmitte,
y die vertikale Koordinate, gemessen (in Metern) von der Wasseroberfläche.

a) Bestimme die Parameter a und b mit Hilfe der in der Zeichnung angegebenen Maße für den Tunnelverlauf und notiere damit die Funktionsgleichung für die Parabel.

b) Wie tief liegt innerhalb des Tunnels die Fahrbahn unter der Wasseroberfläche, wenn die (horizontale) Entfernung vom Eingang 150 m beträgt?

c) Der Parabelbogen der Fahrbahn reicht beidseitig so weit, bis die Höhenlage des Wasserspiegels erreicht ist. Wie weit sind diese Stellen von der Kanalmitte entfernt?

Lösung

a) In der Tunnelmitte ($x = 0$) liegt die Fahrbahn 20 m unter dem Wasserspiegel ($y = -20$), am rechten Tunnelende ($x = 200$) nur noch 12 m unter dem Wasserspiegel ($y = -12$). Das bedeutet: Die Zahlenpaare $(0; -20)$ und $(200; -12)$ müssen die Gleichung $y = ax^2 + b$ erfüllen:
$-20 = b$ und $-12 = 200^2 \cdot a + b$
Das ergibt $b = -20$ und $a = 0{,}0002$. Die Gleichung für die Parabel lautet dann

$y = 0{,}0002 \cdot x^2 - 20$

Sie ist ein Beispiel für die Gleichung einer *quadratischen Funktion.*

b) Fährt man (von links) 150 m in den Tunnel hinein, befindet man sich an der Stelle der Fahrbahn, die 50 m von der Tunnelmitte liegt: $x = -50$. Die zugehörige Höhenlage berechnen wir mit Hilfe des Funktionsterms $f(x) = 0{,}0002 \cdot x^2 - 20$ durch Einsetzen:

$f(-50) = 0{,}0002 \cdot (-50)^2 - 20 = -19{,}5.$

Die Stelle liegt 19,5 m unter der Wasseroberfläche.

c) Wir suchen die Stellen x, zu der der Funktionswert 0 gehört, d.h. die *Nullstellen* der Funktion. Wir lösen die Gleichung $f(x) = 0$, also $0{,}0002 \cdot x^2 - 20 = 0$.

Die Gleichung hat die Lösungen $x_1 = \sqrt{100000} \approx 316$ und $x_2 = -\sqrt{100000} \approx -316$.
Die (Null-)Stellen liegen etwa 316 m von der Kanalmitte entfernt.

Definition 3
Eine Funktion f, deren Term sich in der Form

$f(x) = ax^2 + bx + c \quad \text{mit} \quad a \neq 0$

schreiben läßt, heißt **quadratische Funktion**.
Wählt man (wie üblich) $\mathbb{R}$ als Definitionsbereich, so ist der Graph einer solchen quadratischen Funktion eine Parabel.

Zum Weiterarbeiten

1.
Die Funktion f hat den Term $f(x) = 0{,}0002 \cdot x^2 - 20$ mit $D_f = \mathbb{R}$.

a) Zeige, daß für $x \neq 0$ alle Funktionswerte größer sind als der Funktionswert f(0).

b) Begründe, daß der Funktionsgraph symmetrisch zur zweiten Koordinatenachse ist. Vergleiche dazu die Funktionswerte f(x) und f(−x) für eine beliebige Stelle x aus dem Definitionsbereich.

2.
Die Funktion f ist über $\mathbb{R}$ definiert und hat den Term

a) $f(x) = \frac{x^2}{2} - x - 4$ **c)** $f(x) = (1 + x)(3 - x)$ **e)** $f(x) = -4(x^2 + 0{,}2)$

b) $f(x) = (x + 2)^2 - 1$ **d)** $f(x) = \frac{(x - 3)^2}{5}$ **f)** $f(x) = x^3 - x(x^2 - 5x)$

Zeige, daß f eine quadratische Funktion ist.
An welchen Stellen x nimmt die Funktion den Wert Null an? (Solche Stellen nennt man *Nullstellen*.)
Für welche Stellen x sind die Funktionswerte positiv *(Positivbereich)*, für welche Stellen x sind sie negativ *(Negativbereich)*? Gib die entsprechenden Intervalle an.

3.
Die quadratische Funktion f mit dem Term $f(x) = ax^2 + bx + c$ hat die Nullstellen −1 und 3. An der Stelle 0 hat f den Wert 3 [−3; −0,6].
Bestimme die Parameter a, b und c. Skizziere den Graphen.

Definition 4
Eine Stelle a aus dem Definitionsbereich einer Funktion f heißt **Nullstelle** der Funktion, wenn gilt: $f(a) = 0$.

Übungen

4.
Für die Funktion f gilt $f(x) = a \cdot x^2 + b$. Bestimme die Parameter a und b so, daß gilt:

a) $f(0) = 2$ und $f(1) = 1$ **c)** $f(-1) = 0$ und $f(2) = 3$

b) $f(0) = 5$ und $f(-2) = -1$ **d)** $f(-4) = 1$ und $f(-2) = 4$

5.
Die quadratische Funktion f hat den Term

a) $f(x) = \frac{3}{4}x^2 - 3$ **b)** $f(x) = -\frac{x^2}{9} + 1$ **c)** $f(x) = \frac{x^2}{5}$ **d)** $f(x) = x^2 - 4x$

Welche Nullstellen hat die Funktion? Bestimme Positiv- und Negativbereich.
Bestimme den Wertebereich der Funktion. Zeichne dazu den Graphen und untersuche, welcher Punkt des Graphen am tiefsten bzw. am höchsten liegt.

6.

Zeige, daß f eine quadratische Funktion ist. Beachte dazu Definition **3**.
An welchen Stellen tritt ein Vorzeichenwechsel der Funktionswerte auf? Untersuche dazu das Verhalten der Funktionswerte in der Nähe der Nullstellen.

a) $f(x)=(x+5)^2$ **c)** $f(x)=3(x+1)(4-x)$ **e)** $f(x)=x^2-(2x+1)^2$

b) $f(x)=\frac{1}{4}(x-2)^2$ **d)** $f(x)=\frac{x-3}{2}(x+3)$ **f)** $f(x)=3x^3+x^2(2-3x)$

7.

Der Graph einer quadratischen Funktion geht durch folgende Punkte. Gib die Funktionsgleichung an.

a) $P_1(-3; 0)$, $P_2(0; -3)$, $P_3(3; 0)$ **c)** $P_1(-2; 12)$, $P_2(1; 3)$, $P_3(3; 7)$

b) $P_1(-1; 6)$, $P_2(0; 8)$, $P_3(2; 0)$ **d)** $P_1(-1; -\frac{1}{2})$, $P_2(1; -\frac{1}{2})$, $P_3(4; -\frac{31}{2})$

1.3.2. Monotonieeigenschaften einer quadratischen Funktion

Aufgabe

Die quadratische Funktion f hat den Term $f(x)=\frac{x^2}{2}-4{,}5$.

a) Zeichne den Graphen. In welchem Intervall für x fällt der Graph, in welchem Intervall für x steigt der Graph an?

b) Begründe das Ansteigen bzw. das Fallen des Graphen mit Hilfe des Funktionsterms.

Lösung

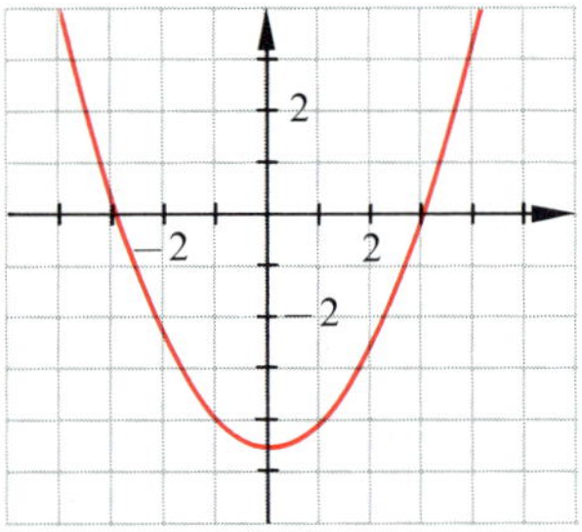

a) Verfolgt man den Verlauf des Graphen *von links nach rechts*, so erkennt man aus der Zeichnung:
Der Graph *fällt* im Intervall $]-\infty; 0]$.
Der Graph *steigt an* im Intervall $[0; \infty[$.

b) Um rechnerisch nachzuweisen, daß der Graph ansteigt bzw. fällt, betrachten wir eine beliebige Stelle x_1 und eine weiter rechts gelegene Stelle x_2 (d.h.: $x_2>x_1$). Welcher der beiden zugehörigen Funktionswerte ist der größere?
Dazu untersuchen wir die Differenz dieser Funktionswerte:
$f(x_2)-f(x_1)=\frac{x_2^2}{2}-4{,}5-\left(\frac{x_1^2}{2}-4{,}5\right)=\frac{1}{2}\cdot(x_2^2-x_1^2)=\frac{1}{2}\cdot(x_2-x_1)\cdot(x_2+x_1)$

In dem Produkt $\frac{1}{2}\cdot(x_2-x_1)\cdot(x_2+x_1)$ ist $x_2-x_1>0$, weil $x_2>x_1$.
Das Vorzeichen von $f(x_2)-f(x_1)$ hängt also nur von x_2+x_1 ab:

(1) Ist $x_1\geq 0$ und $x_2>0$, so ist $x_2+x_1>0$ und damit $f(x_2)-f(x_1)>0$.
Dann ist $f(x_2)$ der *größere* Funktionswert. Im Intervall $[0; +\infty[$ *steigt der Graph an.*

(2) Ist $x_1<0$ und $x_2\leq 0$, so ist $x_2+x_1<0$ und damit $f(x_2)-f(x_1)<0$.
Dann ist $f(x_2)$ der kleinere Funktionswert. Im Intervall $]-\infty; 0]$ *fällt der Graph.*

Definition 5

Eine Funktion f heißt in einem Intervall **streng monoton** $\begin{Bmatrix}\text{steigend}\\\text{fallend}\end{Bmatrix}$, wenn für beliebige Stellen x_1 und x_2 aus diesem Intervall mit $x_2>x_1$ gilt: $\begin{Bmatrix}f(x_2)>f(x_1)\\f(x_2)<f(x_1)\end{Bmatrix}$.

Gilt in einem Intervall lediglich: $\begin{Bmatrix}f(x_2)\geq f(x_1)\\f(x_2)\leq f(x_1)\end{Bmatrix}$ für $x_2>x_1$, dann ist die Funktion nur **monoton** $\begin{Bmatrix}\text{steigend}\\\text{fallend}\end{Bmatrix}$.

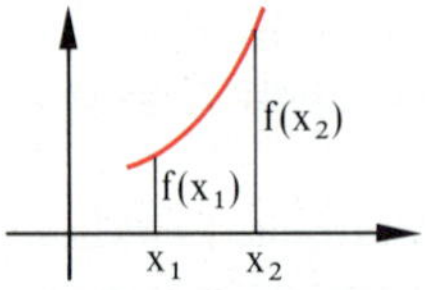

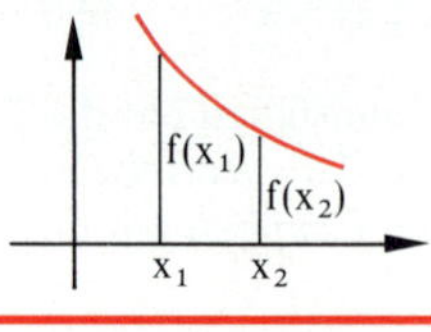

Zum Weiterarbeiten

1.
In welchem Intervall ist die Funktion f mit $f(x)=a\cdot x^2+b$ und $a\neq 0$ (streng) monoton steigend, in welchem Intervall (streng) monoton fallend? Gib an, ob die Parabel nach oben oder nach unten geöffnet ist. *Hinweis:* Unterscheide die Fälle $a>0$ und $a<0$.

Übungen

2.
Bestimme mit Hilfe des Graphen die Monotonieintervalle der Funktion f mit

a) $f(x)=2-x^2$ **b)** $f(x)=-4x^2$ **c)** $f(x)=1{,}2x^2+3$ **d)** $f(x)=\left(\frac{1}{2}-\frac{x}{3}\right)\cdot\left(\frac{1}{2}+\frac{x}{3}\right)$

Gib auch an, ob die Parabel nach oben oder nach unten geöffnet ist.
Begründe bei a) das Ansteigen bzw. Fallen mit Hilfe des Funktionsterms.

3.
Begründe mit Hilfe des Terms $m\cdot x+b$, daß eine lineare Funktion im gesamten Definitionsbereich

a) streng monoton steigt, wenn $m>0$ ist; streng monoton fällt, wenn $m<0$ ist;

b) sowohl monoton steigt als auch monoton fällt, wenn $m=0$ ist.

1.3.3. Geometrische Abbildungen des Graphen einer quadratischen Funktion

Aufgabe

Zeichne die *Normalparabel* als Graph der quadratischen Funktion mit dem Term $f(x)=x^2$.

a) Verschiebe die Normalparabel um 3 Einheiten nach oben.

b) Verschiebe die Normalparabel um 4 Einheiten nach rechts.

c) Strecke die Normalparabel von der 1. Achse aus mit dem Faktor 2 in Richtung der 2. Achse.

Bestimme für den neuen Graphen den zugehörigen Funktionsterm. Gib auch die Koordinaten des Scheitels der neuen Parabel an.

Lösung

a)

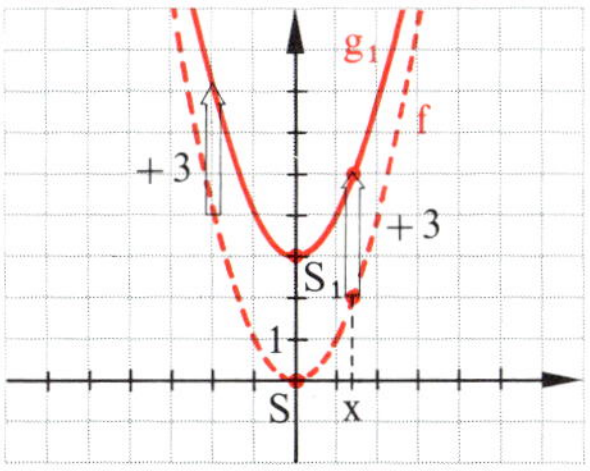

Wenn man einen Funktionswert von f um 3 vergrößert, erhält man den entsprechenden Funktionswert von g_1:
$g_1(x)=f(x)\ +3$
$g_1(x)=x^2+3$
Der neue Scheitel hat die Koordinaten $S_1(0;3)$

b)

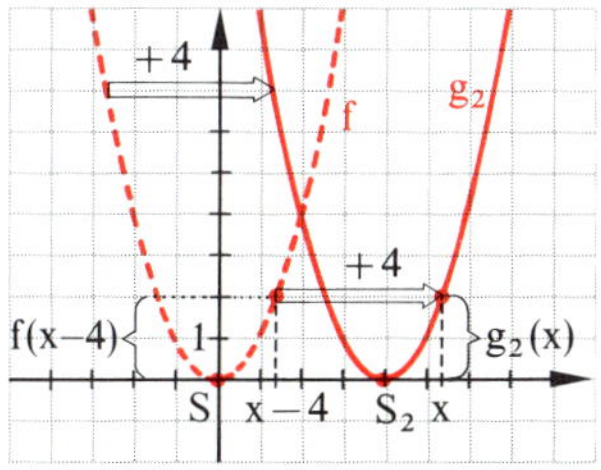

Den Wert der Funktion g_2 an einer Stelle x kann man wie folgt bestimmen: Gehe um 4 Einheiten *zurück* zur Stelle $x-4$ und suche dort den zugehörigen Wert bei der Funktion f:
$g_2(x)=f(\ x-4\ )$
$g_2(x)=(x-4)^2$
Der neue Scheitel hat die Koordinaten $S_2(4;0)$

c)

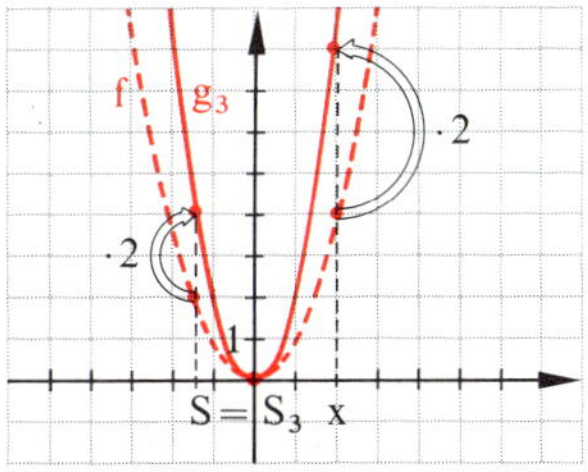

Der Wert der Funktion g_3 an einer Stelle x ist doppelt so groß wie der Wert der Funktion f an der gleichen Stelle x:
$g_3(x)=\ 2\ \cdot f(x)$
$g_3(x)=2\cdot x^2$
Der Scheitel bleibt unverändert: $S_3(0;0)$

Zum Weiterarbeiten

1.

Durch welche Abbildung (Verschieben bzw. Strecken) geht der Graph der Funktion g aus der Normalparabel hervor?

a) $g(x)=x^2-1{,}5$ **b)** $g(x)=(x+0{,}5)^2$ **c)** $g(x)=(x-0{,}5)^2$ **d)** $g(x)=1{,}2\cdot x^2$

Gib auch die Koordinaten des Scheitels der neuen Parabel an.

2.

Zeichne den Graphen der Funktion f und *spiegele* diesen an der ersten Koordinatenachse.

a) $f(x)=x^2$ **b)** $f(x)=-\frac{x^2}{3}$ **c)** $f(x)=(x-1)^2$ **d)** $f(x)=x^2+2$

Gib an, ob der neue Graph nach oben oder nach unten geöffnet ist. Welcher Funktionsterm gehört zu dem neuen Graphen?

3.

Die quadratische Funktion g hat den Term $g(x)=(x-3)^2-4$.

a) Durch welche beiden (hintereinander ausgeführten) Abbildungen geht der Graph von g aus der Normalparabel hervor?

b) Welchen Scheitelpunkt hat daher der Graph von g?
Welche Gleichung hat die Symmetrieachse des Graphen von g?

4.

Zeichne den Graphen der Funktion f mit $f(x)=1+|x|$.

a) Verschiebe den Graphen um 2 Einheiten nach oben [nach unten].

b) Verschiebe den Graphen um 1 Einheit nach rechts [nach links].

c) Strecke den Graphen in Richtung der 2. Koordinatenachse mit dem Faktor $\frac{3}{2}$ [$\frac{2}{3}$].

d) Spiegele den Graphen an der 1. Koordinatenachse.

Zeichne den neuen Graphen. Zu welcher Funktion g gehört dieser? Notiere den Funktionsterm g(x).

Abbildung des Graphen der Funktion f mit dem Term f(x)	**Änderung am Term**	**neuer Funktionsterm g(x)**	**Graphen**
Verschieben um b Einheiten parallel zur 2. Koordinatenachse	Addiere b	$g(x)=f(x)+b$	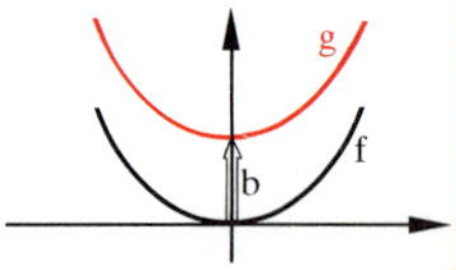
Verschieben um a Einheiten parallel zur 1. Koordinatenachse	Ersetze x durch x − a	$g(x)=f(x-a)$	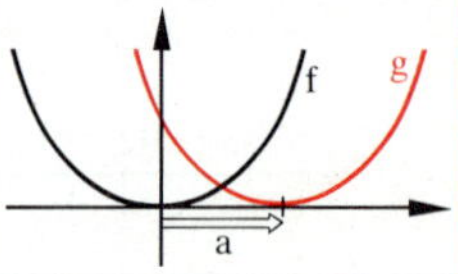
Strecken mit dem Faktor $k\,(\neq 0)$ in Richtung der 2. Koordinatenachse (von der 1. Koordinatenachse aus)	Multipliziere mit $k\,(\neq 0)$	$g(x)=k\cdot f(x)$	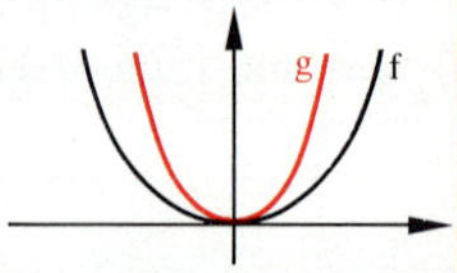
Spiegeln an der 1. Koordinatenachse	Multipliziere mit (−1)	$g(x)=-f(x)$	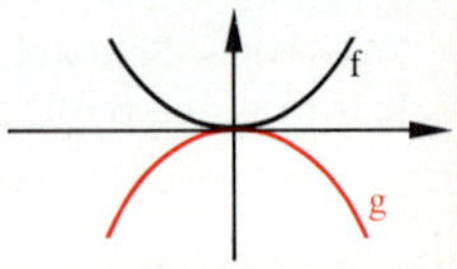

Übungen

5.

Der Graph der Funktion g entsteht aus der Normalparabel durch

a) Verschieben um 1 Einheit nach oben [um 2 Einheiten nach unten];

b) Verschieben um 6 Einheiten nach rechts [um 5 Einheiten nach links];

c) Strecken in Richtung der 2. Koordinatenachse mit Streckfaktor 1,5 [0,2].

Zeichne den Graphen von g und notiere den Funktionsterm g(x).

6.

Durch welche Abbildung geht der Graph der Funktion g aus der Normalparabel hervor?

a) $g(x)=x^2+8$ **c)** $g(x)=(x+1{,}5)^2$ **e)** $g(x)=\frac{3}{4}x^2$ **g)** $g(x)=x^2-6x+9$

b) $g(x)=x^2-0{,}3$ **d)** $g(x)=(x-0{,}7)^2$ **f)** $g(x)=\frac{x^2}{0{,}1}$ **h)** $g(x)=x^2+x+\frac{1}{4}$

7.

Die Normalparabel wird zunächst

a) um 2 Einheiten nach rechts [nach links] verschoben;

b) um 4,5 Einheiten nach oben [nach unten] verschoben;

c) in Richtung der 2. Koordinatenachse mit dem Faktor 1,2 gestreckt.

Die neue Parabel wird anschließend an der 1. Koordinatenachse gespiegelt.
Welcher Graph entsteht, wenn man diese beiden Abbildungen so hintereinander ausführt (verkettet)? Notiere dazu den Funktionsterm.
Untersuche entsprechend, zu welcher Funktion man gelangt, wenn man die Abbildungen in umgekehrter Reihenfolge ausführt (d.h. die Parabel zuerst spiegelt).

8.

Gehe aus von dem Graphen der Funktion f mit (1) $f(x)=\frac{x}{2}+1$; (2) $f(x)=\sqrt{x}$; (3) $f(x)=\frac{1}{x^2}$

a) Verschiebe den Graphen um 1 Einheit nach oben [nach unten];

b) Verschiebe den Graphen um 2 Einheiten nach links [nach rechts];

c) Strecke den Graphen in Richtung der 2. Koordinatenachse mit dem Faktor 4;

d) Spiegele den Graphen an der 1. Koordinatenachse.

9.

Welchen Scheitelpunkt hat der Graph der Funktion f? Welche Abbildungen muß man hintereinander ausführen, um die Normalparabel in den Graphen von f überzuführen?

a) $f(x)=(x+1)^2-7$ **d)** $f(x)=x^2+\frac{1}{2}$ **g)** $f(x)=-5(x^2+0{,}8)$

b) $f(x)=\frac{x^2}{5}+2$ **e)** $f(x)=-(x-2{,}5)^2$ **h)** $f(x)=-(5x^2+0{,}8)$

c) $f(x)=-x^2-\frac{1}{2}$ **f)** $f(x)=5x^2+0{,}8$ **i)** $f(x)=-5(x+0{,}8)^2$

1.3.4. Vermischte Übungen

1.

Die quadratische Funktion f hat den Term

a) $f(x)=x^2-4x+3$ **b)** $f(x)=-3x^2-6x$ **c)** $f(x)=\frac{3}{4}x^2-6x+12$

Berechne: f(0), f(1), f(−1), f(0,6), f(−4,8), f(1+h), f(1−h). Bestimme die Nullstellen von f.
An welchen Stellen nimmt die Funktion den Wert 3 an? Zeichne den Graphen.

2.
Bestimme die Nullstellen der quadratischen Funktion f mit $f(x)=a\cdot(x+r)(x-r)$ und $a\neq 0$. Zeige, daß der Graph symmetrisch zur 2. Koordinatenachse ist. Bestimme auch den Scheitelpunkt.

3.
Der Querschnitt eines Grabens hat das nebenstehende Profil. Von P_2 über P_3 nach P_4 ist das Profil durch einen Parabelbogen festgelegt. Die übrigen Profilteile sind geradlinig. Beschreibe abschnittsweise eine Funktion, deren Graph das angegebene Profil darstellt.

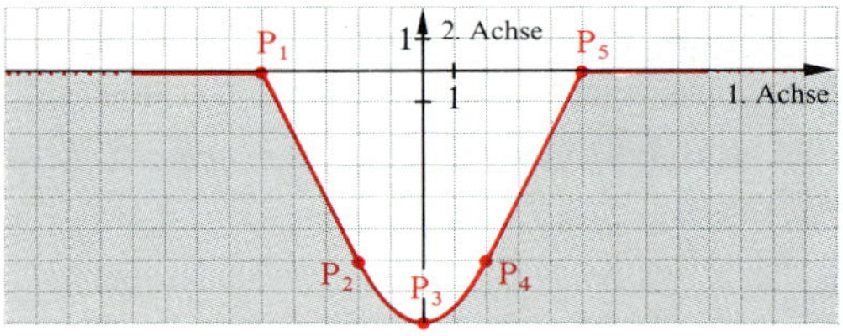

4.
Der Graph der quadratischen Funktion f geht durch die Punkte

a) $P_1(-4; -6)$, $P_2(0; 2)$, $P_3(4; -6)$ **b)** $P_1(-1; -\frac{16}{3})$, $P_2(1; -\frac{16}{3})$, $P_3(6; 18)$

Stelle die Funktionsgleichung auf. Bestimme die Nullstellen der Funktion. Gib an, in welchem Intervall der Graph ansteigt und in welchem er fällt (*Monotonieintervalle*).

5.
In welchem Intervall steigt die Funktion f streng monoton an?

a) $f(x)=\begin{cases} 2x & \text{für } x\le 0 \\ -x^2 & \text{für } x>0 \end{cases}$

b) $f(x)=\begin{cases} 1 & \text{für } x<0 \\ x^2+1 & \text{für } x\ge 0 \end{cases}$

c) $f(x)=\begin{cases} -x^2 & \text{für } x<0 \\ x^2 & \text{für } x\ge 0 \end{cases}$

d) $f(x)=\begin{cases} 2x+1 & \text{für } x<-1 \\ -x^2 & \text{für } x\ge -1 \end{cases}$

6.
Mit V1, V2, Str, Sp bezeichnen wir folgende Abbildungen:
V1: Verschieben um 4 Einheiten nach oben;
V2: Verschieben um 0,5 Einheiten nach links;
Str: Strecken mit dem Faktor 0,8 in Richtung der 2. Koordinatenachse;
Sp: Spiegeln an der 1. Koordinatenachse.

Gehe von der Normalparabel aus [vom Graphen der Betragsfunktion aus] und führe die folgenden Abbildungen hintereinander aus:

a) V1, V2, Sp **b)** V2, Sp, V1 **c)** Sp, Str, V1 **d)** Str, V2, V1 **e)** V2, Str, V1, Sp

Notiere den Funktionsterm zu dem entstehenden Graphen.

7.
Zeichne den Graphen von g, ohne eine Wertetabelle anzulegen.
Durch welche Abbildung erhält man den Graphen von g aus dem der Betragsfunktion?

a) $g(x)=|x|+3$ **b)** $g(x)=|x+3|$ **c)** $g(x)=|x-3|$ **d)** $g(x)=3\cdot|x|$

8.
Gegeben ist eine Parabelschar durch den Term $f_r(x)=x\cdot(2r-x)$.

a) Skizziere die Graphen von $f_0, f_1, f_2, f_{-1}, f_{-2}$.

b) Welchen Punkt haben alle Parabeln dieser Schar gemeinsam (für beliebiges r)?

c) Die Scheitelpunkte der Parabeln dieser Schar liegen alle auf dem Graphen einer Funktion g. Bestimme den Funktionsterm von g.

9.
Eine Parabel ist Graph der Funktion f mit $f(x)=\frac{x^2}{2}-1$. Die Gerade g geht durch den Punkt $P_1(1; -1)$ und durch den Punkt:

a) $P_2(0; -\frac{1}{3})$ **b)** $P_2(-1; -3)$ **c)** $P_2(-4; -1)$ **d)** $P_2(4; 5)$ **e)** $P_2(1; 2)$

Bestimme die gemeinsamen Punkte von Parabel und Gerade.

1.4. Ganzrationale Funktionen

1.4.1. Potenzfunktionen

Aufgabe

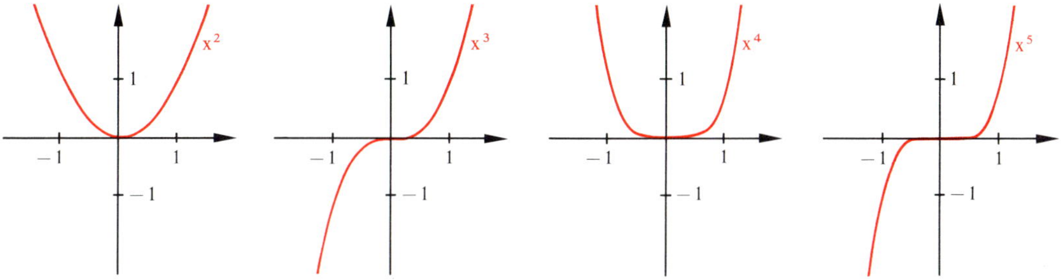

Welche Symmetrieeigenschaft hat jeweils der Graph?
Begründe diese Symmetrieeigenschaft mit Hilfe des Funktionsterms.

Lösung

Wir vergleichen jeweils den Funktionswert an einer beliebigen Stelle x mit dem Funktionswert an der Stelle −x. Dabei stellen wir fest:

$(-x)^2 = x^2$; $(-x)^3 = -x^3$; $(-x)^4 = x^4$; $(-x)^5 = -x^5$

Für *gerade* Exponenten bei x gilt:

$(-x)^n = x^n$

Das bedeutet für die jeweilige Funktion f:

$f(-x) = f(x)$

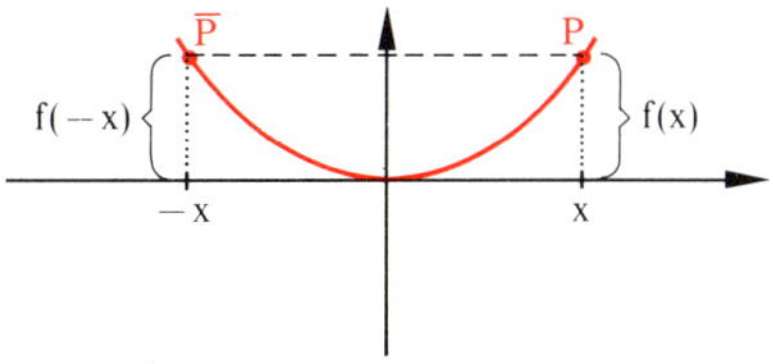

Der Graph ist *achsensymmetrisch* zur zweiten Koordinatenachse.

Für *ungerade* Exponenten bei x gilt:

$(-x)^n = -x^n$

Das bedeutet für die jeweilige Funktion f:

$f(-x) = -f(x)$

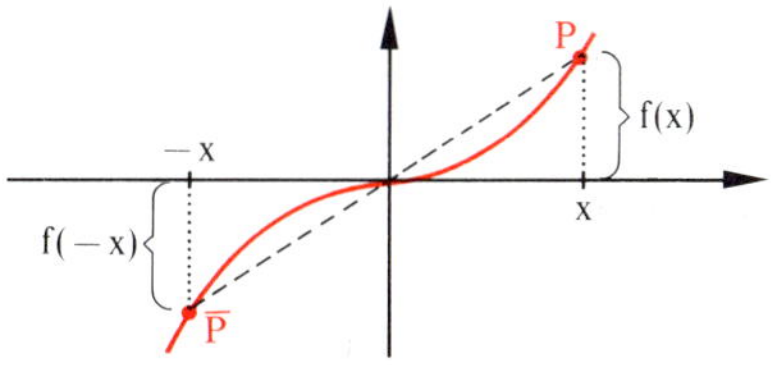

Der Graph ist *punktsymmetrisch* zum Koordinatenursprung.

Definition 6
Eine Funktion f mit $f(x) = x^n$ mit $n \in \mathbb{N}$ heißt **Potenzfunktion**.
Man wählt üblicherweise $\mathbb{R}$ als Definitionsbereich.
Den Exponenten n nennt man den **Grad** der Potenzfunktion.

Satz 5
Der Graph einer Funktion f mit dem Definitionsbereich D_f ist symmetrisch

$\begin{Bmatrix} \text{zur 2. Koordinatenachse} \\ \text{zum Koordinatenursprung} \end{Bmatrix}$, wenn für alle $x \in D_f$ gilt: $\begin{Bmatrix} f(-x) = f(x) \\ f(-x) = -f(x) \end{Bmatrix}$.

Speziell gilt für den Graphen einer Potenzfunktion mit dem Grad n:

Ist n $\begin{Bmatrix} \text{gerade} \\ \text{ungerade} \end{Bmatrix}$, so ist der Graph symmetrisch $\begin{Bmatrix} \text{zur 2. Koordinatenachse} \\ \text{zum Koordinatenursprung} \end{Bmatrix}$.

Zum Weiterarbeiten

1.

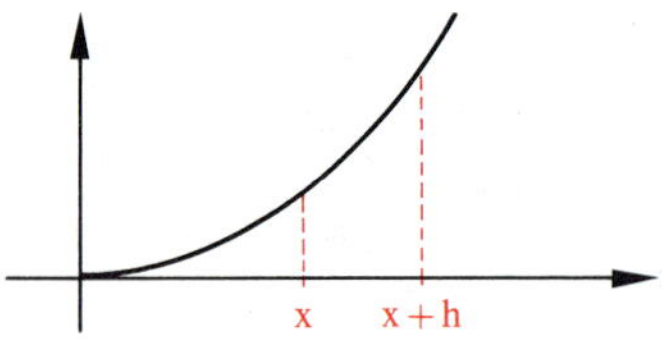

Am Graphen kann man erkennen:
Im Intervall $[0; \infty[$ ist jede Potenzfunktion monoton steigend.

a) Begründe diese Eigenschaft beispielhaft für die Potenzfunktion dritten Grades mit Hilfe des Funktionsterms.
Hinweis: Vergleiche dazu x^3 mit $(x+h)^3$, wobei $h>0$.

b) Welche Monotonieeigenschaft zeigt eine Potenzfunktion im Intervall $]-\infty; 0[$?

c) Notiere den Wertebereich einer Potenzfunktion.

2.

Durch welche Abbildung (vgl. S. 28) ist der Graph der Funktion g aus dem Graphen einer Potenzfunktion entstanden? Skizziere die Graphen beider Funktionen.

a) $g(x)=x^4-3$ **c)** $g(x)=\frac{1}{5}x^3$ **e)** $g(x)=(x-1)^3+\frac{1}{2}$ **g)** $g(x)=-\frac{1}{2}x^3$

b) $g(x)=(x+2{,}5)^3$ **d)** $g(x)=-x^5$ **f)** $g(x)=3-x^4$ **h)** $g(x)=\frac{3}{4}x^2+6x+12$

Übungen

3.

Welche gemeinsamen Punkte haben die Graphen der Potenzfunktionen

a) mit geradem Grad, **b)** mit ungeradem Grad, **c)** mit beliebigem Grad?

4.

Vergleiche die Graphen der Potenzfunktionen im 1. Quadranten $(x>0)$:
In welchem Bereich für x liegt der Graph einer Potenzfunktion höheren Grades oberhalb [unterhalb] des Graphen einer Potenzfunktion niederen Grades? Begründe.

5.

Welche Monotonieeigenschaften hat die Funktion f?

a) $f(x)=-x^3$ **b)** $f(x)=-x^4$ **c)** $f(x)=(-x)^4$ **d)** $f(x)=(-x)^5$

6.

Gehe aus von dem Graphen der Potenzfunktion dritten [vierten] Grades. Führe nacheinander die angegebenen Abbildungen aus. Notiere dann den Funktionsterm zu dem entstehenden Graphen.

a) Verschiebe zunächst um 2 Einheiten nach rechts, dann um 4 Einheiten nach oben.

b) Verschiebe zunächst um 1 Einheit nach unten, strecke dann in Richtung der 2. Koordinatenachse mit dem Faktor 2.

c) Verschiebe zunächst um 1,5 Einheiten nach links, spiegele dann an der 1. Koordinatenachse und strecke schließlich in Richtung der 2. Koordinatenachse mit dem Streckfaktor 0,5.

1.4.2. Begriff der ganzrationalen Funktion, Horner-Schema

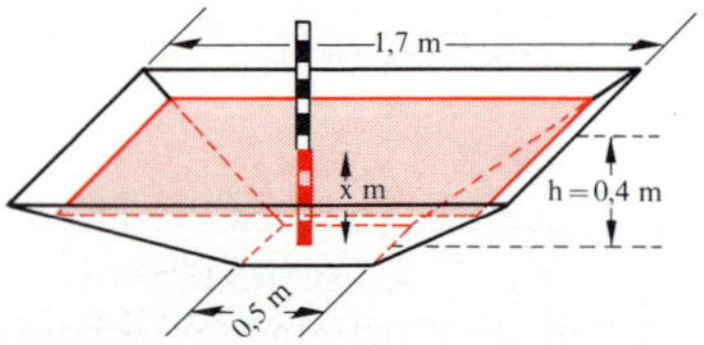

Eine trichterförmige Wanne für Altöl hat eine quadratische Bodenfläche. Das Volumen V des eingefüllten Altöls läßt sich aus der Einfüllhöhe x wie folgt berechnen:*)

$$V=3x^3+1{,}5x^2+0{,}25x$$

Beispiel:
Für $x=0{,}2$ ist $V=3\cdot 0{,}2^3+1{,}5\cdot 0{,}2^2+0{,}25\cdot 0{,}2=0{,}134$.
Der Term $3x^3+1{,}5x^2+0{,}25x$ ist ein Beispiel für ein *Polynom.* Solche Terme werden in vielen Bereichen der Technik und auch der Wirtschaft zur Berechnung von Größen verwendet.

*) Der Funktionsterm läßt sich mit Hilfe der Strahlensätze und der Volumenformel für den Pyramidenstumpf herleiten.

Definition 7

(1) Ein Term f(x) der Form

$$a_n x^n + a_{n-1} x^{n-1} + a_{n-2} x^{n-2} + \ldots + a_2 x^2 + a_1 x + a_0$$

mit $n \in \mathbb{N}_0$; $a_0, a_1, a_2, \ldots, a_n \in \mathbb{R}$ und $a_n \neq 0$
heißt **Polynom** in x. Der Exponent n heißt der **Grad** des Polynoms.
Die Zahlen $a_0, a_1, \ldots, a_n$ nennt man die *Koeffizienten* des Polynoms.

(2) Eine Funktion f, deren Funktionsterm f(x) als *Polynom* geschrieben werden kann, heißt **ganzrationale Funktion.**
Als Definitionsbereich wählt man üblicherweise die Menge $\mathbb{R}$ aller reellen Zahlen.
Der Grad des Polynoms heißt auch **Grad** der ganzrationalen Funktion.

Ergänzung
Hat der Funktionsterm die einfache Form $f(x) = a_0 \neq 0$, so ist f(x) ein *Polynom nullten Grades*, wegen $f(x) = a_0 \cdot x^0$.
Auch wenn alle Koeffizienten gleich 0 sind, d.h. $f(x) = 0$ für alle $x \in \mathbb{R}$, spricht man von einem Polynom, dem *Nullpolynom.* Ihm wird kein Grad zugewiesen.

Aufgabe

Gegeben sei die Funktion f mit $f(x) = 0{,}2x^3 - 0{,}3x^2 - 1{,}2x + 2$.
Zeichne mit Hilfe einer Wertetabelle den Graphen von f.

Lösung

Setzt man zur Berechnung eines Funktionswertes für x eine Zahl in das gegebene Polynom ein, so kann das zu einer umständlichen Rechnung führen. Um die Zahl der Rechenschritte zu verringern, formen wir zunächst den Funktionsterm um:

$$f(x) = 0{,}2 \cdot x^3 - 0{,}3 \cdot x^2 - 1{,}2 \cdot x + 2$$
$$= (0{,}2 \cdot x^2 - 0{,}3 \cdot x - 1{,}2) \cdot x + 2$$

$$f(x) = ((0{,}2 \cdot x - 0{,}3) \cdot x - 1{,}2) \cdot x + 2$$

Diese Form des Funktionsterms führt bei der Berechnung der Funktionswerte zu einer *Kette* einzelner Rechenschritte, z.B. für die Berechnung von f(3):

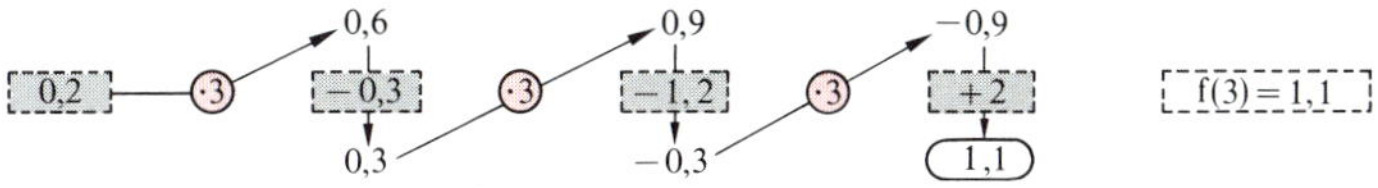

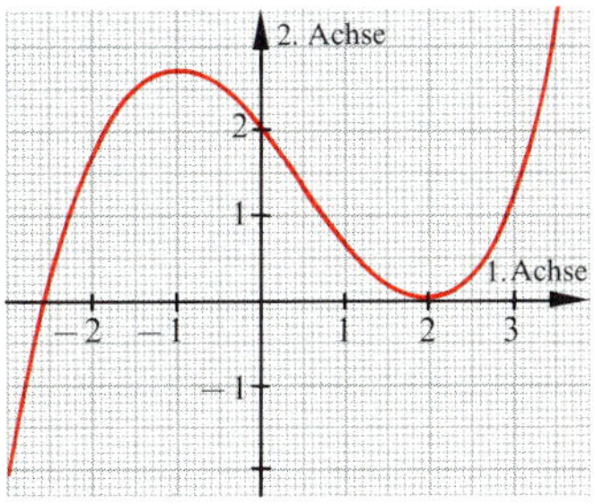

Eine solche Darstellung nennt man ein **Horner-Schema**.

x	−3	−2	−1	0	1	2	3
f(x)	−2,5	1,6	2,7	2	0,7	0	1,1

Zum Weiterarbeiten

1.
Forme den Funktionsterm (schrittweise) so um, daß man zur Berechnung der Funktionswerte das Horner-Schema anwenden kann. Berechne dann: f(2), f(−2), f(1, 2), f(−1,5).

a) $f(x) = \frac{x^3}{10} + \frac{x^2}{2} - \frac{4}{5}x + 11$ **b)** $f(x) = -x^4 + 2x^2 - \frac{x}{8} + 1$

2.

Die ganzrationale Funktion f hat den Term

a) $f(x)=\frac{1}{2}x^4-2x^2+1$

Begründe mit Hilfe des Terms:
Der Graph ist symmetrisch zur 2. Koordinatenachse.

b) $f(x)=\frac{1}{5}x^5-\frac{4}{5}x^3+x$

Begründe mit Hilfe des Terms:
Der Graph ist symmetrisch zum Koordinatenursprung.

3.

a) Begründe den folgenden Satz **6**.

b) Es gilt auch die Umkehrung des Satzes **6**. Formuliere diese Umkehrung.

Satz 6
Wenn in dem Polynom f(x) nur gerade Exponenten bei den Potenzen von x auftreten, dann ist der Graph der zugehörigen ganzrationalen Funktion f symmetrisch zur zweiten Koordinatenachse.
Wenn in dem Polynom f(x) nur ungerade Exponenten bei den Potenzen von x auftreten und auch $a_0=0$ ist, dann ist der Graph der zugehörigen ganzrationalen Funktion f symmetrisch zum Koordinatenursprung.

△ *Ergänzung*
△ BASIC-Programme zur Berechnung von Funktionswerten nach dem Horner-Schema.
△ Vergleiche beide Programme auf Vor- und Nachteile.

(1)

```
100 REM --- PROGRAMM HORNER-SCHEMA ---
110 INPUT "STELLE X ";X:PRINT
120 INPUT "GRAD DER FUNKTION F ";N:PRINT
130 Y=0
140 PRINT "KOEFFIZIENT A";N;
150 INPUT A
160 IF N>0 THEN Y=(Y+A)*X:N=N-1:GOTO 140
170 Y=Y+A
180 PRINT:PRINT "F(";X;") ="Y
190 END
```

(2)

```
100 REM --- PROGRAMM HORNER-SCHEMA ---
110 INPUT "GRAD DER FUNKTION F ";N : PRINT
120 DIM A(N)
130 PRINT "KOEFFIZIENTEN EINGEBEN :" : PRINT
140 FOR I=N TO 0 STEP -1
150   PRINT "A";I;" = ";: INPUT A(I)
160 NEXT I : PRINT
200 INPUT "X = ";X
210 Y=A(N)
220 FOR I=1 TO N
230   Y=Y*X+A(N-I)
240 NEXT I : PRINT
250 PRINT "F(";X;") = "Y : PRINT
300 PRINT "NEUER FUNKTIONSWERT ? (J/N)";
310 INPUT J$ : PRINT
320 IF J$="J" THEN 200
330 END
```

Übungen

4.

Forme den Funktionsterm in ein Polynom um. Gib auch den Grad des Polynoms an.

a) $f(x)=(x^2-5)(x^3+x+0{,}7)$

b) $f(x)=-\frac{3}{4}(x-8)(x+3)^2$

c) $f(x)=\frac{x-7}{5}\cdot(x+1)-2x$

d) $f(x)=(2x-1)^3-4x\cdot(2x^2+1)$

5.

Berechne die Funktionswerte $f(1)$, $f(-1)$, $f(3)$, $f(\frac{1}{2})$, $f(-2{,}5)$.
Notiere den Funktionsterm auch als Polynom.

a) $f(x)=((3x+1)\cdot x-2)\cdot x+4$

b) $f(x)=(((\frac{1}{2}\cdot x-3)\cdot x+1{,}5)\cdot x-1)\cdot x+12$

c) $f(x)=((((-x+0{,}2)\cdot x-0{,}8)\cdot x+1{,}25)\cdot x-0{,}1)\cdot x$

6.

Lege mit Hilfe des Horner-Schemas eine Wertetabelle an. Zeichne den Graphen.

a) $f(x)=0{,}2x^3+0{,}2x^2-1{,}8x-1{,}8$

b) $f(x)=0{,}1x^4-0{,}1x^3-0{,}7x^2+0{,}1x+0{,}6$

c) $f(x)=-0{,}05x^5+0{,}1x^4+0{,}75x^3$

d) $f(x)=3x^3+1{,}5x^2+0{,}25x$

7.

Ist f eine ganzrationale Funktion? Falls dies zutrifft, schreibe f(x) als Polynom.

a) $f(x)=\frac{x^4+2}{8}$ **b)** $f(x)=\frac{1}{x}$ **c)** $f(x)=\sqrt{x}$ **d)** $f(x)=(x+\sqrt{2})^2$ **e)** $f(x)=2^x$

8.

Untersuche den Graphen der Funktion f auf Symmetrie.

a) $f(x)=8-x^4$

b) $f(x)=x^3+7x$

c) $f(x)=\frac{x^4}{3}+5x^2-\frac{1}{2}$

d) $f(x)=6x^5+\frac{x^3}{2}-0{,}8x$

e) $f(x)=9x^3-\frac{x}{5}$

f) $f(x)=x(x^2+2)$

1.4.3. Nullstellen einer ganzrationalen Funktion. Polynomdivision

Aufgabe

Bestimme die Nullstellen der ganzrationalen Funktion f mit

a) $f(x)=(x-3)(x+4)(x-0{,}5)$

b) $f(x)=x^3+2x^2-104x+192$

Lösung

a) Die Nullstellen sind Lösungen der Gleichung $f(x)=0$:

$(x-3)(x+4)(x-0{,}5)=0$

Ein Produkt ist genau dann Null, wenn (mindestens) einer der Faktoren Null ist. Das heißt hier:

$x-3=0$ oder $x+4=0$ oder $x-0{,}5=0$, d.h.:
$x=3$ oder $x=-4$ oder $x=0{,}5$

Die Faktoren in dem Produkt $(x-3)(x+4)(x-0{,}5)$ sind (einzeln) lineare Terme, man nennt sie auch *Linearfaktoren.*
Jeder dieser Linearfaktoren führt auf eine Nullstelle.

f hat die Nullstellen 3; -4; $0{,}5$.

b) In der Teilaufgabe a) ließen sich die Nullstellen mit Hilfe der Linearfaktoren bestimmen.
Wir wollen auch bei dem Term $f(x)=x^3+2x^2-104x+192$ versuchen, diesen in ein Produkt aus Linearfaktoren umzuformen. Beim Aufstellen einer Wertetabelle kann man durch Zufall eine Nullstelle finden, z.B. findet man hier: $f(2)=0$.
Zu der Nullstelle 2 gehört der Linearfaktor $(x-2)$.

Wir versuchen, den Term $x^3+2x^2-104x+192$ als Produkt zu schreiben, bei dem $(x-2)$ als Linearfaktor auftritt:

$x^3+2x^2-104x+192=(x-2)\cdot g(x)$

Den zweiten Faktor, den Term g(x), bestimmen wir, indem wir den Term $x^3+2x^2-104x+192$ durch $(x-2)$ *dividieren.*
Das versuchen wir analog zu dem Divisionsverfahren bei ganzen Zahlen.

Division ganzer Zahlen: $8544 : 32 = 267$ $-64 \quad \leftarrow \cdot 32$ 214 $-192 \quad \leftarrow \cdot 32$ 224 $-224 \quad \leftarrow \cdot 32$ 0	*Division von Polynomen:* $(x^3 + 2x^2 - 104x + 192) : (x-2) = x^2 + 4x - 96$ $-(x^3 - 2x^2) \longleftarrow \cdot (x-2)$ $4x^2 - 104x + 192$ $-(4x^2 - 8x) \longleftarrow \cdot (x-2)$ $-96x + 192$ $-(96x + 192) \longleftarrow \cdot (x-2)$ 0
Bei der Division durch eine ganze Zahl erhält man die einzelnen Ziffern im Ergebnis *schrittweise* durch Subtraktion geeigneter Vielfache des Divisors.	Analog erhält man bei der *Polynomdivision* die einzelnen Summanden des Ergebnisses *schrittweise:* 1. Schritt: $x^3 : x = x^2$ 2. Schritt: $4x^2 : x = 4x$ 3. Schritt: $-96x : x = -96$

Die Division bei den Polynomen führt zu

$$(x^3+2x^2-104x+192) : (x-2) = x^2+4x-96,$$

d.h.: $x^3+2x^2-104x+192 = (x-2) \cdot (x^2+4x-96)$

Wir benutzen diese Umformung, um *alle* Nullstellen von f zu bestimmen:

$(x-2)\cdot(x^2+4x-96)=0$

$x-2=0$ oder $x^2+4x-96=0$

$x=2$ oder $x=8$ oder $x=-12$

f hat also die Nullstellen 2; 8; −12.

Zur Begründung des Verfahrens der Polynomdivision:

Die Richtigkeit des Verfahrens zeigt die folgende Rechnung. Die Begründungen liefern die Gleichungen rechts von den Strichen. Man liest sie aus den Staffeln des oben dargestellten Verfahrens ab.

$x^3+2x^2-104x+192 \quad | \ x^3+2x^2=(x-2)\cdot x^2+4x^2$

$=(x-2)\cdot x^2+4x^2-104x+192 \quad | \ 4x^2-104x=(x-2)\cdot 4x-96x$

$=(x-2)\cdot x^2+(x-2)\cdot 4x-96x+192 \quad | \ -96x+192=(x-2)\cdot(-96)$

$=(x-2)\cdot x^2+(x-2)\cdot 4x+(x-2)\cdot(-96) \quad |$ Ausklammern von $(x-2)$

$=(x-2)\cdot(x^2+4x-96)$

Die Rechnung läßt sich im Prinzip genauso bei anderen Beispielen durchführen.

Zum Weiterarbeiten

1.

Forme den Funktionsterm f(x) in ein Produkt aus Linearfaktoren um (faktorisiere).

a) $f(x)=x^4+2x^3$ **b)** $f(x)=x^3-10x^2+25x$ **c)** $f(x)=48x^2-3x^6$

Bestimme dann die Nullstellen der Funktion f. An welcher Nullstelle wechseln die Funktionswerte das Vorzeichen?

2.

a) Die ganzrationale Funktion f hat den Term $f(x)=x^4-8x^3+17x^2-8x+16$.
Zeige mit Hilfe der Polynomdivision, daß sich der Linearfaktor $(x-4)$ genau zweimal abspalten läßt: $f(x)=(x-4)\cdot(x-4)\cdot g(x)$, wobei $g(4) \neq 0$ ist.
Man nennt die zugehörige Nullstelle 4 eine **doppelte Nullstelle**.

b) Zeige, daß die ganzrationale Funktion f mit $f(x)=x^4-6x^2-8x-3$ eine *mehrfache Nullstelle* hat. Gib auch an, wie oft sich der zugehörige Linearfaktor abspalten läßt.

c) Wie kann man bei einer mehrfachen Nullstelle erkennen, ob die Funktionswerte an der Nullstelle das Vorzeichen wechseln oder nicht?

3.

a) Die Zahl 8 ist Nullstelle der Funktion f mit $f(x)=x^3+2x^2-104x+192$.
Zeige, daß sich bei diesem Term der Linearfaktor $(x-8)$ abspalten läßt.
Untersuche dazu: $x^3+2x^2-104x+192=(x-8)\cdot g(x)+r$
Begründe mit Hilfe von $f(8)=0$, daß $r=0$ sein muß.
Zeige außerdem, daß $g(x)$ ein Polynom *zweiten* Grades ist.

b) f sei eine ganzrationale Funktion mit dem Grad $n>0$. a sei eine Nullstelle von f, d.h.: $f(a)=0$.
Begründe: Bei der Polynomdivision $f(x):(x-a)$ erscheint schließlich 0 als Rest.
Untersuche dazu $f(x)=(x-a)\cdot g(x)+r$ und zeige, daß r den Wert 0 hat.
Begründe außerdem, daß $n-1$ der Grad von $g(x)$ ist.

c) a, b und c seien verschiedene Nullstellen der ganzrationalen Funktion f mit dem Grad $n\geq 3$.
Begründe, daß sich die zugehörigen Linearfaktoren $(x-a)$, $(x-b)$ und $(x-c)$ wie folgt „abspalten" lassen: $f(x)=(x-a)\cdot(x-b)\cdot(x-c)\cdot g(x)$, wobei das Polynom $g(x)$ den Grad $n-3$ hat.

4.

Begründe, daß eine ganzrationale Funktion n-ten Grades mit $n>0$ höchstens n Nullstellen haben kann. Verwende dabei, daß man für jede Nullstelle a den Linearfaktor $(x-a)$ „abspalten" kann.

Satz 7
Eine ganzrationale Funktion n-ten Grades mit $n>0$ hat höchstens n Nullstellen.

Definition 8
Ist a Nullstelle einer ganzrationalen Funktion f und gilt
$f(x)=(x-a)^k\cdot g(x)$ mit $k\in\mathbb{N}$ und $g(a)\neq 0$, so heißt a eine **k-fache Nullstelle** von f.

Übungen

5.

Welche der Zahlen -2; 2; 7; 10 sind Nullstellen der ganzrationalen Funktion f?

a) $f(x)=4x^3+2x^2+5x-1505$

b) $f(x)=x^4-6x^3+2x^2-3x-78$

c) $f(x)=\frac{x^4}{10}+\frac{x^3}{5}+x-315{,}7$

d) $f(x)=\frac{x^3}{2}+3x^2-2x-12$

6.

Bestimme die Nullstellen der ganzrationalen Funktion f mit

a) $f(x)=(x-7)(x-4)(x+9)$

b) $f(x)=3\cdot(x+\frac{1}{2})(x-2)^2$

c) $f(x)=\frac{1}{5}(x+1{,}2)(x^2-25)$

d) $f(x)=(x^2-6x+9)\cdot x^2$

e) $f(x)=x^5+3x^4$

f) $f(x)=x^3+12x^2+36x$

g) $f(x)=x^6-x^4$

h) $f(x)=x^8-1$

i) $f(x)=x^n-1$

7.

Führe die Polynomdivision aus.

a) $(x^3-4x^2-16x+15):(x+3)$

b) $(3x^3-11x^2-13x+36):(x-4)$

c) $(2x^3-3x^2-12x-5):(x+\frac{1}{2})$

d) $(x^3-x+120):(x+5)$

e) $(x^4-81):(x-3)$

f) $(x^4+0{,}008x):(x+0{,}2)$

g) $(x^4-1):(x-1)$

h) $(x^{10}-1):(x-1)$

i) $(x^n-1):(x-1)$

8.

Welche der Zahlen -3; 2; $\frac{1}{2}$ ist Nullstelle der Funktion f? Bestimme die übrigen Nullstellen.

a) $f(x)=x^3-x^2-22x+40$

b) $f(x)=6x^3+19x^2+2x-3$

c) $f(x)=4x^3-2x^2+x-0{,}5$

d) $f(x)=\frac{x^3}{3}-2x^2+4x-\frac{8}{3}$

9.

Bestimme die Nullstellen. Gib auch die Positiv- und Negativbereiche an.

a) $f(x)=x^3-3x^2-2x+6$

b) $f(x)=x^3-\frac{7}{4}x-\frac{3}{4}$

c) $f(x)=\frac{x^5}{2}-\frac{x^4}{3}-8x+\frac{16}{3}$

d) $f(x)=x^5+2x^4+2x^3+4x^2+3x+6$

10.

Gib alle Nullstellen der ganzrationalen Funktion f an und notiere jeweils, ob es sich um eine einfache, eine doppelte oder eine dreifache Nullstelle handelt. Gib auch jeweils an, ob ein Vorzeichenwechsel der Funktionswerte auftritt.

a) $f(x)=x(x-2)^2(x+\frac{3}{4})$

b) $f(x)=(x^2-16)(x+4)$

c) $f(x)=x^3(x^2-10x+25)$

d) $f(x)=(x+1)^2(x^3+1)$

e) $f(x)=x^4+x^2$

f) $f(x)=x^4-16$

1.4.4. Halbierungsverfahren zur Nullstellenbestimmung

Das Aufsuchen der Nullstellen einer ganzrationalen Funktion f mit Hilfe der Gleichung $f(x)=0$ bereitet dann keine Schwierigkeiten, wenn f linear oder quadratisch ist. Für Gleichungen höheren Grades kennen wir kein Lösungsverfahren, das immer zum Ziel führt.

Bei ganzrationalen Funktionen höheren Grades haben wir in einfachen Fällen eine Nullstelle durch Probieren gefunden (Wertetabelle) und den Grad der Gleichung für die restlichen Nullstellen durch Abspalten eines Linearfaktors verringert (Abschnitt 1.4.3. S. 35ff.).
Dieses Aufsuchen einer Nullstelle durch Probieren hat nicht immer Aussicht auf Erfolg. Für diesen Fall benötigen wir andere Verfahren.

Aufgabe

Bestimme näherungsweise eine Nullstelle a der ganzrationalen Funktion f mit $f(x)=x^3+x-1$.
Suche dazu ein Intervall für x, in dem die Funktionswerte das Vorzeichen wechseln. Enge dieses Intervall schrittweise ein und bestimme so einen Näherungswert für a.

Lösung

Wir legen eine Wertetabelle an, um ein Intervall mit Vorzeichenwechsel für die Funktionswerte zu finden.

Im Intervall [0; 1] wechseln die Funktionswerte das Vorzeichen. Folglich liegt a in diesem Intervall, aber wir kennen die Stelle nicht genau. Daher zerlegen wir dieses Intervall weiter in Teilintervalle, am einfachsten durch Halbieren in zwei gleich große Teilintervalle, um die Lage der Nullstelle weiter einzuengen.

x	f(x)
−2	−11
−1	−3
0	−1
1	+1
2	9
3	29

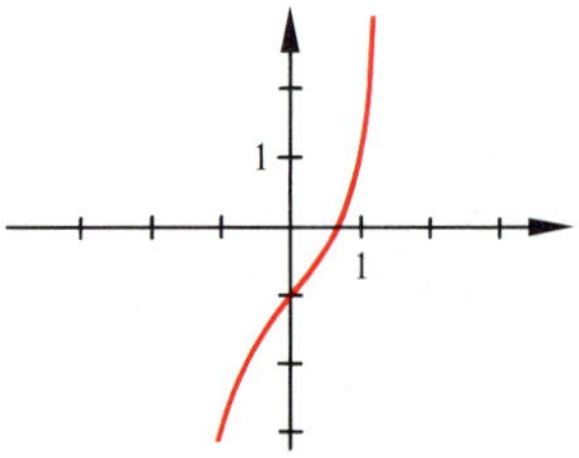

Die Funktionswerte wechseln hier das Vorzeichen im zweiten Teilintervall [0,5; 1].

x	f(x)
0	−1
0,5	−0,375
1	+1

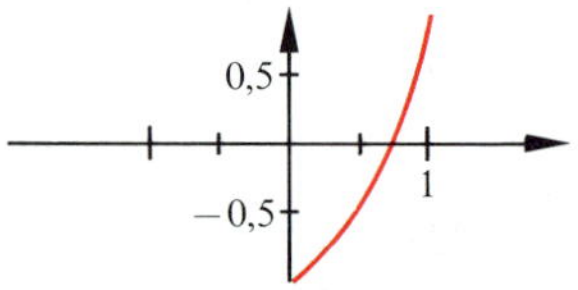

Dieses Verfahren setzen wir fort, indem wir jeweils ein gefundenes Intervall durch *Halbieren* in Teilintervalle zerlegen und untersuchen, in welchem der beiden Teilintervalle der Vorzeichenwechsel eintritt:

x	f(x)	Intervall mit Vorzeichenwechsel der Funktionswerte
1	+1	
0,5	−0,375	[0,5 ; 1]
0,75	+0,171875	[0,5 ; 0,75]
0,625	−0,130859375	[0,625 ; 0,75]
0,6875	+0,012451172	[0,625 ; 0,6875]
0,65625	−0,061126709	[0,65625 ; 0,6875]
0,671875	−0,024829865	[0,671875 ; 0,6875]
0,6796875	−0,006313801	[0,6796875; 0,6875]
0,68359375	+0,003037393	[0,6796875; 0,68359375]

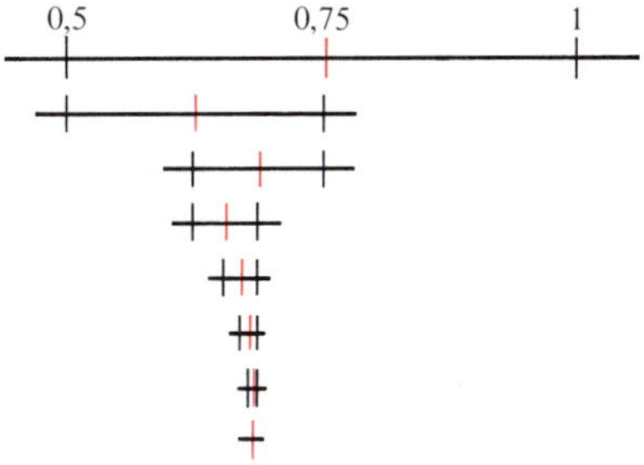

Nach diesem Verfahren läßt sich der Bereich für die Nullstelle beliebig eng eingrenzen, da bei jedem einzelnen Schritt die Intervallbreite halbiert wird.
Wenn eine Genauigkeit von zwei Dezimalstellen hinter dem Komma ausreicht, kann das Verfahren (wie oben) nach 8 Schritten abgebrochen werden.
0,68 ist dann der entsprechende *Näherungswert* für die Nullstelle a.

Anmerkung:
Dieses Verfahren, eine Nullstelle näherungsweise zu bestimmen, ist deswegen anwendbar, weil es im Funktionsgraphen keinen „Sprung“ gibt.
Wenn dann in einem Intervall für x die Funktionswerte einen Vorzeichenwechsel aufweisen, muß in diesem Intervall (mindestens) eine Nullstelle liegen.

Zum Weiterarbeiten

1.

a) Wie genau läßt sich in der obigen Aufgabe die Nullstelle angeben, wenn man das Halbierungsverfahren um vier weitere Schritte fortsetzt?

b) Man will sicher sein, daß die Mitte des letzten Intervalls von dem genauen Wert der Nullstelle höchstens um den Betrag $\frac{1}{2^{15}}$ [10^{-6}] abweicht.
Wie viele Schritte sind dazu im ungünstigsten Fall erforderlich?

Ergänzung
BASIC-Programm zum Halbierungsverfahren

```
100 REM --- PROGRAMM HALBIERUNGSVERFAHREN ---
110 DEF FNF(X)=X*X*X+X-1
120 INPUT "ANFANGSINTERVALL [X1,X2] ";X1,X2
130 IF FNF(X1)*FNF(X2)>0 THEN 120
200 M=(X1+X2)/2 : REM INTERVALL HALBIEREN
210 IF ABS(X2-X1)<.0001 THEN 300
220 IF FNF(X1)*FNF(M)<=0 THEN X2=M : GOTO 200
230 X1=M : GOTO 200
300 A=INT(M*10000+.5)/10000 : REM RUNDEN
310 PRINT "NULLSTELLE : ";A
320 END
```

Übungen

2.

Zeige, daß die ganzrationale Funktion f mit $f(x)=x^4+5x^3+7$ im Intervall $[-2; 0]$ einen Vorzeichenwechsel der Funktionswerte aufweist. Bestimme dann einen Näherungswert für die Nullstelle in diesem Intervall auf eine Nachkommastelle [zwei Nachkommastellen] genau.

3.

Suche zu der Funktion f ein Intervall für x, in dem die Funktionswerte das Vorzeichen wechseln. Bestimme dann mit Hilfe des Halbierungsverfahrens eine Nullstelle von f auf zwei [drei] Nachkommastellen genau.

a) $f(x)=x^3+5x-30$ **c)** $f(x)=x^5-x-500$ **e)** $f(x)=x^5+x^4+x^3-100$

b) $f(x)=x^3+x^2+2$ **d)** $f(x)=x^5+x^2+1$ **f)** $f(x)=(x+3)(x^2+1)+1$

4.

Die ganzrationale Funktion f hat zwei Nullstellen. Skizziere mit Hilfe einer Wertetabelle den Graphen und bestimme dann die Nullstellen auf zwei Nachkommastellen genau.

a) $f(x)=\frac{x^4}{4}-3x+1$ **b)** $f(x)=x^4-x+\frac{1}{4}$ **c)** $f(x)=-x^6-5x-3$

5.

Für eine ganzrationale Funktion f gilt $f(1)>0$ und $f(2)<0$. Zur Bestimmung der Nullstelle im Intervall $1<x<2$ wird das Halbierungsverfahren mit n Schritten durchgeführt.
Um welchen Betrag weicht dann die Mitte des letzten Intervalls von dem genauen Wert der Nullstelle höchstens ab?

1.4.5. Vermischte Übungen

1.

Bei welcher Potenzfunktion f geht der Graph durch den Punkt P? Notiere den Grad von f. In welchem Intervall steigt der Graph von f an, in welchem fällt er?

a) P(2; 16) **b)** P(−2; −8) **c)** P(0,5; 0,25) **d)** P(−0,1; 0,000001) **e)** P(−1,2; −1,2)

2.

Notiere die Gleichung der Symmetrieachse bzw. die Koordinaten des Symmetriepunktes zu dem Graphen der Funktion f. Gib auch die Monotonieeigenschaften von f an.

a) $f(x)=x^6+2$ **b)** $f(x)=x^3-5$ **c)** $f(x)=(x-3)^4$ **d)** $f(x)=(x+1)^5$

3.

a) Zeichne in das gleiche Koordinatensystem die Graphen der Potenzfunktionen mit den Termen $f_1(x)=x$ und $f_2(x)=x^4$ im Bereich $-1{,}2\leq x\leq 1{,}2$ (wähle geeignete Skalen).
Zeichne mit Hilfe dieser Graphen (durch Überlagerung) den Graphen der Funktion f mit $f(x)=x+x^4$, ohne für f eine neue Wertetabelle anzulegen.

b) Zeichne in das gleiche Koordinatensystem die Graphen der Funktionen mit
(1) $f_1(x)=x^2$, $f_2(x)=x$, $f_3(x)=x^2-x$
(2) $f_1(x)=x^3$, $f_2(x)=x^2$, $f_3(x)=x^3+x^2$

4.

Skizziere den Graphen der ganzrationalen Funktion f mit

$$f(x)=\frac{1}{5}x^3+x^2 \quad \left[f(x)=\frac{x^4}{8}-x\right].$$

a) Verschiebe den Graphen um 2 Einheiten nach oben [nach unten];

b) Verschiebe den Graphen um 1 Einheit nach rechts [nach links];

c) Spiegele den Graphen an der 1. Koordinatenachse.

Schreibe den Term der neuen Funktion g als Polynom. Berechne die Funktionswerte g(1,5) und g(−0,8). Bestimme auch die Nullstellen von g auf zwei [drei] Nachkommastellen genau.

5.

Wähle einen Wert für den Parameter a so, daß der Graph der Funktion f entweder achsensymmetrisch zur 2. Koordinatenachse oder punktsymmetrisch zum Koordinatenursprung ist. Gib auch die Art der Symmetrie an. Welche Nullstellen hat dann f?

a) $f(x)=\frac{1}{4}x^3+a$
b) $f(x)=(x-a)^2$
c) $f(x)=a+x^4$
d) $f(x)=(x+a)(x-9)$
e) $f(x)=x^2(x^3-ax)$
f) $f(x)=x^a+x$
g) $f(x)=|x+a|$
h) $f(x)=a-|x|$
i) $f(x)=|x+a|\cdot|x-a|$

6.

Der Graph der ganzrationalen Funktion f sei punktsymmetrisch zum Koordinatenursprung. Gib an, ob der Graph der Funktion g punktsymmetrisch zum Koordinatenursprung oder achsensymmetrisch zur 2. Koordinatenachse ist. Begründe diese Symmetrie.

a) $g(x)=f(x)+x$
b) $g(x)=-f(x)$
c) $g(x)=x\cdot f(x)$
d) $g(x)=x^2\cdot f(x)$
e) $g(x)=x-2\cdot f(x)$
f) $g(x)=[f(x)]^2$

Welchen Grad hat g, wenn f dritten Grades ist?

7.

Bestimme die Nullstellen von f. Gib jeweils an, ob es sich um eine einfache oder mehrfache Nullstelle handelt und ob beim Überschreiten der Nullstelle die Funktionswerte das Vorzeichen wechseln. Notiere die Positiv- und die Negativbereiche von f. Schreibe f(x) als Produkt aus Linearfaktoren.

a) $f(x)=x^6+x^5-6x^4$
b) $f(x)=x^5-10x^4+25x^3$
c) $f(x)=(x^2-9)(x^2+6x+9)$
d) $f(x)=(x^3-6x^2+12x-8)(x^2+2x+1)$

8.

Bestimme eine ganzrationale Funktion f dritten Grades, die die Nullstellen x_1, x_2, x_3 hat und deren Graph durch den Punkt P(0; a) geht. Notiere f(x) als Polynom.

a) $x_1=-1$; $x_2=1$; $x_3=4$; $a=1$
b) $x_1=3$; $x_2=5$; $x_3=6$; $a=-1$
c) $x_1=-4$; $x_2=-2$; $x_3=2$; $a=4$
d) $x_1=\frac{1}{2}$; $x_2=3$; $x_3=-3$; $a=-9$

9.

a) Begründe: Wenn man den Graphen einer ganzrationalen Funktion mit dem Grad $n>0$ in Richtung der 2. Koordinatenachse verschiebt, ändert sich der Grad n nicht.

b) Der Graph gehört zu einer ganzrationalen Funktion f. Welchen Grad muß f mindestens haben? Begründe die Antwort.

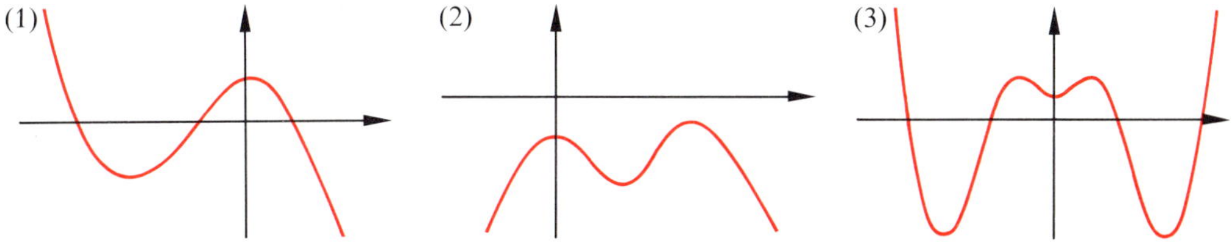

10.

Eine Kugel mit dem Radius $r=5$ cm hat die Masse 200 g. Die Kugel schwimmt an der Wasseroberfläche. Wie tief taucht sie ein?

Volumen der Kugelkappe: $V=\frac{\pi}{3}h^2(3r-h)$

Beachte das Archimedische Prinzip:
Die Masse des verdrängten Wassers ist gleich der Masse der gesamten Kugel.

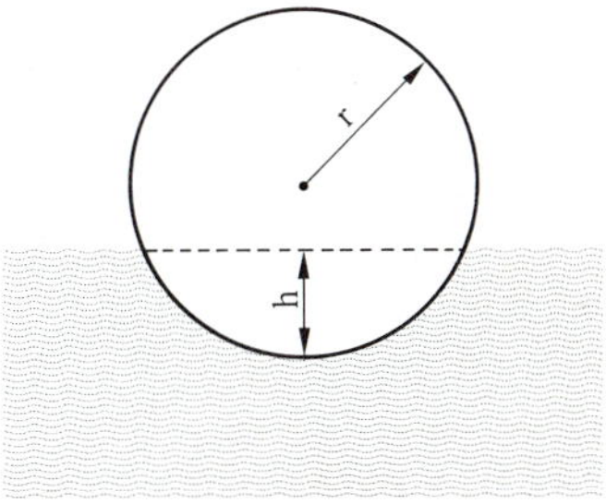

1.5. Gebrochen rationale Funktionen

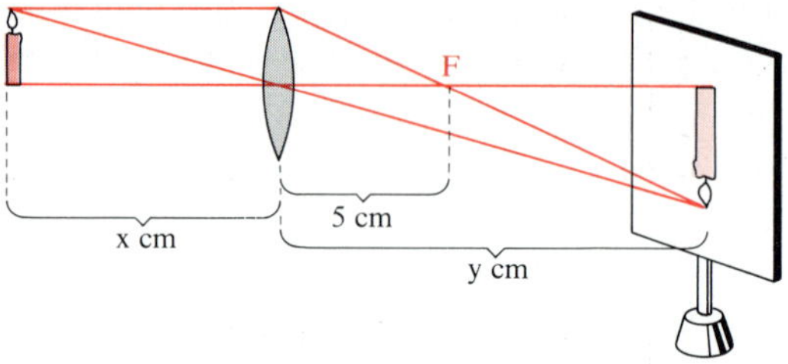

Eine Projektionslinse mit 5 cm Brennweite erzeugt von einer Kerze in der „Gegenstandsweite“ x cm ein Bild auf einem Schirm in der „Bildweite“ y cm.
Zwischen der Gegenstandsweite und der Bildweite besteht die Beziehung: *)

$$\frac{1}{x}+\frac{1}{y}=\frac{1}{5}$$

Will man zu einer vorgegebenen Gegenstandsweite x cm die zugehörige Bildweite y cm berechnen, so löst man die Gleichung zunächst nach y auf:

$$y=\frac{5x}{x-5}$$

Jeder Maßzahl $x>5$ (für die Gegenstandsweite) wird eine Maßzahl y (für die Bildweite) eindeutig zugeordnet. Diese Zuordnung ist eine Funktion.
Der Funktionsterm $\frac{5x}{x-5}$ ist der *Quotient zweier Polynome.*
Eine Funktion mit einem solchen Term nennt man (gebrochen) *rational.*

> **Definition 9**
> Eine Funktion f heißt **rationale Funktion**, wenn sich ihr Term schreiben läßt in der Form $f(x)=\frac{Z(x)}{N(x)}$. Dabei sind Z(x) und N(x) Polynome; N(x) darf nicht das Nullpolynom sein.

Beispiele: $f_1(x)=\frac{4x^2+5}{7x^3-3x}$, $f_2(x)=\frac{6x+\sqrt{3}}{2{,}5}$, $f_3(x)=\frac{9}{x^4-1}$, $f_4(x)=\frac{2x^3+2x}{x^2+1}$

f_4 ist sogar *ganzrational*, da sich $f_4(x)$ als Polynom schreiben läßt: $f_4(x)=\frac{2x(x^2+1)}{x^2+1}=2x$.

1.5.1. Polstellen und stetig behebbare Definitionslücken

Aufgabe

Die (gebrochen) rationale Funktion f hat den Term: (1) $f(x)=\frac{5x}{x-5}$ (2) $f(x)=\frac{x^2-25}{x-5}$

a) Gib den maximalen Definitionsbereich an.

b) Zeichne den Graphen. Bestimme Positiv- und Negativbereich.

c) Untersuche die Funktion in der Umgebung der Stelle, an der sie nicht definiert ist.

Lösung

a) In beiden Teilaufgaben (1) und (2) gilt für den Funktionsterm:
Wenn das *Nennerpolynom* $x-5$ den Wert 0 annimmt, ist der Quotient nicht definiert (da man durch 0 nicht dividieren kann). 5 gehört nicht zum Definitionsbereich von f. Man nennt 5 eine *Definitionslücke.* Zu jeder Stelle $x \neq 5$ läßt sich der zugehörige Funktionswert berechnen. Der maximale Definitionsbereich ist $\mathbb{R}\setminus\{5\}$.

*) Diese Beziehung kann man mit Hilfe der Strahlensätze herleiten.

b)

x	$\frac{5x}{x-5}$
-4	2,22…
-2	1,43…
0	0
2	$-$ 3,33…
4	-20
6	30
8	13,33…
10	10
12	8,57…
14	7,78…

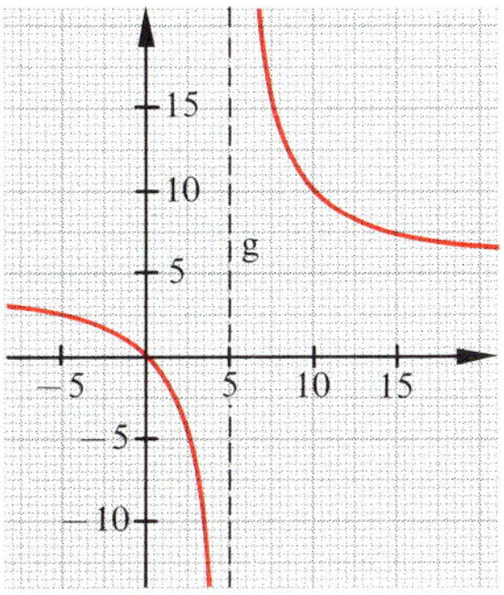

x	$\frac{x^2-25}{x-5}$
-6	-1
-5	0
-4	1
-2	3
0	5
2	7
4	9
6	11
8	13
10	15

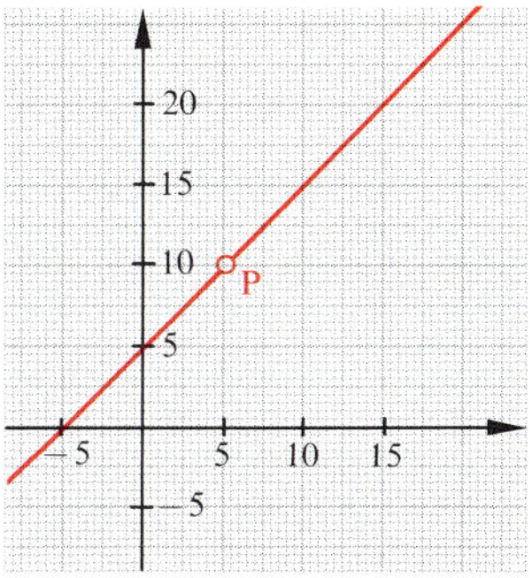

Ob die Funktionswerte positiv oder negativ sind, hängt vom jeweiligen Vorzeichen des Zählers und des Nenners ab. Ein Vorzeichenwechsel kann nur an den Nullstellen des Zählerpolynoms oder des Nennerpolynoms auftreten. Innerhalb der folgenden Intervalle ändert sich das Vorzeichen der Funktionswerte nicht.

$]-\infty;\ 0\ [$ $\quad f(-2)=1{,}43\ldots$
$]\ 0;\ 5\ [$ $\quad f(2)=-3{,}33\ldots$
$]\ 5;\ +\infty[$ $\quad f(6)=30$

Positivbereich: $x<0$ oder $x>5$
Negativbereich: $0<x<5$

$]-\infty;\ -5\ [$ $\quad f(-6)=-1$
$]-5;\ 5\ [$ $\quad f(0)=5$
$]\ 5;\ +\infty[$ $\quad f(6)=11$

Positivbereich: $x>-5$ und $x\neq 5$
Negativbereich: $x<-5$

c) Der Graph besteht aus zwei Teilen, die durch die Gerade g mit der Gleichung $x=5$ voneinander getrennt werden. Wir untersuchen die Funktion in der Umgebung der Definitionslücke 5 genauer:

x	$\frac{5x}{x-5}$
5,5	55
5,1	255
5,01	2505
5,001	25005
⋮	⋮

x	$\frac{5x}{x-5}$
4,5	-45
4,9	-245
4,99	-2495
4,999	-24995
⋮	⋮

Setzt man für x Zahlen in den Funktionsterm ein und nähert man sich dabei der Definitionslücke 5 von rechts, so wachsen die Funktionswerte über alle Schranken.*) Nähert man sich von links, so sind die Funktionswerte negativ und nach unten unbeschränkt.

Deutlicher kann man das am Funktionsterm erkennen:

Wenn man in den Term $\frac{5x}{x-5}$ für x Zahlen einsetzt, die sich immer weniger von der Zahl 5 unterscheiden, muß man durch einen Nenner dividieren, der immer weniger von 0 verschieden ist, während sich der Zähler nur wenig von 25 unterscheidet.

Der Graph besteht aus zwei Teilen, die durch den Punkt P(5; 10) voneinander getrennt werden, der selbst nicht zum Graphen gehört. Wir untersuchen die Funktion in der Umgebung der Definitionslücke 5 genauer:

x	$\frac{x^2-5}{x-5}$
5,5	10,5
5,1	10,1
5,01	10,01
5,001	10,001
⋮	⋮

x	$\frac{x^2-5}{x-5}$
4,5	9,5
4,9	9,9
4,99	9,99
4,999	9,999
⋮	⋮

Setzt man für x Zahlen in den Funktionsterm ein und nähert man sich dabei der Definitionslücke von rechts oder auch von links, so nähern sich die Funktionswerte immer besser der Zahl 10 (von oben bzw. von unten). Die Zahl 10 selbst tritt aber nicht als Funktionswert auf, da man 5 nicht in den Term für x einsetzen darf.

Durch Umformen des Funktionsterms

$$\frac{x^2-5}{x-5}=\frac{(x+5)(x-5)}{x-5}=x+5 \quad \text{für } x\neq 5$$

erkennen wir:

Wir erhalten als Funktionswerte Zahlen, die beliebig nahe an der Zahl 10 liegen, wenn wir mit der Stelle x nur nahe genug an die Definitionslücke 5 herangehen.

---

*) Für die Abbildung eines Gegenstandes durch eine Projektionslinse (S. 42) bedeutet das: Bei Annäherung des Gegenstandes an den Brennpunkt wird die Bildweite beliebig groß, d.h. das Bild ist von der Linse sehr weit entfernt.

Das bedeutet: In der Nähe der Definitionslücke erhält man beliebig hohe Beträge für die Funktionswerte, wenn man mit der Stelle x nur nahe genug an die Definitionslücke 5 herangeht.
Die beiden Teile (Äste) des Graphen schmiegen sich an die Gerade g mit der Gleichung $x=5$ an. Die Gerade g nennt man eine **Polgerade** des Graphen, die Definitionslücke 5 heißt hier *Polstelle.*

Der Graph wird nur durch einen einzelnen Punkt P(5; 10) unterbrochen. Über diesen Lückenpunkt P könnten die beiden Teile (Äste) des Graphen zusammenwachsen.
Daher nennt man hier die Definitionslücke 5 eine *stetig behebbare Definitionslücke.*

Bei rationalen Funktionen können zwei Arten von Definitionslücken auftreten, **Polstellen** und **stetig behebbare Definitionslücken**.
Eine Definitionslücke liegt dort vor, wo das Nennerpolynom den Wert Null annimmt.

Zum Weiterarbeiten

1.
Die gebrochen rationale Funktion f mit $f(x)=\frac{5x}{x-5}$ hat die Zahl 5 als Polstelle.

a) Gib eine Zahl $x>5$ an, für die gilt: $f(x)\geq 10^5$ $[f(x)\geq 10^6]$.

b) Gib eine Zahl $x<5$ an, für die gilt: $f(x)\leq -10^5$ $[f(x)\leq -10^6]$.

2.
Die gebrochen rationale Funktion f hat den Term $f(x)=\frac{x^2-25}{x-5}$.
Gib eine Zahl **a)** $x>5$ an, **b)** $x<5$ an,
für die sich der zugehörige Funktionswert von der Zahl 10 um höchstens 10^{-3} $[10^{-4}]$ unterscheidet.

3.
Beschreibe den Verlauf (von links nach rechts) des Graphen der gebrochen rationalen Funktion bezüglich Monotonie und Vorzeichen der Funktionswerte.

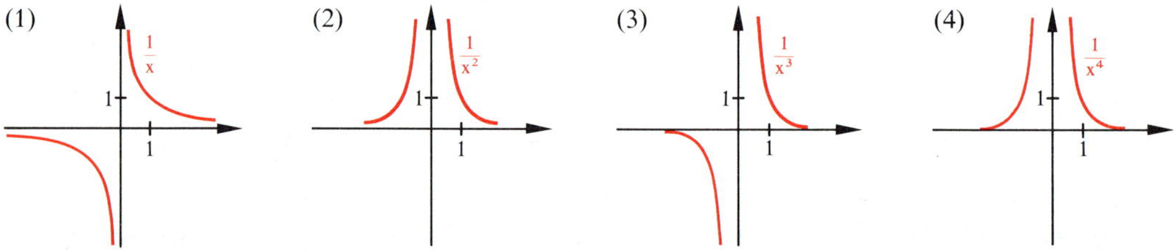

a) Welche Symmetrieeigenschaft hat der Graph? Begründe die Antwort mit Hilfe des Terms.

b) Zeige, daß der Graph die 2. Koordinatenachse als Polgerade hat.

c) Verallgemeinere die Aussagen zu a) und b) auf gebrochen rationale Funktionen mit dem Term $\frac{1}{x^n}$. Unterscheide dabei gerade und ungerade Exponenten n.

4.
Die Funktion f hat den Term: **a)** $f(x)=\frac{(x-2)^2}{x^3-2x^2}$ **b)** $f(x)=\frac{x}{|x|}$ **c)** $f(x)=\frac{x^2}{x^2+5x}$

Bestimme die Definitionslücken von f und gib den (maximalen) Definitionsbereich an. Prüfe:
- Handelt es sich um eine Polstelle, um eine stetig behebbare Definitionslücke oder um keines von beiden?
- Wechseln die Funktionswerte beim Überschreiten der Definitionslücke das Vorzeichen?

Skizziere dann den Graphen.

Übungen

5.

Notiere die Definitionslücken der gebrochen rationalen Funktion f. Stelle jeweils fest, ob es sich um eine Polstelle oder um eine stetig behebbare Definitionslücke handelt. Untersuche auch, ob die Funktionswerte beim Überschreiten der jeweiligen Definitionslücke das Vorzeichen wechseln. Skizziere den Graphen.

a) $f(x)=\frac{6}{x-2}$ **c)** $f(x)=\frac{18}{(x+3)^2}$ **e)** $f(x)=\frac{12}{x(x+3)}$ **g)** $f(x)=\frac{2x+2}{x^2+x}$

b) $f(x)=\frac{25}{x^4}$ **d)** $f(x)=\frac{6}{x^2-4}$ **f)** $f(x)=\frac{x-4}{x(x-4)}$ **h)** $f(x)=\frac{x^2+6}{x}$

6.

Welche Punkte haben die Graphen aller gebrochen rationalen Funktionen mit dem Term $f(x)=\frac{1}{x^n}$ gemeinsam? Unterscheide dabei gerade und ungerade Exponenten n.

7.

Verschiebe den Graphen der Funktion f. Zeichne den neuen Graphen und dessen Polgerade. Notiere den neuen Funktionsterm und auch die Gleichung der Polgeraden.

a) $f(x)=\frac{1}{x}$, verschiebe um 2 Einheiten nach oben [um 3 Einheiten nach rechts];

b) $f(x)=\frac{1}{x^2}$, verschiebe um 2 Einheiten nach rechts und um 4 Einheiten nach unten;

c) $f(x)=\frac{1}{x^3}$, verschiebe um 1 Einheit nach links und um 2 Einheiten nach oben.

1.5.2. Überlagerung zweier Funktionsgraphen

Aufgabe

Die (gebrochen) rationale Funktion f hat den Term $f(x)=\frac{x^2+3{,}6}{2x}$.

Beschreibe den Verlauf des Graphen in der Umgebung der Definitionslücke und auch in größerer Entfernung von der 2. Koordinatenachse.

Lösung

Der Funktionsterm dieser (gebrochen) rationalen Funktion läßt sich in zwei Teilterme zerlegen:

$$f(x)=\frac{x^2+3{,}6}{2x}=\frac{1}{2}\cdot x+\frac{1{,}8}{x}$$

Die Funktionswerte setzen sich also additiv aus zwei Anteilen zusammen:

Der erste entsteht durch Einsetzen in den *ganzrationalen* Teilterm $\frac{1}{2}\cdot x$, der zweite durch Einsetzen in den Teilterm $\frac{1{,}8}{x}$. Der Term $\frac{1{,}8}{x}$ ist ein *echt gebrochen rationaler* Term.

$$f(x)=\frac{1}{2}x+\frac{1{,}8}{x}$$

ganz-rational — echt gebrochen rational

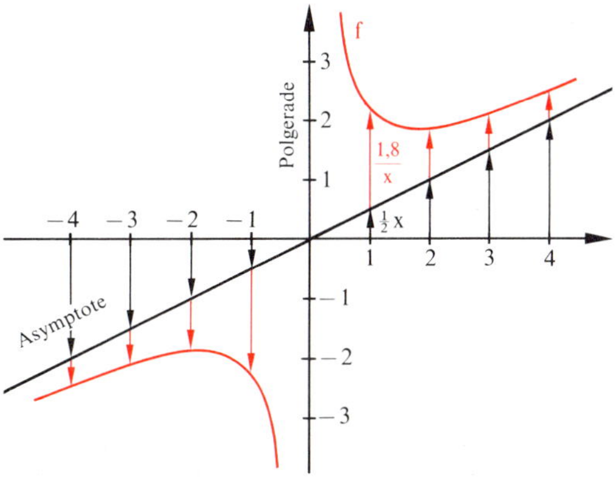

Dieser Addition bei der Berechnung der Funktionswerte entspricht ein Aneinanderlegen von Pfeilen bei der Darstellung des Graphen *(Superposition)*.

Die Funktion hat die Definitionslücke 0. Nähert man sich der Definitionslücke von rechts, so wachsen die Funktionswerte über alle Schranken. Nähert man sich von links, sind die Funktionswerte negativ und nach unten unbeschränkt. Das erkennt man schon an dem echt gebrochen rationalen Teilterm $\frac{1,8}{x}$. Der Graph schmiegt sich an die 2. Koordinatenachse als Polgerade an.

x	$\frac{1}{2}x$	$\frac{1,8}{x}$	$\frac{1}{2}x+\frac{1,8}{x}$	x	$\frac{1}{2}x$	$\frac{1,8}{x}$	$\frac{1}{2}x+\frac{1,8}{x}$
1	0,5	1,8	2,3	−1	−0,5	−1,8	−2,3
2	1	0,9	1,9	−2	−1	−0,9	−1,9
3	1,5	0,6	2,1	−3	−1,5	−0,6	−2,1
30	15	0,06	15,06	−30	−15	−0,06	−15,06
1800	900	0,001	900,001	−1800	−900	−0,001	−900,001
1800000	900000	0,000001	900000,000001	−1800000	−900000	−0,000001	−900000,000001

Setzt man für x Zahlen ein, deren Beträge sehr groß werden, so wird der echt gebrochen rationale Anteil $\frac{1,8}{x}$ immer geringfügiger. Das bedeutet:
Der Funktionsgraph schmiegt sich in größerer Entfernung von der 2. Koordinatenachse der Geraden mit der Gleichung $y=\frac{1}{2}x$ immer besser an.
Eine solche Gerade nennt man **Asymptote** des Graphen.

Definition 10

$f(x)=\frac{Z(x)}{N(x)}$ sei der Term einer (gebrochen) rationalen Funktion f.
Ist der Grad des Zählerpolynoms Z(x) *kleiner* als der Grad des Nennerpolynoms N(x), so nennt man f **echt gebrochen rational**.
Ist der Grad der Zählerpolynoms Z(x) *größer oder gleich* dem Grad des Nennerpolynoms N(x), so nennt man f **unecht gebrochen rational**.

Beispiele:
echt gebrochen rational: $f_1(x)=\frac{1}{x}$, $f_2(x)=\frac{5}{x^3}$, $f_3(x)=\frac{x}{4x^2-1}$, $f_4(x)=\frac{2x^3+6}{x^5}$

unecht gebrochen rational: $f_5(x)=\frac{2x^2+4}{3x}$, $f_6(x)=\frac{x^6}{x^4+3}$, $f_7(x)=\frac{x^2-5}{x^2+5}$

Zum Weiterarbeiten

1.
Die (gebrochen) rationale Funktion f hat den Term $\frac{2x^2+3,6}{x^2}$.

a) Beschreibe den Verlauf des Graphen in der Umgebung der Definitionslücke und auch in größerer Entfernung von der 2. Koordinatenachse. Zerlege dazu den Term in einen ganzrationalen und einen echt gebrochen rationalen Anteil.

b) Wie groß muß der Betrag von x sein, damit der zugehörige Funktionswert f(x) vom ganzrationalen Anteil um höchstens 0,00009 abweicht?

2.
f(x) ist der Term einer unecht gebrochen rationalen Funktion: **a)** $f(x)=\frac{20x}{5x-3}$ **b)** $f(x)=\frac{2x^3}{x^2+1}$

Zerlege den Funktionsterm in die Summe aus einem ganzrationalen Anteil g(x) und einem echt gebrochen rationalen Anteil r(x) durch Polynomdivision (vergleiche das Beispiel S. 47 oben). Skizziere den Graphen und untersuche dessen Lage bezüglich der Asymptote.

Beispiel: $f(x)=\frac{4x^3+x^2}{2x^2-4}$

$$\begin{array}{l} (4x^3+x^2):(2x^2-4) = \underbrace{2x+\tfrac{1}{2}}_{\text{ganz-rational}} + \underbrace{\tfrac{8x+2}{2x^2-4}}_{\text{echt gebrochen rational}} \\ \underline{-(4x^3-8x)} \\ \quad x^2+8x \\ \quad \underline{-(x^2-2)} \\ \quad\quad 8x+2 \end{array}$$

Der Term einer unecht gebrochen rationalen Funktion läßt sich zerlegen (durch Polynomdivision) in eine Summe aus einem ganzrationalen und einem echt gebrochen rationalen Anteil.
Über den Verlauf des Graphen entscheidet
(1) in der weiteren Entfernung von der 2. Achse der ganzrationale Anteil,
(2) in der Umgebung einer Definitionslücke der echt gebrochen rationale Anteil.

Übungen

3.

a) $f(x)=\frac{x^2+1}{x}$ **b)** $f(x)=\frac{4x^2-3}{x^2}$ **c)** $f(x)=\frac{5(x+2)+3}{x+2}$

Zerlege den Funktionsterm in einen ganz- und einen echt gebrochen rationalen Anteil.
Zeige an Beispielen, daß beim Einsetzen von Zahlen mit großen Beträgen für x der echt gebrochen rationale Anteil nur geringfügig von Null abweicht.
Bestätige, daß bei diesem *echt* gebrochen rationalen Anteil das Zählerpolynom einen *kleineren* Grad hat als das Nennerpolynom.

4.

Zeichne den Graphen der gebrochen rationalen Funktion f. Beschreibe dessen Verlauf in größerer Entfernung von der 2. Koordinatenachse.

a) $f(x)=\frac{3x-4}{x}$ **b)** $f(x)=\frac{-2x+8}{5x}$ **c)** $f(x)=\frac{x^3+3}{3x^2}$ **d)** $f(x)=\frac{x+1}{x^2}$

5.

Bestimme die Gleichung der Geraden (Asymptoten), an die sich der Graph der rationalen Funktion f anschmiegt. Notiere den maximalen Definitionsbereich.

a) $f(x)=\frac{8(x-1)+2}{x-1}$ **b)** $f(x)=\frac{2x+7}{x+3}$ **c)** $f(x)=\frac{4x^2-4+4x}{x^2-1}$

6.

Zerlege den unecht gebrochen rationalen Term f(x) in eine Summe aus einem ganzrationalen und einem echt gebrochen rationalen Anteil.

a) $f(x)=\frac{x^3-6x+1}{5x^2-7}$ **c)** $f(x)=\frac{8x^5-6x}{4x^3+1}$ **e)** $f(x)=\frac{2x^3}{x^2+x+1}$

b) $f(x)=\frac{x^4}{-2x^2+x}$ **d)** $f(x)=\frac{x^7+1}{x+1}$ **f)** $f(x)=\frac{48x^4}{(2x+1)^2}$

7.

Skizziere den Graphen von f und zeichne die Asymptote an den Graphen.

a) $f(x)=\frac{x+8}{x}$ **d)** $f(x)=\frac{2x}{x+1}$ **g)** $f(x)=\frac{8x^2}{2x^2+1}$

b) $f(x)=\frac{2x^2+5}{x}$ **e)** $f(x)=\frac{x^2}{x-3}$ **h)** $f(x)=\frac{-x^4+x^3+x}{x^3-1}$

c) $f(x)=\frac{4x^2-12}{x^2}$ **f)** $f(x)=\frac{x^3}{3x^2+1}$ **i)** $f(x)=\frac{x(x-4)}{(x-2)^2}$

1.5.3. Vermischte Übungen

1.
Skizziere den Graphen der rationalen Funktion f. Zeichne auch die Polgerade.

a) $f(x)=\frac{1}{x^3}+2$ **b)** $f(x)=-\frac{1}{x^4}$ **c)** $f(x)=\frac{1}{x-3}$ **d)** $f(x)=\frac{6}{(x+2)^2}$

2.
Für welche Werte des Parameters a hat die Funktion f_a mit $f_a(x)=\frac{12x}{x^2+a}$
keine Definitionslücke, genau eine Definitionslücke, zwei Definitionslücken?
Gib auch jeweils die Art der Definitionslücke an.

3.
Untersuche die Symmetrieeigenschaft des Graphen der Funktion f. Bestimme die Definitionslücken, gib den maximalen Definitionsbereich an. Liegt eine Polstelle vor? Welche Asymptote hat der Graph? Bestimme auch die Nullstellen von f.

a) $f(x)=\frac{x^2+4}{x^2}$ **c)** $f(x)=\frac{x}{5}+\frac{x^2}{x}$ **e)** $f(x)=\frac{x^2-4}{x}$

b) $f(x)=\frac{x}{x^2+3}$ **d)** $f(x)=\frac{x-x^3}{x^5}$ **f)** $f(x)=2x-\frac{x}{5+x^2}$

4.
Der Graph der *ganzrationalen* Funktion f sei punktsymmetrisch zum Koordinatenursprung. Stelle fest, ob der Graph der *gebrochen rationalen* Funktion g auch punktsymmetrisch zum Koordinatenursprung oder achsensymmetrisch zur 2. Koordinatenachse ist.

a) $g(x)=\frac{f(x)}{x^2}$ **c)** $g(x)=\frac{1}{f(x)}$ **e)** $g(x)=\frac{x^4}{f(x)}$ **g)** $g(x)=\frac{x\cdot f(x)}{1+x^2}$

b) $g(x)=\frac{f(x)}{x^3}$ **d)** $g(x)=\frac{x}{f(x)}$ **f)** $g(x)=\frac{x+f(x)}{f(x)}$ **h)** $g(x)=\frac{x}{[f(x)]^2}$

5.
Bestimme die Nullstellen und die Definitionslücken der Funktion f. Stelle jeweils fest, ob beim Überschreiten einer Nullstelle bzw. einer Definitionslücke die Funktionswerte das Vorzeichen wechseln. Notiere Positiv- und Negativbereich.

a) $f(x)=\frac{5-x}{x}$ **c)** $f(x)=1+\frac{1}{x}$ **e)** $f(x)=\frac{x^2}{8+x^3}$

b) $f(x)=\frac{x^2-16}{x^2+1}$ **d)** $f(x)=\frac{8}{x^4-16}$ **f)** $f(x)=x-2+\frac{1}{x}$

6.
Zeichne den Graphen von f. Beschreibe den Verlauf des Graphen in größerer Entfernung von der 2. Koordinatenachse. Bestimme auch Positiv- und Negativbereich.

a) $f(x)=\frac{3}{4}x-\frac{5x}{x^2}$ **b)** $f(x)=\frac{9-x^2}{3x}$ **c)** $f(x)=\frac{x}{x-4}$ **d)** $f(x)=\frac{20x}{x^2+1}$

7.
Die gebrochen rationale Funktion f_a hat den Term $f_a(x)=\frac{x^2-4}{ax}$.
Bestimme den Parameter a so, daß der Graph der Funktion f_a die Gerade g mit der Gleichung $y=2x$ $[y=-x]$ als Asymptote hat.

8.
Ein Potentiometer mit veränderlichem Widerstand x Ω ist zu einem festen Widerstand der Größe 1000 Ω parallel geschaltet. Für den Gesamtwiderstand R (in Ω) gilt: $\frac{1}{R}=\frac{1}{x}+\frac{1}{1000}$.
Zeichne den Graphen der Funktion $x \mapsto R$. Welche Asymptote hat dieser Graph? Interpretiere den Verlauf des Graphen.

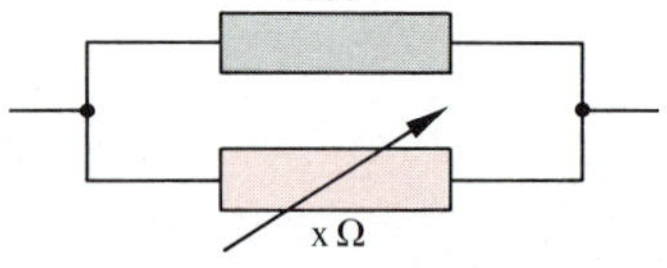

1.6. Trigonometrische Funktionen

In vielen Bereichen des täglichen Lebens beobachten wir periodische Vorgänge. Beispiele hierfür sind der Pulsschlag (siehe Seite 6), der Helligkeitswechsel bei Tag und Nacht, die Bewegung eines Uhrpendels, der Spannungsverlauf beim Wechselstrom und der Biorhythmus (z. B. die Änderung der Konzentrationsfähigkeit über Stunden und Tage hinweg). Solche Vorgänge lassen sich mit den *trigonometrischen Funktionen* beschreiben. Zu ihnen gehören die *Sinusfunktion*, die *Kosinusfunktion* und die *Tangensfunktion*.

1.6.1. Sinus, Kosinus und Tangens eines Winkels – Polarkoordinaten

Schon in der Mittelstufe haben wir die folgende Definition des Sinus, des Kosinus und des Tangens eines Winkels α am *Einheitskreis* kennengelernt. Ein Einheitskreis hat den Radius $r=1$.

Definition von Sinus und Kosinus am Einheitskreis sowie des Tangens
Gegeben sei der Winkel α. Der Erstschenkel von α sei der positive Teil der 1. Achse. Der Zweitschenkel schneide den **Einheitskreis** im Punkt P(x; y). Dann werde definiert:

$\sin\alpha = y$ $\cos\alpha = x$ $\tan\alpha = \frac{\sin\alpha}{\cos\alpha} = \frac{y}{x}$ (für $x \neq 0$, also für $\cos\alpha \neq 0$)

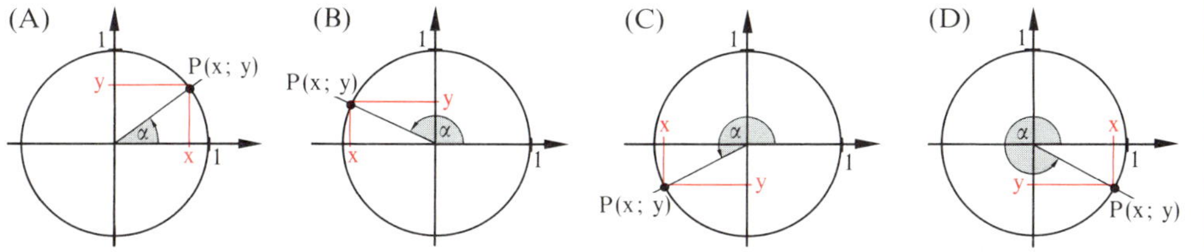

Wir unterscheiden in dieser Definition einen ersten und einen zweiten Schenkel des Winkels α. Dies ist durch einen Rundpfeil in der Kennzeichnung des Winkels vorgegeben. Der Pfeil verläuft jeweils vom Erstschenkel zum Zweitschenkel. Verfolgt man die Bilder oben in der Reihenfolge (A), (B), (C), (D), so sieht man, daß der Zweitschenkel *entgegengesetzt* zum Uhrzeigersinn gedreht wurde. Man kann ihn auch über 360° hinaus drehen und erhält so beliebig hohe positive Winkelmaße, z. B. 750°. Auch kann man den Zweitschenkel *mit* dem Uhrzeiger drehen.

Die Winkelmaße dieser Winkel sollen negativ sein (im Bild rechts ist $\alpha = -135°$). Der Rundpfeil zeigt bei negativen Winkelmaßen in die andere Drehrichtung, d. h. mit dem Uhrzeigersinn. Für alle diese Winkelmaße, also auch für solche über 360° und unter 0°, soll die obige Definition des Sinus, des Kosinus und des Tangens gelten.

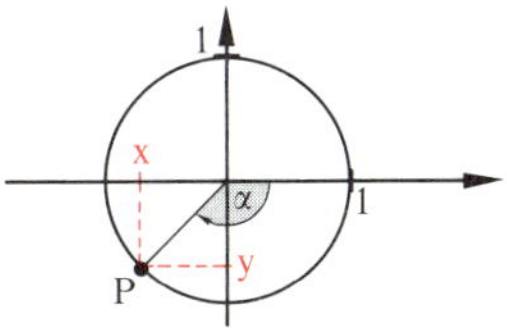

Aufgabe

Bei der Landvermessung wird die Lage von Punkten im Gelände so bestimmt: Nach Festlegung einer Standlinie $\overline{OA}$ wird die Entfernung r des Punktes von O und der Winkel φ gemessen. r und φ legen den Punkt P eindeutig fest. Es gilt $r \geq 0$; $0 \leq \varphi < 360°$. Der Punkt O heißt auch *Pol*. Zu ihm gehört $r=0$, aber kein eindeutig bestimmter Winkel φ.

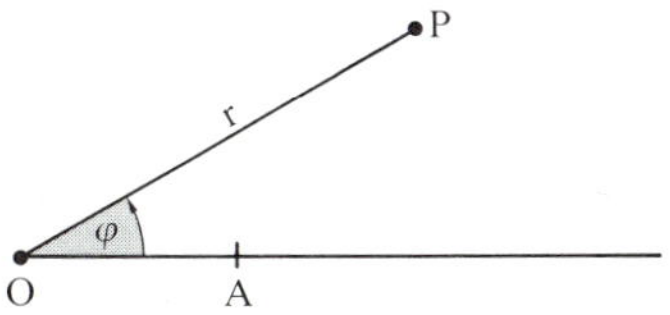

r und φ heißen auch die **Polarkoordinaten des Punktes P**. Man schreibt gelegentlich auch $P[r; \varphi]$ im Gegensatz zu P(x; y), wenn x und y die kartesischen Koordinaten von P sind.

a) Gegeben sind die Polarkoordinaten r, φ des Punktes P.
Berechne die kartesischen Koordinaten x, y. *Beispiel:* P[5; 284°], d.h. $r=5$; $\varphi=284°$

b) Gegeben sind die kartesischen Koordinaten x, y des Punktes P.
Berechne die Polarkoordinaten r, φ. *Beispiele:* (1) $P_1(3{,}4;\ 2{,}8)$; (2) $P_2(-4{,}7;\ 3{,}5)$; (3) $P_3(-2{,}6;\ -3{,}1)$; (4) $P_4(-2{,}9;\ -1{,}4)$

Lösung

a) Günstig ist, das kartesische Koordinatensystem so festzulegen, daß der Ursprung in den Pol O fällt und die 1. Achse die Standlinie $\overline{OA}$ enthält. Zusätzlich zeichnen wir den Einheitskreis ein. Dann gilt nach den Strahlensätzen:

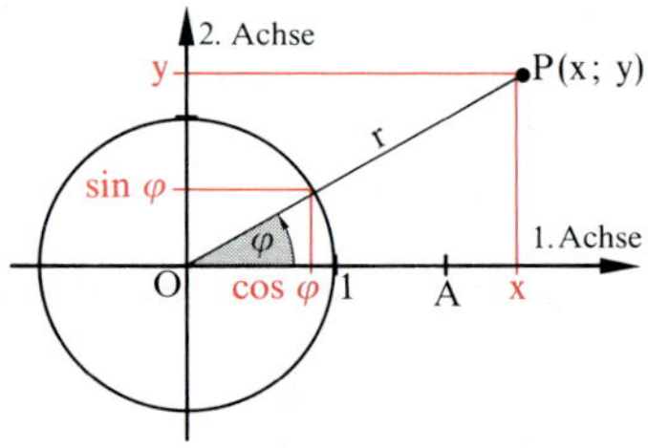

$\frac{x}{\cos\varphi}=\frac{r}{1}$, also $\quad x=r\cos\varphi$

$\frac{y}{\sin\varphi}=\frac{r}{1}$, also $\quad y=r\sin\varphi$

Beispiel: $r=5$; $\varphi=284°$
$x=5\cdot\cos 284°\approx 1{,}2096$
$y=5\cdot\sin 284°\approx -4{,}8515$

Tastenfolge des Taschenrechners im Modus DEG*)

284	COS	×	5	=	*Anzeige:*	1.2096095
284	SIN	×	5	=	*Anzeige:*	−4.8514786

Für den Punkt P gilt (näherungsweise): P(1,2096; −4,8515).

b) Günstig ist, die Standlinie $\overline{OA}$ so festzulegen, daß der Pol O mit dem Ursprung des kartesischen Koordinatensystems zusammenfällt und die Standlinie auf der 1. Achse liegt. Zeichnet man noch den Einheitskreis ein, so erhält man dasselbe Bild wie bei a).

Dann gilt nach dem Lehrsatz des Pythagoras: $r^2=x^2+y^2$, $\quad r=\sqrt{x^2+y^2}$

Nach dem ersten Strahlensatz gilt: $\frac{\cos\varphi}{x}=\frac{1}{r}$, $\frac{\sin\varphi}{y}=\frac{1}{r}$, $\quad \cos\varphi=\frac{x}{r}\quad \sin\varphi=\frac{y}{r}$

φ ist dann derjenige Winkel mit $0°\le\varphi<360°$, der *beide* Gleichungen erfüllt. Er muß im Einzelfall bestimmt werden. Siehe dazu die folgenden Beispiele:

Beispiel (1) $P_1(3{,}4;\ 2{,}8)$. Es gilt dann: $r=\sqrt{3{,}4^2+2{,}8^2}\approx 4{,}4045$

$\cos\varphi\approx\frac{3{,}4}{4{,}4045}$
$\sin\varphi\approx\frac{2{,}8}{4{,}4045}$ $\quad \varphi\approx 39{,}47°$

Tastenfolge des Taschenrechners im Modus DEG

3.4	÷	4.4045	=	INV	COS	*Anzeige:*	39.47
2.8	÷	4.4045	=	INV	SIN	*Anzeige:*	39.47

P_1 hat (näherungsweise) die Polarkoordinaten $r=4{,}4045$; $\varphi=39{,}47°$; P[4,4045; 39,47°].

Beispiel (2) $P_2(-4{,}7;\ 3{,}5)$. Es gilt dann: $r=\sqrt{(-4{,}7)^2+3{,}5^2}\approx 5{,}8600$

$\cos\varphi\approx\frac{-4{,}7}{5{,}8600}$
$\sin\varphi\approx\frac{3{,}5}{5{,}8600}$

4.7	+/−	÷	5.86	=	INV	COS	*Anzeige:*	143.33
3.5		÷	5.86	=	INV	SIN	*Anzeige:*	36.67

Bei der Anzeige muß beachtet werden, daß beim Kosinus der Winkel φ im Bereich $0\le\varphi\le 180°$ angezeigt wird und beim Sinus im Bereich $-90°\le\varphi\le 90°$.
Wie man an der nebenstehenden Zeichnung erkennt, ist $\sin 36{,}67°=\sin(180°-36{,}67°)=\sin 143{,}33°$. Das entspricht auch der Tatsache, daß P_2 im 2. Quadranten liegt, φ also zwischen 90° und 180° liegen muß.

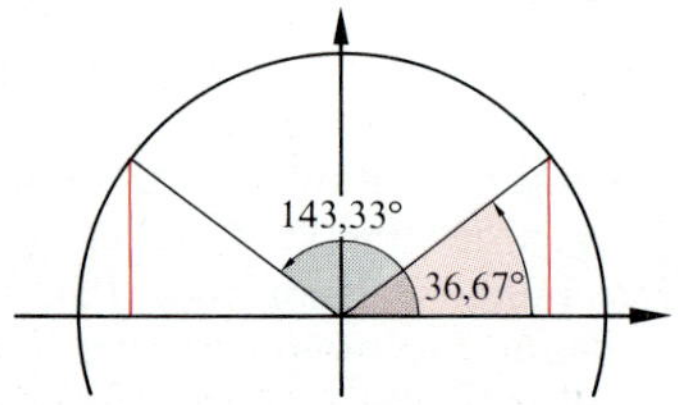

P_2 hat (näherungsweise) die Polarkoordinaten $r=5{,}8600$; $\varphi=143{,}33°$; P[5,8600; 143,33°].

*) von degree = Grad

Beispiel (3) $P_3 = (-2{,}6;\ -3{,}1)$, $r = \sqrt{(-2{,}6)^2 + (-3{,}1)^2} \approx 4{,}0460$

$\cos\varphi \approx \frac{-2{,}6}{4{,}046}$ [2.6] [+/−] [÷] [4.046] [=] [INV] [COS] *Anzeige:* 129.99

$\sin\varphi \approx \frac{-3{,}1}{4{,}046}$ [3.1] [+/−] [÷] [4.046] [=] [INV] [SIN] *Anzeige:* −50.01

An der nebenstehenden Zeichnung erkennt man:
$\cos 129{,}99° = \cos(180° + 50{,}01°) = \cos 230{,}01°$
$\sin(-50{,}01°) = \sin(180° + 50{,}01°) = \sin 230{,}01°$
Der gesuchte Winkel ist also $\varphi = 230{,}01°$.
Das entspricht auch der Tatsache, daß P_3 im 3. Quadranten liegt, φ also zwischen 180° und 270° liegen muß.

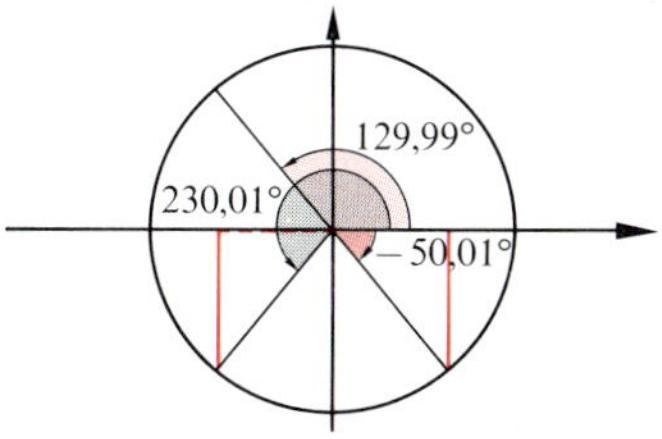

P_3 hat (näherungsweise) die Polarkoordinaten $r = 4{,}0460$, $\varphi = 230{,}01°$; P[4,0460; 230,01°].

Beispiel (4) $P_4(2{,}9;\ -1{,}4)$, $r = \sqrt{2{,}9^2 + (-1{,}4)^2} \approx 3{,}2202$

$\cos\varphi \approx \frac{2{,}9}{3{,}2202}$ [2.9] [÷] [3.2202] [=] [INV] [COS] *Anzeige:* 25.77

$\sin\varphi \approx \frac{-1{,}4}{3{,}2202}$ [1.4] [+/−] [÷] [3.2202] [=] [INV] [SIN] *Anzeige:* −25.77

An der nebenstehenden Zeichnung erkennt man:
$\cos 25{,}77° = \cos(360° - 25{,}77°) = \cos 334{,}23°$
$\sin(-25{,}77°) = \sin(360° - 25{,}77°) = \sin 334{,}23°$
Der gesuchte Winkel ist also $\varphi = 334{,}23°$.
Das entspricht auch der Tatsache, daß P_4 im 4. Quadranten liegt, φ also zwischen 270° und 360° liegen muß.

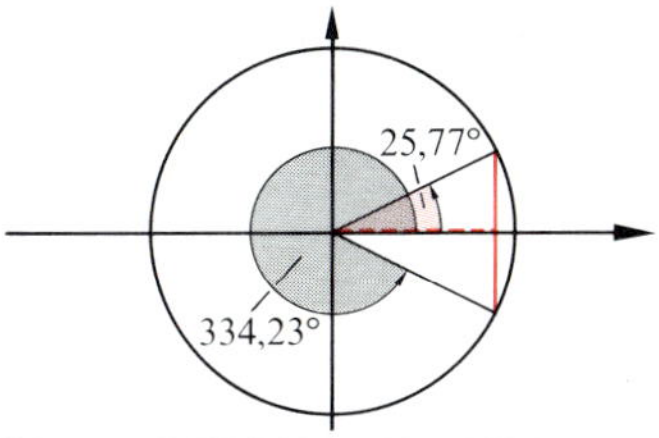

P_4 hat (näherungsweise) die Polarkoordinaten $r = 3{,}2202$ $\varphi = 334{,}23°$; P[3,2202; 334,23°].

Zum Weiterarbeiten

1.
Für Winkel α zwischen 0° und 90° gilt im rechtwinkligen Dreieck:

$$\sin\alpha = \frac{\text{Länge der Gegenkathete von } \alpha}{\text{Länge der Hypotenuse}}$$
$$\cos\alpha = \frac{\text{Länge der Ankathete von } \alpha}{\text{Länge der Hypotenuse}}$$
$$\tan\alpha = \frac{\text{Länge der Gegenkathete von } \alpha}{\text{Länge der Ankathete von } \alpha}$$

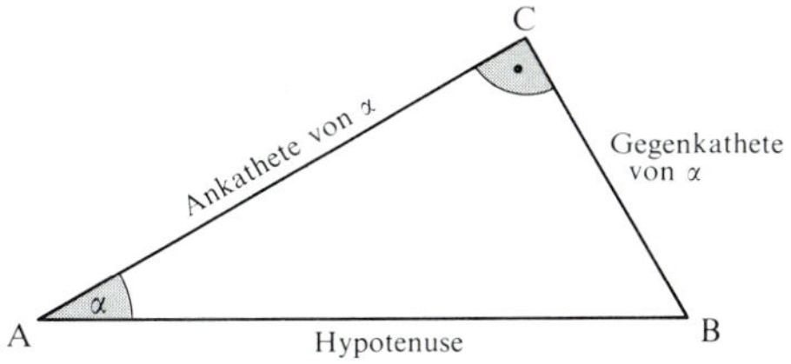

Zeige dies mit Hilfe der Strahlensätze.
Lege dazu das rechtwinklige Dreieck günstig in ein kartesisches Koordinatensystem.

2.
Für welche Winkel α gilt:

a) $\sin\alpha = 0$ **b)** $\sin\alpha = 1$ **c)** $\sin\alpha = -1$ **d)** $\cos\alpha = 0$ **e)** $\cos\alpha = 1$ **f)** $\cos\alpha = -1$

3.
Für welche Winkel α im Intervall [0°; 360°] gilt:

a) $\sin\alpha > 0$ **b)** $\sin\alpha < 0$ **c)** $\cos\alpha > 0$ **d)** $\cos\alpha < 0$

4.
Für welche Winkel α **a)** im Intervall [0°; 360°] **b)** im Intervall [−180°; 180°] gilt:

(1) $\sin\alpha > 0$ und zugleich $\cos\alpha > 0$
(2) $\sin\alpha > 0$ und zugleich $\cos\alpha < 0$
(3) $\sin\alpha < 0$ und zugleich $\cos\alpha > 0$
(4) $\sin\alpha < 0$ und zugleich $\cos\alpha < 0$

5.

Begründe am Einheitskreis:

(1) $\sin(180° - \varphi) = \sin\varphi$ $\cos(180° - \varphi) = -\cos\varphi$	(2) $\sin(180° + \varphi) = -\sin\varphi$ $\cos(180° + \varphi) = -\cos\varphi$	(3) $\sin(360° - \varphi) = -\sin\varphi$ $\cos(360° - \varphi) = \cos\varphi$
(4) $\sin(360° + \varphi) = \sin\varphi$ $\cos(360° + \varphi) = \cos\varphi$	(5) $\sin(-\varphi) = -\sin\varphi$ $\cos(-\varphi) = \cos\varphi$	(6) $\sin(90° - \varphi) = \cos\varphi$ $\cos(90° - \varphi) = \sin\varphi$

6.

Bestimme die Lösungen φ der Gleichung im Intervall $[0°; 360°]$.

a) $\cos\varphi = 0{,}3$ **c)** $\sin\varphi = 0{,}8$ **e)** $\sin\varphi = 1$

b) $\cos\varphi = -0{,}3$ **d)** $\sin\varphi = -0{,}8$ **f)** $\cos\varphi = 1$

$\sin\varphi = 0{,}7$ Modus DEG

[0.7] [INV] [SIN] *Anzeige:* 44.43

Am Einheitskreis erkennt man:
Auch $180° - 44{,}43°$ ist Lösung.
Lösungsmenge: $\{44{,}43°; 135{,}57°\}$

Für $-1 \leq a \leq 1$ haben die Gleichungen $\cos\varphi = a$ und $\sin\varphi = a$ jeweils unendlich viele Lösungen φ.
Der Taschenrechner im Modus DEG gibt bei $\cos\varphi = a$ nur die Lösung an, für die $0 \leq \varphi \leq 180°$ gilt und bei $\sin\varphi = a$ nur die Lösung, für die $-90° \leq \varphi \leq 90°$ gilt.
Die anderen Lösungen kann man daraus nach den obigen Gleichungen ermitteln.

Übungen

7.

Bestimme $\sin\varphi$, $\cos\varphi$ und $\tan\varphi$ mit Hilfe des Taschenrechners.

a) $\varphi = 5°$ **b)** $\varphi = -38{,}5°$ **c)** $\varphi = 137{,}8°$ **d)** $\varphi = 279{,}1°$ **e)** $\varphi = 548{,}2°$ **f)** $\varphi = -747{,}5°$

8.

Bestimme die Lösung φ, welche der Taschenrechner anzeigt.

a) (1) $\sin\varphi = 0{,}83$ (2) $\sin\varphi = -0{,}765$ (3) $\sin\varphi = 0{,}1$ (4) $\sin\varphi = 0$

b) (1) $\cos\varphi = 0{,}4$ (2) $\cos\varphi = -0{,}25$ (3) $\cos\varphi = 0{,}99$ (4) $\cos\varphi = -0{,}5$

9.

Bestimme die Polarkoordinaten von

a) $P_1(2; 0)$, $P_2(0; 5)$, $P_3(-2; 2)$, $P_4(-1; 4)$

b) $P_1(0; -3)$, $P_2(\sqrt{2}; -1)$, $P_3(-8; -8)$, $P_4(1; \sqrt{3})$

c) $P_1(1{,}8; -1{,}2)$ $P_2(10; -4)$, $P_3(-\sqrt{3}; \sqrt{2})$, $P_4(\sqrt{5}; -2)$

10.

Bestimme die kartesischen Koordinaten von:

a) $Q_1[\sqrt{5}; 70°]$, $Q_2[\sqrt{3}; 30°]$, $Q_3[\sqrt{7}; 130°]$ **b)** $Q_1[10; 10°]$, $Q_2[5; 310°]$, $Q_3[2; 255°]$

11.

a) Die Gleichung $\sin\varphi = 1{,}5$ $[\cos\varphi = -5]$ hat keine Lösung φ. Was zeigt der Taschenrechner an, wenn man dennoch versucht, eine Lösung zu bestimmen?

b) Versuche herauszufinden, bis zu welcher Winkelgröße φ dein Taschenrechner in der Lage ist, $\sin\varphi$, $\cos\varphi$, $\tan\varphi$ zu berechnen.

12.

Bestimme eine Lösung α der Gleichung

a) $\sin(2\alpha) = 0{,}4$ **c)** $\cos(3\alpha) = -0{,}8$ **e)** $\sin\alpha = \frac{1}{3}\sqrt{5}$ **g)** $\sin(\alpha - 5°) = 0{,}65$

b) $\sin(4\alpha) = -0{,}7$ **d)** $\cos(2\alpha) = 0{,}1$ **f)** $\cos\alpha = -\frac{1}{3}\sqrt{7}$ **h)** $\cos(\alpha - 30°) = 0{,}54$

13.

Sinus und Kosinus eines Winkels nehmen ihre Werte nur im Intervall $[-1; +1]$ an. Untersuche mit dem Taschenrechner, ob das auch für den Tangens gilt.

14.

Welche Lösung φ der Gleichung zeigt der Taschenrechner an, d.h. in welchem Intervall liegt sie?

a) $\tan\varphi=0{,}5$ **b)** $\tan\varphi=-0{,}5$ **c)** $\tan\varphi=1$ **d)** $\tan\varphi=20$ **e)** $\tan\varphi=-10000$

15.

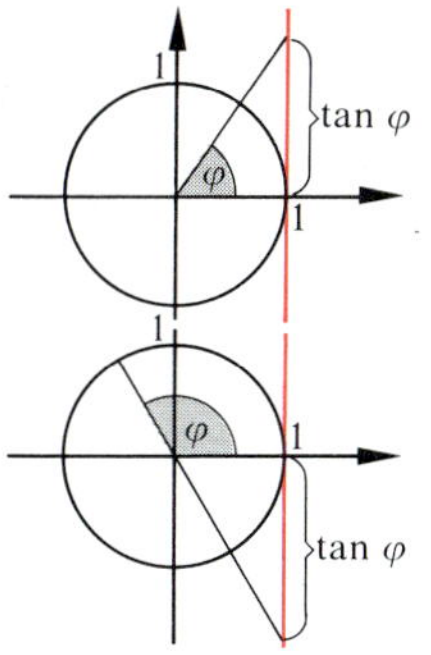

Die Werte für $\tan\varphi$ kann man an der Tangente an den Einheitskreis ablesen. Dies gilt auch für $\varphi<0°$ bzw. $\varphi>90°$. (Daher kommt der Name Tangens.)

a) Zeige mit Hilfe der Strahlensätze, daß dies richtig ist.

b) Folgere daraus, welche Werte der Tangens überhaupt annehmen kann.

c) $\tan\varphi=\frac{\sin\varphi}{\cos\varphi}$ ist nur definiert, falls $\cos\varphi\neq 0$. Für welche Winkel φ ist $\tan\varphi$ also nicht definiert? Wie drückt sich das in den Zeichnungen rechts aus?

16.

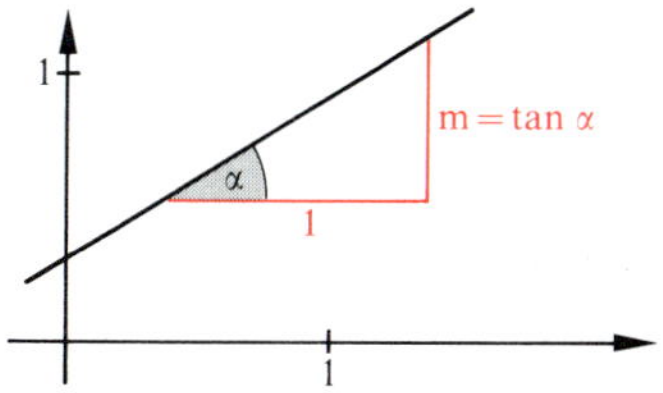

a) Begründe: Wählt man auf den Achsen eines Koordinatensystems die Einheiten gleich groß, so ist die Steigung m einer Geraden gleich dem Tangens des Steigungswinkels α.

b) Bestimme den Steigungswinkel für

(1) $m=2$ (2) $m=1{,}6$ (3) $m=-1$

(4) $m=3{,}5$ (5) $m=-0{,}7$ (6) $m=0{,}2$

c) Zeige an einem Beispiel, daß die Aussage von a) nicht mehr gilt, falls die Einheiten auf den Achsen verschieden lang gewählt werden.

1.6.2. Das Bogenmaß eines Winkels – Sinusfunktion und Kosinusfunktion mit ℝ als Definitionsbereich

Bisher haben wir die Größe eines Winkels in Gradmaß angegeben, z.B. 30°. Die Zahl 30 ist hier die Maßzahl und ° die Einheit, ähnlich wie in der Längenangabe 5 m die Zahl 5 die Maßzahl und m die Einheit (Längeneinheit) ist. Da es eine prinzipiell ausgezeichnete Strecke in unserer Welt nicht gibt (bzw. eine solche bisher nicht entdeckt wurde), ist zu einer Längenangabe eine Einheit erforderlich, deren Festlegung ziemlich willkürlich ist.[1]) Gäbe es eine prinzipiell ausgezeichnete Strecke, so brauchte man keine Einheit für die Längenangabe.

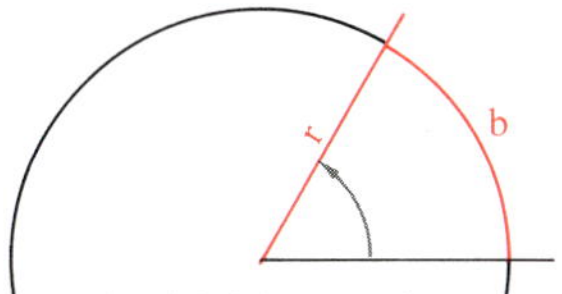

Winkel, bei dem $r=b$ ist.

Nun gibt es aber bei Winkeln im Gegensatz zu den Strecken mehrere prinzipiell ausgezeichnete Winkel, z.B. den Vollwinkel, den gestreckten Winkel und auch der Winkel, bei dem das Verhältnis von Bogenlänge b zu Radius r gleich 1 (also $b=r$) ist. Es ist nun in der Mathematik üblich, dem zuletzt genannten ausgezeichneten Winkel die Zahl 1 zuzuordnen. Wird so die Größe eines Winkels durch eine reelle Zahl angegeben, so heißt diese Zahl das *Bogenmaß* des Winkels.

Offensichtlich ist das Bogenmaß x eines Winkels gleich der Maßzahl der Bogenlänge auf dem Einheitskreis.

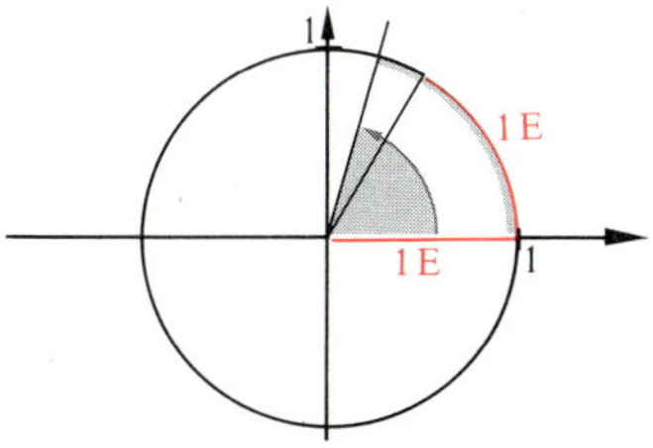

[1]) 1889 hat man festgelegt, daß der in Paris aufbewahrte Urmeterstab die Länge 1 m haben soll. 1983 hat man neu festgesetzt: „Das Meter ist die Länge der Strecke, die Licht im Vakuum während des Intervalls 1/299792458 Sekunden durchläuft."

Definition 11
Die Größe eines Winkels kann man in Gradmaß oder in Bogenmaß angeben. Das **Bogenmaß eines Winkels** ist die Maßzahl der Bogenlänge, die der Winkel aus dem Einheitskreis ausschneidet.

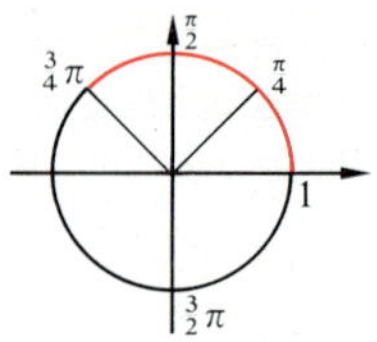

Wir bezeichnen das Bogenmaß eines Winkels mit lateinischen Buchstaben z. B. b, x, y und das Gradmaß eines Winkels mit griechischen Buchstaben $\alpha, \beta, \ldots, \varphi, \ldots$. Negativen Gradmaßen entsprechen negative Bogenmaße. Jetzt ist es auch möglich, Sinus, Kosinus und Tangens für eine reelle Zahl x zu definieren. Die Zahl x kann man nämlich als Bogenmaß eines Winkels auffassen und zu diesem Winkel Sinus, Kosinus und Tangens bestimmen.

Definition 12
Ist x eine reelle Zahl, so ist sin x der Sinus, cos x der Kosinus, tan x der Tangens des Winkels mit dem Bogenmaß x.

Der Taschenrechner berechnet i. allg. zu einem vorgegebenen Bogenmaß den Sinus, den Kosinus und den Tangens. Dazu muß er in den Modus RAD überführt werden (RAD ist die Größe des ausgezeichneten Winkels, bei dem Bogen und Radius gleich sind).

Es gibt Taschenrechner, die auch in den Modus GRA überführt werden können. Sie rechnen dann in der Winkeleinheit Gon (auch Neugrad genannt), die im Vermessungswesen verwendet wird. 100 gon *ist die Größe des rechten Winkels:* 100 gon = 90°.

Aufgabe

a) Gegeben ist die Größe eines Winkels im Gradmaß. Rechne in das Bogenmaß um:
(1) 70° (2) −180° (3) 270° (4) α (beliebig)

b) Gegeben ist die Größe eines Winkels im Bogenmaß. Rechne in das Gradmaß um:
(1) $\frac{\pi}{6}$ (2) $\frac{-\pi}{12}$ (3) b (beliebig)

c) Zu jeder reellen Zahl x gehören sin x und cos x. Lege für markante Stellen der Funktionen $x \mapsto \sin x$ und $x \mapsto \cos x$ eine Wertetabelle an und zeichne den Graphen.

Lösung

a) Zum Winkel 360° gehört das Bogenmaß 2π, weil 2π der Umfang des Einheitskreises ist.
Daher gilt:

(1) $\frac{b}{2\pi} = \frac{70°}{360°}$, $b = \frac{70 \cdot 2\pi}{360} \approx 1{,}2217$. Zu 70° gehört das Bogenmaß $\frac{7}{18}\pi \approx 1{,}2217$.

(2) 180° gehört zum halben Einheitskreis, dessen Bogen die Länge π hat. Also gehört zu −180° das Bogenmaß $-\pi$.

(3) 270° ist das $1\frac{1}{2}$fache von 180°, also gehört zu 270° als Bogenmaß $\frac{3}{2}\pi$.

(4) $\frac{b}{2\pi} = \frac{\alpha}{360°}$, also: $b = \frac{2\pi \cdot \alpha}{360°} = \frac{\pi \cdot \alpha}{180°}$.

Zum Gradmaß α gehört das Bogenmaß $\frac{\pi \cdot \alpha}{180°}$

b) (1) Zu π gehört 180° als Gradmaß, zu $\frac{\pi}{6}$ gehört also $\frac{180°}{6}$, d. h. 30° als Gradmaß.

(2) Zu $-\frac{\pi}{12}$ gehört also −15° als Gradmaß.

(3) $\frac{b}{2\pi} = \frac{\alpha}{360°}$, also $\alpha = \frac{b \cdot 360°}{2\pi} = \frac{b \cdot 180°}{\pi}$.

Zum Bogenmaß b gehört das Gradmaß $\frac{b \cdot 180°}{\pi}$

c)

	$-360°$	$-270°$	$-180°$	$-90°$	$-60°$	$-30°$	$0°$	$30°$	$60°$	$90°$	$180°$	$270°$	$360°$
x	-2π	$-\frac{3}{2}\pi$	$-\pi$	$-\frac{\pi}{2}$	$-\frac{\pi}{3}$	$-\frac{\pi}{6}$	0	$\frac{\pi}{6}$	$\frac{\pi}{3}$	$\frac{\pi}{2}$	π	$\frac{3}{2}\pi$	2π
sin x	0	+1	0	−1	−0,866	−0,5	0	0,5	0,866	1	0	−1	0
cos x	1	0	−1	0	0,5	0,866	1	0,866	0,5	0	−1	0	1

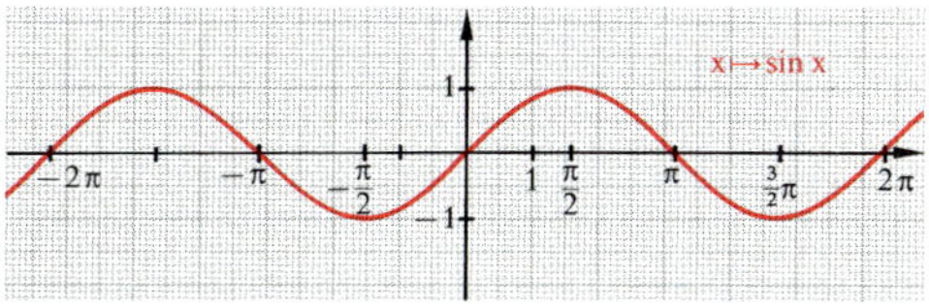

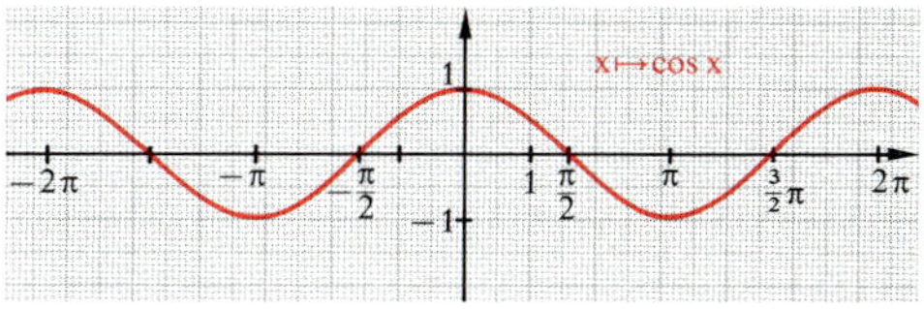

Ist b das Bogenmaß und α das Gradmaß eines Winkels, so gilt:

$\frac{b}{2\pi}=\frac{\alpha}{360°}$, also: $b=\frac{\alpha\cdot\pi}{180°}$, $\alpha=\frac{b\cdot 180°}{\pi}$

Zum Weiterarbeiten

1.

Bestimme mit Hilfe des Taschenrechners

a) $\sin 1{,}2$; $\sin\frac{\pi}{9}$; $\sin 3{,}5$; $\sin -2{,}75$

b) $\cos\frac{1}{2}$; $\cos -\frac{\pi}{7}$; $\cos 4{,}8$; $\cos -0{,}5$

2.

Bestimme alle Lösungen x der Gleichung

a) $\sin x=0{,}75$

b) $\sin x=-0{,}4$

c) $\sin x=-1$

d) $\sin x=-0{,}5$

e) $\cos x=0{,}5$

f) $\cos x=-0{,}5$

g) $\cos x=1$

h) $\cos x=-1$

$\sin x=0{,}4$ Taschenrechner im Modus RAD

[0.4] [INV] [SIN] *Anzeige*: 0.4115...

Am Graphen der Sinusfunktion liest man eine weitere Lösung im Intervall $[0; 2\pi]$ ab:

$\pi-0{,}4115=2{,}7301$

Die Lösungsmenge besteht aus allen

$0{,}4115+2\pi k$ und $2{,}7301+2\pi k$ mit $k\in\mathbb{Z}$

3.

Zeichne den Graphen der Funktion $x\mapsto\tan x$. Lege dazu für markante Stellen eine Wertetabelle an. An welchen Stellen ist die Funktion nicht definiert?

4.

Zeige am Einheitskreis $\sin^2 x+\cos^2 x=1$. Beachte die Schreibweise: $\sin^2 x=(\sin x)^2=(\sin x)\cdot(\sin x)$.

5.

a) Aus besonderen gleichschenkligen Dreiecken ergeben sich für einige Winkel die folgenden Werte für sin und cos. Begründe.

φ	0°	30°	45°	60°	90°
x	0	$\frac{\pi}{6}$	$\frac{\pi}{4}$	$\frac{\pi}{3}$	$\frac{\pi}{2}$
sin x	0	$\frac{1}{2}$	$\frac{1}{2}\sqrt{2}$	$\frac{1}{2}\sqrt{3}$	1
cos x	1	$\frac{1}{2}\sqrt{3}$	$\frac{1}{2}\sqrt{2}$	$\frac{1}{2}$	0

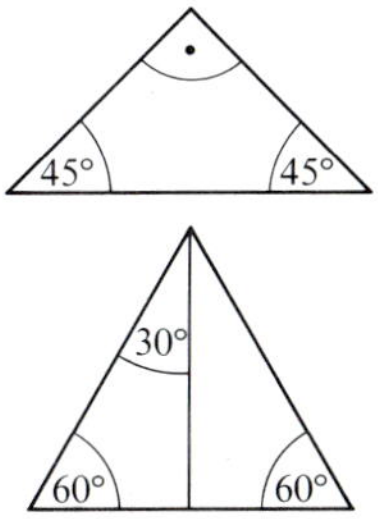

b) Als „Eselsbrücke" kann man sich für diese Werte von sin x merken:

$\frac{1}{2}\cdot\sqrt{0}$, $\frac{1}{2}\cdot\sqrt{1}$, $\frac{1}{2}\cdot\sqrt{2}$, $\frac{1}{2}\cdot\sqrt{3}$, $\frac{1}{2}\cdot\sqrt{4}$. Begründe dies. Wie lautet die „Eselsbrücke" für cos x?

c) Bestimme sin x und cos x mit Hilfe von a) für

(1) $x=\frac{3}{4}\pi$ (2) $x=\frac{4}{3}\pi$ (3) $x=\frac{7}{4}\pi$ (4) $x=\frac{11}{6}\pi$ (5) $x=\frac{5}{6}\pi$

Übungen

6.

Berechne das Bogenmaß:

a) (1) $\varphi=15°$ (2) $\varphi=75°$ (3) $\varphi=120°$ (4) $\varphi=135°$ (5) $\varphi=-150°$ (6) $\varphi=210°$ (7) $\varphi=-225°$

b) (1) $\varphi=-30°$ (2) $\varphi=240°$ (3) $\varphi=300°$ (4) $\varphi=-330°$ (5) $\varphi=390°$ (6) $\varphi=450°$ (7) $\varphi=-367°$

c) (1) $\varphi=10°$ (2) $\varphi=20°$ (3) $\varphi=-72°$ (4) $\varphi=128°$ (5) $\varphi=317°$ (6) $\varphi=-37°$ (7) $\varphi=-518°$

7.

Rechne in Gradmaß um:

a) (1) $x=\frac{\pi}{5}$ (2) $x=\frac{3}{4}\pi$ (3) $x=\frac{7}{2}\pi$ (4) $x=\frac{4}{3}\pi$; (5) $x=-\frac{\pi}{2}$ (6) $x=-\frac{13}{6}\pi$

b) (1) $x=\frac{\pi}{6}$ (2) $x=\frac{5}{6}\pi$ (3) $x=\frac{5}{3}\pi$ (4) $x=-\frac{9}{4}\pi$ (5) $x=-5\pi$ (6) $x=-\frac{9}{2}\pi$

c) (1) $x=0{,}8$ (2) $x=2{,}5$ (3) $x=6{,}59$ (4) $x=-3{,}72$ (5) $x=1$ (6) $x=4{,}\overline{6}$

8.

Bestimme am Einheitskreis:

a) $\sin\pi$ **c)** $\sin\frac{3}{2}\pi$ **e)** $\cos\pi$ **g)** $\cos\frac{3}{2}\pi$ **i)** $\tan\pi$ **k)** $\tan(-\frac{\pi}{4})$

b) $\sin\frac{\pi}{2}$ **d)** $\sin(-\frac{3}{2}\pi)$ **f)** $\cos\frac{\pi}{2}$ **h)** $\cos(-\frac{3}{2}\pi)$ **j)** $\tan\frac{\pi}{4}$ **l)** $\tan(-2\pi)$

9.

Bestimme mit dem Taschenrechner (4 Nachkommastellen).

a) $\sin 4{,}75$ **b)** $\sin(-3{,}85)$ **c)** $\cos 2{,}5$ **d)** $\cos(-2{,}5)$ **e)** $\tan 8{,}4$ **f)** $\tan 2{,}5$

10.

In welchem Intervall zeigt der Taschenrechner jeweils eine Lösung x an? Gib diese an.

a) (1) $\sin x=0{,}3$ (2) $\sin x=-0{,}7$

b) (1) $\cos x=0{,}8$ (2) $\cos x=-0{,}6$

c) (1) $\tan x=7{,}5$ (2) $\tan x=-8{,}74$

11.

Bestimme alle Lösungen x, die im Intervall $[0; 2\pi]$ liegen.

a) (1) $\sin x=0{,}45$ (2) $\sin x=0{,}8$ (3) $\sin x=-0{,}4$

b) (1) $\cos x=0{,}75$ (2) $\cos x=-0{,}9$ (3) $\cos x=0{,}5$

c) (1) $\tan x=1$ (2) $\tan x=3$ (3) $\tan x=-2$

d) (1) $\sin x=0$ (2) $\cos x=0$ (3) $\tan x=0$

12.

Bestimme die gesamte Lösungsmenge der Gleichung:

a) (1) $\sin x=0{,}55$ (2) $\sin x=-0{,}55$ **b)** (1) $\cos x=0{,}43$ (2) $\cos x=-0{,}43$

13.

Entscheide, ohne den Taschenrechner zu benutzen:

a) Ist $\sin x>0$ oder $\sin x<0$ für
(1) $x=0{,}5$; (2) $x=1{,}6$; (3) $x=2{,}5$; (4) $x=3{,}8$; (5) $x=4{,}9$; (6) $x=5{,}2$?

b) Ist $\cos x>0$ oder $\cos x<0$ für
(1) $x=0{,}8$; (2) $x=2{,}4$; (3) $x=3{,}2$; (4) $x=5{,}9$; (5) $x=6{,}2$; (6) $x=-1{,}2$?

14.

Berechne die Tangenswerte für: **a)** $30°(=\frac{\pi}{6})$ **b)** $60°(=\frac{\pi}{3})$ **c)** $45°=(\frac{\pi}{4})$
d) $120°\ (=?)$ **e)** $210°\ (=?)$ **f)** $240°\ (=?)$ **g)** $300°\ (=?)$ **h)** $270°\ (=?)$

15.

Bestimme eine Lösung x der Gleichung:

a) $\sin(2x)=0{,}7$ **d)** $\cos(4x)=0{,}35$ **g)** $\cos(2x-4)=\frac{1}{3}\sqrt{5}$

b) $\sin(5x)=-0{,}9$ **e)** $\sin(5-x)=0{,}4$ **h)** $\sin(4x+5)=-\frac{1}{4}\sqrt{10}$

c) $\cos(3x)=-0{,}84$ **f)** $\cos(x-3)=-0{,}4$ **i)** $\sin(7x+3)=-\sqrt{0{,}5}$

1.6.3. Eigenschaften von Sinus und Kosinus

In den früheren Abschnitten dieses Kapitels haben wir Eigenschaften z.B. von ganzrationalen Funktionen untersucht. Ähnliche Untersuchungen führen wir in diesem Abschnitt für trigonometrische Funktionen durch.

Aufgabe

a) Gib Eigenschaften der Funktionen $x \mapsto \sin x$ bzw. $x \mapsto \cos x$ an. Untersuche im einzelnen:
(1) Definitionsbereich (2) Wertebereich (3) Nullstellen
(4) Symmetrie zum Ursprung oder zur 2. Achse
(5) Periodizität, d.h.: Um wieviel muß man den Graphen mindestens verschieben, bis der verschobene Graph und der ursprüngliche Graph wieder zur Deckung kommen?

b) Welche Zusammenhänge bestehen zwischen sin x und cos x?

Lösung

a) (1) Der Definitionsbereich ist gleich $\mathbb{R}$. Man kann für x in sin x und cos x beliebige reelle Zahlen einsetzen.
(2) Die Koordinaten von Punkten auf dem Einheitskreis liegen jeweils im Intervall $[-1; +1]$; deshalb haben beide Funktionen den Wertebereich $W = [-1; +1]$.
(3) $\sin x = 0$ gilt für $x = 0; +\pi; -\pi; +2\pi; -2\pi; \ldots$
d.h. allgemein für $x = k \cdot \pi$, mit $k \in \mathbb{Z}$,
$\cos x = 0$ gilt für $x = \frac{\pi}{2}; -\frac{\pi}{2}; +\frac{3}{2}\pi; -\frac{3}{2}\pi; \ldots$
d.h. allgemein für $x = (2k+1) \cdot \frac{\pi}{2}$, mit $k \in \mathbb{Z}$.

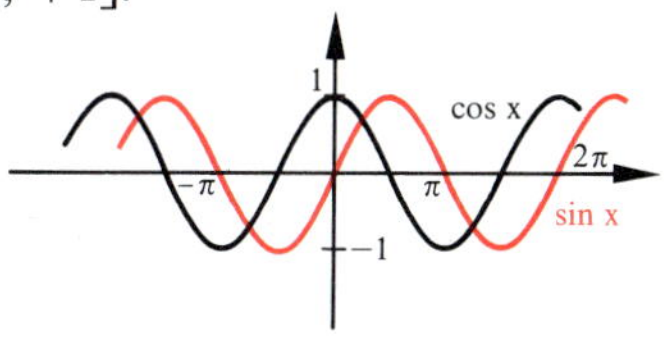

(4) Der Graph von $x \mapsto \sin x$ ist punktsymmetrisch zum Ursprung, da für beliebige $x \in \mathbb{R}$ gilt: $\sin(-x) = -\sin x$.
Der Graph von $x \mapsto \cos x$ ist achsensymmetrisch zur 2. Achse, da für beliebige $x \in \mathbb{R}$ gilt: $\cos(-x) = \cos x$.
(5) Die Funktionen $x \mapsto \sin x$ und $x \mapsto \cos x$ sind 2π-periodisch, da sich die Koordinaten von Punkten am Einheitskreis alle 2π wiederholen. Es gilt also:
$\sin(x + k \cdot 2\pi) = \sin x$ und $\cos(x + k \cdot 2\pi) = \cos x$, mit $k \in \mathbb{Z}$.

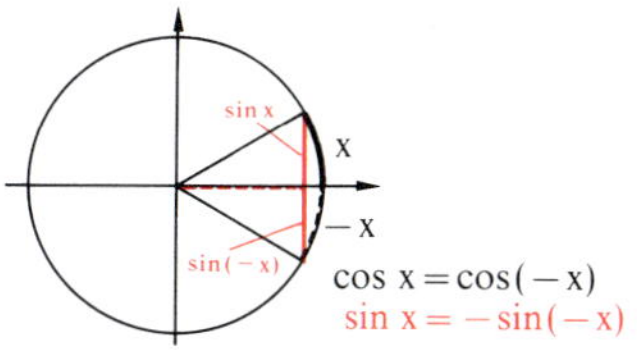

b) Die Graphen von $x \mapsto \sin x$ und $x \mapsto \cos x$ sind um $\frac{\pi}{2}$ gegeneinander verschoben; es gilt:

$\cos x = \sin(x + \frac{\pi}{2})$ Verschiebung des Graphen von Sinus um $\frac{\pi}{2}$ nach links.

$\sin x = \cos(x - \frac{\pi}{2})$ Verschiebung des Graphen von Kosinus um $\frac{\pi}{2}$ nach rechts.

Da sin x und cos x bis auf das Vorzeichen (für $\cos x \neq 0$ und $\sin x \neq 0$) immer als Kathetenlängen von rechtwinkligen Dreiecken mit Hypotenuse 1 aufgefaßt werden können, gilt:

$\cos^2 x + \sin^2 x = 1$ Das gilt aber auch, falls $\cos x = 0$ oder $\sin x = 0$ ist. Dann ist nämlich $\sin x = 1$ oder $\sin x = -1$ bzw. $\cos x = 1$ oder $\cos x = -1$.

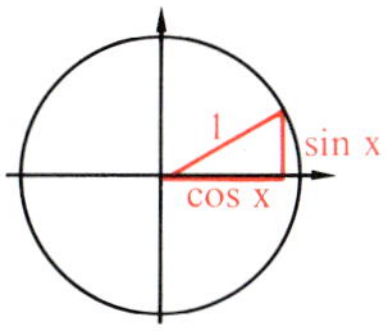

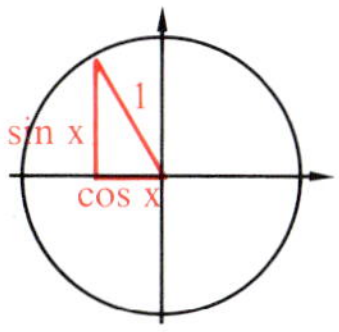

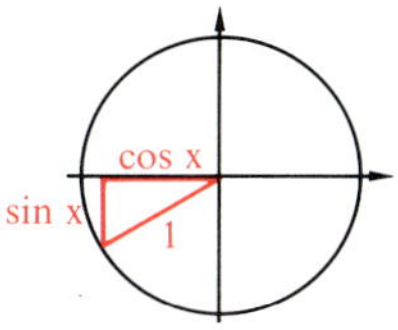

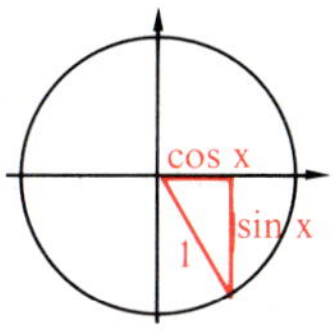

Zum Weiterarbeiten

1.

a) An welchen Stellen nimmt die Sinusfunktion [Kosinusfunktion] den Wert $1; -1; \frac{1}{2}\sqrt{2}$ an?

b) In welchen Intervallen ist $x \mapsto \sin x$ $[x \mapsto \cos x]$ streng monoton steigend [fallend]?

2.

a) Gib weitere Symmetrieeigenschaften von $x \mapsto \sin x$ $[x \mapsto \cos x]$ an.

b) Begründe diese Eigenschaften am Einheitskreis.

Information

Kann man $\sin(a+b)$ bestimmen, indem man $\sin a + \sin b$ ausrechnet?
Das ist im allgemeinen nicht möglich. Setzt man beispielsweise $a = \frac{\pi}{2}$ und $b = \frac{\pi}{2}$, so gilt:

$\sin(a+b) = \sin(\frac{\pi}{2} + \frac{\pi}{2}) = \sin \pi = 0$
$\sin a + \sin b = \sin\frac{\pi}{2} + \sin\frac{\pi}{2} = 1 + 1 = 2$

Man wird daher fragen, ob es eine andere Möglichkeit gibt, $\sin(a+b)$ und entsprechend $\cos(a+b)$ bzw. $\sin(a-b)$ und $\cos(a-b)$ auszurechnen.
Diese Formeln heißen die *Additionstheoreme des Sinus und des Kosinus.* Sie werden hier für Bogenlängen a und b formuliert. Sie gelten natürlich auch für Gradmaße:

Satz 8 *Additionstheoreme für Sinus und Kosinus*
(1) $\sin(a+b) = \sin a \cdot \cos b + \sin b \cdot \cos a$
(2) $\sin(a-b) = \sin a \cdot \cos b - \sin b \cdot \cos a$
(3) $\cos(a+b) = \cos a \cdot \cos b - \sin a \cdot \sin b$
(4) $\cos(a-b) = \cos a \cdot \cos b + \sin a \cdot \sin b$

Folgende Gedächtnisstütze gibt es:
Der Sinus einer Summe ist auch eine Summe. Der Sinus einer Differenz ist auch eine Differenz. Beim Kosinus ist es umgekehrt.

Beweis der Additionstheoreme

(A) *Wir beweisen zunächst das Theorem* (4) $\cos(a-b) = \cos a \cdot \cos b - \sin a \cdot \sin b$

Wir betrachten den Punkt $Z(1; 0)$ sowie beliebige Punkte $A(\cos a; \sin a)$, $B(\cos b; \sin b)$, $C(\cos c; \sin c)$ auf dem Einheitskreis mit $c = a - b$. Dann sind die Sehnen $\overline{AB}$ und $\overline{CZ}$ gleich lang, weil sie zu Mittelpunktswinkeln mit gleichem Bogenmaß $c = a - b$ gehören. Dann gilt nach dem Lehrsatz des Pythagoras für die rechtwinkligen Dreiecke BAD bzw. ZCE:

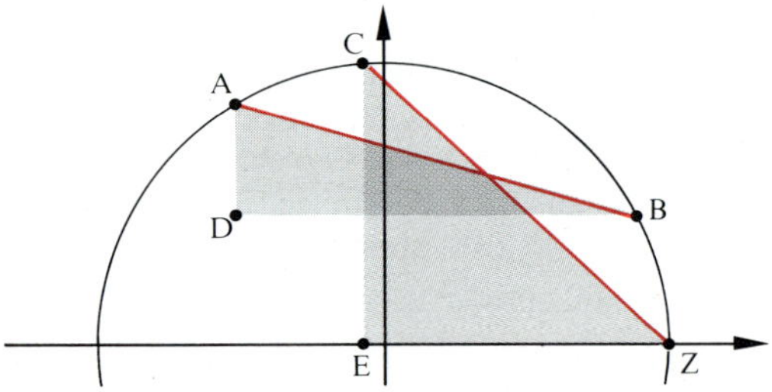

$$|\overline{AB}|^2 = (\cos b - \cos a)^2 + (\sin a - \sin b)^2$$
$$= \cos^2 b - 2\cos b \cos a + \cos^2 a + \sin^2 a - 2\sin a \sin b + \sin^2 b$$
$$= 1 - 2\cos a \cos b + 1 - 2\sin a \cdot \sin b$$
$$= 2 - 2 \cdot (\cos a \cdot \cos b + \sin a \cdot \sin b)$$

$$|\overline{CZ}|^2 = (1 - \cos(a-b))^2 + \sin^2(a-b)$$
$$= 1 - 2\cos(a-b) + \cos^2(a-b) + \sin^2(a-b)$$
$$= 1 - 2\cos(a-b) + 1$$
$$= 2 - 2 \cdot \cos(a-b)$$

Weil $|CZ| = |AB|$, folgt:

$$2 - 2 \cdot \cos(a-b) = 2 - 2 \cdot (\cos a \cdot \cos b + \sin a \cdot \sin b) \quad | -2$$
$$-2\cos(a-b) = -2 \cdot (\cos a \cdot \cos b + \sin a \cdot \sin b) \quad | :(-2)$$
$$\cos(a-b) = \cos a \cdot \cos b + \sin a \cdot \sin b$$

(B) *Beweis von Theorem* (3)
$\cos(a+b) = \cos(a - (-b)) = \cos a \cdot \cos(-b) + \sin a \cdot \sin(-b) = \cos a \cdot \cos b - \sin a \cdot \sin b$

(C) Die Beweise der Theoreme (1) und (2) verlaufen entsprechend, indem man ausnutzt, daß $|AC| = |BZ|$ (siehe Übungsaufgabe 11).

Übungen

3.
Begründe die Beziehungen $\cos x = \sin(x + \frac{\pi}{2})$ bzw. $\sin x = \cos(x - \frac{\pi}{2})$

a) am Einheitskreis; △ **b)** mit Hilfe der Additionstheoreme.

4.
Bestimme alle Lösungen der Gleichung $\cos x = \sin x$ (d.h. wo schneiden sich die beiden Graphen?).

5.
a) Gib alle Parallelen zur 2. Achse an, zu denen der Graph von $x \mapsto \sin x$ achsensymmetrisch ist.

b) Gib alle Punkte auf der 1. Achse an, zu denen der Graph von $x \mapsto \sin x$ punktsymmetrisch ist.

c) Beschreibe die Symmetrieeigenschaften von sin x bzw. cos x durch Gleichungen.
Beispiel: sin x achsensymmetrisch zu $x = a$ bedeutet $\sin(a + x) = \sin(a - x)$.

6.
Untersuche die Funktion $x \mapsto \tan x$ auf folgende Eigenschaften:
(1) Definitionsbereich (2) Wertebereich (3) Nullstellen (4) Symmetrie (5) Periodizität

△ **7.**
Zeichne den Graphen der Funktion f mit $f(x) = \frac{1}{\sin x}$ und begründe folgende Eigenschaften mit Hilfe der Eigenschaften von $x \mapsto \sin x$:

(1) Definitionsbereich $D = \mathbb{R} \setminus \{x \mid x = k\pi,\ k \in \mathbb{Z}\}$ (2) Wertebereich $W =]-\infty; -1] \cup [+1; +\infty[$
(3) Punktsymmetrie zum Ursprung (4) f ist 2π-periodisch
(5) f ist streng monoton fallend z.B. im Intervall $]0; \frac{\pi}{2}[$ bzw. $]\frac{3}{2}\pi; 2\pi[$
und streng monoton steigend, z.B. im Intervall $]\frac{\pi}{2}; \pi[$ bzw. $]\pi; \frac{3}{2}\pi[$.

8.
Leite aus den Additionstheoremen für Sinus bzw. Kosinus her:

a) $\sin 2x = 2 \sin x \cos x$; $\cos 2x = \cos^2 x - \sin^2 x = 1 - 2\sin^2 x = 2\cos^2 x - 1$

b) $\cos\frac{x}{2} = \sqrt{\frac{1 + \cos x}{2}}$; $\sin\frac{x}{2} = \sqrt{\frac{1 - \cos x}{2}}$

c) $\sin x + \sin y = 2 \sin\frac{x+y}{2} \cdot \cos\frac{x-y}{2}$; $\cos x + \cos y = 2\cos\frac{x+y}{2} \cdot \cos\frac{x-y}{2}$

$\sin x - \sin y = 2 \sin\frac{x-y}{2} \cdot \cos\frac{x+y}{2}$; $\cos x - \cos y = -2 \sin\frac{x-y}{2} \cdot \sin\frac{x+y}{2}$

Anleitung für c): Setze in den Additionstheoremen $a + b = x$ und $a - b = y$.

9.
Berechne $\sin\frac{\pi}{12}$ $[\cos\frac{\pi}{12}]$

a) aus den Funktionswerten für $x = \frac{\pi}{3}$ bzw. $x = \frac{\pi}{4}$ und einem Additionstheorem;

b) mit Hilfe von 8b).

10.
a) Zeige, daß für den Tangens folgendes Additionstheorem gilt: $\tan(a + b) = \frac{\tan a + \tan b}{1 - \tan a \cdot \tan b}$

b) Wie lautet das Theorem für $\tan(a - b)$?

11.
Beweise die Additionstheoreme (1) und (2) für den Sinus bzw. den Kosinus.

12.
a) Begründe: Der Schnittwinkel γ zwischen zwei Geraden mit den Gleichungen $y = m_1 x + b_1$ und $y = m_2 x + b_2$ ist nur von den Steigungen m_1 und m_2 (und nicht von b_1 und b_2) abhängig.
Anmerkung: Der Schnittwinkel soll der kleinere der beiden Winkel zwischen den Geraden sein.

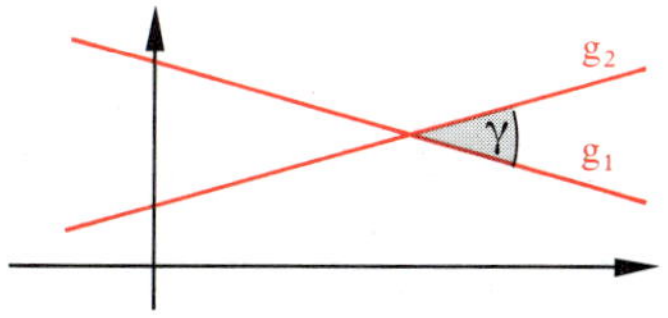

b) Begründe: Wählt man auf den Achsen eines kartesischen Koordinatensystems gleich große Einheiten, so gilt für den Winkel γ zwischen zwei Geraden: $\tan\gamma = \left|\frac{m_2 - m_1}{1 + m_1 m_2}\right|$.

Beispiele: (1) $m_1 = 2;\ m_2 = 3;$ (2) $m_1 = 4;\ m_2 = -\frac{1}{2}$ (3) $m_1 = 0;\ m_2 = -1$

△ **c)** Wählt man als Schnittwinkel γ denjenigen Winkel, der von der ersten Geraden überstrichen wird, wenn man diese auf kürzestem Weg in die zweite Gerade dreht, so muß man in der Formel von b) die Absolutstriche fortlassen. Begründe dies.

1.6.4. Die allgemeine Sinusfunktion $x \mapsto a \cdot \sin(b(x-c)) + d$

In diesem Teilabschnitt untersuchen wir die Frage, welchen Einfluß Änderungen im Funktionsterm der Sinusfunktion auf die Gestalt des Graphen haben.

Aufgabe

Untersuche den Graphen der Funktion f mit $f(x) = 2 \cdot \sin(\frac{1}{2}(x - \frac{\pi}{4})) + 1$.
Betrachte dazu schrittweise
(1) $y = \sin(\frac{1}{2}x)$ (2) $y = \sin(\frac{1}{2}(x - \frac{\pi}{4}))$
(3) $y = 2 \cdot \sin(\frac{1}{2}(x - \frac{\pi}{4}))$ (4) $y = 2 \cdot \sin(\frac{1}{2}(x - \frac{\pi}{4})) + 1$
Beschreibe jeweils die Veränderungen im Vergleich zum vorherigen Graphen.

Lösung

(1) Durch den Faktor $\frac{1}{2}$ in $\sin(\frac{1}{2}x)$ wird die Periodenlänge vergrößert, d.h. im Vergleich zu $y = \sin x$ hat $y = \sin\frac{1}{2}x$ die Periode $2 \cdot 2\pi = 4\pi$. Überlege dazu, daß gilt:

x	0	$\frac{\pi}{2}$	π	$\frac{3}{2}\pi$	2π
sin x	0	+1	0	−1	0
$\sin\frac{1}{2}x$	0	$+\frac{1}{2}\sqrt{2}$	+1	$+\frac{1}{2}\sqrt{2}$	0

(2) Durch den Subtrahend $\frac{\pi}{4}$ wird der Graph zu $y = \sin\frac{1}{2}x$ um $\frac{\pi}{4}$ nach rechts verschoben (man muß für x den Wert $\frac{\pi}{4}$ einsetzen, damit das Argument $x - \frac{\pi}{2}$ Null wird), d.h. im Vergleich zu $y = \sin\frac{1}{2}x$ beginnt $y = \sin\frac{1}{2}(x - \frac{\pi}{4})$ seine Periode erst bei $\frac{\pi}{4}$.

(3) Durch den Faktor 2 wird der übrige Term vervielfacht, d.h. der Graph im Vergleich zu $y = \sin\frac{1}{2}(x - \frac{\pi}{4})$ mit dem Faktor 2 in Richtung der 2. Achse gestreckt.

(4) Durch den Summanden +1 wird zum übrigen Term der Wert +1 addiert, d.h. der Graph im Vergleich zu $y = 2 \cdot \sin(\frac{1}{2}(x - \frac{\pi}{4}))$ um 1 nach oben verschoben.

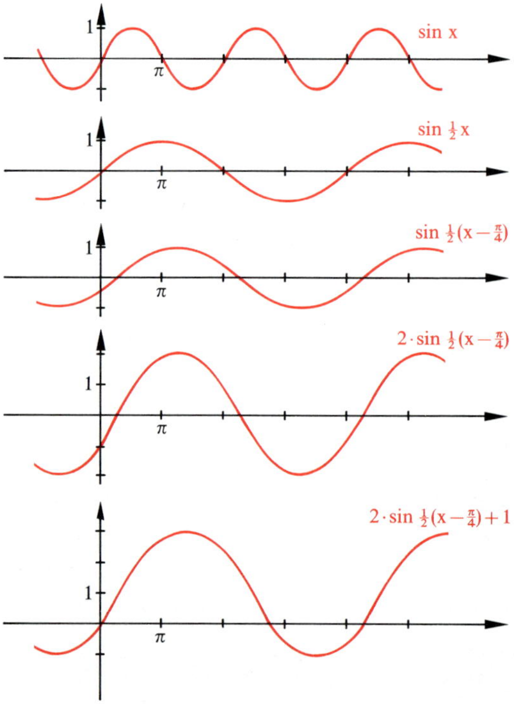

Information

Ähnlich wie beim obigen Beispiel kann man bei jeder Funktion f, deren Funktionsterm die Gestalt $f(x) = a \cdot \sin(b(x-c)) + d$ hat, vorgehen. Der Graph einer solchen Funktion geht durch Strecken in Richtung der Achsen und Verschieben in Richtung der Achsen aus dem Graph der Sinusfunktion hervor. Solche Funktionen werden daher auch **allgemeine Sinusfunktionen** genannt.

Zum Weiterarbeiten

1.

Gib zu den folgenden Graphen den Funktionsterm an.

a)

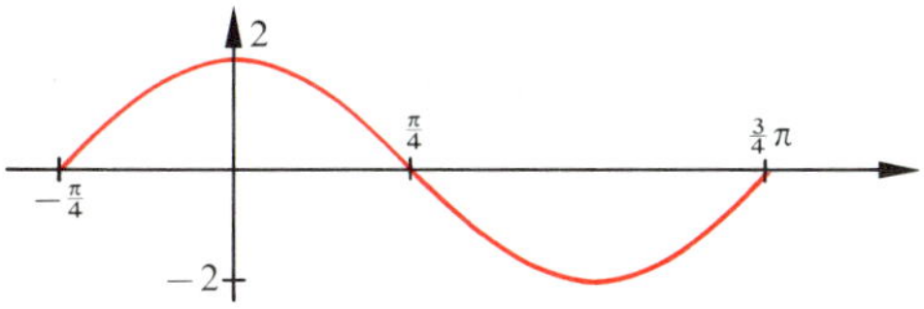

c)

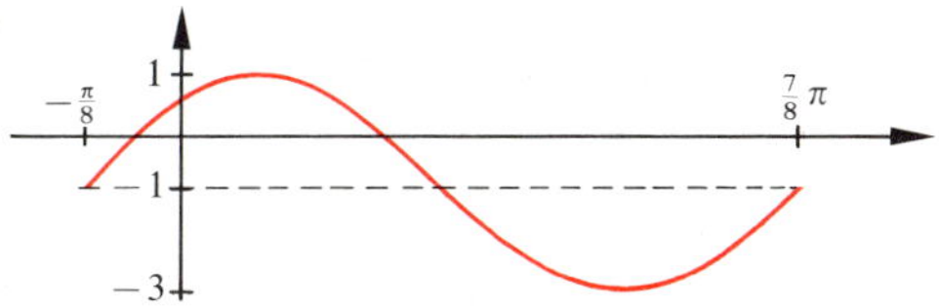

b)

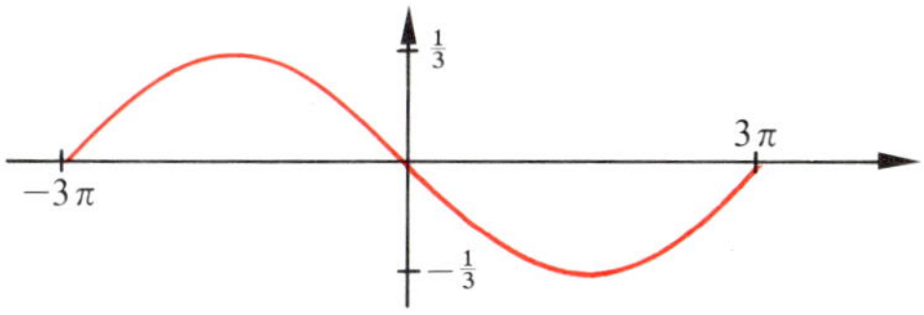

d)

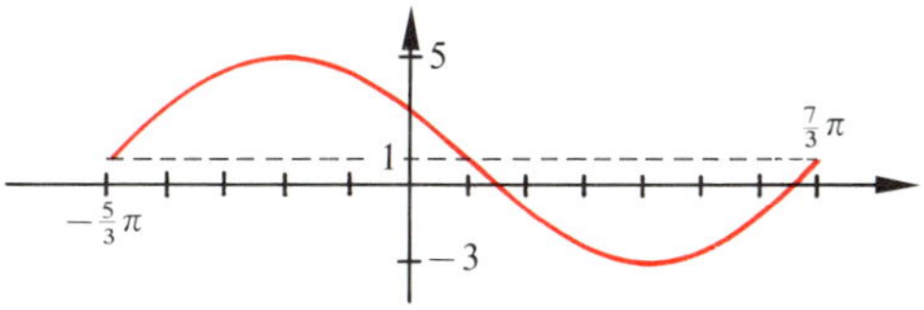

2.
Untersuche den Graphen der Funktion g mit $g(x)=2\cos\left[\frac{1}{2}\left(x-\frac{\pi}{2}\right)\right]-1$.

Übungen

3.
Vergleiche den Graphen der Funktion f mit dem der Funktion $x \mapsto \sin x$

a) (1) $f(x)=\sin(2x)$ (2) $f(x)=\sin(x-\pi)$ (3) $f(x)=\sin(2(x-\pi))$ (4) $f(x)=3\sin\left(\frac{1}{4}x\right)$

b) (1) $f(x)=3\cdot\sin x$ (2) $f(x)=\sin x+2$ **c)** (1) $f(x)=\sin\left(\frac{1}{3}x\right)-1$ (2) $f(x)=\frac{1}{2}\sin x-\frac{1}{2}$

4.
Skizziere die Graphen der folgenden Funktion:

a) $f(x)=2\sin\left(x-\frac{\pi}{2}\right)$

b) $f(x)=\frac{1}{2}\sin\left(\frac{1}{2}x\right)$

c) $f(x)=-\sin\left(x+\frac{\pi}{3}\right)$

d) $f(x)=\sin\left(2\left(x+\frac{3}{4}\pi\right)\right)$

5.
Skizziere die Graphen der folgenden Funktion:

a) $f(x)=\frac{1}{4}\cdot\sin\left(2\left(x-\frac{\pi}{4}\right)\right)-\frac{1}{2}$

b) $f(x)=2\cdot\sin\left(\frac{1}{2}\left(x+\frac{\pi}{2}\right)\right)+1$

c) $f(x)=\left(-\frac{1}{2}\right)\cdot\sin\left(3\left(x+\frac{\pi}{3}\right)\right)+1$

d) $f(x)=\frac{1}{2}\cos\left(\frac{1}{2}\left(x+\frac{\pi}{2}\right)\right)+1$

6.
Vergleiche die Graphen von:

a) $f_1(x)=\sin\left(2\left(x-\frac{\pi}{2}\right)\right)$
$f_2(x)=\sin\left(2x-\frac{\pi}{2}\right)$

b) $f_1(x)=\sin x+\pi$
$f_2(x)=\sin(x+\pi)$

c) $f_1(x)=2\sin x$
$f_2(x)=\sin 2x$

△ **7.**
Skizziere den Graphen von:

a) $y=\sin x+\cos x$ **b)** $y=2\sin x+\frac{1}{2}\cos x$ **c)** $y=\sin x-2\cos x$

(1) Welche Periodenlänge hat die Funktion? (2) Welche Symmetrieachsen hat sie?

Führe den Beweis unter Benutzung der Additionstheoreme (S. 58).

Anleitung zu (1): Rechne z. B. für a) aus (p = Periodenlänge):
$f(x+p)=\sin(x+p)+\cos(x+p)=\ldots$ und vergleiche das Ergebnis mit f(x).

Anleitung zu (2): f achsensymmetrisch zu $x=a$ bedeutet: $f(a-x)=f(a+x)$.
Rechne beide Terme aus und vergleiche.

1.6.5. Beschreibung periodischer Vorgänge mit Hilfe von Sinusfunktionen

Aufgaben

Unter der astronomischen Sonnenscheindauer versteht man die Zeitspanne zwischen Sonnenaufgang und -untergang. Der 50. Breitengrad verläuft mitten durch die Bundesrepublik, z.B. durch Mainz. Für Orte dieser geographischen Breite beträgt die astronomische Sonnenscheindauer ungefähr:

Datum	22.06.	22.07.	22.08.	22.09.	22.10.	22.11.	22.12.	22.01.	22.02.	22.03.	22.04.	22.05.
Dauer (in h)	16,2	15,4	13,8	12,0	10,2	8,6	7,8	8,7	10,3	12,0	13,9	15,4

a) Bestimme eine allgemeine Sinusfunktion, welche die astronomische Sonnenscheindauer für Orte auf dem 50. Breitengrad gut annähert.

b) Bestimme mit Hilfe von a) die astronomische Sonnenscheindauer am 10. Juli.

Lösung

a) Auf der ersten Achse tragen wir die Anzahl der Tage seit Jahresbeginn ab.
Wir erkennen die sinusförmige Gestalt und lesen ab:

- Die Periodenlänge beträgt (ungefähr) 365 Tage.
- Am Tage des Sommeranfangs (22.06.) ist die astronomische Sonnenscheindauer maximal, am Tage des Winteranfangs (22.12.) minimal. Maximaler und minimaler Wert sind gleich weit von dem Wert entfernt, der für Frühlings-bzw. Herbstanfang angegeben ist, nämlich
  16,2 h − 12,0 h = 12,0 h − 7,8 h = 4,2 h
- Den Beginn einer periodischen Bewegung können wir auf den 22.03. (81. Tag) festlegen.

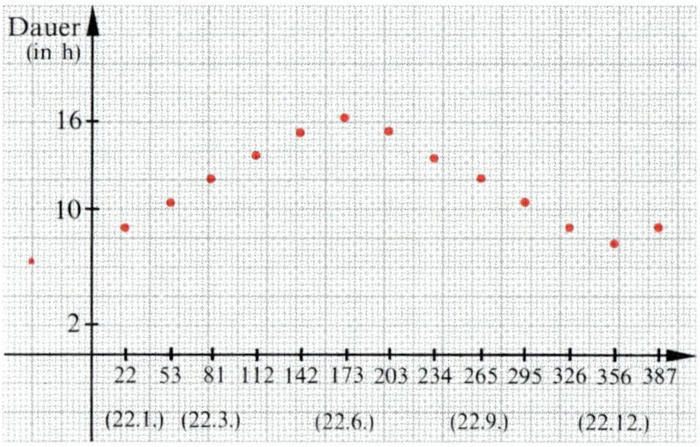

- Aus diesen Überlegungen ergibt sich die gesuchte Funktion f mit:

$f(x) = 4{,}2 \sin\left(\frac{2\pi}{365} \cdot (x - 81)\right) + 12$

b) Der 10. Juli ist der 191. Tag eines Jahres. Hierfür ergibt sich:

$f(191) = 4{,}2 \sin\left(\frac{2\pi}{365} \cdot (191 - 81)\right) + 12 \approx 16{,}0$

Die astronomische Sonnenscheindauer beträgt also ungefähr 16 Stunden.

Übung

1.

Bestimme den Funktionsterm einer allgemeinen Sinusfunktion f.

a)

x	0	1	2	3	4
f(x)	0	1	0	−1	0

b)

x	0	3	6	9	12
f(x)	0	1	0	−1	0

c)

x	1	3	5	7	9
f(x)	0	1	0	−1	0

d)

x	0	1	2	3	4
f(x)	1	3	1	−1	1

1.6.6. Vermischte Übungen

1.

a) Erläutere die Definition: Der Graph von f ist
(1) punktsymmetrisch zu einem Punkt P(a; b), wenn $\frac{1}{2}(f(a+x)+f(a-x))=b$;
(2) achsensymmetrisch zur Geraden mit $x=a$, wenn $f(a-x)=f(a+x)$.

b) Begründe: Der Graph von $x \mapsto \sin x$ ist
(1) punktsymmetrisch zu $P(k\pi; 0)$, $k \in \mathbb{Z}$ (2) achsensymmetrisch zu $x=(2k+1)\cdot\frac{\pi}{2}$, $k \in \mathbb{Z}$

c) Untersuche den Graph von $x \mapsto \cos x$ auf Achsen- und Punktsymmetrie.

2.

Die Summe von Sinusfunktionen mit unterschiedlicher Periodenlänge ist i. allg. keine Sinusfunktion. Skizziere den Graphen von f. Prüfe, ob f periodisch ist und gib hierfür eine Begründung an.

a) $f(x)=\sin x+\sin 2x$ **b)** $f(x)=\sin x-\sin\frac{1}{2}x$ **c)** $f(x)=\sin\frac{1}{2}x+\sin 2x$

△ **3.**

Zeige: Jede Funktion $y=a\sin x+b\cos x$ $(a, b \neq 0)$ läßt sich in der Form $y=c\cdot\sin(x+d)$ schreiben; und zwar gilt für c, d: $c=\sqrt{a^2+b^2}$ und $\tan d=\frac{b}{a}$
Anleitung: Rechne $c\cdot\sin(x+d)$ mit dem Additionstheorem aus und vergleiche.

△ **4.**

Skizziere den Graphen von $y=\sin^2 x=\sin x\cdot\sin x$.
Zeige: $\sin^2 x=\frac{1}{2}\cdot\sin\left(2\left(x-\frac{\pi}{4}\right)\right)+\frac{1}{2}$, d.h. der Graph ist eine allgemeine Sinusfunktion.
Anleitung:
Rechne $\sin\left(2\left(x-\frac{\pi}{4}\right)\right)$ mit Hilfe der Additionstheoreme aus und benutze dann die Beziehungen von Übung 8a) von S. 59.

5.

Zeige: Der Graph der Funktion f ist achsensymmetrisch zu $x=a$ bzw. punktsymmetrisch zu P und hat die Periodenlänge 2π.

(1) $f(x)=\frac{1}{\cos x}$ $(a=0)$ (2) $f(x)=\frac{1+\sin x}{\cos x}$ $(P(\frac{3\pi}{2}; 0))$ (3) $f(x)=\frac{\cos x-1}{\sin x}$ $(P(0; 0))$

6.

Gegeben sei ein Punkt P(x; y). Die Strecke $\overline{OP}$ werde um einen Winkel α gedreht. Dann hat der Punkt $\bar{P}(\bar{x}; \bar{y})$ die Koordinaten

$\bar{x}=x\cos\alpha-y\sin\alpha$; $\bar{y}=x\sin\alpha+y\cos\alpha$

a) Begründe diese Beziehungen mit Hilfe der Additionstheoreme.

b) Berechne die kartesischen Koordinaten von $\bar{P}$
(1) P(3; 4), $\alpha=50°$ (2) P(−1; 2), $\alpha=135°$
(3) P(2; −3), $\alpha=237°$ (4) P(−1; −4), $\alpha=79°$

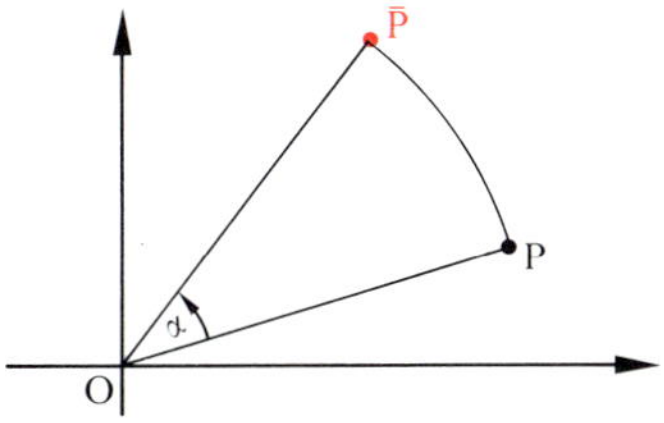

7.

Zeichne mit Hilfe einer Wertetabelle im Intervall $[-2\pi; 2\pi]$ den Graphen der Funktion f.

a) $f(x)=\sin x-\cos x$ **b)** $f(x)=x\cdot\sin x$ **c)** $f(x)=\sin\frac{1}{x}$ **d)** $f(x)=x\cdot\sin\frac{1}{x}$

8.

In der folgenden Tabelle ist die mittlere Lufttemperatur in Berlin festgehalten.

15.01.	15.02.	15.03.	15.04.	15.05.	15.06.	15.07.	15.08.	15.09.	15.10.	15.11.	15.12.
−0,5°	+0,2°	3,9°	9,0°	14,3°	17,7°	19,4°	18,8°	15,0°	9,6°	4,7°	1,2°

Bestimme eine geeignete Sinusfunktion, mit deren Hilfe man die mittlere Lufttemperatur an einem beliebigen Tag des Jahres berechnen kann. Berechne die mittlere Temperatur am 1. Oktober.

Exkurs: Der Funktionsbegriff als zentraler Begriff der Mathematik

1. Zur allseitigen Verwendung des Funktionsbegriffs

Der Funktionsbegriff ist für die Analysis zentral. Auch die meisten Anwendungen der Mathematik in der Umwelt kommen nicht ohne den Funktionsbegriff aus (vgl. S. 6). Viele Sätze beziehen sich auf ihn. Deswegen wird er auch im 1. Kapitel dieses Buches ausführlich besprochen. Er wurde in Definition 1 (S. 8), wie dort ausdrücklich erwähnt, auf *Zahlenmengen als Definitions- und Wertebereich* beschränkt. Er wird in diesem Sinne in der ganzen Mathematik verwendet.
Es gibt jedoch auch viele Beispiele, bei denen anstelle von Zahlenmengen *beliebige* Mengen als Definitions- bzw. Wertebereich verwendet werden. Statt von Funktion spricht man dann meist von *Abbildung*. Beispiele sind die geometrischen Abbildungen: Spiegelung, Drehung, Verschiebung, zentrische Streckung. Durch eine Spiegelung z. B. wird jedem Punkt der Ebene ein Bildpunkt eindeutig zugeordnet. Definitions- und Wertebereich einer Spiegelung ist die Menge der Punkte der Ebene.

2. Zur historischen Entwicklung des Funktionsbegriffs

Es hat Jahrhunderte gedauert, bis der Funktionsbegriff in seiner heutigen Form entwickelt worden ist. Die ersten Anfänge bei ORESME (1223–1282), GALILEI (1564–1642), CAVALIERI (1598–1647) und BARROW (1630–1677) waren geometrisch (am Graphen) orientiert. LEIBNIZ (1646–1716) verwendete als erster den Namen Funktion als Bezeichnung für Längen, die von einem beweglich gedachten Punkt einer Kurve abhängen. EULER (1707–1783) faßte jeden algebraischen Ausdruck als Funktion auf. Damit trat ein algebraisch-analytischer Aspekt in den Vordergrund. Der geometrische, am Graphen orientierte und der algebraisch-analytische, am Funktionsterm orientierte Aspekt des Funktionsbegriffs spielen auch heute noch eine Rolle. Die auf Seite 8 angegebene Definition findet sich im wesentlichen bei DIRICHLET (1805–1859). Sie schließt den geometrischen und den algebraisch-analytischen Aspekt ein.

3. Zurückführen des Funktionsbegriffs auf den Mengenbegriff

Bei der Definition der Funktion (S. 8) wird der Begriff der Zuordnung als undefinierter Begriff verwendet. Das empfinden viele Mathematiker als unbefriedigend. Doch kann man den Begriff der Funktion auf den der Menge zurückführen.
Dazu faßt man jedes Element x aus dem Definitionsbereich und das dem x eindeutig zugeordnete Element y zu einem *geordneten Paar* (x; y) zusammen.

> *Mengentheoretische Definition der Funktion bzw. Abbildung*
> Eine Funktion ist eine Menge F von geordneten Paaren (x; y) mit der Eindeutigkeitseigenschaft:
> Wenn $(x; y_1) \in F$ und $(x; y_2) \in F$, dann $y_1 = y_2$

Auch der Begriff *geordnetes Paar* (x; y) läßt sich durch folgende Definition auf Mengen zurückführen: $(x; y) = \{x, \{x, y\}\}$.

4. Menge als undefinierter Begriff der Mathematik

Ähnlich wie den Funktionsbegriff und den Begriff des geordneten Paares kann man jeden mathematischen Begriff letztlich auf den der Menge zurückführen. Der Begriff Menge ist dann der einzige undefinierte Begriff der Mathematik.
Wir gebrauchen die mengentheoretische Definition des Funktionsbegriffs allerdings nicht, weil sie für uns nicht relevant ist und wir die inhaltliche Vorstellung des Zuordnens betonen wollen. Sie wird jedoch zum Teil im akademischen Unterricht der Universitäten und Hochschulen verwendet.

2. Folgen

(1) Im April 1986 wurde beim Brand eines Atomreaktors in Tschernobyl (nördlich von Kiew in der UdSSR) das bei der Atomspaltung entstehende radioaktive Isotop Jod 131 in die Luft geschleudert. Es wurde vom Wind verweht und hat sich dann in ganz Europa in geringen Mengen auf der Erdoberfläche abgelagert. Wegen der Radioaktivität zerfällt es von einem auf den anderen Tag auf 90,5% der Masse, die am Vortag vorhanden war. Wir nehmen einmal an, auf einem Areal seien 1000 mg niedergegangen. Die Zahlenfolge $a_1, a_2, a_3, \ldots$ soll angeben, wieviel mg am 1., 2., 3., … Tag von dem Jod 131 vorhanden ist. Dann gilt:

$a_1 = 1000$; $a_2 = 1000 \cdot \frac{90{,}5}{100}$, also $a_2 = 905$.

Entsprechend erhält man (gerundet):

$a_3 = 819{,}0$; $a_4 = 741{,}2$; $a_5 = 670{,}8$;
$a_6 = 607{,}1$; $a_7 = 549{,}4$; $a_8 = 497{,}2$;
$a_9 = 450{,}0$; $a_{10} = 407{,}2$; $a_{11} = 368{,}5$

Die Werte der Zahlenfolge nehmen ständig ab. Die Folge strebt gegen 0. Nach jeweils 8 Tagen nimmt die Masse um die Hälfte ab.

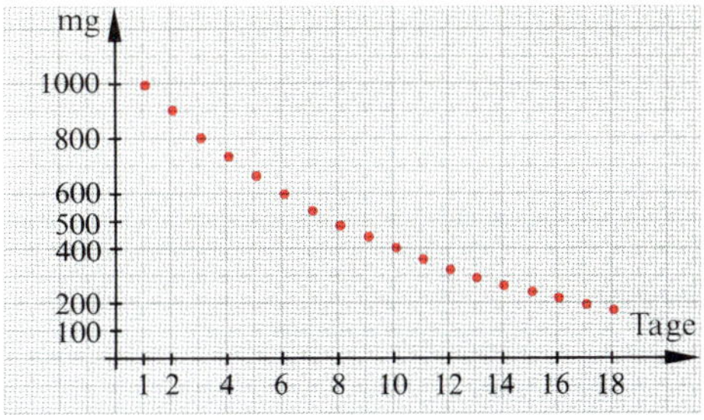

(2) Ein Patient nehme täglich 5 mg eines Medikamentes mit einer Tablette ein. Im Laufe eines Tages werde im Körper 40% abgebaut und ausgeschieden. Man kann dann in einer Zahlenfolge $a_1, a_2, a_3, \ldots$ berechnen, wieviel mg des Medikamentes sich unmittelbar nach der Einnahme am 1., 2., 3., … Tag im Körper des Patienten befinden.

Es gilt:

$a_1 = 5$; $a_2 = 5 - 0{,}4 \cdot 5 + 5 = 8$.

Entsprechend erhält man (gerundet):

$a_3 = 9{,}80$; $a_4 = 10{,}88$; $a_5 = 11{,}53$;
$a_6 = 11{,}92$; $a_7 = 12{,}15$; $a_8 = 12{,}29$;
$a_9 = 12{,}37$; $a_{10} = 12{,}42$; $a_{11} = 12{,}45$;
$a_{12} = 12{,}47$; $a_{13} = 12{,}48$; $a_{14} = 12{,}49$

Die Werte der Zahlenfolge wachsen ständig. Sie streben (von unten) dem Wert 12,5 zu.

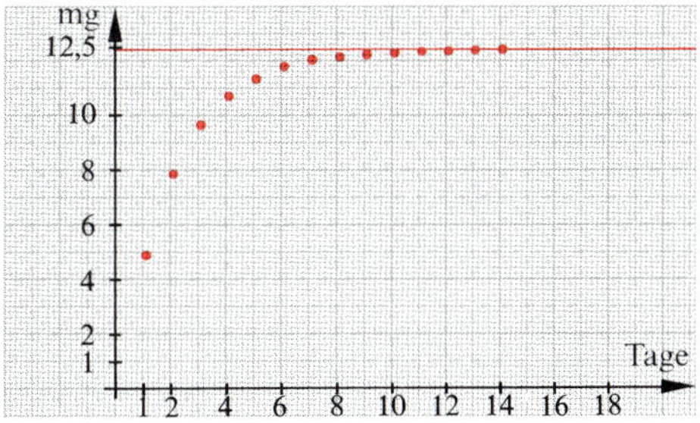

Das bedeutet:
Nach hinreichend langer Einnahme des Medikamentes befinden sich unmittelbar nach der Einnahme praktisch 12,5 mg und daher unmittelbar vor der Einnahme praktisch 7,5 mg des Medikamentes im Körper des Patienten.

Die beiden Vorgänge sind Beispiele für *dynamische Prozesse*. Beispiel (1) ist ein *Abnahmeprozeß*, Beispiel (2) ist ein Wachstumsprozeß. Dynamische Prozesse können auch *periodisch* oder *chaotisch* (ohne erkennbares Gesetz) sein. *Zahlenfolgen* sind ein Hilfsmittel, um sie zu beschreiben. Zahlenfolgen werden darüber hinaus in der Mathematik beim *Bestimmen von Näherungswerten* (z.B. von Wurzeln aus einer Zahl), *als Hilfsmittel bei der Präzisierung von Begriffen* (vgl. z.B. S. 102ff. und S. 110ff.) und beim *Lösen von Problemen* verwendet.

Ziel des Kapitels: Zahlenfolgen sollen näher betrachtet und dabei insbesondere die Grenzwerteigenschaft einer Folge untersucht werden.

2.1. Beispiele von Folgen

2.1.1. Folgen und ihre Darstellungen

Aufgabe

ist kleiner als
$1{,}4 \cdot x = \sqrt{2} \cdot \sqrt{2} = 2$
ist größer als

$a_1 = 1{,}4$ ist ein Näherungswert für $\sqrt{2}$. Unser Ziel ist, noch genauere Näherungswerte für $\sqrt{2}$ zu bestimmen. Da $1{,}4^2 = 1{,}96 < 2$ gilt, ist 1,4 etwas kleiner als $\sqrt{2}$. Die Zahl x in $1{,}4 \cdot x = 2$ muß dann notwendigerweise größer als $\sqrt{2}$ sein.
$x = \frac{2}{1{,}4} = 1{,}4285714\ldots$. Der genaue Wert für $\sqrt{2}$ muß also zwischen $a_1 = 1{,}4$ und $\frac{2}{a_1} = 1{,}4285714\ldots$ liegen. Es liegt nahe, als besseren Näherungswert für $\sqrt{2}$ das arithmetische Mittel von a_1 und $\frac{2}{a_1}$ zu wählen: $a_2 = \frac{1}{2} \cdot \left(a_1 + \frac{2}{a_1}\right)$

a) Berechne a_2.

b) Führe das Verfahren fort und berechne weitere Näherungswerte $a_3, a_4, \ldots$. Benutze einen Taschenrechner.

c) Gib die Gleichung an, mit der man vom Näherungswert a_n zum Näherungswert a_{n+1} kommt.

Lösung

a) $a_2 = \frac{1}{2} \cdot \left(1{,}4 + \frac{2}{1{,}4}\right) = 1{,}4142857\ldots$

b) Wir bilden wieder das arithmetische Mittel von a_2 und $\frac{2}{a_2}$, usw.
$a_3 = \frac{1}{2} \cdot \left(a_2 + \frac{2}{a_2}\right) = \frac{1}{2} \cdot \left(1{,}4142857 + \frac{2}{1{,}4142857}\right) = 1{,}4142136$; $a_4 = \frac{1}{2} \cdot \left(a_3 + \frac{2}{a_3}\right) = 1{,}4142136$
Es ist nicht sinnvoll, mit dem Taschenrechner weiterzurechnen, da sich die Ziffern hinter dem Komma wiederholen.
Wir erhalten den Näherungswert $\sqrt{2} \approx 1{,}4142136$.

c) Die gesuchte Gleichung lautet: $a_{n+1} = \frac{1}{2}\left(a_n + \frac{2}{a_n}\right)$

Anmerkung: Das in dieser Aufgabe angegebene Verfahren zur Bestimmung von Näherungswerten für $\sqrt{2}$ geht auf HERON von Alexandrien (ca. 80 n.Chr.) zurück und heißt *Heronsches Verfahren.*

Information

(1) *Begriff der Folge*

Eine Zahlenfolge $a_1, a_2, a_3, \ldots$ ist naiv gesehen eine Aufeinanderfolge von unendlich vielen Zahlen. Eine solche Auffassung reicht für die meisten Zwecke aus. Eine mathematische Definition ist dies allerdings nicht, da der Begriff Folge als Aufeinanderfolge, also praktisch durch sich selbst erklärt ist. Wir müssen daher versuchen, zu einer mathematisch hinreichenden Definition zu kommen. Dazu beachten wir, daß zu jeder Nummer n sich der Wert a_n (wenigstens prinzipiell) berechnen läßt. Jeder Nummer n ist also die reelle Zahl a_n zugeordnet. Eine Folge kann man also als eine Funktion mit der Menge $\mathbb{N}$ der natürlichen Zahlen ohne 0 als Definitionsbereich auffassen.
a_1 heißt das **1. Glied** der Folge, a_2 das **2. Glied**, a_3 das **3. Glied**, …, a_n das **n-te Glied**.
Der Index 3 bei a_3 gibt an, daß a_3 der Zahl 3 zugeordnet ist. 3 heißt auch die *Platznummer* des Folgengliedes.
In dem Funktionsterm von Folgen verwendet man die Variable n. Statt f(n) schreibt man a_n.

Definition 1
Eine Funktion mit der Menge $\mathbb{N}$ der natürlichen Zahlen ohne 0 als Definitionsbereich heißt **Folge**. Die Funktionswerte sind bei Zahlenfolgen Elemente aus $\mathbb{R}$.
Die einzelnen Funktionswerte heißen die **Glieder der Folge**.
Eine Folge notiert man häufig so: $a_1, a_2, a_3, a_4, \dots$.
Für jedes $n \in \mathbb{N}$ ist a_n das der Zahl n zugeordnete Element.
n heißt die **Platznummer** des Folgengliedes a_n.
Die Zuordnungsvorschrift lautet: $n \mapsto a_n$.
Um eine Folge von ihrem n-ten Glied a_n zu unterscheiden, bezeichnet man sie mit $\langle a_n \rangle$.

Wie bei jeder Funktion kann man auch zu jeder Folge *Wertetabelle* und *Graph* anfertigen. Der Graph besteht nur aus isolierten Punkten (siehe die Bilder auf Seite 65).

(2) *Vorgabe einer Folge:* Eine Folge kann man auf zweierlei Weise vorgeben.

(a) *Explizite Vorgabe*
Der Funktionsterm a_n wird explizit angegeben. *Beispiel:* $a_n = n^2$.
a_n wird auch allgemeines Glied genannt.

(b) *Rekursive Vorgabe*
Es wird das 1. Glied a_1 vorgegeben. Weiter wird durch eine Formel beschrieben, wie man das Glied a_{n+1} aus a_n berechnet. Beim Heronschen Verfahren (Seite 66) war $a_1 = 1{,}4$; $a_{n+1} = \frac{1}{2}\left(a_n + \frac{2}{a_n}\right)$.

(3) *Beispiele von Folgen und ihre Vorgabe*

(a) *Die Folge der Vielfachen von 7*

$a_1 = 7;\quad a_2 = 14;\quad a_3 = 21;\quad a_4 = 28;\ \dots$

Explizite Vorgabe: $a_n = 7 \cdot n$

Rekursive Vorgabe: $a_1 = 7;\quad a_{n+1} = a_n + 7$

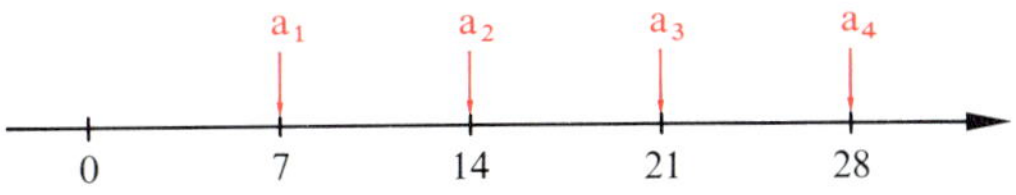

(b) *Die Folge der abwechselnd positiven und negativen Potenzen von 3*

$a_1 = 3;\quad a_2 = -9;\quad a_3 = 27;\quad a_4 = -81;\ \dots$

Explizite Vorgabe: $a_n = (-1)^{n+1} \cdot 3^n$

Rekursive Vorgabe: $a_1 = 3;\quad a_{n+1} = a_n \cdot (-3)$

(c) *Die Folge der negativen Stammbrüche*

$a_1 = -\frac{1}{1};\quad a_2 = -\frac{1}{2};\quad a_3 = -\frac{1}{3};\quad a_4 = -\frac{1}{4};\ \dots$

Explizite Vorgabe: $a_n = -\frac{1}{n}$

Rekursive Vorgabe: $a_1 = -1;\quad a_{n+1} = a_n \cdot \frac{n}{n+1}$

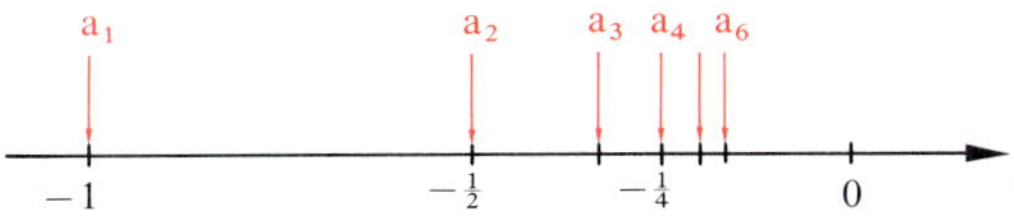

(d) *Die Folge der Quadratzahlen*

$a_1 = 1;\quad a_2 = 4;\quad a_3 = 9;\quad a_4 = 16;\ \dots$

Explizite Vorgabe: $a_n = n^2$

Rekursive Vorgabe: $a_1 = 1;\quad a_{n+1} = a_n + 2n + 1$

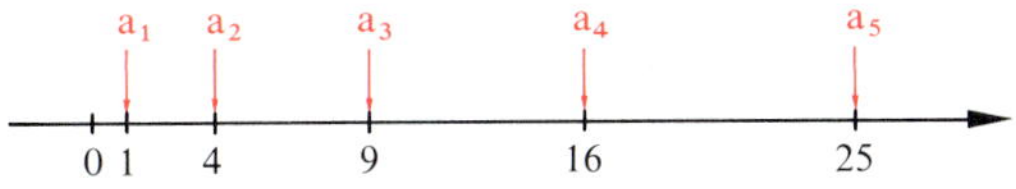

Zum Weiterarbeiten

1.
a) Bei welchen der obigen Folgen (a) bis (d) wachsen [fallen] die Glieder ständig?
b) Bei welchen dieser Folgen streben die Glieder gegen eine bestimmte Zahl?

2.
Eine Folge, deren Glieder alle untereinander gleich sind, heißt **konstante Folge**.
Beispiel: $a_1 = 4,\quad a_2 = 4,\quad a_3 = 4,\quad a_4 = 4, \dots$
Gib eine konstante Folge rekursiv vor.

Übungen

3.
Die Folge $\langle a_n \rangle$ sei explizit gegeben. Lege für die ersten 10 Glieder Wertetabelle und Graph an. Stelle die Folge auch auf der Zahlengeraden dar. Wie heißt das 20. [100.] Glied?

a) $a_n = \frac{1}{n}$
b) $a_n = 2n^2$
c) $a_n = \frac{1}{3}n^2$
d) $a_n = 2^n$
e) $a_n = -\frac{3}{4}n$
f) $a_n = -\frac{n}{2}$
g) $a_n = (-1)^n$
h) $a_n = (-1)^n \cdot \frac{1}{n}$
i) $a_n = (-1)^n \cdot n$
j) $a_n = 1 + (-1)^n$
k) $a_n = n \cdot (-1)^{n+1}$
l) $a_n = (-2)^n \cdot \frac{1}{n}$
m) $a_n = 1 + \frac{1}{n}$
n) $a_n = 1 - \frac{2}{n}$
o) $a_n = (-1)^n \cdot \frac{1}{n+2}$
p) $a_n = 2 - (-1)^{n+1}$
q) $a_n = \sqrt[n]{5}$
r) $a_n = \operatorname{sgn}(3 - n)$
s) $a_n = \sin\left(n \cdot \frac{\pi}{4}\right)$
t) $a_n = \frac{n}{2}(1 + (-1)^n)$
u) $a_n = \begin{cases} -n & \text{falls n gerade} \\ 1 - \frac{1}{n} & \text{falls n ungerade} \end{cases}$
v) $a_n = (1 + (-1)^n) \cdot \left(\frac{1}{2} - \frac{1}{2n}\right) + (1 - (-1)^n) \cdot \left(-\frac{n}{2}\right)$

4.
Berechne die Glieder a_2 bis a_{10} für die rekursiv gegebene Folge.

a) $a_1 = 0;\quad a_{n+1} = a_n + 1$
b) $a_1 = 100;\quad a_{n+1} = a_n - 5$
c) $a_1 = 0{,}5;\quad a_{n+1} = (-2) \cdot a_n$
d) $a_1 = 10;\quad a_{n+1} = -a_n$
e) $a_1 = 1;\quad a_{n+1} = 3a_n + 1$
f) $a_1 = 2{,}4;\quad a_{n+1} = a_n^2 - 4a_n + 6$
g) $a_1 = 10;\quad a_{n+1} = \frac{1}{a_n + 2}$
h) $a_1 = 2;\quad a_{n+1} = \frac{1}{\sqrt{a_n}}$
i) $a_1 = 1;\quad a_{n+1} = \sin a_n$

5.
Gegeben sei die Folge $\langle a_n \rangle$. Lege für die ersten sieben Glieder Wertetabelle und Graph an und stelle die Folge auf der Zahlengeraden dar.

a) a_n = Anzahl der Teiler von n **b)** a_n = Summe der Teiler von n **c)** a_n = Produkt der Teiler von n
d) a_n = Anzahl aller natürlichen Zahlen die kleiner als n und zu n teilerfremd sind.

6.
Gib analog zum Heronschen Verfahren eine Folge von Näherungswerten für die angegebenen Wurzeln an. Wie lautet die Rekursionsgleichung?

a) $\sqrt{3};\ a_1 = 2$ **b)** $\sqrt{5};\ a_1 = 4$ **c)** $\sqrt{4}$ (!); $a_1 = 3$ **d)** $\sqrt{7};\ a_1 = 7$ **e)** $\sqrt{2};\ a_1 = \sqrt{2}$

7.
Gib für die Folge das allgemeine Glied a_n sowie eine Rekursionsgleichung an.

a) $-\frac{1}{2}, -\frac{1}{3}, -\frac{1}{4}, -\frac{1}{5}, -\frac{1}{6}, \ldots$
b) $1, 8, 27, 64, \ldots$
c) $1, 3, 7, 15, 31, 63, \ldots$
d) $1, -2, +3, -4, +5, -6, \ldots$
e) $16, -8, +4, -2, +1, \ldots$
f) $-3, -11, -19, \ldots$

8.
Gegeben ist die Folge $\langle a_n \rangle$ mit $a_n = \frac{4n+7}{3n-5}$. Bei welcher Platznummer ist ein Folgenglied $\frac{79}{49}$ [1, 88; 1,47]?

2.1.2. Geometrische Folgen

Wir greifen auf das Einleitungsbeispiel (1) des radioaktiven Zerfalls von Jod 131 zurück (Seite 65). Wir gingen davon aus, daß sich 1000 mg auf einem Areal abgelagert haben. Jeden Tag verringerte sich die Masse um 9,5%, d.h. die Masse, die an einem Tag vorhanden ist, ist 90,5% der Masse, die am Tag zuvor vorhanden war. Es gilt: $a_1 = 1000$; $a_2 = 905$; $a_3 = 819{,}025$.

Aufgabe

a) Wie lautet die Rekursionsgleichung zur Berechnung von a_{n+1} aus a_n?

b) Wie lautet die explizite Vorgabe der Folge?

Lösung

a) Jedes nachfolgende Glied ist 90,5%, also das 0,905fache des vorhergehenden:

$$a_1 \xrightarrow{\cdot 0{,}905} a_2 \xrightarrow{\cdot 0{,}905} a_3 \xrightarrow{\cdot 0{,}905} a_4 \ \ldots\ a_n \xrightarrow{\cdot 0{,}905} a_{n+1} \ldots$$

Daraus gewinnt man die Rekursionsgleichung: $a_{n+1} = 0{,}905 \cdot a_n$

b) Wir erkennen die explizite Angabe für a_n, indem wir die Werte der einzelnen Glieder unausgerechnet lassen:

$$1000 \xrightarrow{\cdot 0{,}905} 1000 \cdot 0{,}905 \xrightarrow{\cdot 0{,}905} 1000 \cdot 0{,}905^2 \xrightarrow{\cdot 0{,}905} 1000 \cdot 0{,}905^3 \ldots$$

Somit gilt:

$a_1 = 1000$; $a_2 = 1000 \cdot 0{,}905$; $a_3 = 1000 \cdot 0{,}905^2$; $a_4 = 1000 \cdot 0{,}905^3$; ...

Daraus erkennt man: $a_n = 1000 \cdot 0{,}905^{n-1}$

Information

(1) *Definition einer geometrischen Folge*)*

Bei dem Beispiel oben galt: $a_{n+1} = a_n \cdot 0{,}905$.
Es liegt ein Spezialfall einer *geometrischen Folge* vor. Für eine solche Folge gilt allgemein:
$a_{n+1} = a_n \cdot q$ (mit $q \neq 0$ und $a_1 \neq 0$)
Bei einer geometrischen Folge erhält man jedes Glied aus dem vorhergehenden durch Multiplikation mit einer konstanten Zahl q. Die Zahl q heißt auch *konstanter Quotient*, weil $\frac{a_{n+1}}{a_n} = q$. Sie kann positiv oder negativ sein.

> **Definition 2**
> Eine Folge $\langle a_n \rangle$ heißt **geometrische Folge**, falls gilt: $a_{n+1} = a_n \cdot q$ mit $a_1 \neq 0$ und $q \neq 0$.

(2) *Explizite Vorgabe einer geometrischen Folge*

Es ist leicht möglich, die einzelnen Glieder einer geometrischen Folge anzugeben:

$$a_1 \xrightarrow{\cdot q} \underbrace{a_1 \cdot q}_{a_2} \xrightarrow{\cdot q} \underbrace{a_1 \cdot q^2}_{a_3} \xrightarrow{\cdot q} \underbrace{a_1 \cdot q^3}_{a_4} \xrightarrow{\cdot q} \underbrace{a_1 \cdot q^4}_{a_5} \ldots$$

Das allgemeine Glied einer geometrischen Folge lautet also: $a_n = a_1 \cdot q^{n-1}$.
Ist umgekehrt eine Folge explizit durch $a_n = a_1 \cdot q^{n-1}$ ($a_1 \neq 0$, $q \neq 0$) vorgegeben, so ist dies eine geometrische Folge. Es gilt nämlich

$$a_{n+1} = a_1 \cdot q^{n+1-1} = a_1 \cdot q^n = a_1 \cdot q^{n-1} \cdot q = a_n \cdot q$$

Zusammenfassend erhalten wir:

> **Satz 1**
> Eine Folge ist genau dann eine geometrische Folge, wenn für das allgemeine Glied a_n gilt:
> $a_n = a_1 \cdot q^{n-1}$ (mit $a_1 \neq 0$, $q \neq 0$).

---

*) Der Name geometrische Folge kommt daher, daß jedes (positive) Glied a_n das *geometrische Mittel* der benachbarten Glieder ist: $a_n = \sqrt{a_{n-1} \cdot a_{n+1}}$ (vgl. S. 71, Übungsaufgabe 13a).

Zum Weiterarbeiten

1.

a) Stelle die geometrischen Folgen auf der Zahlengeraden dar.
(1) $a_1=1;\ q=2{,}5$ (2) $a_1=100;\ q=0{,}5$ (3) $a_1=10;\ q=-2$ (4) $a_1=100;\ q=-\frac{1}{4}$
Beschreibe das Verhalten der Glieder auf der Zahlengeraden.

b) Für welche Werte von q streben die Glieder der geometrischen Folge $\langle a_n \rangle$ mit $a_n = a \cdot q^{n-1}$ gegen eine feste Zahl? Wie heißt die Zahl?

2.

a) Ein Kapital von 1000 DM befindet sich zu einem festen Zinssatz von 4% auf einem Sparkonto. Die Zinsen werden jährlich dem Kapital zugeschlagen.
K_n sei das Kapital zu Beginn des n-ten Jahres.
(1) Zeige, daß $\langle K_n \rangle$ eine geometrische Folge ist.
(2) Wie groß ist das Anfangsglied? (3) Wie groß ist der konstante Quotient q?
(4) Nach wie vielen Jahren ist das Kapital mehr als verdoppelt [verdreifacht]?
Du kannst dazu die Konstantenautomatik eines Taschenrechners verwenden.

b) Ein Bestand (z. B. Geld, Bakterien, chemisches Gift im Boden usw.) wachse in einem bestimmten Zeittakt (z. B. monatlich, jährlich, täglich, stündlich) um p%. B_n sei der Bestand zu Beginn des n-ten Zeittaktes. Zeige, daß $\langle B_n \rangle$ eine geometrische Folge mit $q = 1 + \frac{p}{100}$ ist.

c) Ein Bestand (z. B. Vorrat, radioaktive Substanz, Substanz, die abgebaut wird, usw.) verringere sich in einem bestimmten Zeittakt um p%. B_n sei der Bestand zu Beginn des n-ten Zeittaktes. Zeige, daß $\langle B_n \rangle$ eine geometrische Folge mit $q = 1 - \frac{p}{100}$ ist.

△ **3.**

Eine Funktion f mit $f(x) = a \cdot b^x$ $(a \neq 0;\ b > 0;\ b \neq 1)$ heißt *Exponentialfunktion*, a heißt Anfangswert, b Basis.

a) Zeige: Jede geometrische Folge $\langle a_n \rangle$ mit $a_n = a_1 \cdot q^{n-1}$ und $q > 0,\ q \neq 1$ ist eine Exponentialfunktion mit $\mathbb{N}$ als Definitionsbereich. Wie groß sind Anfangswert a und Basis b?

b) Zeige umgekehrt: Jede Exponentialfunktion mit $\mathbb{N}$ als Definitionsbereich ist eine geometrische Folge. Wie groß sind das Anfangsglied a_1 und der konstante Quotient q?

Übungen

4.

Ein Pendel werde 20 cm [1,25 m] nach rechts aus seiner Ruhelage entfernt und dann losgelassen. Wähle die Amplituden (maximale Ausschläge) nach links negativ und nach rechts positiv. Der Betrag einer Amplitude sei 80% [$\frac{2}{3}$] des Betrages der vorhergehenden Amplitude. Berechne die ersten 5 Glieder, gib die Zuordnungsvorschrift an und zeichne den Graphen.

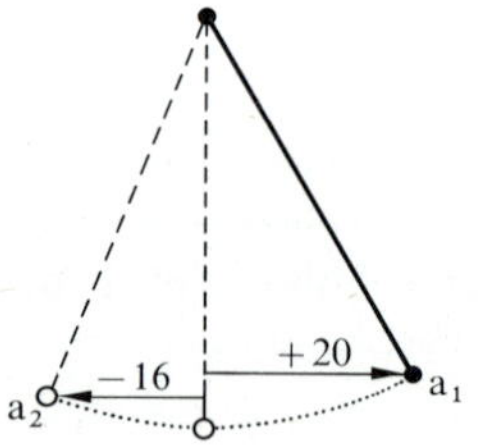

5.

Das Wasser in einem U-Rohr wird um 30 cm [45 cm] aus dem Gleichgewicht gebracht. Es führt danach Schwingungen aus, deren Amplituden eine Folge bilden. Wähle die Amplituden unterhalb der Gleichgewichtslage negativ und oberhalb positiv. Der Betrag einer Amplitude betrage angenähert 40% [$\frac{1}{3}$] der vorhergehenden Amplitude. Gib die Zuordnungsvorschrift an.

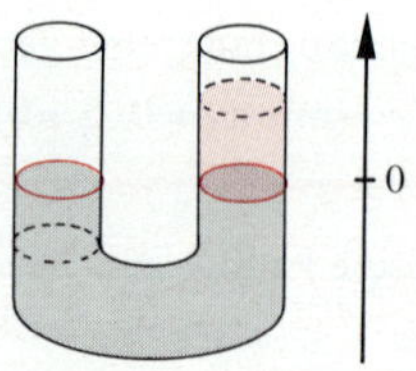

6.
Notiere die ersten 5 Glieder der geometrischen Folge. Gib auch das 10. [100.] Glied an.

a) $a_1 = 6; \quad q = 3$
b) $a_1 = 200; \quad q = 0{,}1$
c) $a_1 = 200; \quad q = 1{,}5$
d) $a_1 = 1000; \quad q = -\frac{1}{2}$
e) $a_1 = 4; \quad q = \frac{3}{4}$
f) $a_1 = 4; \quad q = -1$
g) $a_1 = -6; \quad q = 3$
h) $a_1 = 5; \quad q = -0{,}4$
i) $a_1 = -2; \quad q = -0{,}01$

7.
Von einer geometrischen Folge sind drei der Werte a_1, q, n, a_n bekannt.
Bestimme den fehlenden Wert.
a) $a_1 = 125, \quad n = 5, \quad a_n = 0{,}2$ **b)** $q = 12{,}5, \quad n = 4, \quad a_n = 15{,}625$ **c)** $a_1 = -81, \quad q = -\frac{1}{3}, \quad a_n = -1$

8.
Gegeben ist eine geometrische Folge durch a_1 und q.
Für welche Platznummern gilt die angegebene Bedingung?

a) $a_1 = 1; \; q = 2; \; a_n > 1000$
b) $a_1 = 1; \; q = \frac{1}{2}; \; a_n < \frac{1}{1000}$
c) $a_1 = 1; \; q = -2; \; -1000 < a_n < 1000$
d) $a_1 = 10; \; q = -\frac{1}{10}; \; -\frac{1}{10^6} < a_n < +\frac{1}{10^6}$

9.
a) Gegeben ist eine geometrische Folge durch $a_1 = 2, \; q = 2$. Von welcher Platznummer ab sind die Glieder größer als 100 [10000; 10^6]?
b) Gegeben ist eine geometrische Folge durch $a_1 = 3, \; q = \frac{1}{3}$. Von welcher Platznummer ab sind die Glieder kleiner als $\frac{1}{100}$ $\left[\frac{1}{1000}; \frac{1}{10^6}\right]$?

10.
Zeichne in ein gleichseitiges Dreieck mit 12 cm Seitenlänge ein zweites Dreieck durch Verbinden der Seitenmitten. Zeichne ein drittes Dreieck durch Verbinden der Seitenmitten des zweiten. Fahre so fort. Notiere die ersten 5 Glieder der Folge

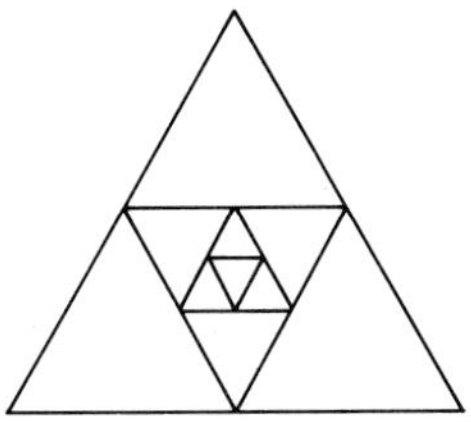

a) der Seitenlängen dieser Dreiecke;
b) der Umfänge dieser Dreiecke;
c) der Flächeninhalte dieser Dreiecke.

11.
Ein Kapital von 5000 DM [2500 DM] wird zu Beginn des Jahres auf ein Bankkonto eingezahlt. Der Zinssatz beträgt 5,25% [3,5%]. Die Zinsen werden am Jahresende dem Kapital zugeschlagen. Zeige: Die Kontostände zu Beginn der einzelnen Jahre bilden eine geometrische Folge. Nach wie vielen Jahren ist das Kapital verdoppelt [verdreifacht]?

12.
Eine Bakterienkultur verdoppelt ihren Bestand in 20 Stunden. Um wieviel Prozent wächst der Bestand in einer Stunde? *Beachte:* Der Bestand bildet eine geometrische Folge mit $q = 1 + \frac{p}{100}$.

▲ ***13.***
a) Beweise folgende Sätze:
(1) Für eine geometrische Folge $\langle a_n \rangle$ gilt: $a_n^2 = a_{n-1} \cdot a_{n+1}$.
(2) Ist $\langle a_n \rangle$ eine geometrische Folge, so ist auch $\left\langle \frac{c}{a_n} \right\rangle$ eine geometrische Folge ($c \neq 0$).
(3) Sind $\langle a_n \rangle$ und $\langle b_n \rangle$ geometrische Folgen, so gilt:
1) $\langle a_n \cdot b_n \rangle$ ist eine geometrische Folge 2) $\left\langle \frac{a_n}{b_n} \right\rangle$ ist eine geometrische Folge.
b) Untersuche, ob es entsprechende Sätze für die Addition und die Subtraktion gibt. Warum kann man Satz (2) als Sonderfall vom Satz (3) auffassen?
c) Formuliere weitere Sonderfälle von Satz (3).

2.1.3. Geometrische Reihen

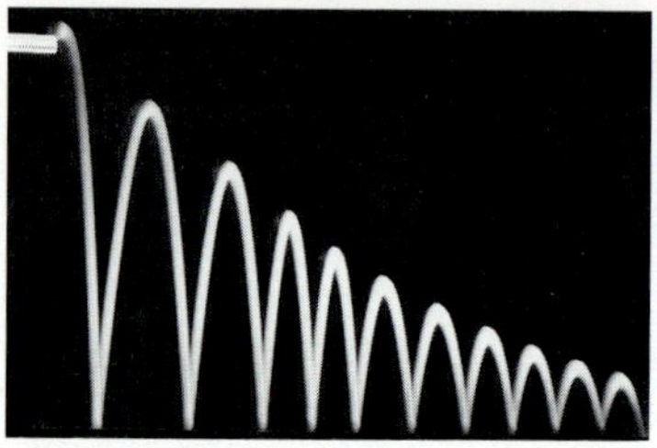

Aufgabe

Ein Ball wird vom Boden aus bis zur Höhe 2,50 m hochgeworfen. Nach dem Auftippen erreicht er jeweils nur 70% der vorherigen Höhe. Welchen Weg legt er bis zum 1., 2., 3., …, n-ten Auftippen insgesamt zurück?

Lösung

Bis zum 1. Auftippen beträgt die Weglänge 5 m. Wir schreiben kurz $a_1 = 5$.
Die Weglängen zwischen dem Auftippen des Balls bilden eine geometrische Folge mit $a_1 = 5$ und $q = \frac{70}{100} = 0{,}7$.

$a_1 = 5;\ a_2 = 5 \cdot 0{,}7;\ a_3 = 5 \cdot 0{,}7^2;\ a_4 = 5 \cdot 0{,}7^3;\ \dots$

$s_1, s_2, s_3, s_4, \dots$ sei die Länge des Weges bis zum 1., 2., 3., 4., … Auftippen. Dann gilt:

$$
\begin{aligned}
s_1 &= a_1 = 5\\
s_2 &= a_1 + a_2 = 5 + 5 \cdot 0{,}7 = 8{,}5\\
s_3 &= a_1 + a_2 + a_3 = 5 + 5 \cdot 0{,}7 + 5 \cdot 0{,}7^2 = 10{,}95\\
s_4 &= a_1 + a_2 + a_3 + a_4 = 5 + 5 \cdot 0{,}7 + 5 \cdot 0{,}7^2 + 5 \cdot 0{,}7^3 = 12{,}665\\
&\vdots\\
s_n &= a_1 + a_2 + a_3 + \dots + a_n = 5 + 5 \cdot 0{,}7 + 5 \cdot 0{,}7^2 + \dots + 5 \cdot 0{,}7^{n-1}
\end{aligned}
$$

Bis zum 1. Auftippen legt der Ball 5 m, bis zum 2. Auftippen 8,50 m, bis zum 3. Auftippen 10,95 m und bis zum 4. Auftippen 12,67 m zurück.

Information

(1) *Geometrische Reihe*

Wir betrachten die einzelnen Summen $s_1, s_2, s_3, s_4, \dots$ in der Lösung der obigen Aufgabe. Für jede dieser Summen gilt:
Die einzelnen Summanden bilden eine geometrische Folge mit $a_1 = 5$ und $q = 0{,}7$.
Die Folge $\langle s_n \rangle$ der Summen ist die **Folge der Teilsummen** dieser geometrischen Folge.

Definition 3
Ist $a_1, a_2, a_3, a_4, \dots, a_n, \dots$ eine geometrische Folge, so entsteht die zu dieser Folge gehörende Folge $\langle s_n \rangle$ der Teilsummen durch Summenbildung:

$$
\begin{aligned}
s_1 &= a_1 && = a_1\\
s_2 &= a_1 + a_2 && = a_1 + a_1 \cdot q^1\\
s_3 &= a_1 + a_2 + a_3 && = a_1 + a_1 \cdot q^1 + a_1 \cdot q^2\\
&\vdots\\
s_n &= a_1 + a_2 + a_3 + \dots + a_n && = a_1 + a_1 \cdot q^1 + a_1\, q^2 + \dots + a_1 \cdot q^{n-1}\\
&\vdots
\end{aligned}
$$

Für alle $n \in \mathbb{N}$ gilt: $s_{n+1} = s_n + a_1 \cdot q^n$ (Rekursionsgleichung).
Die Folge $\langle s_n \rangle$ heißt auch **geometrische Reihe**.

(2) *Summenformel für die geometrische Reihe*

Es war unbefriedigend, daß wir nicht in der Lage waren, für die Weglänge bis zum n-ten Auftippen des Balls eine allgemeine Formel anzugeben. Diese kann man folgendermaßen für eine beliebige geometrische Reihe gewinnen:

Wir schreiben zunächst s_n als Summe und darunter die Summe für $s_n \cdot q$. Durch Subtraktion fallen dann alle Glieder bis auf a_1 und $a_1 \cdot q^n$ fort. Daraus kann man dann s_n berechnen:

$$\begin{array}{lllllllll} s_n & = a_1 & + a_1 \cdot q & + a_1 \cdot q^2 & + a_1 \cdot q^3 & + \ldots & + a_1 \cdot q^{n-1} & & \\ s_n \cdot q & = & a_1 \cdot q & + a_1 \cdot q^2 & + a_1 \cdot q^3 & + \ldots & + a_1 \cdot q^{n-1} & + a_1 \cdot q^n & - \\ \hline \end{array}$$

$s_n - s_n \cdot q = a_1 - a_1 \cdot q^n$, also $s_n \cdot (1-q) = a_1(1-q^n)$

$$s_n = a_1 \cdot \frac{1-q^n}{1-q} = a_1 \cdot \frac{q^n-1}{q-1} \quad (\text{mit } q \neq 1)$$

Diese Formel kann man auch durch vollständige Induktion beweisen. (Seite 227, Aufgabe 9d.)

Beispiel 1

Für die Weglänge des Balles bis zum n-ten Auftippen erhalten wir also:

$$s_n = 5 + 5 \cdot 0{,}7 + 5 \cdot 0{,}7^2 + \ldots 5 \cdot 0{,}7^{n-1} = 5 \cdot \frac{1-0{,}7^n}{1-0{,}7} = \frac{50}{3} \cdot (1-0{,}7^n) \approx 16{,}7 \cdot (1-0{,}7^n)$$

Beispiel 2

Die Summe der Zweierpotenzen $2+4+8+\ldots+1024$ ist zu berechnen. Die Zweierpotenzen bilden eine geometrische Reihe mit $a_1 = 2$, $q = 2$. Es ist $n = 10$.

Dann gilt für diese Summe: $s_n = 2 \cdot \frac{2^{10}-1}{2-1} = 2046$

(3) *Einschränkung der Gültigkeit der Formel*

Die Formel für s_n gilt *nicht* für $q = 1$, weil durch $q-1$ bzw. $1-q$ dividiert wird.
Ist $q = 1$, so gilt wegen $a_1 = a_2 = a_3 = \ldots = a_n$: $\quad s_n = a_1 + a_1 + \ldots + a_1 = n \cdot a_1$.

Zum Weiterarbeiten

1.

a) Wir wissen $3\frac{1}{3} = 3{,}3333\ldots$. Man kann $3\frac{1}{3}$ durch eine Folge von (endlichen) Dezimalbrüchen annähern.
Zeige, daß eine geometrische Reihe vorliegt. Berechne mit Hilfe der Summenformel das n-te Glied s_n.

$3{,}3 = 3 + 3 \cdot \frac{1}{10}$

$3{,}33 = 3 + 3 \cdot \frac{1}{10} + 3 \cdot \frac{1}{10^2}$

$3{,}333 = 3 + 3 \cdot \frac{1}{10} + 3 \cdot \frac{1}{10^2} + 3 \cdot \frac{1}{10^3}$

$3{,}3333 = 3 + 3 \cdot \frac{1}{10} + 3 \cdot \frac{1}{10^2} + 3 \cdot \frac{1}{10^3} + 3 \cdot \frac{1}{10^4}$

b) Gegeben ist ein unendlicher Dezimalbruch. Gib eine Näherungsfolge für diesen Dezimalbruch an und bestimme mit Hilfe der Summenformel deren n-tes Glied s_n.
(1) 0,4444... (2) 0,9999... (3) 2,88888... (4) 0,15151515... (5) 2,7855555...

2.

Ein Patient nehme täglich 5 mg eines Medikamentes ein. Im Laufe eines Tages werde von dem im Körper befindlichen Medikament 40% abgebaut und ausgeschieden. s_n gebe an, wieviel mg sich am n-ten Tag unmittelbar nach der Einnahme des Medikamentes im Körper befindet.

a) Zeige, daß $\langle s_n \rangle$ eine geometrische Reihe bildet. Berechne mit Hilfe der Summenformel die Werte s_5, s_{10} und s_{13} und vergleiche mit den Werten auf Seite 65.

b) Zeige, daß gilt: $s_{n+1} = 5 + 0{,}6 \cdot s_n$

△ **c)** Laß das nebenstehende Programm laufen. Was leistet es?

```
10 S=5
20 FOR N=2 TO 20
30 S=S+.6*S
40 PRINT N; "  " ;S
50 NEXT N
```

3.

Zeige, daß für eine geometrische Reihe auch die Rekursionsgleichung $s_{n+1} = a_1 + q \cdot s_n$ gilt.

Eine geometrische Reihe $\langle s_n \rangle$ ist durch $s_1 = a_1$ und $s_{n+1} = a_1 + q \cdot s_n$ vorgegeben.

Übungen

4.

Bestimme:

a) $3^1+3^2+3^3+\ldots+3^{20}$

b) $1+(\frac{1}{2})+(\frac{1}{2})^2+\ldots+(\frac{1}{2})^{10}$

c) $1-5+25-\ldots+\ldots-3125$

d) $3+12+48+\ldots+3072$

5.

Gegeben sei eine geometrische Folge durch a_1 und q. Schreibe die Glieder der geometrischen Reihe ausführlich als Summe auf und bestimme nach der Summenformel s_n.

a) $a_1=4;\quad q=2$ **b)** $a_1=2;\quad q=\frac{1}{3}$ **c)** $a_1=1;\quad q=-\frac{1}{2}$ **d)** $a_1=10;\quad q=-5$

6.

Frau Meyer schließt einen Sparratenvertrag mit ihrer Sparkasse ab. Zu Beginn eines jeden Jahres zahlt sie 5000 DM ein. Der Zinssatz beträgt 3,5%. Die Zinsen werden ebenfalls zu Beginn eines Jahres dem Kapital zugeschlagen. s_n sei das Kapital zu Beginn des nten Jahres nach Einzahlung der Sparrate und Übertragung der Zinsen.

a) Gib das Anfangsglied s_1 und eine Rekursionsgleichung für die Folge $\langle s_n \rangle$ an. Um was für eine Folge handelt es sich? Berechne $s_2, s_3, s_4, s_5, \ldots, s_n$.

b) Über welche Laufzeit muß der Sparvertrag mindestens abgeschlossen werden, um ein Kapital von 50000 DM anzusparen?

△ *2.1.4. Arithmetische Folgen und Reihen*)*

Definition 4

Eine Folge $\langle a_n \rangle$ heißt **arithmetische Folge**, falls gilt: $a_{n+1}=a_n+d$.

Weil $d=a_{n+1}-a_n$, heißt d auch *konstante Differenz*.

Durch Summenbildung entsteht die zugehörige **arithmetische Reihe** $\langle s_n \rangle$:

$s_1=a_1$

$s_2=a_1+a_2$

$\vdots$

$s_n=a_1+a_2+\ldots+a_n$

Für alle $n \in \mathbb{N}$ gilt: $s_{n+1}=s_n+a_{n+1}$ (Rekursionsgleichung)

Übungen

△ ***1.***

Notiere die ersten 6 Glieder der arithmetischen Folge und der arithmetischen Reihe mit dem Anfangsglied a_1 und der konstanten Differenz d. Zeichne auch den Graphen der Folge.

a) $a_1=2;\quad d=0{,}5$ **c)** $a_1=4;\quad d=-1{,}3$ **e)** $a_1=-\frac{11}{4};\quad d=\frac{5}{2}$

b) $a_1=-7;\ d=2$ **d)** $a_1=0;\quad d=-0{,}75$ **f)** $a_1=2{,}8;\quad d=0$

△ ***2.***

Gib an, ob die Zahlenfolge eine arithmetische Folge ist.

a) 1, 2, 3, 4, 5, 6, ... **c)** $3^2, 5^2, 7^2, 9^2, 11^2, \ldots$ **e)** $\frac{2}{3}, \frac{1}{2}, \frac{1}{3}, \frac{1}{6}, 0, -\frac{1}{6}, \ldots$

b) 8, 4, 0, 4, 8, 12, ... **d)** $\frac{1}{5}, \frac{1}{6}, \frac{1}{7}, \frac{1}{8}, \frac{1}{9}, \frac{1}{10}, \ldots$ **f)** 1, −1, 1, −1, 1, −1, ...

△ ***3.***

a) Gegeben ist die arithmetische Folge mit $a_n=-3+4n$. Zeige: $a_8=\frac{1}{2}(a_7+a_9)$.

b) Beweise, daß allgemein für eine arithmetische Folge $\langle a_n \rangle$ gilt: $a_n=\frac{1}{2}(a_{n-1}+a_{n+1})$.

c) Zeige: Eine Folge ist genau dann eine arithmetische Folge, falls gilt: $a_n=a_1+(n-1)\cdot d$.

---

*) Der Name „arithmetische" Folge kommt daher, daß bei einer solchen Folge das Glied a_n das *arithmetische Mittel* der beiden Nachbarglieder a_{n-1} und a_{n+1} ist. (Siehe Übungsaufgabe 3b)

△ **4.**

a) Zeige: Für die arithmetische Reihe $\langle s_n \rangle$ gilt: (1) $s_n = n \cdot \left(a_1 + \frac{n-1}{2} d\right)$ (2) $s_n = \frac{n}{2}(a_1 + a_n)$

b) Bestimme die Summe der ersten 20 Glieder der arithmetischen Folgen der Übungsaufgabe 1.

△ **5.**

Auf dem trapezförmigen Teil eines Daches befinden sich 14 Reihen Dachziegel. Die oberste Reihe enthält 23 Dachziegel. Jede weitere Reihe hat 4 Ziegel mehr. Wie viele Dachziegel befinden sich auf dem Dach? Wie viele Dachziegel sind in der 14. Reihe?

△ **6.**

In einem Freilichttheater hat die erste (vorderste) Sitzreihe 25 [35] Plätze. Jede weitere Reihe hat 2 [4; 6] Plätze mehr als die vorhergehende. Wie viele Plätze sind in der 15. Reihe? Das Theater hat 20 Reihen. Wie viele Plätze hat das Theater?

2.2. Grenzwert und Grenzwertsätze

2.2.1. Grenzwert einer Folge

Bei einigen der bisherigen Beispiele für Folgen haben wir festgestellt, daß ihre Werte gegen eine *ganz bestimmte* Zahl streben.

Beispiele

(1) *Folge, die den radioaktiven Zerfall von Jod 131 beschreibt (Seite 65)*

$a_1 = 1000$; $a_{n+1} = a_n \cdot 0{,}906$ bzw. $a_n = 1000 \cdot 0{,}905^{n-1}$

$a_1 = 1000$; $a_2 = 905$; $a_3 = 819$; $a_4 = 741{,}2$; $a_5 = 670{,}8$; $a_6 = 607{,}1$; $a_8 = 497{,}2$; $a_{10} = 407{,}2$;
$a_{20} = 150{,}1$; $a_{30} = 55{,}3$; $a_{40} = 20{,}4$; $a_{50} = 7{,}5$; $a_{60} = 2{,}8$; $a_{70} = 1$; $a_{80} = 0{,}4$; $a_{90} = 0{,}1$

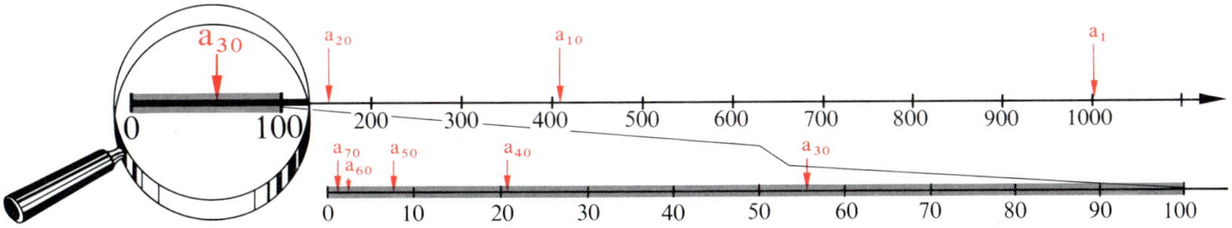

Man sieht anschaulich: Die Werte der Folge streben gegen die Zahl 0.

(2) *Die Folge, welche das Wachstum eines Medikamentes im Körper beschreibt (Seite 65 und 73)*

$a_1 = 5$; $a_{n+1} = a_n - 0{,}4 a_n + 5 = 5 + 0{,}6 a_n$

$a_1 = 5$; $a_2 = 8$; $a_3 = 9{,}8$;
$a_4 = 10{,}88$; $a_5 = 11{,}528$; $a_6 = 11{,}9168$;
$a_{10} = 12{,}4244173$; $a_{14} = 12{,}4902045$;
$a_{20} = 12{,}499543$; $a_{30} = 12{,}49999972$

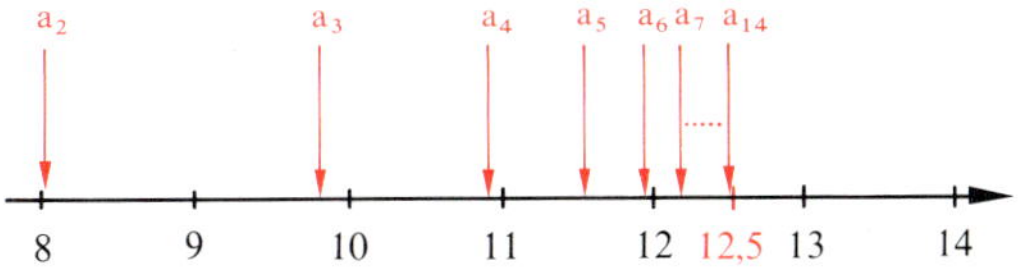

Wir vermuten: Die Folge strebt gegen 12,5.

(3) *Die Folge* $\langle a_n \rangle$ *mit* $a_n = (-1)^n \cdot \frac{1}{n}$

$a_1 = -\frac{1}{1}$; $a_2 = +\frac{1}{2}$; $a_3 = -\frac{1}{3}$;
$a_4 = +\frac{1}{4}$; $a_5 = -\frac{1}{5}$; $a_6 = +\frac{1}{6}$; ...

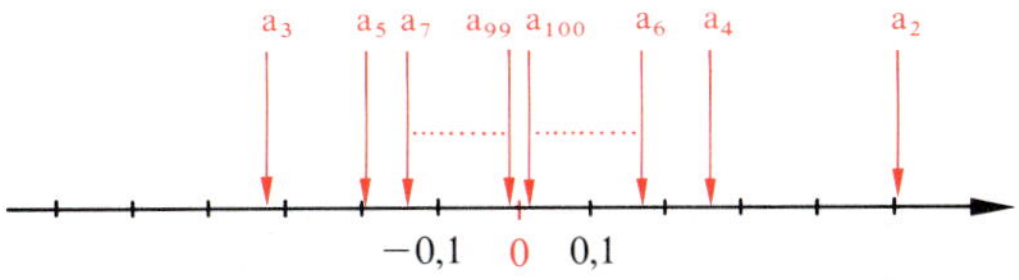

Man sieht anschaulich: Die Folge strebt gegen 0.

Bei der Darstellung auf der Zahlengeraden fällt auf, daß sich bei diesen Beispielen fast alle Glieder in der Umgebung eines *einzigen, bestimmten* Punktes (einer Zahl) konzentrieren. Eine solche Zahl heißt *Grenzwert der Folge*.

Wir wollen dieses Phänomen jetzt genauer betrachten. Unser Ziel ist dabei, den Begriff des Grenzwertes einer Folge zu präzisieren. Dazu definieren wir zuerst den Begriff der Umgebung, genauer der *ε-Umgebung einer Zahl.*

Definition 5
Unter einer **ε-Umgebung** einer Zahl a versteht man ein nach beiden Seiten offenes Intervall, welches a als Mittelpunkt hat. Die Entfernung der Intervallenden von a bezeichnen wir mit ε.

$U(a) =]a-\varepsilon; a+\varepsilon[= \{x \in \mathbb{R} \mid a-\varepsilon < x < a+\varepsilon\}$

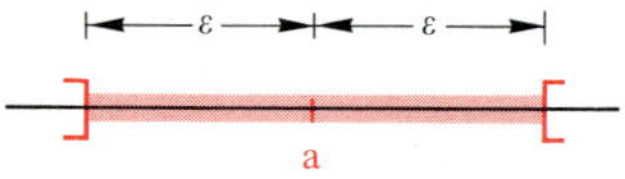

Beispiel: Das Intervall $U(2) =]1{,}2; 2{,}8[$ ist eine Umgebung der Zahl 2. Es ist $\varepsilon = 0{,}8$.

Beachte: Die Randpunkte einer Umgebung gehören *nicht* zur Umgebung, da das Intervall offen sein soll.

Aufgabe

Gegeben seien die Folgen $\langle a_n \rangle$ und $\langle b_n \rangle$ mit:

(1) $a_n = 3 + \frac{(-1)^n}{n}$ (2) $b_n = 7 - \left(\frac{1}{2}\right)^n$

Stelle sie auf der Zahlengeraden dar. Um welche Zahl g konzentrieren sich fast alle Glieder der Folge $\langle a_n \rangle$ bzw. $\langle b_n \rangle$?
Lege um diese Zahl g eine Umgebung U(g) mit $\varepsilon = \frac{1}{10}$ $[\varepsilon = \frac{1}{100}]$.
Gib an, welche Glieder der Folge in der Umgebung liegen, welche nicht.

Lösung

(1)

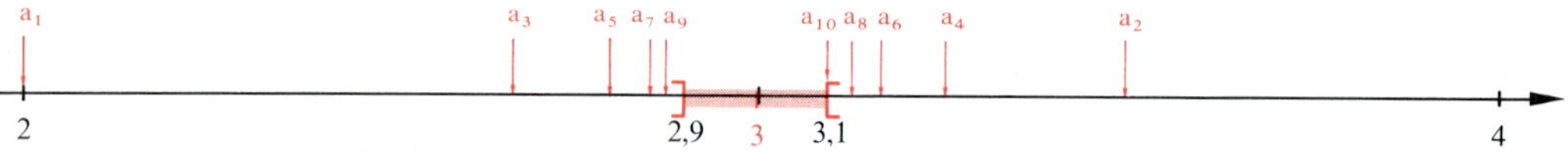

$a_1 = 2;\quad a_2 = 3\frac{1}{2};\quad a_3 = 2\frac{2}{3};\quad a_4 = 3\frac{1}{4};\quad \ldots$

Fast alle Glieder der Folge konzentrieren sich um die Zahl 3.

Legt man um die Zahl 3 die Umgebung $U_1(3)$ mit $\varepsilon = \frac{1}{10}$, so liegen die Glieder $a_1 = 2$, $a_2 = 3\frac{1}{2}$ bis $a_{10} = 3\frac{1}{10}$ außerhalb der Umgebung. Alle Glieder der Folge mit höherer Platznummer als 10 liegen in der Umgebung $U_1(3)$, a_{10} liegt auf dem Rand der Umgebung und damit außerhalb.
Legt man um die Zahl 3 die Umgebung $U_2(3)$ mit $\varepsilon = \frac{1}{100}$, so liegen alle Glieder $a_1 = 2$ bis $a_{100} = 3\frac{1}{100}$ außerhalb der Umgebung. Alle Glieder mit höherer Platznummer als 100 liegen in der Umgebung; $a_{100} = 3\frac{1}{100}$ liegt auf dem Rand der Umgebung und damit außerhalb.

(2)

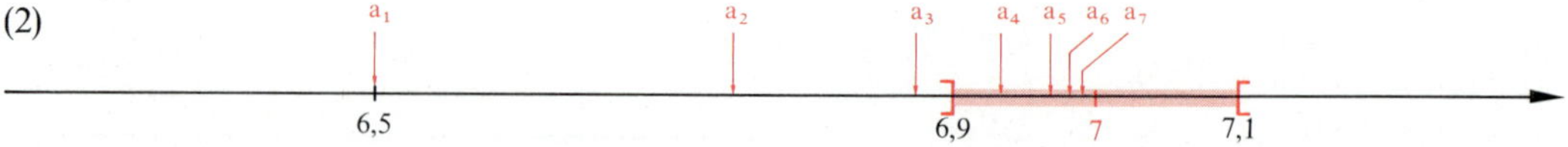

$a_1 = 6\frac{1}{2} = 6{,}5;$ $a_2 = 6\frac{3}{4} = 6{,}75;$ $a_3 = 6\frac{7}{8} = 6{,}875;$ $a_4 = 6\frac{15}{16} = 6{,}9375;$
$a_5 = 6\frac{31}{32} = 6{,}96875;$ $a_6 = 6\frac{63}{64} = 6{,}984375;$ $a_7 = 6\frac{127}{128} = 6{,}9921875$

Fast alle Glieder konzentrieren sich um die Zahl 7. Legt man um die Zahl 7 die Umgebung $U_1(7) =]6{,}9; 7{,}1[$ mit $\varepsilon = \frac{1}{10}$, so liegen die Glieder a_1 bis a_3 außerhalb. Alle Glieder mit höherer Platznummer als 3 liegen in der Umgebung.
Legt man um die Zahl 7 die Umgebung $U_2(7) =]6{,}99; 7{,}01[$ mit $\varepsilon = \frac{1}{100}$, so liegen die Glieder a_1 bis a_6 außerhalb der Umgebung. Alle Glieder mit höherer Platznummer als 6 liegen in der Umgebung.

Information

(1) *Definition des Grenzwertes einer Folge*

Bisher hatten wir den Grenzwert einer Folge nur anschaulich als diejenige Zahl betrachtet, um die sich fast alle Glieder der Folge konzentrieren. Jetzt können wir diesen Begriff präzisieren. Legt man um eine solche Zahl eine (noch so kleine) Umgebung, so liegen nämlich von einer Platznummer ab alle Glieder der Folge in der Umgebung. Dies verwenden wir zur Definition.

Definition 6
Die Zahl g heißt Grenzwert der Folge $\langle a_n \rangle$, wenn in jeder (noch so kleinen) ε-Umgebung von g unendlich viele Glieder der Folge liegen, aber außerhalb nur endlich viele, d.h. wenn man eine Platznummer n_0 angeben kann, so daß alle Glieder mit einer höheren Platznummer als n_0 in der Umgebung liegen.

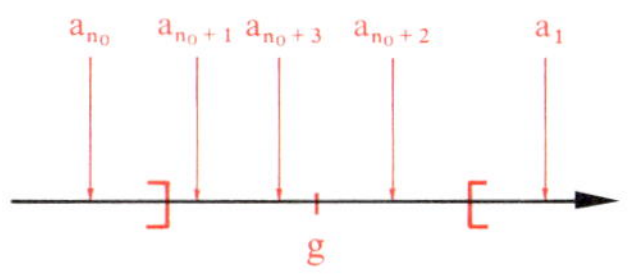

(2) *Grenzwert selbst als Glied der Folge*

Der Grenzwert einer Folge kann auch selbst Glied der Folge sein.

Beispiel: $a_n = (1 + (-1)^n) \cdot \frac{1}{n} = \begin{cases} \frac{2}{n} & \text{für n gerade} \\ 0 & \text{für n ungerade} \end{cases}$

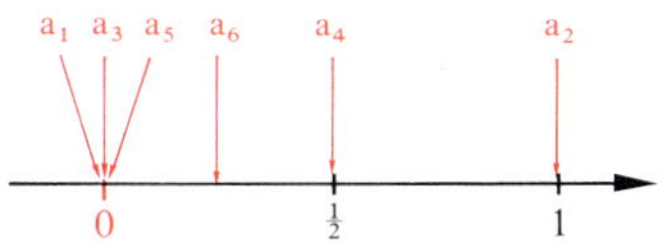

Die Zahl 0 ist Grenzwert der Folge.
Der Grenzwert 0 tritt hier sogar unendlich oft als Glied auf.
Man kann daher nicht allgemein sagen, der Grenzwert einer Folge sei eine Zahl, der die Folgenglieder beliebig nahe kommen, ohne diese Zahl zu erreichen. Diese Formulierung würde gegenüber der Definition **6** den Grenzwertbegriff zu eng fassen. Es gilt zwar: Wenn die Folgenglieder einer Zahl a beliebig nahe kommen, ohne sie zu erreichen, so ist die Zahl a Grenzwert der Folge; die Umkehrung (Wenn die Zahl a Grenzwert der Folge $\langle a_n \rangle$ ist, so kommen die Glieder der Folge der Zahl a beliebig nahe, ohne sie zu erreichen) ist jedoch falsch.

Die konstante Folge $\langle a_n \rangle$ mit $a_n = c$ konvergiert gegen c. In jeder Umgebung von c liegen sogar alle Glieder der Folge. Sie kommen aber nicht dem Grenzwert c beliebig nahe.

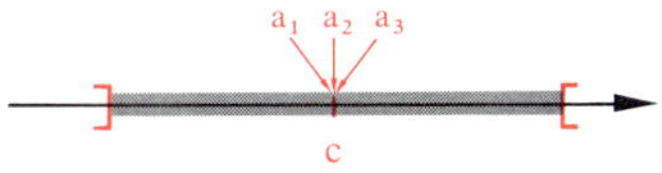

(3) *Die eindeutige Bestimmtheit des Grenzwertes einer Folge*

Kann eigentlich eine Folge auch zwei (oder noch mehr) Grenzwerte haben? Es ist anschaulich klar:

Satz 2
Eine Folge kann höchstens einen Grenzwert haben.

Beweis (indirekt): Angenommen, eine Folge habe zwei Grenzwerte g_1 und g_2.

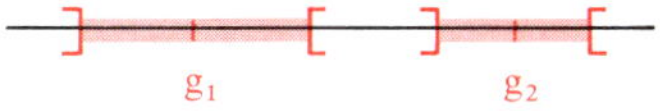

Dann legen wir um jede der Zahlen eine Umgebung. Die Umgebungen seien so klein gewählt, daß sie keine gemeinsamen Elemente haben, daß sie sich also nicht überschneiden. In jeder Umgebung liegen dann unendlich viele Glieder der Folge, weil g_1 und g_2 Grenzwerte der Folge sein sollen. Dann liegen aber auch außerhalb der Umgebung von g_1 unendlich viele Glieder der Folge. Das widerspricht der Definition des Grenzwertes. Unsere Annahme, daß zwei Grenzwerte vorliegen, kann nicht zutreffen. Es gibt nur einen Grenzwert.

(4) *Divergente Folgen – Symbol für den Grenzwert einer Folge*

Es gibt auch Folgen, die keinen Grenzwert haben.

Beispiel: Die Folge $\langle a_n \rangle$ mit $a_n = n^2$, also die Folge der Quadratzahlen, hat keinen Grenzwert. Solche Folgen heißen *divergent*. Folgen, die einen Grenzwert haben, heißen *konvergent*. Für den Grenzwert einer konvergenten Folge $\langle a_n \rangle$ führt man das Symbol $\lim\limits_{n \to \infty} a_n$ ein.

Definition 7
Eine Folge, die einen Grenzwert hat, heißt **konvergent**. Andernfalls heißt sie **divergent**.
Bei einer konvergenten Folge sagt man: Die Folge konvergiert gegen ihren Grenzwert.
Den Grenzwert einer konvergenten Folge $\langle a_n \rangle$ bezeichnet man mit:
$\lim\limits_{n \to \infty} a_n$ (gelesen: Limes a_n für n gegen unendlich).

Beispiele: $\lim\limits_{n \to \infty} \left(3 + \frac{(-1)^n}{n}\right) = 3$; $\lim\limits_{n \to \infty} \left(7 - \left(\frac{1}{2}\right)^n\right) = 7$. Die Folgen konvergieren gegen 3 bzw. 7.

Bei einer konvergenten Folge sagt man auch: „$\lim\limits_{n \to \infty} a_n$ existiert“,

während man bei einer divergenten Folge sagt: „$\lim\limits_{n \to \infty} a_n$ existiert nicht“.

(5) *Unmittelbar einsichtige Grenzwerte einer Folge*

Häufig kann man an dem allgemeinen Glied a_n einer Folge erkennen, ob die Folge einen Grenzwert hat und wie dieser heißt:
Beispiele: $\lim\limits_{n \to \infty} \frac{1}{n} = 0$; $\lim\limits_{n \to \infty} (-1)^n \cdot \frac{1}{n} = 0$; $\lim\limits_{n \to \infty} \left(\frac{1}{2}\right)^n = 0$; $\lim\limits_{n \to \infty} \left(3 + \frac{1}{n}\right) = 3$; $\lim\limits_{n \to \infty} n^2$ existiert nicht.

(6) *Exakter Nachweis der Konvergenz einer Folge*

Eigentlich muß exakt, d.h. aufgrund der Definition **6** (Seite 77) nachgewiesen werden, daß eine Zahl Grenzwert einer Folge ist.

Beispiel (1) Zeige, daß aufgrund der Definition **6** (Seite 77) gilt: $\lim\limits_{n \to \infty} \frac{1}{\sqrt{n}} = 0$.

Zu zeigen ist: Zu jeder ε-Umgebung U(0) gibt es eine Platznummer, so daß für alle höheren Platznummern das Glied $\frac{1}{\sqrt{n}}$ in U(0) liegt.

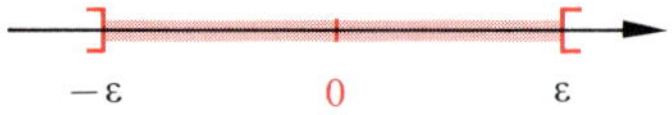

Eine beliebige Umgebung werde durch die Doppelungleichung $-\varepsilon < x < +\varepsilon$ vorgegeben. Wann liegt $\frac{1}{\sqrt{n}}$ in U(0), d.h. wann gilt: $-\varepsilon < \frac{1}{\sqrt{n}} < +\varepsilon$? Der linke Teil der Doppelungleichung ist immer erfüllt, weil $-\varepsilon$ negativ und $\frac{1}{\sqrt{n}}$ positiv ist.
Wir führen für den rechten Teil eine Äquivalenzumformung durch:
Falls $n > \frac{1}{\varepsilon^2}$, liegt $\frac{1}{\sqrt{n}}$ in der Umgebung U(0).

$$\frac{1}{\sqrt{n}} < \varepsilon \quad | \text{Quadrieren}$$
$$\frac{1}{n} < \varepsilon^2 \quad \Big| \cdot \frac{n}{\varepsilon^2}$$
$$\frac{1}{\varepsilon^2} < n$$

Beispiel (2) Gegeben ist die Folge $\langle a_n \rangle$ mit $a_n = \sqrt[n]{7}$.
Mit Hilfe des Taschenrechners erhalten wir die Vermutung: $\lim\limits_{n \to \infty} \sqrt[n]{7} = 1$

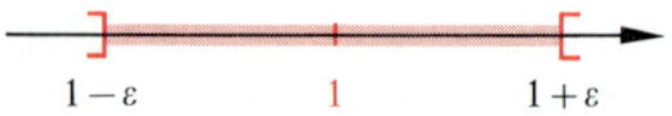

Für den Nachweis gehen wir von einer beliebigen ε-Umgebung von 1 aus und fragen: Für welche n liegt $\sqrt[n]{7}$ in der Umgebung, d.h. für welche n gilt: $1 - \varepsilon < \sqrt[n]{7} < 1 + \varepsilon$?

Der linke Teil der Doppelungleichung ist immer erfüllt, weil $\sqrt[n]{7} \geq 1$ (denn $7 \geq 1^n$). Wir betrachten daher nur den rechten Teil (I) und formen äquivalent zu (II) um. Nun ist nach der Bernoullischen Ungleichung (siehe Seite 227) sicher (III) erfüllt. Da (IV) und (V) äquivalent sind, gilt also:
Für $n > \frac{6}{\varepsilon}$ ist $7 < 1 + n\varepsilon \leq (1+\varepsilon)^n$, d.h. $\sqrt[n]{7} < 1 + \varepsilon$.

$\sqrt[n]{7} < 1 + \varepsilon$	(I)
$7 < (1+\varepsilon)^n$	(II)
$1 + n \cdot \varepsilon \leq (1+\varepsilon)^n$	(III)
$7 < 1 + n \cdot \varepsilon$	(IV)
$\frac{6}{\varepsilon} < n$	(V)

Zum Weiterarbeiten

1.

Für welche Werte von q ist eine geometrische Folge $\langle a_n \rangle$ mit $a_n = a_1 \cdot q^{n-1}$ $(a_1 \neq 0, q \neq 0)$ konvergent? Wie heißt der Grenzwert?

2.

Eine Zahl heißt **Nullfolge**, wenn sie gegen 0 konvergiert.

a) Welche der bisher betrachteten Beispiele sind Nullfolgen? **b)** Gib selbst Nullfolgen an.

3.

a) Gegeben sei die Folge $\langle a_n \rangle$ mit $a_1 = 7$; $a_{n+1} = a_n \cdot 0{,}001 + 7$.
Rechne mit dem Taschenrechner die Glieder a_2, a_3 bis a_{10} aus. Welche Beobachtung machst du? Wie ist diese zu erklären?

b) Berechne ebenso mit dem Taschenrechner weitere Folgenglieder der Folge, welche das Wachstum des Medikamentes im Körper angibt (Seite 65).

Übungen

4.

Gib den Grenzwert der Folge $\langle a_n \rangle$ an.

a) $a_n = 1 + \frac{1}{n}$ **c)** $a_n = \frac{-7}{n^2}$ **e)** $a_n = 5 \cdot \left(\frac{1}{2}\right)^{n-1}$ **g)** $a_n = \frac{n+1}{n}$

b) $a_n = 7 - \frac{1}{n^2}$ **d)** $a_n = -8 + \left(\frac{1}{10}\right)^n$ **f)** $a_n = \frac{1}{n+1}$ **h)** $a_n = \sin(n \cdot \pi)$

5.

Stelle die Folge $\langle a_n \rangle$ auf der Zahlengeraden dar. Welche Folge ist vermutlich konvergent? Wie heißt dann der Grenzwert?

a) $a_n = 1 - 2n$ **c)** $a_n = \frac{10+n}{n^2}$ **e)** $a_n = \sqrt{n}$ **g)** $a_n = \left(\frac{1}{2}\right)^n$

b) $a_n = 7 - 5n^2$ **d)** $a_n = \frac{4 \cdot n + 6}{n}$ **f)** $a_n = \sqrt[n]{10}$ **h)** $a_n = \frac{n}{10^n}$

6.

Zeichne auf der Zahlengeraden folgende ε-Umgebung U(a) der Zahl a. Gib ε an.

a) U(5) =]3; 7[**b)** U(−2) =]−4; 0[**c)** U(1,5) =]−0,5; 3,5[**d)** U(1,25) =]1; 1,5[

7.

Das folgende Intervall ist eine ε-Umgebung einer Zahl. Gib diese Zahl an. Wie groß ist ε?

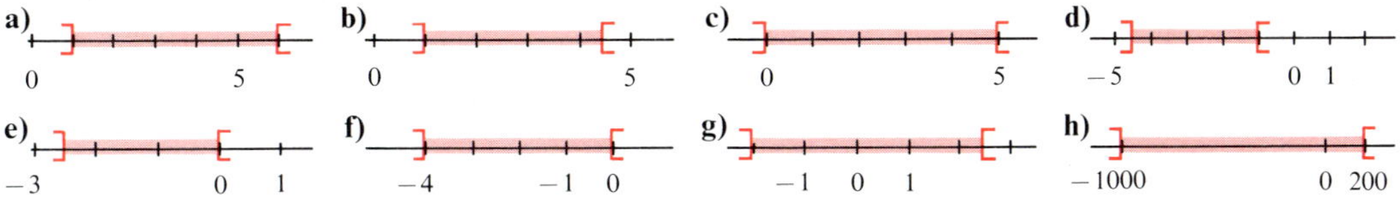

8.

Versuche herauszufinden, welche der Folgen konvergent sind. Wie heißt dann der Grenzwert? (Ein exakter Nachweis der Konvergenz wird hier nicht verlangt.)

a) $a_n = (1 - (-1)^n) \cdot \frac{1}{n}$

b) $a_n = (1 + (-1)^{n+1}) \cdot \left(7 - \frac{1}{n}\right)$

c) $a_n = -6 + (n-1) \cdot 2$

d) $a_n = (1 + (-1)^{n+1}) \cdot n$

e) $a_n = -4n^2 + 24n - 36$

f) $a_n = \frac{1}{n} + (1 + (-1)^n)$

g) $a_n = \frac{1}{10^{n-1}} + 5$

h) $a_n = \frac{16}{2^{n-1}}$

i) $a_n = \frac{2}{n^2}$

j) $a_n = n \cdot \cos n$

k) $a_n = \frac{\sin n}{n}$

l) $a_n = \frac{n}{\sin n}$

m) $a_n = \frac{\cos n^2}{n}$

○ **9.**
Gegeben ist die konvergente Folge $\langle a_n \rangle$. Von welcher Platznummer ab liegen alle Glieder der Folge in der jeweils angegebenen Umgebung? Schreibe den Grenzwert mit dem Zeichen lim.

a) $a_n = \frac{1}{n}$, $U =]-\varepsilon; +\varepsilon[$ mit $\varepsilon = \frac{1}{15}$ [ε beliebig]

b) $a_n = 1 + \frac{1}{n^2}$, $U =]1-\varepsilon; 1+\varepsilon[$ mit $\varepsilon = \frac{1}{3}$ [$\frac{1}{10}$, $\frac{1}{100}$, ε beliebig]

c) $a_n = 2 + \frac{(-1)^n}{n}$, $U =]2-\varepsilon; 2+\varepsilon[$ mit $\varepsilon = \frac{1}{3}$ [$\frac{1}{10}$, $\frac{1}{500}$, ε beliebig]

○ **10.**
Gegeben ist die konvergente Folge $\langle a_n \rangle$. Gib eine Umgebung des jeweiligen Grenzwertes an, so daß von der angegebenen Platznummer ab alle Glieder der Folge in der Umgebung liegen.

a) $a_n = 3 - \frac{(-1)^n}{n}$; 10 [20; 25]

b) $a_n = \frac{1-(-1)^n}{2n}$; 10 [15; 20; 100]

c) $a_n = \frac{1}{n^2 - 4{,}5}$; 10 [1000]

d) $a_n = \frac{1}{(n-4{,}5)^2}$; 10 [1000]

○ **11.**
Weise exakt nach, daß die Folge gegen den angegebenen Grenzwert konvergiert.

a) $a_n = \frac{1}{\sqrt[3]{n}}$; 0 **b)** $a_n = \sqrt[n]{50}$; 1 ▲**c)** $a_n = \sqrt[n]{n}$; 1 (Verwende: $(1+\varepsilon)^n = ((1+\varepsilon)^{\frac{n}{2}})^2$)

○ **12.**
Zeige: Wenn alle a_n positiv sind, so kann $\langle a_n \rangle$ nicht gegen einen negativen Grenzwert konvergieren.

2.2.2. Die Grenzwertsätze für Folgen

Wichtige Grenzwerte von einfachen Folgen

$\lim\limits_{n\to\infty} \frac{1}{n} = 0$; $\lim\limits_{n\to\infty} (-1)^n \frac{1}{n} = 0$; $\lim\limits_{n\to\infty} \frac{1}{n^2} = 0$; $\lim\limits_{n\to\infty} \frac{1}{\sqrt{n}} = 0$; $\lim\limits_{n\to\infty} q^n = 0$ für $|q| < 1$

$\lim\limits_{n\to\infty} \left(a + \frac{1}{n}\right) = a$; $\lim\limits_{n\to\infty} \left(a - \frac{1}{n}\right) = a$; $\lim\limits_{n\to\infty} \sqrt[n]{a} = 1$ für $a > 0$; $\lim\limits_{n\to\infty} \sqrt[n]{n} = 1$

Von mehreren Folgen kennen wir schon ihre Grenzwerte entweder durch anschauliche Einsicht oder durch exakten Nachweis aufgrund der Grenzwertdefinition.

Es erhebt sich die Frage, ob es nicht möglich ist, die Grenzwerte anderer Folgen mit Hilfe dieser schon bekannten Grenzwerte zu erschließen. Das gelingt in der Tat bei den sogenannten *Summen-*, *Differenz-*, *Produkt-* und *Quotientenfolgen.* Sind die Folgen $\langle a_n \rangle$ und $\langle b_n \rangle$ gegeben, so kann man durch gliedweises Addieren, Subtrahieren, Multiplizieren und Dividieren neue Folgen bilden:

Summenfolge: $\langle a_n + b_n \rangle$: a_1+b_1, a_2+b_2, $a_3+b_3, \ldots,$ $a_n+b_n, \ldots$

Differenzfolge: $\langle a_n - b_n \rangle$: a_1-b_1, a_2-b_2, $a_3-b_3, \ldots,$ $a_n-b_n, \ldots$

Produktfolge: $\langle a_n \cdot b_n \rangle$: $a_1 \cdot b_1$, $a_2 \cdot b_2$, $a_3 \cdot b_3, \ldots,$ $a_n \cdot b_n, \ldots$

Quotientenfolge: $\langle a_n : b_n \rangle$: $\frac{a_1}{b_1}$, $\frac{a_2}{b_2}$, $\frac{a_3}{b_3}, \ldots, \frac{a_n}{b_n}, \ldots$ (sofern $b_1 \neq 0$, $b_2 \neq 0$, $b_3 \neq 0, \ldots$)

Beispiele: $a_1 = 2$, $a_2 = 4$, $a_3 = 6$, $\ldots$, $a_n = 2n$

$b_1 = \frac{1}{1}$, $b_2 = \frac{1}{2}$, $b_3 = \frac{1}{3}$, $\ldots$, $b_n = \frac{1}{n}$

Summenfolge: 3, $4\frac{1}{2}$, $6\frac{1}{3}$, …, $2n + \frac{1}{n}$, …

Differenzfolge: 1, $3\frac{1}{2}$, $5\frac{2}{3}$, …, $2n - \frac{1}{n}$, …

Produktfolge: 2, 2, 2, …, $2n \cdot \frac{1}{n}$, …

Quotientenfolge: 2, 8, 18, …, $2n : \frac{1}{n}$, …

Aufgabe

Gegeben seien die Folgen $\langle a_n \rangle$ und $\langle b_n \rangle$ mit $a_n = 4 - \frac{1}{n^2}$ und $b_n = 2 + \frac{1}{n}$.

a) Bestimme die Grenzwerte von $\langle a_n \rangle$ und $\langle b_n \rangle$.

b) Bilde aus den beiden Folgen die Summenfolge, Differenzfolge, Produktfolge und Quotientenfolge und bestimme jeweils deren Grenzwert.

c) Versuche aus den Ergebnissen der Teilaufgaben a) und b) eine Vermutung abzuleiten.

Lösung

a) Es gilt: $\lim\limits_{n \to \infty} a_n = \lim\limits_{n \to \infty} \left(4 - \frac{1}{n^2}\right) = 4$; $\quad \lim\limits_{n \to \infty} b_n = \lim\limits_{n \to \infty} \left(2 + \frac{1}{n}\right) = 2$

b) $a_n + b_n = \left(4 - \frac{1}{n^2}\right) + \left(2 + \frac{1}{n}\right) = 6 + \frac{1}{n} - \frac{1}{n^2}$, also: $\lim\limits_{n \to \infty} (a_n + b_n) = 6$

6 ist die *Summe* aus dem Grenzwert 4 der Folge $\langle a_n \rangle$ und dem Grenzwert 2 der Folge $\langle b_n \rangle$.

$a_n - b_n = \left(4 - \frac{1}{n^2}\right) - \left(2 + \frac{1}{n}\right) = 2 - \frac{1}{n} - \frac{1}{n^2}$, also: $\lim\limits_{n \to \infty} (a_n - b_n) = 2$

2 ist die *Differenz* aus dem Grenzwert 4 der Folge $\langle a_n \rangle$ und dem Grenzwert 2 der Folge $\langle b_n \rangle$.

$a_n \cdot b_n = \left(4 - \frac{1}{n^2}\right) \cdot \left(2 + \frac{1}{n}\right) = 8 + \frac{4}{n} - \frac{2}{n^2} - \frac{1}{n^3}$, also: $\lim\limits_{n \to \infty} (a_n \cdot b_n) = 8$

8 ist das *Produkt* der Grenzwerte von $\langle a_n \rangle$ und $\langle b_n \rangle$.

$$\frac{a_n}{b_n} = \frac{4 - \frac{1}{n^2}}{2 + \frac{1}{n}} = \frac{\left(2 + \frac{1}{n}\right)\left(2 - \frac{1}{n}\right)}{2 + \frac{1}{n}} = 2 - \frac{1}{n}, \text{ also: } \lim_{n \to \infty} \frac{a_n}{b_n} = 2$$

2 ist der *Quotient* der Grenzwerte von $\langle a_n \rangle$ und $\langle b_n \rangle$.

c) Als Vermutung ergeben sich die im folgenden formulierten Grenzwertsätze.

Satz 3: *Grenzwertsätze für Folgen*

Die Folge $\langle a_n \rangle$ konvergiere gegen A (d.h. $\lim\limits_{n \to \infty} a_n = A$).

Die Folge $\langle b_n \rangle$ konvergiere gegen B (d.h. $\lim\limits_{n \to \infty} b_n = B$).

Dann gilt:

1. Grenzwertsatz für Summenfolgen
Die Folge $\langle a_n + b_n \rangle$ konvergiert gegen $A + B$. Kurz: $\lim\limits_{n \to \infty} (a_n + b_n) = \lim\limits_{n \to \infty} a_n + \lim\limits_{n \to \infty} b_n$

2. Grenzwertsatz für Differenzfolgen
Die Folge $\langle a_n - b_n \rangle$ konvergiert gegen $A - B$. Kurz: $\lim\limits_{n \to \infty} (a_n - b_n) = \lim\limits_{n \to \infty} a_n - \lim\limits_{n \to \infty} b_n$

3. Grenzwertsatz für Produktfolgen
Die Folge $\langle a_n \cdot b_n \rangle$ konvergiert gegen $A \cdot B$. Kurz: $\lim\limits_{n \to \infty} (a_n \cdot b_n) = \lim\limits_{n \to \infty} a_n \cdot \lim\limits_{n \to \infty} b_n$

4. Grenzwertsatz für Quotientenfolgen
Die Folge $\left\langle \frac{a_n}{b_n} \right\rangle$ konvergiert gegen $\frac{A}{B}$, sofern $b_n \neq 0$ und $B \neq 0$. Kurz: $\lim\limits_{n \to \infty} \frac{a_n}{b_n} = \frac{\lim\limits_{n \to \infty} a_n}{\lim\limits_{n \to \infty} b_n}$

Offensichtlich gibt es von dem 4. Grenzwertsatz eine erweiterte Fassung. Die b_n im Nenner müssen nur von einer bestimmten Platznummer ab ungleich 0 sein. Die Quotienten sind dann nur von dieser Platznummer ab definiert. *Beispiel:* $\frac{n+1}{n-1}$ ist nur für $n \geq 2$ definiert.

Information

Beispielgebundener Beweis des Grenzwertsatzes für Summenfolgen

Gegeben seien zwei konvergente Folgen $\langle a_n \rangle$ und $\langle b_n \rangle$.

Beispiele: $a_n = \sqrt[n]{2}$ mit $\lim\limits_{n \to \infty} a_n = 1$ und $b_n = 3 + \frac{1}{n}$ mit $\lim\limits_{n \to \infty} b_n = 3$.

Zu zeigen ist, daß die Summenfolge $\langle c_n \rangle$ mit $c_n = a_n + b_n = \sqrt[n]{2} + \left(3 + \frac{1}{n}\right)$ gegen $1+3$, also gegen 4 konvergiert. Dazu muß nachgewiesen werden, daß man zu jeder Umgebung U(4) eine Platznummer finden kann, von der ab alle Glieder der Summenfolge $\langle a_n + b_n \rangle$ in der Umgebung U(4) liegen.

Wir geben zu dem Zweck eine beliebige ε-Umgebung von 4 vor.

Nun konvergiert $\langle a_n \rangle$ gegen 1 und $\langle b_n \rangle$ gegen 3. Zu jeder Umgebung von 1 (bzw. 3) kann man daher eine Platznummer finden, von der ab alle Glieder von $\langle a_n \rangle$ (bzw. $\langle b_n \rangle$) in dieser Umgebung liegen.

Wir wählen um 1 bzw. 3 jeweils ε-Umgebungen, die halb so groß wie die ε-Umgebung von 4 sind.

$U(1) = \left]1 - \frac{\varepsilon}{2};\ 1 + \frac{\varepsilon}{2}\right[$

$U(3) = \left]3 - \frac{\varepsilon}{2};\ 3 + \frac{\varepsilon}{2}\right[$

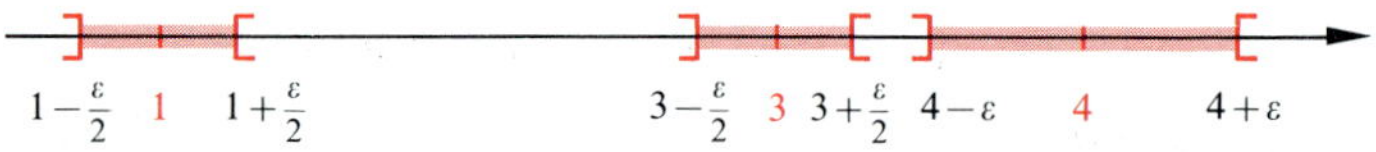

Dann liegen nach Voraussetzung von einer größeren Platznummer als n_1 ab alle Glieder von $\langle a_n \rangle$ in U(1) und von einer größeren Platznummer als n_2 ab alle Glieder von $\langle b_n \rangle$ in U(3).

Sei n_0 die größere der beiden Platznummern. Dann liegen erst recht alle Glieder von $\langle a_n \rangle$ mit größerer Platznummer als n_0 in U(1), d.h. es gilt für $n > n_0$:

(1) $1 - \frac{\varepsilon}{2} < a_n < 1 + \frac{\varepsilon}{2}$

Alle Glieder von $\langle b_n \rangle$ mit größerer Platznummer als n_0 liegen in U(3), d.h. es gilt für $n > n_0$:

(2) $3 - \frac{\varepsilon}{2} < b_n < 3 + \frac{\varepsilon}{2}$

Durch Addition der beiden Ungleichungen (1) und (2) erhalten wir für $n > n_0$:

$$4 - \varepsilon < a_n + b_n < 4 + \varepsilon$$

Das bedeutet aber: Von einer größeren Platznummer als n_0 ab liegen alle Glieder der Folge $\langle a_n + b_n \rangle$ in der vorgegebenen Umgebung U(4).

Da U(4) eine beliebige ε-Umgebung von 4 war, gilt unsere Überlegung für jede (noch so kleine) ε-Umgebung von 4. Man kann also zu jeder ε-Umgebung U(4) eine Platznummer finden, von der ab alle Glieder der Folge $\langle a_n + b_n \rangle$ in der Umgebung U(4) liegen. Die Zahl 4 ist Grenzwert der Folge $\langle a_n + b_n \rangle$.

Der allgemeine Beweis des Grenzwertsatzes für Summenfolgen verläuft entsprechend.

Auch die Grenzwertsätze für Differenz-, Produkt- und Quotientenfolgen lassen sich beweisen. Wir verzichten jedoch darauf.

Zum Weiterarbeiten

1.

a) Manchmal ist es sinnvoll, vor Anwendung der Grenzwertsätze eine Termumformung vorzunehmen. Erkläre die Rechnung rechts.

$$\lim_{n \to \infty} \frac{2-n}{3+n} = \lim_{n \to \infty} \frac{n \cdot \left(\frac{2}{n} - 1\right)}{n \cdot \left(\frac{3}{n} + 1\right)}$$

$$= \lim_{n \to \infty} \frac{\frac{2}{n} - 1}{\frac{3}{n} + 1} = \frac{\lim\limits_{n \to \infty} \frac{2}{n} - \lim\limits_{n \to \infty} 1}{\lim\limits_{n \to \infty} \frac{3}{n} + \lim\limits_{n \to \infty} 1} = \frac{0-1}{0+1} = -1$$

b) Bestimme ähnlich

(1) $\lim\limits_{n \to \infty} \frac{3n^2 + 4n + 7}{9n^2 + 7n}$; (2) $\lim\limits_{n \to \infty} \frac{(4n+1)(2n+3)}{7n^2 + 4n + 2}$

2.
Warum gilt der Grenzwertsatz für Quotientenfolgen nicht in den folgenden Beispielen?

a) $a_n = \frac{4}{n}$; $b_n = \frac{2}{n}$ **b)** $a_n = 2 + \frac{1}{n}$; $b_n = \frac{1}{n}$ **c)** $a_n = 2$; $b_n = 1 + (-1)^n$

▲ **3.**
Für die „Medikamentenfolge" $\langle a_n \rangle$ (siehe Seite 65 und 73) gilt: $a_1 = 5$; $a_{n+1} = a_n - 0{,}4 \cdot a_n + 5$
Die Berechnung der Folgenglieder sowie die Darstellung auf der Zahlengeraden und der Graph zeigen, daß diese Folge gegen 12,5 konvergiert.
Wenn man voraussetzt, daß $\langle a_n \rangle$ konvergiert, dann ist $\lim\limits_{n \to \infty} a_{n+1} = \lim\limits_{n \to \infty} a_n$.
Nach den Grenzwertsätzen gilt ferner $\lim\limits_{n \to \infty} a_{n+1} = \lim\limits_{n \to \infty} a_n - 0{,}4 \cdot \lim\limits_{n \to \infty} a_n + 5$.
Berechne daraus den Grenzwert.

Übungen

4.
Bestimme den Grenzwert durch Anwenden der Grenzwertsätze.

a) $a_n = \frac{n^3 + n}{n^4}$ **b)** $a_n = \frac{3 + \frac{1}{n}}{4 - \frac{(-1)^n}{n}}$ **c)** $a_n = \frac{\frac{1}{n} + n}{n}$ **d)** $a_n = \frac{4n^2 + 7n + 8}{2n^2 + 3n + 7}$

5.
Untersuche auf Konvergenz und bestimme den Grenzwert.

a) $a_n = \frac{n+5}{n^2+1}$ **e)** $a_n = \frac{2n^2}{n^2 - 10}$ **i)** $a_n = \frac{n^2 - 1}{n^4 + n^3}$ **m)** $a_n = \frac{2^n - 1}{2^n}$

b) $a_n = \frac{n^2+1}{n+5}$ **f)** $a_n = \frac{4n+3}{2n-5}$ **j)** $a_n = \frac{4\sqrt{n}+1}{5\sqrt{n}+4}$ **n)** $a_n = \frac{2 - 3^n}{2 + 3^n}$

c) $a_n = \frac{2n}{n^2 - 4{,}5}$ **g)** $a_n = \frac{2n-1}{n^2-2}$ **k)** $a_n = \frac{1+\sqrt{n}}{3+\sqrt{n}}$ **o)** $a_n = \frac{n\sqrt[n]{n}+1}{n\sqrt[n]{n}-4}$

d) $a_n = \frac{1 - \frac{1}{n}}{3 - \frac{1}{n^2}}$ **h)** $a_n = \frac{n - \frac{1}{n}}{n^2 - \frac{1}{n}}$ **l)** $a_n = \frac{\frac{1}{n^3}}{\frac{1}{n^2}}$ **p)** $a_n = \frac{\sqrt[n]{2n}}{\sqrt[n]{n^2}}$

6.
Gib eine Folge an, die gegen die Zahl 4 [7; −3; g] konvergiert.

▲ **7.**
Die Folge $\langle a_n \rangle$ ist konvergent. Bestimme den Grenzwert. Beachte: $\lim\limits_{n \to \infty} a_n = \lim\limits_{n \to \infty} a_{n+1}$.
Bestätige die Ergebnisse auch mit Hilfe des Taschenrechners.

a) $a_1 = 1$; $a_{n+1} = \frac{1}{2}\left(a_n + \frac{3}{a_n}\right)$ **c)** $a_1 = 2$; $a_{n+1} = 2 + 0{,}7 \cdot a_n$ **e)** $a_1 = \sqrt{2}$; $a_{n+1} = \sqrt{2 \cdot a_n}$

b) $a_1 = 2$; $a_{n+1} = \frac{1}{2} \cdot a_n$ **d)** $a_1 = \sqrt{2}$; $a_{n+1} = \sqrt{a_n + 2}$ **f)** $a_1 = \sqrt{2}$; $a_{n+1} = \sqrt{2 \cdot a_n + 1}$

8.
Beweise durch Zurückführen auf die Grenzwertsätze.

a) $\lim\limits_{n \to \infty} (k \cdot a_n) = k \cdot \lim\limits_{n \to \infty} a_n$ **b)** $\lim\limits_{n \to \infty} a_n^2 = (\lim\limits_{n \to \infty} a_n)^2$

○ **9.**
Beweise oder widerlege:

a) Es gibt divergente Folgen, deren Differenzfolge [Quotientenfolge] konvergent ist.

b) Es gibt divergente Folgen, deren Summenfolge [Produktfolge] konvergent ist.

c) Die Folge $\langle a_n \rangle$ konvergiert genau dann gegen den Grenzwert g, wenn $\langle a_n - g \rangle$ eine Nullfolge ist.

d) Die Folge $\langle a_n \rangle$ konvergiert genau dann gegen den Grenzwert g, wenn $\left\langle \frac{a_n}{g} \right\rangle$ gegen 1 konvergiert.

e) Wenn zwei der drei Folgen $\langle a_n \rangle$, $\langle b_n \rangle$, $\langle a_n + b_n \rangle$ konvergieren, dann konvergiert auch die dritte.

2.2.3. Konvergenz der geometrischen Reihe

Aufgabe

Wann ist eine geometrische Reihe konvergent, wann divergent (vgl. Definition **3**, S. 72)?

Lösung

1. Fall: $q \neq 1$

Für s_n gilt die Summenformel $s_n = a_1 \cdot \frac{1-q^n}{1-q}$.

Ist $-1 < q < +1$, so konvergiert $\langle q^n \rangle$ gegen 0.

Nach den Grenzwertsätzen ist dann auch $\langle s_n \rangle$ konvergent. Es gilt: $s = \lim\limits_{n \to \infty} s_n = a_1 \cdot \frac{1}{1-q}$

Ist $|q| > 1$, so ist die Folge $\langle q^n \rangle$ divergent und daher ist auch die geometrische Reihe $\langle s_n \rangle$ divergent.

2. Fall: $q = 1$

Für diesen Fall kann die Summenformel nicht angewendet werden. Jetzt gilt wegen $q = 1$:

$s_n = a_1 + a_1 + \ldots + a_1 = n \cdot a_1$

Da bei jeder geometrischen Folge $a_1 \neq 0$ ist, ist $\langle s_n \rangle$ in diesem Fall divergent.

Satz 4

Eine geometrische Reihe mit dem Anfangsglied a_1 und dem konstanten Quotienten q ist konvergent, falls $-1 < q < 1$. Sie hat dann den Grenzwert $s = \frac{a_1}{1-q}$.
Andernfalls ist die geometrische Reihe divergent.

Der Grenzwert einer geometrischen Reihe wird auch **Summenwert** genannt. Man schreibt für ihn auch: $s = a_1 + a_1 \cdot q + a_1 \cdot q^2 + a_1 \cdot q^3 + \ldots = \frac{a_1}{1-q}$

Beispiel:

$$s = 3 + 3 \cdot \frac{1}{10} + 3 \cdot \frac{1}{100} + 3 \cdot \frac{1}{1000} + \ldots = \frac{3}{1 - \frac{1}{10}} = \frac{3}{\frac{9}{10}} = \frac{30}{9} = \frac{10}{3} = 3\frac{1}{3}$$

Also: $3{,}3333\ldots = 3\frac{1}{3}$

Zum Weiterarbeiten

1.

Gegeben ist ein Dezimalbruch. Fasse ihn als geometrische Reihe auf und bestimme mit deren Summenwert die zugehörige Bruchzahl.

a) 0,22222… **b)** 3,1111… **c)** 4,77777… **d)** 0,454545… **e)** 0,31783178…

2.

Für $a_1 > 0$ und $0 < q < 1$ kann man die Formel für den Summenwert einer geometrischen Reihe auch mit Hilfe der Figuren rechts herleiten:

(1) Erläutere die Konstruktion der Figur und die eingetragenen Längenangaben.

(2) Zeige mit Hilfe des 2. Strahlensatzes:

$$\frac{a_1}{a_1 \cdot q} = \frac{s}{s - a_1}$$

(3) Bestimme daraus den Summenwert s.

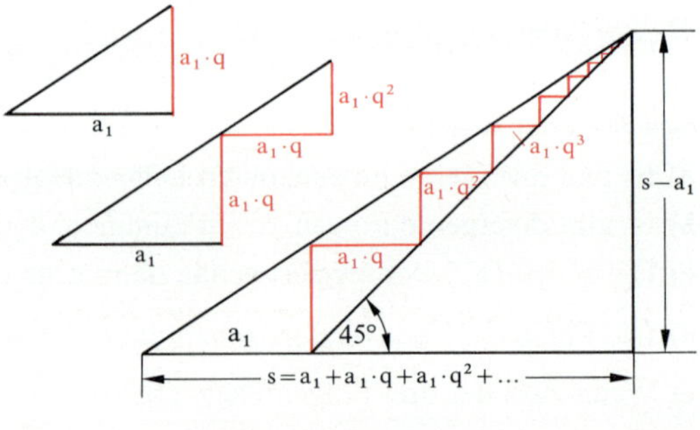

3.

Der griechische Philosoph und Sophist ZENON (450 v. Chr.) behauptete, Achilles könne nicht eine Schildkröte einholen.
Sein Argument: Angenommen, Achilles laufe 10mal so schnell wie die Schildkröte, und diese habe einen Vorsprung von 1 Stadion (ca. 185 m). Wenn Achilles diese Strecke zurückgelegt hat, sei die Schildkröte $\frac{1}{10}$ der Streckenlänge weitergekrochen. Wenn Achilles diese Strecke zurückgelegt habe, sei die Schildkröte erneut $\frac{1}{10}$ dieser Streckenlänge weitergekrochen, usw. Die Schildkröte hat also immer einen Vorsprung.

a) Zeige, daß die Längen der jeweiligen Vorsprünge der Schildkröte eine geometrische Folge bilden.

b) Zeige, daß der Summenwert der zugehörigen geometrischen Reihe gleich der Länge des Weges ist, den die Schildkröte bis zum Einholen zurückgelegt hat.

c) Wie ist jetzt die Argumentation von Zenon zu beurteilen?

Übungen

4.

Bestimme den Summenwert der geometrischen Reihe.

a) $a_1 = 2; \quad q = \frac{1}{2}$ **c)** $a_1 = 3; \quad q = -\frac{1}{3}$ **e)** $a_1 = 81; \quad q = -\frac{1}{3}$

b) $a_1 = -4; \quad q = \frac{1}{4}$ **d)** $a_1 = -2; \quad q = -0{,}6$ **f)** $a_1 = 0; \quad q = 0{,}15$

5.

Bestimme den Summenwert der geometrischen Reihe.

a) $1 + \frac{1}{3} + (\frac{1}{3})^2 + (\frac{1}{3})^3 + \ldots$ **e)** $1 - \frac{2}{3} + \frac{4}{9} - \ldots$ **i)** $0{,}1 - 0{,}02 + 0{,}004 - \ldots$

b) $1 + \frac{3}{4} + (\frac{3}{4})^2 + (\frac{3}{4})^3 + \ldots$ **f)** $1 + 0{,}7 + 0{,}49 + \ldots$ **j)** $\frac{1}{4} + \frac{1}{4^4} + \frac{1}{4^7} + \ldots$

c) $1 - \frac{1}{2} + \frac{1}{4} - \frac{1}{8} + \ldots$ **g)** $1 - 0{,}4 + 0{,}16 - \ldots$ **k)** $\frac{1}{3} - \frac{1}{3^5} + \frac{1}{3^9} - \ldots$

d) $1 + \frac{5}{6} + \frac{25}{36} + \frac{125}{216} + \ldots$ **h)** $2{,}4 + 1{,}2 + 0{,}6 + \ldots$ **l)** $10^{-1} + 10^{-2} + 10^{-3} + \ldots$

6.

Der Grenzwert s der Folge der Teilsummen einer geometrischen Folge und das Anfangsglied a_1 sind gegeben. Notiere die ersten fünf Glieder der geometrischen Folge.

a) $s = 4; \quad a_1 = 2$ **b)** $s = 8; \quad a_1 = 4$ **c)** $s = 2; \quad a_1 = 3$ **d)** $s = -6; \quad a_1 = -9$

7.

Fasse als geometrische Reihe auf. Welche rationale Zahl wird dargestellt? Mache anschließend die Probe durch Division von Zähler und Nenner.

a) 0,7777… **c)** 4,636363… **e)** 2,8343434… **g)** 0,3003003…

b) 0,212121… **d)** 0,34444… **f)** 1,020202… **h)** 0,99999… (!)

8.

Eine Folge von Würfeln werde so aufeinandergelegt, daß der folgende Würfel jeweils die halbe Kantenlänge des vorherigen und der erste Würfel die Kantenlänge 10 cm besitzt.

a) Wie hoch ist der entstehende Treppenkörper? **b)** Wie groß ist sein Volumen?

9.

Man kann auf folgende Weise eine „Spirale“ bilden: An einen Halbkreis (r = 5 cm Radius) wird ein zweiter mit halbem Radius angesetzt usw.

a) Wie groß ist die Gesamtlänge der Spirale?

b) Wie groß ist der Flächeninhalt aller verwendeten Halbkreisflächen?

10.

Bei einem Glücksspiel setzt ein Spieler zunächst 1000,00 DM, dann bei Verlust des Spiels jeweils 80% seines letzten Einsatzes ein. Wieviel hat er bei einem Spiel „beliebiger Länge" eingesetzt, falls er ständig verliert?

11.

In einem Winkel α mit $\alpha < 90°$ ist von einem Punkt A des einen Schenkels das Lot auf den anderen Schenkel gefällt. Vom Fußpunkt dieses Lotes wird erneut das Lot auf den anderen Schenkel gefällt usw.
Wie lang sind alle entstehenden Lote zusammen?

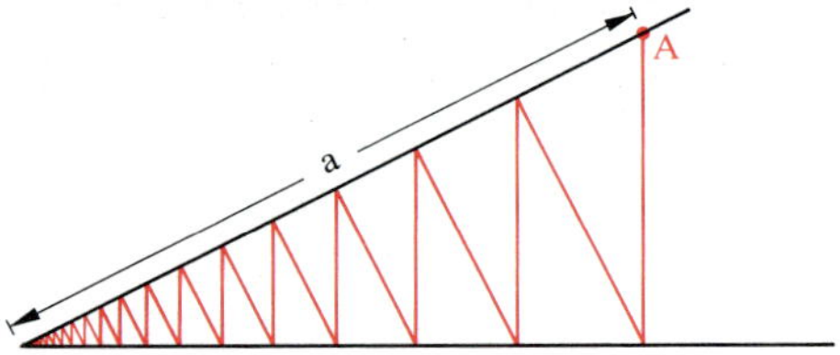

▲ **12.**

Entscheide, ob die folgende Aussage wahr oder falsch ist.
Ist a_1 fest vorgegeben, so kann man durch geeignete Wahl von q eine geometrische Reihe bestimmen, deren Summenwert s eine beliebige vorgegebene reelle Zahl ist.

2.3. Vermischte Übungen

1.

Gegeben ist die Folge $\langle a_n \rangle$ mit $a_n = \frac{2n^2-1}{n^2}$ $\left[a_n = \frac{n}{2n-1}\right]$.

a) Berechne die ersten 5 Glieder der Folge und stelle sie auf der Zahlengeraden dar.

b) Bestimme den Grenzwert der Folge.

c) Um den Grenzwert ist eine ε-Umgebung mit $\varepsilon = \frac{1}{100}$ [ε beliebig] gelegt. Gib eine Platznummer an, so daß für alle höheren Platznummern die Glieder in der Umgebung liegen.

2.

Gegeben ist die Folge $\langle a_n \rangle$ mit $a_1 = 1$ und $a_{n+1} = \frac{1}{2} a_n + 1$ $[a_1 = 10;\ a_{n+1} = \frac{1}{10} a_n + 10]$.

a) Berechne die sechs ersten Glieder der Folge und stelle sie auf der Zahlengeraden dar.

b) Versuche eine Vermutung über Konvergenz bzw. Divergenz der Folge zu gewinnen.

c) Gib das allgemeine Glied a_n der Folge an.

d) Handelt es sich um eine geometrische Folge oder Reihe? Begründe die Antwort.

e) Beweise die Vermutung über die Konvergenz bzw. Divergenz (vergleiche Teilaufgabe b)).

3.

Ein Forschungsinstitut führt eine Untersuchung durch: Auf einem Acker werden wöchentlich 20 kg eines Unkrautvertilgungsmittels aufgebracht. Im Laufe einer Woche werden ca. 30% des Mittels abgebaut. Der Bestand des Mittels unmittelbar nach dem Besprühen werde durch eine Folge s_n beschrieben.

a) Gib das Anfangsglied s_1 sowie eine Rekursionsgleichung für die Folge $\langle s_n \rangle$ an. Warum liegt eine geometrische Reihe vor?

b) Berechne s_2, s_3, s_4, s_5.

c) Das Mittel wurde sehr viele Wochen aufgebracht. Wieviel kg befinden sich dann nach jedem Besprühen praktisch auf dem Acker? *Anleitung:* Bestimme den Grenzwert der Folge $\langle s_n \rangle$.

4.

In einem angelegten Teich sollen jährlich 1000 Forellen ausgesetzt werden. Man rechnet mit 15% jährlicher Vermehrung und möchte gerne pro Jahr 80% des Fischbestandes wieder fangen. Für die nächsten Jahre soll die voraussichtliche Entwicklung des Bestandes berechnet werden. Dazu sei s_n der Bestand unmittelbar nach [vor] dem Aussetzen der Fische.

a) Gib das Anfangsglied s_1 sowie eine Rekursionsgleichung für die Folge $\langle s_n \rangle$ an. Um was für eine Folge handelt es sich?

b) Berechne s_2, s_3, s_4, s_5.

c) Berechne $\lim\limits_{n \to \infty} s_n$. Wie kann man diesen Grenzwert deuten?

5.

Notiere eine Folge von dezimalen Näherungszahlen für die Bruchzahl:

(1) $\frac{2}{3}$ (2) $\frac{7}{11}$ (3) $\frac{3}{7}$ (4) $\frac{8}{9}$

a) Gib mindestens 8 Glieder der Folge an.

b) Wie kann man die Folge rekursiv vorgeben?

6.

Die beiden ersten Glieder einer Zahlenfolge sind 2 und 4. Berechne das jeweils folgende Glied, indem du zum letzten das Doppelte des vorletzten Gliedes addierst.

a) Gib an, wie man die Folge rekursiv vorgeben kann.

b) Gib die Folge explizit an. **c)** Berechne a_{12}.

7.

Gib die Zahl 10 [0,000001] in den Taschenrechner ein und tippe ständig die Wurzeltaste. Es entsteht eine Zahlenfolge.

a) Wie kann man diese Folge rekursiv vorgeben? **b)** Gib die Folge auch explizit an.

c) Die Folge ist konvergent. Wie heißt der Grenzwert? Wie zeigt sich die Konvergenz auf dem Taschenrechner?

8.

Die (scheinbaren) Helligkeiten der Fixsterne 1. Größe, 2. Größe, 3. Größe usw. bilden eine geometrische Folge. Die Helligkeit eines Fixsterns 6. Größe beträgt dabei genau 1% der Helligkeit eines Fixsterns 1. Größe.

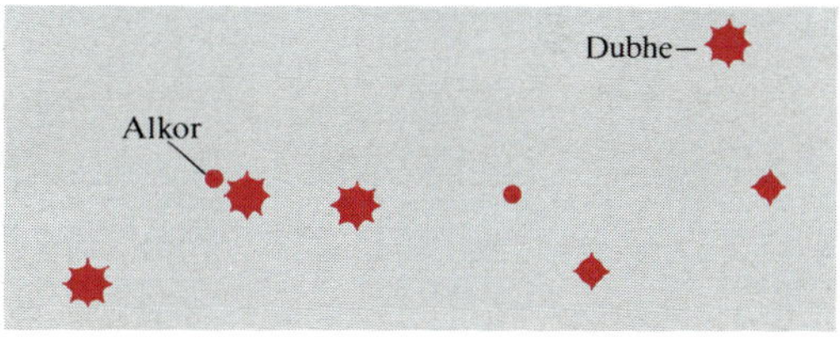

a) Bestimme den konstanten Quotienten der Folge dieser Helligkeiten.

b) Im Sternbild Großer Bär ist Dubhe ein Stern 2. Größe, Alkor ein Stern 4. Größe. Mit wieviel Prozent der Helligkeit von Dubhe leuchtet Alkor?

9.

Der Lichtzeiger eines Galvanometers bewegt sich bei einem Meßvorgang zunächst um 80 cm nach rechts, kehrt dann um und bewegt sich dabei um 60 cm zurück, kehrt wieder um und bewegt sich nach rechts usw. Jeder Einzelweg ist dabei um 25% kürzer als der vorangegangene.

a) Wie lang ist der Weg, den der Lichtzeiger bis zum 7. [12.] Umkehrpunkt insgesamt zurückgelegt hat?

b) Welchen Weg legt der Lichtzeiger insgesamt zurück?

10.

Es gab zu Beginn des Jahres 1987 Anhaltspunkte dafür, daß in der Bundesrepublik Deutschland die Anzahl der Aids-infizierten Personen pro Monat um 7,2% wächst. Angenommen, es sind bereits 10000 Personen infiziert (die tatsächliche Anzahl weiß man nicht).

a) Nach wie vielen Monaten hätte sich diese Zahl verdoppeln müssen?

b) Nach wie vielen Jahren wären 50 Mio. Personen (also praktisch die gesamte BRD) infiziert? Warum ist diese Rechnung unrealistisch?

○ **11.**

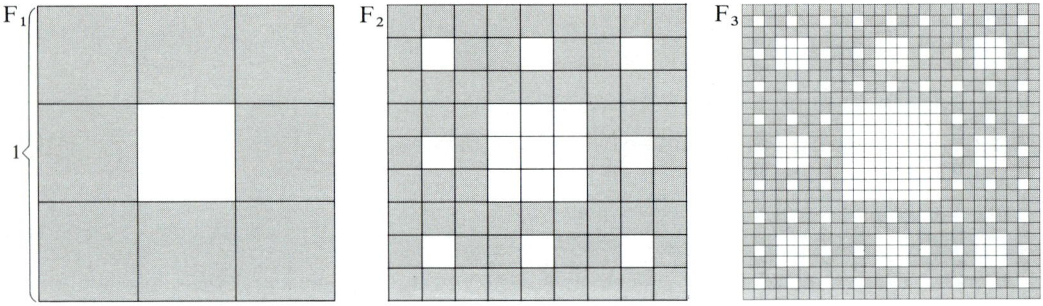

Eine Folge von Flächen F_1, F_2, F_3, … entstehe wie oben dargestellt durch fortwährendes Herausnehmen von quadratischen Löchern aus einem Einheitsquadrat. Wird dieser Prozeß unendlich oft durchgeführt, so entsteht als „Endprodukt" eine Fläche, die man den *Sierpinskischen Teppich* nennt.

Unser Ziel ist, den Flächeninhalt und die Länge des gesamten Randes des Sierpinskischen Teppichs zu bestimmen. Löse dazu die folgenden Aufgaben.

a) Gib die Anzahl der Löcher an, die bei den Flächen $F_1, F_2, F_3, F_4, \ldots, F_n$ neu hinzugekommen sind.

b) Gib die Gesamtzahl der Löcher in den Flächen $F_1, F_2, F_3, F_4, \ldots, F_n$ an.

c) Gib den Flächeninhalt eines neu hinzugekommenen Lochs in den Flächen $F_1, F_2, F_3, F_4, \ldots, F_n$ an.

d) Gib den Flächeninhalt aller neu hinzugekommenen Löcher in den Flächen $F_1, F_2, F_3, F_4, \ldots, F_n$ an.

e) Gib den Flächeninhalt der Flächen $F_1, F_2, F_3, F_4, \ldots, F_n$ an.

f) Bestimme den Flächeninhalt des Sierpinskischen Teppichs.

g) Gib die Randlänge eines neu hinzugekommenen Loches in den Flächen $F_1, F_2, F_3, F_4, \ldots, F_n$ an.

h) Gib die gesamte Randlänge der Flächen $F_1, F_2, F_3, F_4, \ldots, F_n$ an.

i) Was läßt sich über die gesamte Randlänge der Sierpinskischen Teppichs aussagen?

Bemerkung: Der Sierpinskische Teppich (1927 von dem polnischen Mathematiker SIERPINSKI erfunden) ist ein Beispiel für sogenannte *Fraktale*. Ein weiteres Beispiel ist der *Mengersche Schwamm* (1943 von dem österreichischen Mathematiker R. MENGER entdeckt). Er entsteht aus dem Einheitswürfel durch fortgesetztes Herausnehmen von Teilwürfeln. Das Bild zeigt noch nicht den Mengerschen Schwamm, sondern das Gebilde, das nach 4 Teilschritten entstanden ist. Der Mengersche Schwamm hat analog zum Sierpinskischen Teppich das Volumen 0, aber eine unendlich große Oberfläche.

2.4. Das Monotoniekriterium

Bisher konnten wir nur dadurch über die Konvergenz einer Folge entscheiden, indem wir den Grenzwert der Folge explizit angaben. Häufig ist das schwierig. Siehe dazu das Beispiel rechts. Es liegt keine geometrische Folge vor, weil die Anzahl der Nullen wächst. Daher kann man den Grenzwert nicht ohne weiteres berechnen.
Es erhebt sich die Frage, ob man Kriterien finden kann, mit deren Hilfe sich ohne Kenntnis des Grenzwertes entscheiden läßt, ob eine Folge konvergent ist. Ein Beispiel dafür ist das **Monotoniekriterium**. Zu seiner Formulierung benötigen wir die Begriffe *obere bzw. untere Schranke* und *Monotonie.*

$a_1 = 1$
$a_2 = 1{,}1$
$a_3 = 1{,}101$
$a_4 = 1{,}101001$
$a_5 = 1{,}1010010001$
$\vdots \quad \vdots$

2.4.1. Obere bzw. untere Schranke einer Folge

Wenn man einen Gegenstand aus dem Kühlschrank (z. B. 6,5 °C) in eine wärmere Umgebung (z. B. 24 °C) bringt, wird er sich erwärmen. Die Temperatur des Körpers wächst. Man kann diesen Wachstumsprozeß durch eine Folge $a_1, a_2, a_3, \ldots$ beschreiben. a_1 gibt die Temperatur zu Beginn der 1. Minute, a_2 die Temperatur zu Beginn der 2. Minute, ... a_n die Temperatur zu Beginn der n-ten Minute an. Da die Temperatur der Umgebung 24 °C beträgt, gilt für alle Glieder der Folge: $a_n \leq 24$. Man nennt 24 eine *obere Schranke* der Folge $\langle a_n \rangle$. Auch 30 ist eine obere Schranke, denn es gilt für alle Folgenglieder: $a_n \leq 30$.
Die Zahl 1 ist eine *untere Schranke*, denn es gilt für alle a_n der Folge $1 \leq a_n$ (die Temperatur im Kühlschrank betrug ja schon 6,5 °C).

Definition 8

Eine Zahl $\begin{Bmatrix} S_o \\ S_u \end{Bmatrix}$ heißt $\begin{Bmatrix} \textbf{obere} \\ \textbf{untere} \end{Bmatrix}$ **Schranke** der Folge $\langle a_n \rangle$, falls für alle a_n gilt: $\begin{Bmatrix} a_n \leq S_o \\ a_n \geq S_u \end{Bmatrix}$.

Eine Folge heißt nach $\begin{Bmatrix} \textbf{oben} \\ \textbf{unten} \end{Bmatrix}$ **beschränkt**, wenn sie eine $\begin{Bmatrix} \text{obere} \\ \text{untere} \end{Bmatrix}$ Schranke hat.

Aufgabe

Untersuche, ob die Folge nach oben bzw. nach unten beschränkt ist. Gib gegebenenfalls eine obere bzw. untere Schranke und die größte untere bzw. die kleinste obere Schranke an.

Folge A: $a_n = 3 - \frac{1}{n}$

Folge B: $b_n = \begin{cases} \frac{1}{n}, & \text{falls n ungerade} \\ n, & \text{falls n gerade} \end{cases}$

Folge C: $c_n = \frac{n}{2}$

Folge D: $d_n = (-1)^{n+1} \cdot \frac{1}{n}$

Folge E: $e_n = (-1)^n \cdot 2$

Lösung

Folge A: $a_1 = 2$; $a_2 = 2\frac{1}{2}$; $a_3 = 2\frac{2}{3}$; $a_4 = 2\frac{3}{4}$; $a_5 = 2\frac{4}{5}$; ...

Die Folge ist nach oben und nach unten beschränkt. Eine untere Schranke ist z. B. 1, die größte untere Schranke ist 2. Eine obere Schranke ist z. B. 4, die kleinste obere Schranke ist 3.

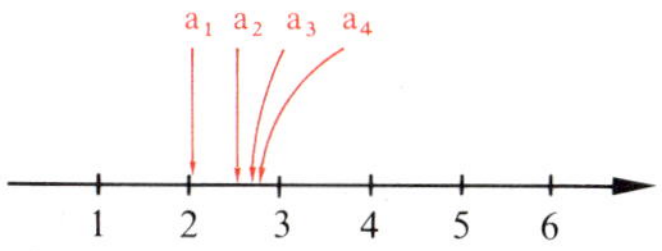

Folge B: $b_1 = \frac{1}{1}$; $b_2 = 2$; $b_3 = \frac{1}{3}$; $b_4 = 4$; $b_5 = \frac{1}{5}$; ...

Die Folge ist nach unten beschränkt. Eine untere Schranke ist z. B. -1; die größte untere Schranke ist 0. Die Folge ist nach oben nicht beschränkt.

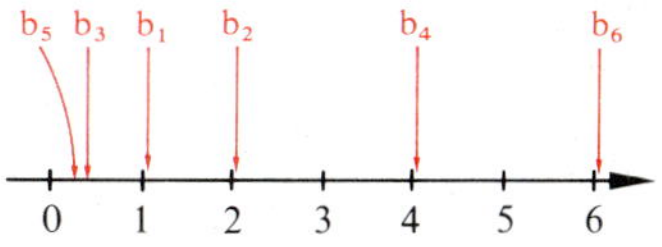

Folge C: $c_n=\frac{n}{2}$; $c_1=\frac{1}{2}$, $c_2=1$; $c_3=1\frac{1}{2}$; $c_4=2$; $c_5=2\frac{1}{2}$

Die Folge ist nach oben unbeschränkt. Sie ist nach unten beschränkt. Eine untere Schranke ist z.B. -1; die größte untere Schranke ist $\frac{1}{2}$.

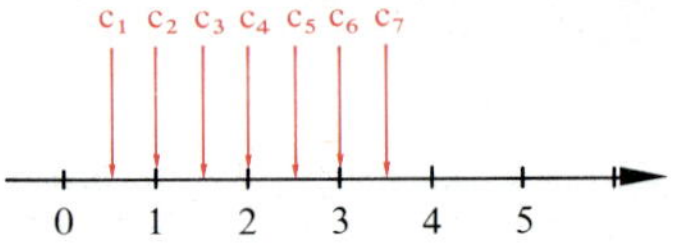

Folge D: $d_n=(-1)^{n+1}\cdot\frac{1}{n}$; $d_1=\frac{1}{1}$; $d_2=-\frac{1}{2}$; $d_3=\frac{1}{3}$; $d_4=-\frac{1}{4}$

Die Folge ist nach oben und nach unten beschränkt. Eine obere Schranke ist z.B. 4; die kleinste obere Schranke ist 1. Eine untere Schranke ist z.B. -5; die größte untere Schranke ist $-\frac{1}{2}$.

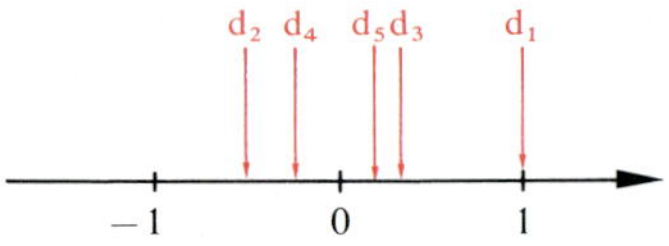

Folge E: $e_n=(-1)^n\cdot 2$; $e_1=-2$; $e_2=2$; $e_3=-2$; $e_4=2$

Die Folge ist nach oben und nach unten beschränkt. Eine obere Schranke ist z.B. 3, die kleinste obere Schranke ist 2. Eine untere Schranke ist z.B. -4; die größte untere Schranke ist -2.

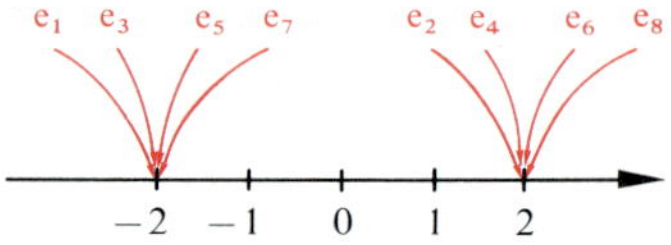

Information

Rechnerischer Nachweis, daß eine Zahl eine obere bzw. untere Schranke ist

In den bisherigen Beispielen konnte man aus den ersten Gliedern der Folge bzw. ihrer Darstellung auf der Zahlengeraden auf eine obere bzw. untere Schranke schließen. Streng genommen muß man rein rechnerisch nachweisen, daß die gewonnene Zahl obere bzw. untere Schranke ist.

Beispiel: Zeige, daß die Zahl 10 eine obere Schranke der Folge $\langle a_n\rangle$ mit $a_n=\frac{4n-7}{3n+5}$ ist.

Wir müssen nachweisen: $\frac{4n-7}{3n+5}\leq 10$ für alle $n\in\mathbb{N}$.

Dazu formen wir äquivalent um:

$$\frac{4n-7}{3n+5}\leq 10 \qquad |\cdot(3n+5)$$
$$4n-7\leq 30n+50 \qquad |-30n+7$$
$$-26n\leq 57$$

Die letzte Ungleichung ist stets richtig, denn links steht für jedes $n\in\mathbb{N}$ eine negative Zahl, rechts eine positive. Da äquivalent umgeformt wurde, muß auch die Ungleichung $\frac{4n-7}{3n+5}\leq 10$ für jedes $n\in\mathbb{N}$ gültig sein. 10 ist eine obere Schranke der Folge.

Zum Weiterarbeiten

1.
Gib zu den Folgen der Aufgabe, falls möglich, noch weitere obere bzw. untere Schranken an.

2.
Für welche q ist eine geometrische Folge $\langle a_n\rangle$ mit $a_n=a_1\cdot q^{n-1}$ nach oben [unten] beschränkt?

3.
a) Gib selbst Folgen an, die nach oben [unten] beschränkt sind.

b) Gib Folgen an, die nicht nach oben [unten] beschränkt sind.

4.
Die kleinste obere Schranke einer Folge kann selbst auch ein Folgenglied sein. In welchem der Beispiele A bis E ist das der Fall? Wie heißt die kleinste obere Schranke in den Beispielen:
(1) $-\frac{1}{1}$, $-\frac{1}{2}$, $-\frac{1}{3}$, $-\frac{1}{4}$, $-\frac{1}{5}$, …
(2) 3; 3,1; 3,14; 3,141; 3,1415; 3,14159; … (dezimale Näherungsfolge für π).

5.
Entscheide, ob der Satz gilt. Wenn ja, gib einen Beweis an, wenn nein, ein Gegenbeispiel.

a) Wenn eine Folge konvergent ist, dann ist sie nach oben und nach unten beschränkt.

b) Wenn eine Folge nach oben und nach unten beschränkt ist, dann ist sie konvergent.

Übungen

○ ***6.***

Entscheide, ob die Folge $\langle a_n \rangle$ nach oben oder nach unten beschränkt ist. Wenn ja, gib drei obere bzw. drei untere Schranken sowie die kleinste obere bzw. größte untere Schranke an.

a) $-2;\ \ +2;\ \ -2;\ \ +2;\ \ \ldots$

b) $\frac{1}{1};\ 5;\ \frac{1}{2};\ 5;\ \frac{1}{4};\ 5;\ \frac{1}{8};\ \ldots$

c) $\frac{3}{4};\ \frac{8}{9};\ \frac{15}{16};\ \frac{24}{25};\ \frac{35}{36};\ \ldots$

d) $-1; 2; -2; -1; 3; -3; -1; 4; -4; \ldots$

e) 0,9; 1,99; 2,999; 3,9999; …

f) $a_n = \frac{1}{(-3)^n}$

g) $a_n = 3 - \frac{1}{n}$

h) $a_n = n - n^2$

i) $a_n = \sqrt{1 - \frac{1}{n}}$

j) $a_n = \frac{1-n^2}{1+n}$

k) $a_n = \frac{n}{2} \cdot (1 + (-1)^n)$

l) $a_n = \sqrt{n^2 - 1}$

m) $a_n = n \cdot 10^{-n}$

n) $a_n = \frac{n+1}{n+2}$

o) $a_n = \frac{10n-7}{n^2}$

○ ***7.***

Gib eine Folge an, für die

a) 5 obere Schranke ist, 4 aber keine obere Schranke ist.

b) unendlich viele Glieder gleich -2 sind, -2 aber trotzdem untere Schranke ist. Wie heißt die größte untere Schranke?

c) 6 kleinste obere Schranke ist, aber kein Folgenglied gleich 6 ist.

d) 6 kleinste obere Schranke ist, unendlich viele Glieder gleich 6 sind, aber auch unendlich viele Glieder von 6 verschieden sind.

e) -4 obere Schranke, aber nicht kleinste obere Schranke ist.

○ ***8.***

Gib eine Folge an, für die

a) -2 größte untere Schranke und 3 kleinste obere Schranke ist.

b) -3 größte untere Schranke und jede positive Zahl obere Schranke ist.

c) 3 größte untere Schranke ist, unendlich viele Glieder gleich 3 sind, aber auch unendlich viele Glieder von 3 verschieden sind.

d) $\sqrt{2}$ größte untere Schranke ist.

▲ ***9.***

In der Formulierung der Definition **8** sind der sogenannte *Existenzquantor* „es gibt" sowie der *Allquantor* „alle (jeder)" versteckt. Es muß ausführlich heißen:

Die Folge $\langle a_n \rangle$ heißt nach oben beschränkt, wenn *es* eine Zahl S *gibt*, so daß *für alle* Folgenglieder a_n gilt: $a_n \leq S$.

Verneine diese Definition. Gib mehrere äquivalente Formulierungen an. Setze dazu die folgenden Formulierungen fort.

Die Folge $\langle a_n \rangle$ heißt nach oben unbeschränkt, wenn

(1) es keine Zahl S gibt, so daß…

(2) für jede Zahl S gilt, daß nicht für…

(3) es zu jeder Zahl S ein Folgenglied a_n gibt, so daß…

▲ ***10.***

Beweise:

a) Ist S obere Schranke der Folge $\langle a_n \rangle$, so ist 0 obere Schranke der Folge $\langle a_n - S \rangle$.

b) Eine Folge $\langle a_n \rangle$ ist genau dann nach oben und unten beschränkt, wenn es eine Zahl T gibt, so daß für alle a_n gilt: $|a_n| < T$.

c) Wenn S untere Schranke der Folge $\langle a_n \rangle$ ist und $c > 0$, so ist $c \cdot S$ untere Schranke von $\langle c \cdot a_n \rangle$. Untersuche auch die Fälle $c < 0$ und $c = 0$.

2.4.2. Monotonie

Wir greifen zurück auf das Beispiel der Folge a_n, welche das Temperaturwachstum eines Körpers beschreibt, der aus dem Kühlschrank in eine wärmere Umgebung gebracht wird (vgl. Seite 89). Jedes Folgenglied a_n kann nicht kleiner als das vorhergehende sein, weil es sich um einen Wachstumsprozeß handelt. Solche Folgen heißen *monoton wachsend*. Entsprechend gibt es den Begriff *monoton fallend*.

Definition 9
Die Folge $\langle a_n \rangle$ heißt **monoton wachsend**, falls gilt: $a_1 \leq a_2 \leq a_3 \leq a_4 \leq \ldots \quad \ldots \leq a_n \leq a_{n+1} \leq \ldots$
Die Folge $\langle a_n \rangle$ heißt **monoton fallend**, falls gilt: $a_1 \geq a_2 \geq a_3 \geq a_4 \geq \ldots \quad \ldots \geq a_n \geq a_{n+1} \geq \ldots$

Aufgabe

Untersuche, welche der Folgen monoton wachsend bzw. monoton fallend sind.

Folge A: $a_n = 3 - \frac{1}{n}$

Folge B: $b_n = \begin{cases} \frac{1}{n}, & \text{falls n ungerade} \\ n, & \text{falls n gerade} \end{cases}$

Folge C: $c_n = -\frac{n}{2}$

Folge D: $d_n = (-1)^{n+1} \cdot \frac{1}{n}$

Folge E: $e_n = (-1)^n \cdot 2$

Lösung

Die Folge A ist monoton wachsend, denn $2 \leq 2\frac{1}{2} \leq 2\frac{2}{3} \leq 2\frac{3}{4} \leq 2\frac{4}{5} \leq \ldots$

Die Folge C ist monoton fallend, denn $-\frac{1}{2} \geq -1 \geq -1\frac{1}{2} \geq -2 \geq -2\frac{1}{2} \geq \ldots$

Die Folgen B, D und E sind weder monoton wachsend noch monoton fallend.

Information

Rechnerischer Nachweis der Monotonie

Bisher haben wir durch eine Betrachtung der ersten Glieder einer Folge oder der Darstellung auf der Zahlengeraden herausfinden können, ob eine Folge monoton wachsend bzw. fallend ist. Streng genommen muß dazu die Gültigkeit einer Ungleichung bewiesen werden.

Beispiel: Rechnerischer Nachweis, daß die Folge A mit $a_n = 3 - \frac{1}{n}$ monoton wachsend ist.

Zu zeigen ist die Gültigkeit der Ungleichung für alle $n \in \mathbb{N}$:

$$3 - \frac{1}{n} \leq 3 - \frac{1}{n+1}$$

Dazu formen wir äquivalent um:

$$-\frac{1}{n} \leq -\frac{1}{n+1} \quad | \cdot (-1)$$

$$\frac{1}{n} \geq \frac{1}{n+1} \quad |\text{Übergang zum Kehrwert}$$

$$n \leq n+1$$

Da die letzte Ungleichung $n \leq n+1$ immer gilt und äquivalent umgeformt wurde, ist auch die erste Ungleichung für alle $n \in \mathbb{N}$ gültig.

Zum Weiterarbeiten

1.
a) Begründe folgende zu Definition **9** äquivalente Definition.

Definition 9*
Die Folge $\langle a_n \rangle$ heißt monoton wachsend, falls für beliebige natürliche Zahlen m, n mit $n < m$ gilt: $a_n \leq a_m$.

b) Vergleiche diese Definition mit der Definition **5** auf Seite 26 für monoton steigende Funktionen.

c) Definiere entsprechend monoton fallend.

○ **2.**

a) Warum sind Folgen, die Wachstumsprozesse beschreiben, monoton wachsend?
Beispiele: Anwachsen eines Kapitals durch Zinseszinsen, Wachstum von Pflanzen, ...

b) Warum sind Folgen, die Abnahmeprozesse beschreiben, monoton fallend?
Beispiele: Abnahme einer radioaktiven Substanz, Abnahme eines Vorrats, ...

○ **3.**

Zeige, daß eine konstante Folge sowohl monoton wachsend als auch monoton fallend ist.

Übungen

○ **4.**

Entscheide, ob die Folge $\langle a_n \rangle$ monoton wachsend oder monoton fallend ist.

a) $\frac{1}{1}$; $\frac{1}{2}$; $\frac{1}{4}$; $\frac{1}{9}$; $\frac{1}{16}$; $\frac{1}{25}$; ...

b) 3; $3\frac{1}{2}$; $3\frac{2}{3}$; $3\frac{3}{4}$; $3\frac{4}{5}$; $3\frac{5}{6}$; ...

c) 1; -1; 3; -3; 5; -5; 7; -7; ...

d) -4; -2; 0; 2; 4; 6; 8; ...

e) $a_n = 4n - n^2$

f) $a_n = n^2 - \frac{1}{n}$

g) $a_n = \frac{(-1)^{n+1}}{n}$

h) $a_n = n - \frac{1}{n}$

i) $a_n = \sqrt[n]{2}$

j) $a_n = \sqrt[n]{0{,}5}$

k) $a_n = \sqrt[n]{n}$

l) $a_n = n + 2^{-n}$

○ **5.**

Gegeben sei die geometrische Folge $\langle a_n \rangle$ mit $a_n = a_1 \cdot q^{n-1}$.
Es sei $a_1 > 0$ $[a_1 < 0]$. Für welche q ist $\langle a_n \rangle$ monoton wachsend bzw. monoton fallend bzw. keins von beiden?

○ **6.**

Entscheide, ob folgender Satz wahr oder falsch ist. Beweise ihn gegebenenfalls bzw. korrigiere ihn, so daß er wahr wird.

a) Jede geometrische Folge ist monoton steigend oder monoton fallend.

b) Eine konstante Folge ist sowohl monoton steigend als auch monoton fallend.

c) Ist $\langle a_n \rangle$ monoton wachsend und $a_n \neq 0$, so ist $\left\langle \frac{1}{a_n} \right\rangle$ monoton fallend.

△ **d)** Jede arithmetische Folge ist monoton steigend oder monoton fallend.

○ **7.**

Beweise:

a) Die Folge $\langle a_n \rangle$ ist genau dann monoton fallend, falls für alle $n \in \mathbb{N}$ gilt: $a_n - a_{n+1} \geq 0$

b) Die Folge $\langle a_n \rangle$ habe nur positive Glieder. Dann gilt:
$\langle a_n \rangle$ ist monoton fallend genau dann, wenn $\frac{a_n}{a_{n+1}} \geq 1$.

2.4.3. Intervallschachtelung – Konvergenz monoton wachsender Folgen

Die Zahl $\frac{1}{3}$ kann man durch zwei Folgen $\langle a_n \rangle$ und $\langle b_n \rangle$ von oben und von unten eingrenzen und annähern.
Entsprechend kann man durch systematisches Probieren Folgen $\langle a_n \rangle$ und $\langle b_n \rangle$ finden, die $\sqrt{2}$ eingrenzen und annähern.

$$
\begin{aligned}
a_1 &= 0{,}3 &< \tfrac{1}{3} <&\ 0{,}34 &= b_1 \\
a_2 &= 0{,}33 &< \tfrac{1}{3} <&\ 0{,}334 &= b_2 \\
a_3 &= 0{,}333 &< \tfrac{1}{3} <&\ 0{,}3334 &= b_3 \\
a_4 &= 0{,}3333 &< \tfrac{1}{3} <&\ 0{,}33334 &= b_4 \\
&\ \vdots & &\ \vdots &
\end{aligned}
$$

$a_1 = 1 < \sqrt{2} < 2 = b_1$, denn $a_1^2 = 1 < 2 < b_1^2 = 4$

$a_2 = 1{,}4 < \sqrt{2} < 1{,}5 = b_2$, denn $a_2^2 = 1{,}96 < 2 < b_2^2 = 2{,}25$

$a_3 = 1{,}41 < \sqrt{2} < 1{,}42 = b_3$, denn $a_3^2 = 1{,}9881 < 2 < b_3^2 = 2{,}0164$

$a_4 = 1{,}414 < \sqrt{2} < 1{,}415 = b_4$, denn $a_4^2 = 1{,}999396 < 2 < b_4^2 = 2{,}002225$ usw.

Die Glieder mit gleicher Platznummer der beiden Folgen $\langle a_n \rangle$ und $\langle b_n \rangle$ schließen jeweils ein abgeschlossenes Intervall $I_n = [a_n; b_n]$ ein.
Wir erhalten damit eine Folge von Intervallen, die ineinander geschachtelt sind, d.h. es gilt:

$$I_1 \supseteq I_2 \supseteq I_3 \supseteq I_4 \supseteq \ldots \supseteq I_{n-1} \supseteq I_n \supseteq I_{n+1} \ldots$$

Außerdem konvergieren die Intervall-Längen $|I_n|$ gegen 0. Eine solche Folge von Intervallen heißt *Intervallschachtelung*.

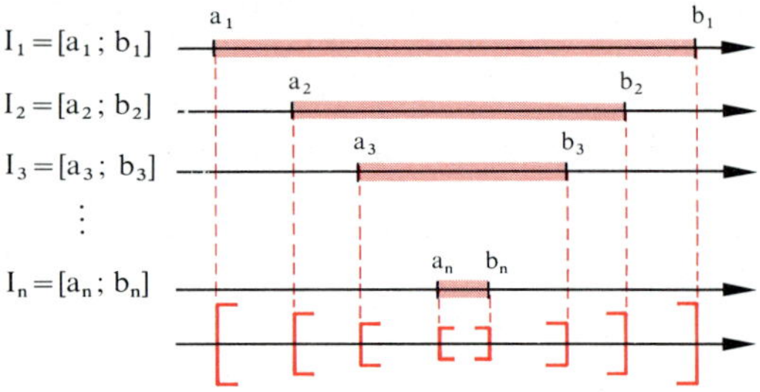

Definition 10
Eine Folge $\langle I_n \rangle$ von abgeschlossenen Intervallen heißt **Intervallschachtelung**, falls gilt:
(1) Jedes Intervall ist Obermenge des nachfolgenden Intervalls:

$$I_1 \supseteq I_2 \supseteq I_3 \supseteq I_4 \supseteq \ldots \supseteq I_{n-1} \supseteq I_n \supseteq I_{n+1} \supseteq \ldots$$

(2) Die Folge $\langle |I_n| \rangle$ der Intervall-Längen konvergiert gegen 0, d.h. $\lim\limits_{n \to \infty} |I_n| = 0$

Für die Zahlen $\frac{1}{3}$ und $\sqrt{2}$ sind auf den Seiten 93 unten bzw. 94 oben solche Intervallschachtelungen angeben worden. $\frac{1}{3}$ und $\sqrt{2}$ waren die einzigen Zahlen, die in allen Intervallen der jeweiligen Intervallschachtelungen lagen. Eine solche Zahl – sie wird *Zentrum* oder auch *Schnittzahl* genannt – gibt es zu jeder Intervallschachtelung. Dies ist eine für reelle Zahlen grundlegende Aussage. Man bedenke, daß das Zentrum einer Intervallschachtelung auch eine irrationale Zahl sein kann.

Axiom von der Intervallschachtelung
Zu jeder Intervallschachtelung gibt es genau eine reelle Zahl, die in allen Intervallen liegt. Sie heißt **Zentrum** oder **Schnittzahl** der Intervallschachtelung.

Aufgabe

Betrachte monoton wachsende und monoton fallende Folgen (u.a. Beispiel A$(2; 2\frac{1}{2}; 2\frac{2}{3}; 2\frac{3}{4}; 2\frac{4}{5}; \ldots)$, Beispiel C$(-\frac{1}{2}; -1; -1\frac{1}{2}; -2; \ldots)$ (vgl. Seite 92) sowie die Übungsaufgabe 4 Seite 93. Welche sind beschränkt? Welche sind konvergent? Versuche einen Satz zu formulieren und zu beweisen.

Lösung

Alle Beispiele von monoton wachsenden bzw. monoton fallenden Folgen sprechen dafür, daß der folgende Satz gilt:

Satz 5: *Monotoniekriterium*

Jede monoton $\begin{Bmatrix} \text{wachsende} \\ \text{fallende} \end{Bmatrix}$ und nach $\begin{Bmatrix} \text{oben} \\ \text{unten} \end{Bmatrix}$ beschränkte Folge ist konvergent.

Beweis (für monoton wachsende Folgen):

M sei eine obere Schranke der monoton wachsenden Folge $\langle a_n \rangle$ mit dem Anfangsglied a_1. Dann ist a_1 eine untere Schranke. Wir halbieren das Intervall $[a_1; M]$ durch den Punkt M_1. In genau einem der beiden Teilintervalle sind dann unendlich viele Glieder der Folge, denn es gibt nur zwei Möglichkeiten:

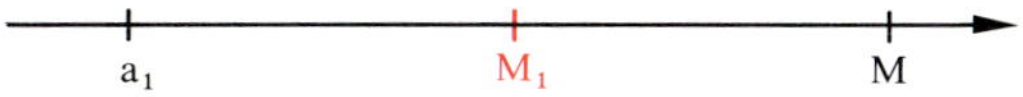

(1) Im rechten Intervall liegt ein Folgenglied a_k, dann liegen dort wegen der Monotonie auch alle weiteren Glieder. Im linken Teilintervall können nur noch endlich viele Glieder liegen.

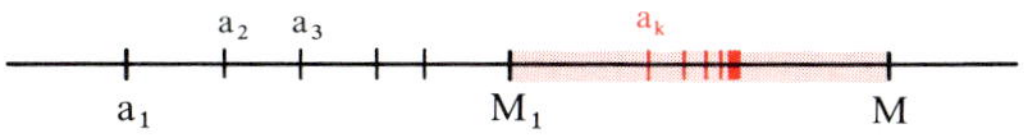

(2) Im rechten Intervall liegt überhaupt kein Folgenglied, dann müssen alle (unendlich viele) Folgenglieder im linken Teilintervall liegen.

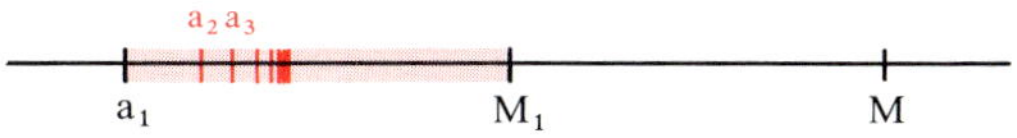

Also liegen in genau einem Teilintervall nur endlich viele Folgenglieder, im anderen unendlich viele. Dieses Teilintervall wird ausgewählt und erneut halbiert.

In genau einem der neuen Teilintervalle liegen dann wieder nur endlich viele Folgenglieder, im anderen unendlich viele. Dieses wird ausgewählt und halbiert usw.

Die ausgewählten Intervalle bilden dann eine Intervallschachtelung, denn durch den Halbierungsprozeß ist jedes Intervall Obermenge des nachfolgenden. Für die Intervall-Länge des n-ten Intervalls gilt: $\frac{M-a_1}{2^n}$. Diese Folge konvergiert gegen 0.

Es gibt also ein Zentrum g, welches in allen Intervallen liegt. Dieses ist Grenzwert der Folge, denn legt man eine beliebige Umgebung um g, so liegt schließlich eines der gewählten Teilintervalle in der Umgebung. Dieses enthält fast alle Folgenglieder, während außerhalb nur endlich viele liegen.

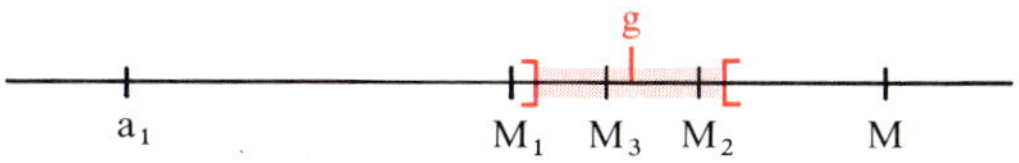

Also liegen auch in der Umgebung unendlich viele Glieder der Folge mit höchstens endlich vielen Ausnahmen.

Zum Weiterarbeiten

1.
Gib eine Intervallschachtelung mit der angegebenen Zahl als Zentrum an.

a) $\frac{1}{6}$ **b)** $\frac{2}{9}$ **c)** $-\frac{4}{7}$ **d)** $\sqrt{3}$

2.
Welche der Intervallfolgen bilden eine Intervallschachtelung? Gib das Zentrum an. (n durchläuft jeweils die Menge der natürlichen Zahlen.)

a) $\left[-\frac{1}{n}; +\frac{1}{n}\right]$ **c)** $\left[-1; \frac{1}{n}\right]$ **e)** $[n; n+1]$ **g)** $\left[3; 3+\frac{1}{n}\right]$

b) $\left[1; 1+\frac{1}{n}\right]$ **d)** $\left[\frac{1}{n+1}; \frac{1}{n}\right]$ **f)** $\left[-\frac{1}{n}; -\frac{1}{n^2}\right]$ **h)** $[0; 2^{-n}]$

3.
Wieso kann man mit Hilfe von Satz **5** die Konvergenz einer Folge nachweisen, ohne daß der Grenzwert bekannt ist? Führe diesen Nachweis für die Folge $\langle a_n \rangle$ mit:

$a_1 = 1$, $a_2 = 1{,}1$ $a_3 = 1{,}101$, $a_4 = 1{,}101001$, $a_5 = 1{,}1010010001$, … (vgl. S. 89)

4.
Zeige an Beispielen:
Es gibt konvergente Folgen, die nicht monoton wachsend oder monoton fallend sind.

Übungen

○ **5.**
Gib eine Intervallschachtelung mit der angegebenen Zahl als Zentrum an.

a) $\sqrt{5}$ **b)** π **c)** 4 **d)** -3 **e)** $2\cdot\sqrt{7}$

○ **6.**
Gegeben ist die folgende Intervallschachtelung. Wie heißt das Zentrum?

a) [0,2; 0,3], [0,22; 0,23], [0,222; 0,223], [0,2222; 0,2223], …

b) [0,13; 0,14], [0,1313; 0,1314], [0,131313; 0,131314], [0,13131313; 0,13131314], …

c) [2,45; 2,46], [2,4545; 2,4546], [2,454545; 2,454546], [2,45454545; 2,45454546], …

○ **7.**

a) Zeige mit Hilfe von Satz **5**, daß die Folge $\langle a_n \rangle$ mit $a_{n+1}=\frac{1}{2}\cdot\left(a_n+\frac{2}{a_n}\right)$ und $a_1=2$ konvergent ist.

b) Untersuche ebenso $\langle a_n \rangle$ mit $a_{n+1}=\frac{1}{2}\left(a_n+\frac{c}{a_n}\right)$, $c>0$ und $a_1=c$.

○ **8.**

a) Zeige, daß die beiden Folgen der Intervallenden einer Intervallschachtelung konvergent sind.

b) Zeige, daß das Zentrum der Grenzwert beider Folgen ist.

▲ **9.**
Beweise den Satz: Jede nach unten beschränkte monoton fallende Folge ist konvergent.

2.4.4. Vermischte Übungen

○ **1.**

a) Gegeben ist die Dezimaldarstellung einer reellen Zahl. Gib die dezimale Näherungsfolge an und zeige, daß diese Folge monoton wachsend und nach oben beschränkt ist.
(1) 5,5555… (2) 0,99999… (3) 1,101001000100001… (4) 0,12345678910111213…

b) Warum stellt jede Dezimaldarstellung $a_0, a_1 a_2 a_3 a_4 \ldots$ mit $a_i \in \{0; 1; 2; \ldots, 9\}$ eine reelle Zahl dar? Betrachte dazu die dezimale Näherungsfolge und zeige, daß sie konvergent ist.

○ **2.**
Gegeben ist die Folge $\langle a_n \rangle$ mit $a_n=\frac{2n+2}{4n+2}$ $\left[a_n=\frac{2n+1}{4n+7}\right]$.

a) Berechne die ersten 10 Glieder der Folge. Welche Vermutung über die Monotonie ergibt sich? Beweise diese.

b) Gib eine untere und eine obere Schranke an. Warum ist die Folge konvergent?

c) Bestimme den Grenzwert.

○ **3.**
Zeige: Die Folge $\langle a_n \rangle$ mit $a_n=\sqrt[n]{7}$ $[a_n=\sqrt[n]{n}]$ ist monoton fallend und nach unten beschränkt.

○ **4.**
Ein Gegenstand werde aus dem Kühlschrank (5 °C) in eine wärmere Umgebung (20°) gebracht. Unter geeigneten Bedingungen gilt: In jeder Minute ist der Zuwachs z_n 10% der Differenz zwischen 20 °C und der Temperatur, die der Körper gerade hat. a_n sei die Temperatur des Körpers zu Beginn der n-ten Minute. Es gilt dann $a_1=5$; $a_{n+1}=a_n+z_n$.

a) Gib den Zuwachs z_n an.

b) Zeige mit Hilfe des Monotoniekriteriums, daß die Folge $\langle a_n \rangle$ konvergent ist.

▲ **c)** Zeige mit Hilfe der Grenzwertsätze, daß 20 Grenzwert der Folge ist (vgl. Seite 83, Aufgabe 3).

○ ***5.***

Ein Wachstumsprozeß werde durch die Folge $\langle a_n \rangle$ beschrieben. Er heißt *beschränkt*, falls gilt:

$$a_{n+1} = a_n + c \cdot (G - a_n) \quad \text{mit} \quad 0 < c < 1 \quad \text{und} \quad a_1 < G.$$

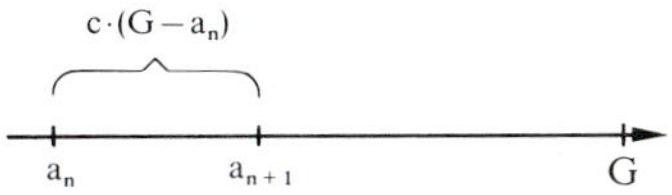

a) Zeige, daß G eine obere Schranke ist. Beachte dazu: Zu jedem a_n kommt ein Zuwachs hinzu, der kleiner als die Differenz zwischen G und a_n ist.

b) Zeige, daß $\langle a_n \rangle$ monoton wachsend ist.

c) Zeige mit Hilfe des Monotoniekriteriums, daß die Folge $\langle a_n \rangle$ konvergent ist und berechne mit Hilfe der Grenzwertsätze den Grenzwert (vgl. Seite 83).

d) Zeige, daß das beschränkte Wachstum durch eine geometrische Reihe beschrieben wird, falls $a_1 = c \cdot G$ ist.

△ ***6.***

Ergänze das nebenstehende Computerprogramm in Zeile 60 für einen begrenzten Wachstumsprozeß. Was leistet es?

```
10 INPUT "ANFANGSWERT:"; A
20 INPUT "KONSTANTE C="; C
30 INPUT "GRENZE:"; G
40 FOR T=1 TO 20
50 PRINT A
60 Z=
70 A=A+Z
80 NEXT T
```

Logistisches Wachstum

○ ***7.***

Viele Wachstumsvorgänge verlaufen so, wie die Kurve rechts angibt. Zunächst wird das Wachstum immer schneller, dann verlangsamt es sich immer mehr und nähert sich dann einer Grenze G.

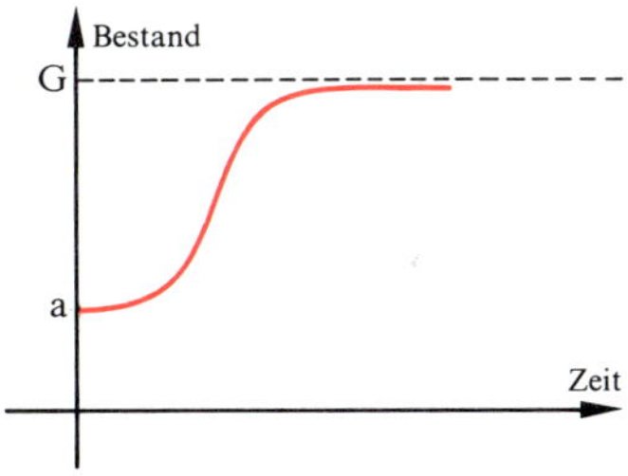

Beispiele hierfür sind das Wachstum vieler Pflanzen, z. B. vieler Bäume, das Wachstum einer Bakterienkultur in einer begrenzten Nährlösung, das Wachstum einer Tierpopulation in einem begrenzten Lebensraum, das Wachstum der Verkaufszahlen vieler Gebrauchsgüter (wie Autotypen, bestimmter Rundfunkgeräte), die Ausbreitung einer Epidemie.

Beim logistischen Wachstum hängt der Zuwachs z_n pro Zeittakt von der wachsenden Größe a_n und von der Differenz zwischen Sättigungsgrenze G und a_n ab.

Es gilt $z_n = c \cdot a_n \cdot (G - a_n)$ mit $c < \frac{1}{G}$.

Das logistische Wachstum ist also folgendermaßen rekursiv definiert:

(1) $a_1 = a$ mit $0 < a < G$ (2) $a_{n+1} = a_n + c \cdot a_n \cdot (G - a_n)$ mit $0 < c < \frac{1}{G}$

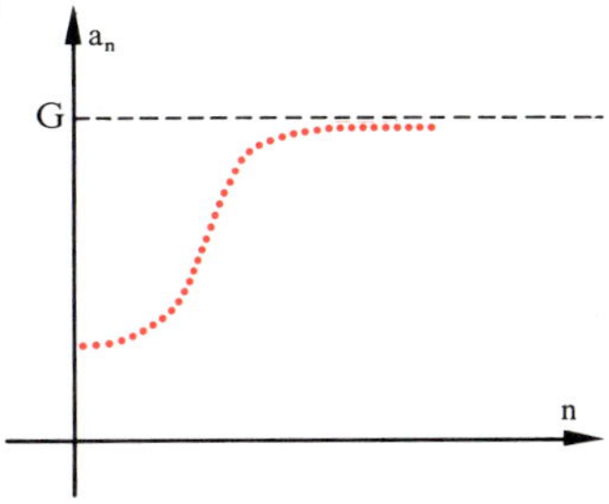

Zeige

a) Die Folge $\langle a_n \rangle$ ist monoton wachsend.

b) Die Folge $\langle a_n \rangle$ hat G als obere Schranke. Beachte dazu, daß $c < \frac{1}{G}$ vorausgesetzt ist und daher gilt:
Wenn $a_n < G$, dann ist $c \cdot a_n < 1$.

c) Die Folge $\langle a_n \rangle$ ist konvergent und hat G als Grenzwert.

d) Zeige, daß aus (1) und (2) der obigen Definition des logistischen Wachstums die charakteristische Form des Graphen folgt.
Anleitung: Betrachte den Zuwachs $z_n = c \cdot a_n \cdot (G - a_n)$ und gehe über zur Funktion f mit $f(x) = c \cdot x \cdot (G - x)$.
Wo liegen bei dieser Funktion die Nullstellen und das Maximum, d.h. wo sind die Zuwächse z_n besonders klein bzw. groß?

△ ***8.***

Stelle ein Computerprogramm auf, welches die ersten 20 Glieder einer zum logistischen Wachstum gehörenden Folge ausgibt (vgl. das Programm zu Aufgabe 6).

Exkurs: Unendlich in der Mathematik

In der Philosophie wird das Attribut *unendlich* dem Grenzenlosen, unvorstellbar Großen zugeschrieben. In der Mathematik unterscheidet man unter anderem *unendlich viele*, *unendlich groß* bzw. *klein* und *unendlich fern.*

1. Unendlich viele

Beispiele für Mengen mit unendlich vielen Elementen sind die Zahlenmengen $\mathbb{N}_0 = \{0, 1, 2, 3, 4, \ldots\}$, $\mathbb{Z} = \{0, +1, -1, +2, -2, \ldots\}$, $\mathbb{Q}$, $\mathbb{R}$ sowie die Menge der Glieder einer Zahlenfolge. Ein Intervall enthält unendlich viele reelle Zahlen. Zu jeder Strecke und jeder Dreiecksfläche gehören unendlich viele Punkte.

Fehlvorstellungen bei Mengen mit unendlich vielen Elementen sind immer wieder anzutreffen. So wird gelegentlich fälschlich behauptet, es gäbe eine größte natürliche Zahl, obgleich man zu jeder natürlichen Zahl eine größere angeben kann. Man braucht ja nur 1 zu addieren.

Schwierig ist es auch, sich ein z. B. nach oben offenes Intervall vorzustellen, also eine beschränkte Menge von Punkten, die kein größtes Element hat.

Noch schwieriger ist es, sich vorzustellen, daß zwischen zwei rationalen Zahlen a und b unendlich viele weitere rationale Zahlen liegen, wie nahe a und b auch beieinander liegen mögen.

Die Grenzen der Vorstellungskraft sind erreicht, wenn man sich zu vergegenwärtigen versucht, daß es zwischen den rationalen Zahlen auf der Zahlengeraden immer noch Lücken gibt, die von den irrationalen Zahlen wie $\sqrt{2}$ oder π ausgefüllt werden. Dieses Phänomen des *Kontinuums* kann daher nur mit Hilfe formal exakt definierter Begriffe und einwandfreiem logischen Schließen durchdrungen und ans Licht gezogen werden.

Eine exakte Definition von unendlich viele lautet:

Eine Menge M hat unendlich viele Elemente, wenn es eine paarweise Zuordnung ihrer Elemente zu denen einer echten Teilmenge von M gibt.

Die nebenstehende Abbildung zeigt, wie man die Elemente der Menge $\mathbb{N}_0$ der natürlichen Zahlen der echten Teilmenge der geraden Zahlen paarweise zuordnen kann.

$$\begin{array}{ccccccccccc} \{ & 0; & 1; & 2; & 3; & 4; & 5; & 6; & 7; & 8 \cdots\cdots & \} \\ & \downarrow & \downarrow & \downarrow & \downarrow & \downarrow & \downarrow & \downarrow & \downarrow & \downarrow & \\ \{ & 0; & 2; & 4; & 6; & 8; & 10; & 12; & 14; & 16 \cdots\cdots & \} \end{array}$$

$\mathbb{N}_0$ ist also im Sinne dieser Definition eine Menge mit unendlich vielen Elementen. Ähnlich kann man zeigen, daß auch $\mathbb{Z}$, $\mathbb{Q}$ und $\mathbb{R}$ sowie jedes Intervall unendlich viele Elemente im Sinne dieser Definition haben.

2. Unendlich groß und unendlich klein

Erst im 20. Jahrhundert ist es gelungen, unendlich große und unendlich kleine Zahlen mathematisch einwandfrei einzuführen. „Unendlich groß" bedeutet dabei: Größer als jede natürliche Zahl; „unendlich klein" bedeutet: Größer als 0, aber kleiner als jeder Stammbruch $\frac{1}{n}$.

Das kann hier nur mitgeteilt werden. Leibniz hatte diese Zahlen schon, allerdings ohne exakte Grundlegung, verwendet. Die Zahlenmengen $\mathbb{N}_0$, $\mathbb{Z}$, $\mathbb{Q}$ und $\mathbb{R}$ enthalten keine solchen Zahlen.

3. Unendlich fern

Es ist auch gelungen, mathematisch einwandfrei eine *unendlich ferne Gerade* einzuführen. Zwei parallele Geraden schneiden sich dann in einem Punkt dieser Geraden. Die zugehörige Geometrie heißt *projektive Geometrie.* Analog gibt es unendlich ferne Punkte und Ebenen.

3. Grenzwerte bei Funktionen

Schlagzeilen – wie nebenstehend – konnte man zu Beginn des Jahres 1987 in den Zeitungen lesen.
Stimmt das, was dort ausgesagt ist?
Wenn ein lediger Bundesbürger ein Jahreseinkommen x von mehr als 130032 DM hat, dann berechnen sich seine Steuern st(x) nach der Formel $st(x) = 0{,}56 \cdot x - 18\,502$.

Spitzensteuersatz nur ein Grenzwert
Der Spitzensteuersatz soll ab 1990 von 56% auf 53% gesenkt werden. Der Spitzensteuersatz wird jedoch von keinem Bürger erreicht. Mit steigendem Einkommen nähert sich der Steuersatz immer mehr dem Spitzensteuersatz und kommt ihm beliebig nahe.

Dann gibt $\frac{st(x)}{x}$ den Anteil an, den die Steuern st(x) an dem Einkommen x ausmachen. Dieser Anteil heißt *Steuersatz*. Er wird meist in Prozent angegeben. Für Einkommen x über 130032 DM gilt für den Steuersatz:

$$\text{Steuersatz} = \frac{st(x)}{x} = \frac{0{,}56x - 18\,502}{x} = 0{,}56 - \frac{18\,502}{x}$$

Man erkennt: Der Steuersatz ist immer etwas $\left(\text{nämlich um } \frac{18\,502}{x}\right)$ geringer als 0,56. Ein Steuersatz von 0,56 (also 56%) wird demnach nie erreicht.

Stellt man sich vor, daß x immer größer wird, so nähert sich $\frac{18\,502}{x}$ immer mehr 0, der Steuersatz $\frac{st(x)}{x}$ strebt also gegen 0,56 (also 56%).
Man sagt auch: 0,56 ist der *Grenzwert* der Steuersatzfunktion für $x \to +\infty$. Die Parallele zur 1. Achse im Abstand 0,56 heißt *Asymptote* der Steuersatzfunktion. Das Bild rechts zeigt, wie sich die Steuersatzfunktion für $x \to +\infty$ verhält.

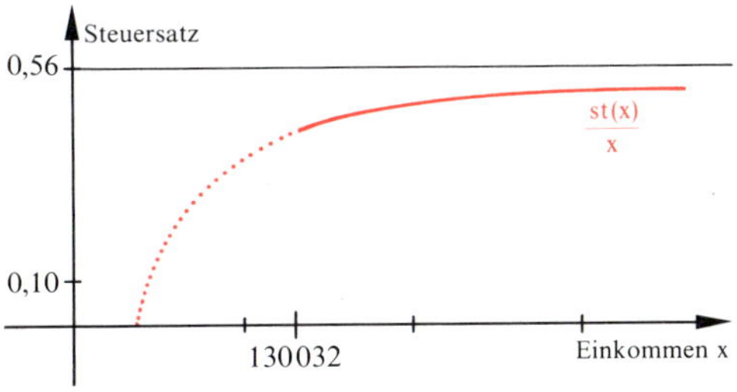

Nun ist der Begriff des Grenzwertes $\lim\limits_{n \to \infty} a_n$ bisher nur für Folgen $\langle a_n \rangle$, also für Funktionen mit der Menge $\mathbb{N}$ der natürlichen Zahlen als Definitionsbereich, eingeführt worden (vgl. dazu Seite 77). Wie das Beispiel der Steuersatzfunktion jedoch oben zeigt, liegt es nahe, den Grenzwert auch auf Funktionen, die auf $\mathbb{R}^+$, also der positiven reellen Achse bzw. auf $\mathbb{R}^-$, der negativen reellen Achse definiert sind, auszuweiten. Für diesen Grenzwert würde man sinngemäß schreiben: $\lim\limits_{x \to +\infty} f(x)$ bzw. $\lim\limits_{x \to -\infty} f(x)$.

Darüber hinaus kann man noch den Grenzwert einer Funktion an der Stelle a definieren. Hierfür schreibt man dann $\lim\limits_{x \to a} f(x)$.

Die Begriffe *Grenzwert einer Funktion* sowie *Asymptote* spielen nicht nur wie oben bei dem Steuerbeispiel in Anwendungen der Mathematik auf die Umwelt eine Rolle. Sie sind auch wichtige Hilfsmittel zum Lösen innermathematischer Probleme und zur Präzisierung mathematischer Begriffe, wie den der Ableitung einer Funktion (siehe dazu Kapitel **4**, Seite 136).

Ziel des Kapitels: Das Verhalten von Funktionen für $x \to +\infty$ bzw. $x \to -\infty$ soll untersucht, die **Grenzwerte** $\lim\limits_{x \to +\infty} f(x)$, $\lim\limits_{x \to -\infty} f(x)$ und $\lim\limits_{x \to a} f(x)$ sollen definiert und der Begriff der **Asymptote** soll präzisiert werden.

3.1. Verhalten von Funktionen für $x \to +\infty$ bzw. $x \to -\infty$

3.1.1. Anschauliche Fassung des Grenzwertes $\lim\limits_{x \to +\infty} f(x)$ – Asymptoten

Aufgabe

Gegeben ist die Funktion f. Fertige zuerst eine Skizze des Graphen von f an. Versuche dann herauszufinden, wie sich die Funktion f für $x \to +\infty$ bzw. für $x \to -\infty$ verhält, insbesondere, ob es Zahlen gibt, die sinnvollerweise als Grenzwert für $x \to +\infty$ bzw. $x \to -\infty$ bezeichnet werden können.

a) $f(x) = \frac{4}{x+1}$ **b)** $f(x) = \frac{x^2-1}{x^2+5}$ **c)** $f(x) = \frac{x^2+1}{x-1}$

Lösung

a) $f(x) = \frac{4}{x+1}$

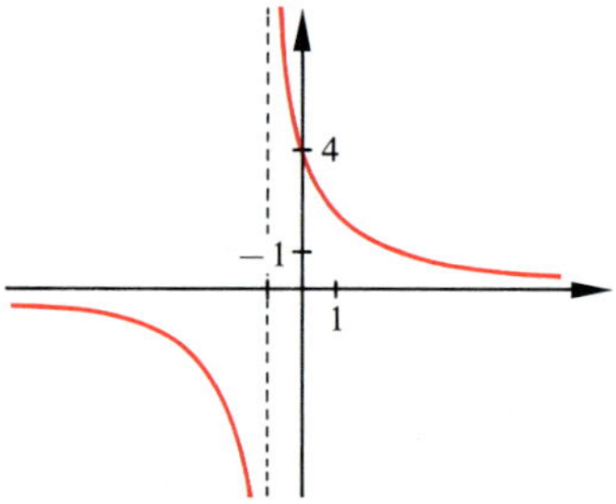

Wenn x immer größer wird $(x \to +\infty)$, dann nähert sich f(x) immer mehr der Zahl 0, d.h. der Graph nähert sich immer mehr der 1. Achse, kurz:
Wenn $x \to +\infty$, dann $f(x) \to 0$.
Ferner gilt: Wenn $x \to -\infty$, dann $f(x) \to 0$.
Die Zahl 0 ist also Grenzwert für $x \to +\infty$ bzw. für $x \to -\infty$.
Es gilt: $\lim\limits_{x \to +\infty} f(x) = 0$ bzw. $\lim\limits_{x \to -\infty} f(x) = 0$

b) $f(x) = \frac{x^2-1}{x^2+5}$

Einen besseren Überblick über den Funktionsterm erhalten wir, wenn wir den Zähler durch den Nenner dividieren. Es gilt: $f(x) = 1 - \frac{6}{x^2+5}$

$$
\begin{array}{l}
(x^2-1):(x^2+5) = 1 - \frac{6}{x^2+5} \\
\underline{-(x^2+5)} \\
\quad -6
\end{array}
$$

Am Term erkennt man: Von der Zahl 1 wird stets eine positive Zahl $\left(\frac{6}{x^2+5}\right)$ subtrahiert.
Daher verläuft der Graph stets unterhalb der Geraden mit der Gleichung $y = 1$.

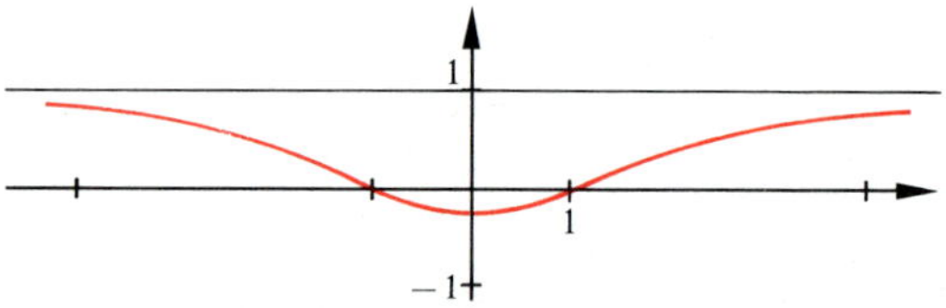

Ferner gilt: $f(0) = \frac{0-1}{0+5} = -0{,}2$

Wenn $x \to +\infty$ oder wenn $x \to -\infty$, dann $\frac{6}{x^2+5} \to 0$. Also folgt: Die Funktion f hat 1 als Grenzwert für $x \to +\infty$ und für $x \to -\infty$. Es gilt: $\lim\limits_{x \to +\infty} f(x) = 1$; $\lim\limits_{x \to -\infty} f(x) = 1$

c) $f(x) = \frac{x^2+1}{x-1}$

Um festzustellen, ob die Grenzwerte $\lim\limits_{x \to +\infty} f(x)$ und $\lim\limits_{x \to -\infty} f(x)$ existieren, dividieren wir den Zähler durch den Nenner:

$$
\begin{array}{l}
(x^2+1):(x-1) = x + 1 + \frac{2}{x-1} \\
\underline{-(x^2-x)} \\
\qquad x+1 \\
\quad \underline{-(x-1)} \\
\qquad\quad 2
\end{array}
$$

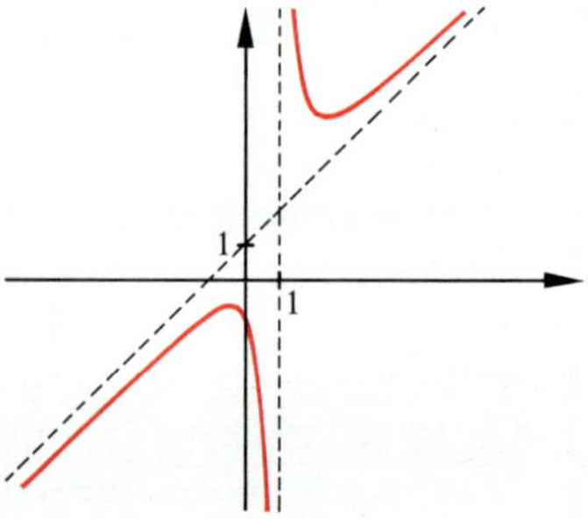

Man erkennt: Wenn $x \to +\infty$, dann $x + 1 \to +\infty$.
Zwar nähert sich $\frac{2}{x-1}$ immer mehr 0, doch insgesamt gilt: Wenn $x \to +\infty$, dann $f(x) \to +\infty$.
Entsprechend gilt: Wenn $x \to -\infty$, dann $f(x) \to -\infty$.

Information

In dem letzten Beispiel $f(x)=\frac{x^2+1}{x-1}=x+1+\frac{2}{x-1}$ liegt zwar kein Grenzwert vor, doch näherte sich f(x) für $x \to +\infty$ und für $x \to -\infty$ immer mehr $x+1$. Die Funktion $x \mapsto x+1$ ist *Näherungsfunktion*. Der Graph der rationalen Funktion f mit $f(x)=\frac{x^2+1}{x-1}$ nähert sich also immer mehr der Geraden mit der Gleichung $y=x+1$. Diese Gerade heißt **Asymptote** der Funktion f.

Auch die Geraden mit der Gleichung $y=1$ bzw. $y=0$ in den Teilaufgaben b) bzw. a) sind jeweils Asymptoten der Funktion f. Ist die Asymptote parallel zur 1. Achse, so hat die Funktion einen Grenzwert $\lim_{x\to+\infty} f(x)$ bzw. $\lim_{x\to-\infty} f(x)$.

Zum Weiterarbeiten

1.
Setze in die Funktionsterme der Aufgabe oben sehr große positive [sehr kleine negative] Zahlen ein und bestätige die Grenzwertbestimmung empirisch durch Ausrechnen der Funktionswerte.

2.
a) Bestimme den Grenzwert der Funktion f mit $f(x)=\frac{x^2-1}{x^2+5}$ nach folgendem Verfahren: Kürze den Term mit x^2. Denke dir jetzt $x \to +\infty$ (bzw. $x \to -\infty$). Was passiert mit $\frac{1}{x^2}$ bzw. $\frac{5}{x^2}$?
Bestimme $\lim_{x\to+\infty} f(x)$ bzw. $\lim_{x\to-\infty} f(x)$.

$$f(x)=\frac{x^2-1}{x^2+5}=\frac{1-\frac{1}{x^2}}{1+\frac{5}{x^2}}$$

b) Bestimme ebenso: (1) $\lim_{x\to+\infty}\frac{x^2-3}{x^2+4}$; (2) $\lim_{x\to+\infty}\frac{2x-4}{4x}$; (3) $\lim_{x\to-\infty}\frac{3x-5}{2x^2-1}$

Nähert sich der Graph einer Funktion f für $x \to +\infty$ bzw. $x \to -\infty$ immer mehr einer Geraden, so heißt diese Gerade **Asymptote** des Graphen der Funktion f.
Nähern sich die Werte der Funktion f für $x \to +\infty$ bzw. $x \to -\infty$ immer mehr einer Zahl, so heißt diese Zahl **Grenzwert der Funktion f für $x \to +\infty$ bzw. $x \to -\infty$.**
Diese Zahl wird mit $\lim_{x\to+\infty} f(x)$ bzw. $\lim_{x\to-\infty} f(x)$ bezeichnet.

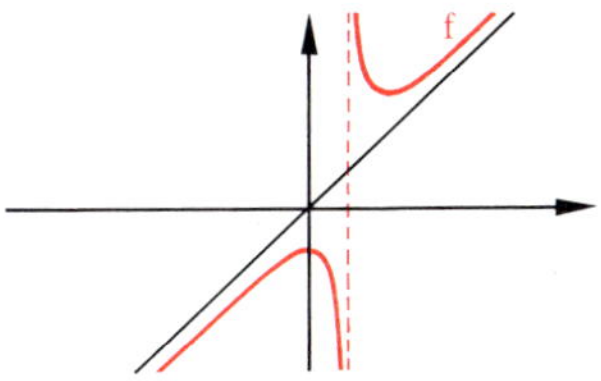

Hat eine Funktion f den Grenzwert g, so ist die Gerade mit der Gleichung $y=g$ Asymptote der Funktion f. Ist umgekehrt eine Gerade mit der Gleichung $y=g$ Asymptote, so hat f den Grenzwert g.

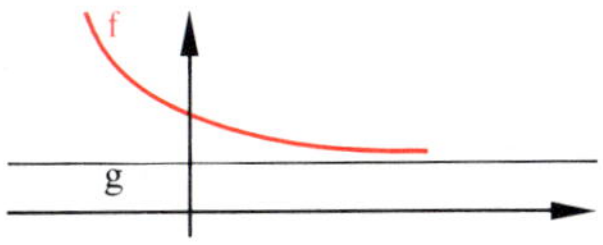

Unmittelbar anschaulich einsichtig sind folgende Grenzwerte:

$\lim_{x\to+\infty}\frac{c}{x}=0$ $\lim_{x\to-\infty}\frac{c}{x}=0$ $\lim_{x\to+\infty}\frac{c}{x^2}=0$ $\lim_{x\to+\infty}\frac{c}{x+k}=0$ $\lim_{x\to+\infty} c=c$ für $c\in\mathbb{R}$, $k\in\mathbb{R}$

Übungen

3.
Bestimme die Asymptote. Skizziere dazu den Graphen der Funktion f.

a) $f(x)=\frac{3x+5}{x}$ **c)** $f(x)=\frac{5x+3}{x-1}$ **e)** $f(x)=\frac{7x^2+5x-1}{x^2}$ **g)** $f(x)=\frac{27x^2+5x+1}{3x+4}$

b) $f(x)=\frac{7-5x}{x}$ **d)** $f(x)=\frac{3x^2-1}{x^2}$ **f)** $f(x)=\frac{5x^2-1}{2x-4}$ **h)** $f(x)=\frac{12x^3-4x^2+2x}{4x^2+3}$

4.

Untersuche das Verhalten der Funktion g für $x \to +\infty$ und für $x \to -\infty$.

a) $g(x)=\frac{5}{x}$ e) $g(x)=\frac{2x+5}{4}$ i) $g(x)=2x+\frac{3}{x}$ m) $g(x)=\frac{4x}{x-1}$ q) $g(x)=\frac{8x^2-3}{x+1}$

b) $g(x)=\frac{5}{x^2}$ f) $g(x)=\frac{4-x}{2}$ j) $g(x)=\frac{4}{\sqrt{x}}$ n) $g(x)=\frac{7x-1}{14x+5}$ r) $g(x)=\frac{2x^2+1}{x^3}$

c) $g(x)=\frac{3}{x+5}$ g) $g(x)=\frac{x-3}{4}$ k) $g(x)=\frac{5}{\sqrt{x+4}}$ o) $g(x)=\frac{2x^2-1}{x^2+1}$ s) $g(x)=\frac{4}{x^2+1}$

d) $g(x)=\frac{4}{5x-4}$ h) $g(x)=4x-5$ l) $g(x)=\frac{\sqrt{x}}{x+1}$ p) $g(x)=\frac{5x^2-1}{x-1}$ t) $g(x)=\frac{|x|\cdot x+1}{|x|}$

△ **5.**

Zeige: a) $\lim\limits_{x\to+\infty}\frac{\sin x}{x}=0$ b) $\lim\limits_{x\to+\infty}\frac{\cos x}{x^2}=0$ c) $\lim\limits_{x\to+\infty}\frac{1-\cos x}{x^2}=0$

Beachte: Die Werte von sin x liegen im Intervall $[-1;\ +1]$.

△ **6.**

Untersuche mit dem Taschenrechner empirisch, ob $\lim\limits_{x\to+\infty} f(x)$ existiert.

a) $f(x)=\frac{x^2}{2^x}$ b) $f(x)=x^{\frac{1}{x}}$ c) $f(x)=\frac{x^{10}}{1{,}01^x}$ d) $f(x)=\frac{\log x}{x}$ e) $f(x)=\frac{\sin x}{\log x}$

3.1.2. Präzisierung des Begriffs Grenzwert $\lim\limits_{x\to+\infty} f(x)$ bzw. $\lim\limits_{x\to-\infty} f(x)$

(1) *Divergenz gegen $+\infty$ bzw. $-\infty$*

Der Begriff des Grenzwertes einer Funktion für $x \to +\infty$ bzw. $x \to -\infty$ wurde bisher nur anschaulich gefaßt. Zur Präzisierung denken wir uns eine Folge $\langle x_n \rangle$ von Funktionsstellen auf der 1. Achse gegeben, die über alle Schranken wächst (wir sagen, die gegen $+\infty$ divergiert) bzw. die alle Schranken unterschreitet (die gegen $-\infty$ divergiert).

Definition 1

Die Folge $\langle a_n \rangle$ **divergiert** $\left\{\begin{matrix}\textbf{gegen } +\infty\\ \textbf{gegen } -\infty\end{matrix}\right\}$, falls es zu jeder noch so $\left\{\begin{matrix}\text{großen}\\ \text{kleinen}\end{matrix}\right\}$ Zahl E eine Platznummer n_0 gibt, von der ab alle Folgenglieder $\left\{\begin{matrix}\text{größer}\\ \text{kleiner}\end{matrix}\right\}$ als E sind.

Beispiele:

Die Folge $\langle a_n \rangle$ mit $a_n=n^2$ divergiert gegen $+\infty$; $\langle a_n \rangle$ mit $a_n=-2^n$ divergiert gegen $-\infty$.

Die Folge $\langle a_n \rangle$ mit $a_n=(-1)^n$ ist zwar divergent, aber divergiert *nicht gegen* $+\infty$ oder gegen $-\infty$.

(2) *Grundfolge und Folge der Funktionswerte*

Ist f eine Funktion und $\langle x_n \rangle$ eine Folge, so gehört dazu eine Folge $\langle f(x_n) \rangle$ von Funktionswerten (alle x_n müssen dazu im Definitionsbereich von f liegen). Man kann sich diese Folge der Funktionswerte als Ordinatenstrecken im Koordinatensystem vorstellen.

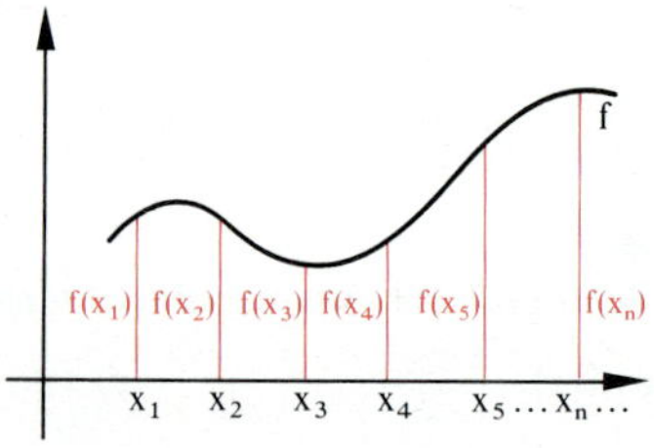

In solchen Zusammenhängen nennen wir $\langle x_n \rangle$ eine **Grundfolge** und $\langle f(x_n) \rangle$ **die zu dieser Grundfolge gehörende Folge der Funktionswerte**.

Beispiel: $f(x)=\frac{4}{x+1}$; Grundfolge $\langle x_n \rangle$: $x_n=n^2$;

zugehörige Folge der Funktionswerte $\langle f(x_n) \rangle$: $f(x_n)=\frac{4}{n^2+1}$. Es gilt $\lim\limits_{n\to\infty} f(x_n)=0$.

(3) *Präzisieren der Definition von* $\lim\limits_{x \to +\infty} f(x)$ *bzw.* $\lim\limits_{x \to -\infty} f(x)$

Bei der Funktion f mit $f(x) = \frac{4}{x+1}$ wird *jede* gegen $+\infty$ divergente Grundfolge $\langle x_n \rangle$ zu einer Folge von Funktionswerten $\langle f(x_n) \rangle$ führen, die konvergent ist und den Grenzwert 0 hat. Dies „paßt" zu dem anschaulich klaren Grenzwert $\lim\limits_{x \to \infty} \frac{4}{x+1} = 0$.

Definition 2

Unter dem Grenzwert der Funktion f für $\begin{Bmatrix} x \to +\infty \\ x \to -\infty \end{Bmatrix}$ versteht man eine Zahl, die man folgendermaßen erhält:

(1) Man geht aus von einer beliebigen Grundfolge $\langle x_n \rangle$, die gegen $\begin{Bmatrix} +\infty \\ -\infty \end{Bmatrix}$ divergiert.

(2) Man bildet die zu dieser Folge gehörende *Folge der Funktionswerte* $\langle f(x_n) \rangle$.

(3) Man prüft, ob jede dieser Folgen von Funktionswerten gegen denselben Grenzwert g konvergiert. Ist dies der Fall, ist der Grenzwert g also unabhängig von der Auswahl der Grundfolge $\langle x_n \rangle$, so heißt g der **Grenzwert der Funktion f für** $\begin{Bmatrix} x \to +\infty \\ x \to -\infty \end{Bmatrix}$.

Man schreibt: $g = \lim\limits_{x \to +\infty} f(x)$ bzw. $g = \lim\limits_{x \to -\infty} f(x)$. Man sagt: $\lim\limits_{x \to +\infty} f(x)$ bzw. $\lim\limits_{x \to -\infty} f(x)$ existiert.

Ist die Bedingung (3) nicht erfüllt, so hat die Funktion f für $\begin{Bmatrix} x \to +\infty \\ x \to -\infty \end{Bmatrix}$ keinen Grenzwert.

Beispiele: $\lim\limits_{x \to +\infty} \left(3 + \frac{1}{x}\right) = 3$; $\lim\limits_{x \to -\infty} \left(3 + \frac{1}{x}\right) = 3$; $\lim\limits_{x \to +\infty} \frac{1}{x^n} = 0$; $\lim\limits_{x \to +\infty} \frac{x+1}{|x|} = 1$; $\lim\limits_{x \to -\infty} \frac{x+1}{|x|} = -1$

Zum Weiterarbeiten

1.

a) Gegeben seien die Grundfolge $\langle x_n \rangle$ mit $x_n = n \cdot \pi - \frac{\pi}{2}$ und die Funktion f mit $f(x) = \sin x$. Bestimme die Folge $\langle f(x_n) \rangle$ der Funktionswerte. Warum ist sie nicht konvergent? Was folgt daraus für $\lim\limits_{x \to +\infty} \sin x$?

b) Untersuche ebenso: (1) $\lim\limits_{x \to +\infty} \cos x$ (2) $\lim\limits_{x \to +\infty} x \cdot \sin x$

Übungen

2.

Gib an, welche Folge $\langle a_n \rangle$ gegen $+\infty$ und welche gegen $-\infty$ divergiert.

a) $a_n = \frac{1}{n}$ **d)** $a_n = -n^2$ **g)** $a_n = (1 + (-1)^n) \cdot n$ **j)** $a_n = 2n + 1$

b) $a_n = n^3$ **e)** $a_n = 30 - n$ **h)** $a_n = n^2 - n + 1$ **k)** $a_n = 400 - n^3$

c) $a_n = -3$ **f)** $a_n = (\frac{1}{2})^n$ **i)** $a_n = 1 - 4n - n^3$ **l)** $a_n = n - 2^n$

3.

a) Für die gegen $+\infty$ divergierenden Folgen von Übungsaufgabe **2** sei die Zahl E vorgegeben. Gib eine Platznummer an, von der ab alle Glieder der Folge größer als E sind.
(1) $E = 10$ (2) $E = 1000$ (3) $E = 10000$

b) Für die gegen $-\infty$ divergierenden Folgen von Übungsaufgabe **2** sei die Zahl E vorgegeben. Gib eine Platznummer an, von der ab alle Glieder der Folge kleiner als E sind.
(1) $E = -10$ (2) $E = -1000$ (3) $E = -10000$

○ **4.**

a) Gib eine Folge an, die divergent ist, aber nicht gegen $+\infty$ $[-\infty]$ divergiert.

b) Gilt folgender Satz?

(1) Die Menge der gegen $+\infty$ $[-\infty]$ divergierenden Folgen ist eine echte Untermenge der Menge der divergenten Folgen.

(2) Es gibt keine Folge, die zugleich gegen $+\infty$ und gegen $-\infty$ divergiert.

(3) Ist eine Folge nach oben nicht beschränkt und ist sie monoton wachsend, so divergiert sie gegen $+\infty$.

(4) Jede gegen $+\infty$ divergierende Folge ist monoton wachsend.

▲ **5.**

a) Beweise oder widerlege:
Wenn die Folgen $\langle a_n \rangle$ und $\langle b_n \rangle$ gegen $+\infty$ divergieren, dann divergiert auch

(1) $\langle a_n + b_n \rangle$, (2) $\langle a_n \cdot b_n \rangle$, (3) $\langle a_n - b_n \rangle$, (4) $\left\langle \frac{a_n}{b_n} \right\rangle$ gegen $+\infty$.

b) Untersuche entsprechend, falls $\langle a_n \rangle$ und $\langle b_n \rangle$ gegen $-\infty$ divergieren.

○ **6.**

Bestimme mit Hilfe einer beliebigen Grundfolge $\langle x_n \rangle$.

a) $\lim\limits_{x \to +\infty} \left(5 - \frac{3}{x}\right)$ **c)** $\lim\limits_{x \to +\infty} \frac{x+5}{2+x^2}$ **e)** $\lim\limits_{x \to +\infty} \frac{1+\sin x}{x}$

b) $\lim\limits_{x \to -\infty} \left(5 - \frac{3}{x}\right)$ **d)** $\lim\limits_{x \to -\infty} \frac{3x^2+5}{2x^4-1}$ **f)** $\lim\limits_{x \to +\infty} \frac{1+\cos^2 x}{x}$

○ **7.**

Zeige mit Hilfe einer geeigneten Grundfolge, daß der folgende Grenzwert nicht existiert.

a) $\lim\limits_{x \to -\infty} x^2$ **b)** $\lim\limits_{x \to -\infty} (x-1)^4$ **c)** $\lim\limits_{x \to +\infty} \tan x$ **d)** $\lim\limits_{x \to +\infty} \frac{1}{\sin^2 x + 1}$

3.1.3. Grenzwertsätze für $\lim\limits_{x \to +\infty} f(x)$ und $\lim\limits_{x \to -\infty} f(x)$

Auf Seite 101 haben wir im Kasten unmittelbar einsichtige Grenzwerte von Funktionen notiert. Wir wissen inzwischen weiter, daß $\lim\limits_{x \to +\infty} \frac{\sin x}{x} = 0$, $\lim\limits_{x \to +\infty} \frac{\cos x}{x} = 0$ ist. Es erhebt sich die Frage, ob es ähnlich wie bei Folgen (Seite 81) möglich ist, die Grenzwerte komplizierter Funktionen aus diesen zu erschließen. Das leisten die Grenzwertsätze für Funktionen.

Aufgabe

a) Gegeben sind die Funktionen u und v mit $u(x) = 7 + \frac{4}{x+1}$ bzw. $v(x) = 2 + \frac{3}{x}$.
Bestimme $\lim\limits_{x \to +\infty} u(x)$ und $\lim\limits_{x \to +\infty} v(x)$.

b) Bilde die Summenfunktion f mit $f(x) = u(x) + v(x)$. Bestimme dann den Grenzwert $\lim\limits_{x \to +\infty} f(x)$.
Vergleiche mit den Grenzwerten von Teilaufgabe a).

c) Versuche aus diesem Beispiel einen Satz herzuleiten und beweise ihn.

Lösung

a) Für $x \to +\infty$ streben $\frac{4}{x+1}$ und $\frac{3}{x}$ gegen 0. Also gilt: $\lim\limits_{x \to +\infty} u(x) = 7$; $\lim\limits_{x \to +\infty} v(x) = 2$.

b) Die Summenfunktion f mit $f(x) = u(x) + v(x)$ hat den Funktionsterm:

$$f(x) = 7 + \frac{4}{x+1} + 2 + \frac{3}{x} = 9 + \frac{4x+3x+3}{x \cdot (x+1)} = 9 + \frac{7x+3}{x^2+x}$$

Zur Bestimmung von $\lim\limits_{x \to +\infty} f(x)$ kürzen wir den Bruch mit x^2: $f(x) = 9 + \dfrac{\frac{7}{x} + \frac{3}{x^2}}{1 + \frac{1}{x}}$

Für $x \to +\infty$ streben $\frac{7}{x}$, $\frac{3}{x^2}$ und $\frac{1}{x}$ gegen 0. Also folgt: $\lim\limits_{x \to \infty} f(x) = 9 + \frac{0}{1} = 9$

c) Wir können den folgenden Satz vermuten:

Grenzwertsatz für Summenfunktionen

Die Funktionen u und v seien für alle x definiert. Die Grenzwerte $\lim\limits_{x \to +\infty} u(x)$ und $\lim\limits_{x \to +\infty} v(x)$ sollen existieren.
Dann existiert auch $\lim\limits_{x \to +\infty} (u(x) + v(x))$, und es gilt:

$$\lim_{x \to +\infty} (u(x) + v(x)) = \lim_{x \to +\infty} u(x) + \lim_{x \to +\infty} v(x)$$

Beweis: $\langle x_n \rangle$ sei eine beliebige Grundfolge, die gegen $+\infty$ divergiert. Dann gilt nach Voraussetzung:

$$\lim_{x \to +\infty} u(x) = \lim_{n \to \infty} u(x_n) \quad \text{und} \quad \lim_{x \to \infty} v(x) = \lim_{n \to \infty} v(x_n)$$

Nach dem Grenzwertsatz für Summenfolgen existiert dann $\lim\limits_{n \to \infty} (u(x_n) + v(x_n))$, und es gilt:

$$\lim_{n \to \infty} (u(x_n) + v(x_n)) = \lim_{n \to \infty} u(x_n) + \lim_{n \to \infty} v(x_n)$$

Information

(1) *Grenzwertsätze für Funktionen*
Entsprechend gelten folgende Grenzwertsätze:

Satz 1: *Grenzwertsätze für Funktionen*

Die Funktionen u und v seien für alle $x \in \mathbb{R}$ definiert. Die Grenzwerte $\lim\limits_{x \to +\infty} u(x)$ und $\lim\limits_{x \to +\infty} v(x)$ sollen existieren. Dann existieren auch die Grenzwerte

$\lim\limits_{x \to +\infty} (u(x) + v(x))$, $\lim\limits_{x \to +\infty} (u(x) - v(x))$, $\lim\limits_{x \to +\infty} (u(x) \cdot v(x))$, $\lim\limits_{x \to +\infty} \dfrac{u(x)}{v(x)}$ (sofern $\lim\limits_{x \to +\infty} v(x) \neq 0$),

und es gilt:

$$\lim_{x \to +\infty} (u(x) + v(x)) = \lim_{x \to +\infty} u(x) + \lim_{x \to +\infty} v(x)$$

$$\lim_{x \to +\infty} (u(x) - v(x)) = \lim_{x \to +\infty} u(x) - \lim_{x \to +\infty} v(x)$$

$$\lim_{x \to +\infty} (u(x) \cdot v(x)) = \lim_{x \to +\infty} u(x) \cdot \lim_{x \to +\infty} v(x)$$

$$\lim_{x \to +\infty} \frac{u(x)}{v(x)} = \frac{\lim\limits_{x \to +\infty} u(x)}{\lim\limits_{x \to +\infty} v(x)} \quad \text{(sofern } \lim_{x \to +\infty} v(x) \neq 0\text{)}$$

(2) *Beispiel einer Anwendung der Grenzwertsätze*

$$\lim_{x \to +\infty} \left[\left(3 + \frac{4}{x}\right) \cdot \left(7 - \frac{12}{x+3}\right)\right] = \lim_{x \to +\infty} \left(3 + \frac{4}{x}\right) \cdot \lim_{x \to +\infty} \left(7 - \frac{12}{x+3}\right)$$

$$= \left(\lim_{x \to +\infty} 3 + \lim_{x \to +\infty} \frac{4}{x}\right) \cdot \left(\lim_{x \to +\infty} 7 - \lim_{x \to +\infty} \frac{12}{x+3}\right)$$

$$= (3 + 0) \cdot (7 - 0) = 3 \cdot 7 = 21$$

Zum Weiterarbeiten

1.

In der Lösung von Teilaufgabe b), Seite 105, wurden bei der Bestimmung von $\lim_{x \to +\infty} f(x)$ bereits Grenzwertsätze für Funktionen verwendet. Erläutere das.

2.

Unmittelbar einsichtig ist $\lim_{x \to +\infty} \frac{c}{x} = 0$. Bestimme mit Hilfe eines Grenzwertsatzes:

a) $\lim_{x \to +\infty} \frac{c}{x^2}$ **b)** $\lim_{x \to +\infty} \frac{c}{x^3}$ **c)** $\lim_{x \to +\infty} \frac{c}{x^n}$ $(n \in \mathbb{N})$

▲ **3.**

Beweise auch die anderen Grenzwertsätze für Funktionen.

4.

a) Stelle entsprechende Grenzwertsätze für $x \to -\infty$ auf.

▲ **b)** Beweise diese Grenzwertsätze.

Übungen

5.

Bestimme mit Hilfe der Grenzwertsätze für Funktionen $\lim_{x \to +\infty} f(x)$ und $\lim_{x \to -\infty} f(x)$.

a) $f(x) = \left(7 - \frac{3}{x}\right) \cdot \left(5 + \frac{2}{x-1}\right)$

b) $f(x) = \left(4 + \frac{3}{x^2+1}\right) - \left(9 - \frac{2}{x+1}\right)$

c) $f(x) = \frac{2 - \frac{9}{x^2}}{7 + \frac{5}{x+3}}$

d) $f(x) = \frac{4 \cdot (1 + 5x^2)}{3x^2 - 1}$

e) $f(x) = \frac{(1 - x^2) \cdot 5}{4 + x}$

f) $f(x) = \frac{\sin x}{x^2} + \frac{4x^2 - 1}{x^2}$

g) $f(x) = 5 \cdot \frac{\cos x}{x^3} - \frac{5x^3 - 1}{2x^3 + 5x - 6}$

h) $f(x) = \frac{\sin x}{x - \cos x}$

i) $f(x) = \frac{2x^2 + \cos x}{5x^2 - \sin x}$

j) $f(x) = \frac{(2x + \cos x)^2}{(4x + \sin x)^2}$

k) $f(x) = \frac{1}{x + \sin x}$

l) $f(x) = \frac{4x^2 + 5}{x^2 - x \sin x}$

3.2. Grenzwert einer Funktion an der Stelle a

Bisher haben wir nur den Grenzwert einer Funktion für $x \to +\infty$ bzw. $x \to -\infty$ betrachtet. Es ist jedoch auch sinnvoll, den Grenzwert einer Funktion an einer Stelle a zu definieren. Dies erkennt man an dem Beispiel der Funktion f mit $f(x) = \frac{\sin x}{x}$. Diese Funktion ist für alle reellen Zahlen außer für 0 definiert. Wie wird sich der Graph dieser Funktion in der Nähe der Zahl 0 verhalten?

Wir können uns z.B. auf dem Graphen dieser Funktion einen Punkt $P(x_p; y_p)$ links oder rechts der 2. Achse denken, der in Pfeilrichtung wandert, so daß also x_p gegen 0 strebt. Wird dann auch y_p gegen eine Zahl, also einen Grenzwert streben? Diese Zahl würde der Grenzwert der Funktion $x \mapsto \frac{\sin x}{x}$ an der Stelle 0 heißen.

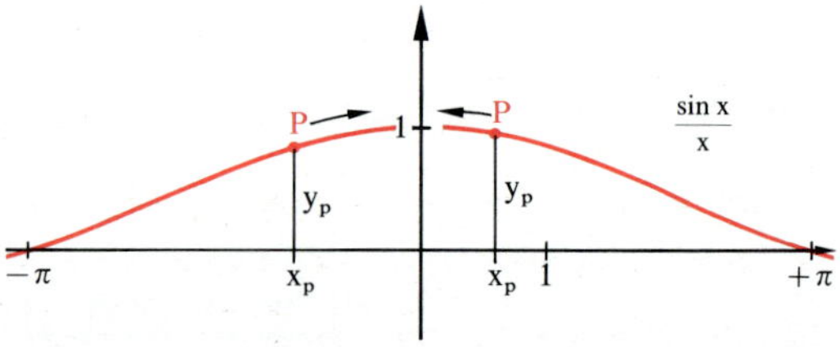

Wir gehen bei diesem Begriff zunächst von einer anschaulichen Vorstellung aus und kommen dann zu einer präzisierten Definition.

3.2.1. Anschauliche Vorstellung vom Grenzwert einer Funktion an der Stelle a

Aufgabe

Gegeben sei die Funktion f. Wir stellen uns einen Punkt P auf dem Graphen der Funktion f vor. Er möge sich einmal links von 1,5 und einmal rechts von 1,5 so bewegen, daß seine Abszisse x_p auf 1,5 zustrebt. Welchem Wert strebt dann die Ordinate y_p zu?

a) *1. Fall:* Die Funktion ist an der Stelle 1,5 *nicht* definiert.

(1) $f(x)=x+1 \quad \text{für } x \neq 1{,}5$ (2) $f(x)=\begin{cases} x+1 & \text{für } x<1{,}5 \\ x+2 & \text{für } x>1{,}5 \end{cases}$

b) *2. Fall:* Die Funktion ist an der Stelle 1,5 definiert.

(3) $f(x)=\begin{cases} x+1 & \text{für } x \neq 1{,}5 \\ 3{,}5 & \text{für } x=1{,}5 \end{cases}$ (4) $f(x)=\begin{cases} x+1 & \text{für } x \leq 1{,}5 \\ x+2 & \text{für } x>1{,}5 \end{cases}$

Lösung

a) (1) Bei Annäherung von links und von rechts strebt die Ordinate y_p in beiden Fällen gegen 1,5+1, also gegen 2,5. Das erkennt man auch, wenn man in den Term x+1 Werte in der Nähe von 1,5 einsetzt.

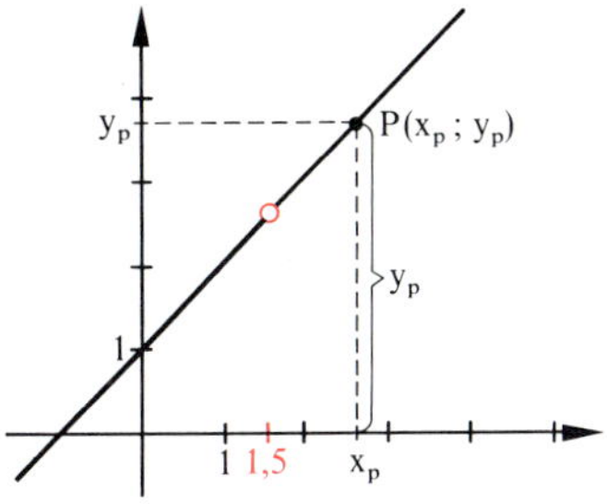

x	1,49	1,499	1,4999	…	1,5001	1,501	1,51
f(x)	2,49	2,499	2,4999	…	2,5001	2,501	2,51

Man nennt 2,5 den Grenzwert der Funktion an der Stelle 1,5 und schreibt $\lim\limits_{x \to 1{,}5} (x+1)=2{,}5$.

(2) Bei Annäherung von links strebt y_p gegen 1,5+1, also gegen 2,5. Bei Annäherung von rechts strebt y_p gegen 1,5+2, also gegen 3,5.

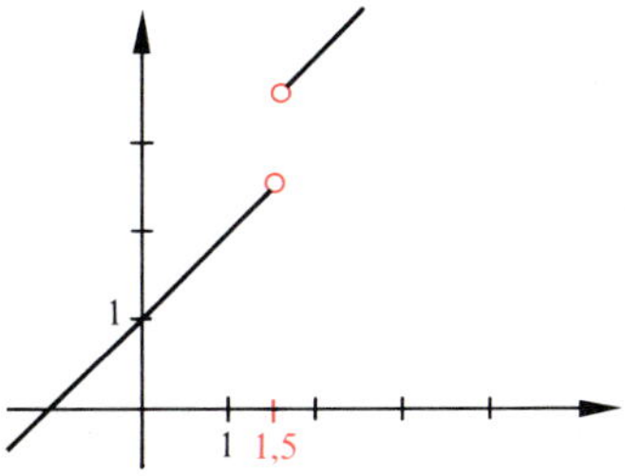

x	1,49	1,499	1,4999	…	1,5001	1,501	1,51
f(x)	2,49	2,499	2,4999	…	3,5001	3,501	3,51

Die Funktion hat *keinen* Grenzwert an der Stelle 1,5, weil sich *verschiedene* Werte ergeben, $\lim\limits_{x \to 1{,}5}$ existiert nicht.

b) (3) Bei Annäherung von links und von rechts strebt die Ordinate y_p in beiden Fällen gegen 1,5+1, also gegen 2,5.

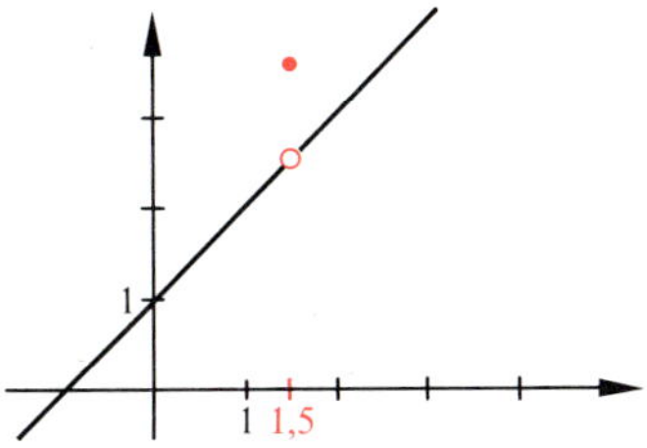

x	1,49	1,499	1,4999	…	1,5001	1,501	1,51
f(x)	2,49	2,499	2,4999	…	2,5001	2,501	2,51

Der Grenzwert der Funktion an der Stelle 1,5 ist gleich 2,5; $\lim\limits_{x \to 1{,}5} f(x)=2{,}5$.

(4) Bei Annäherung von links strebt y_p gegen den Funktionswert an der Stelle 1,5, also gegen 1,5+1, d.h. gegen 2,5. Bei Annäherung von rechts strebt y_p gegen 1,5+2, also gegen 3,5.

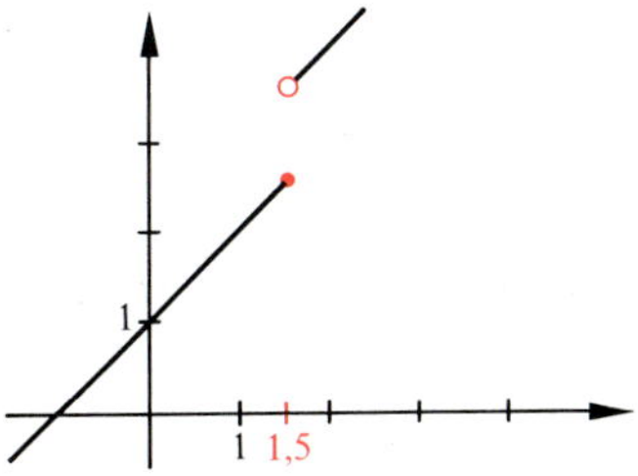

x	1,49	1,499	1,4999	…	1,5001	1,501	1,51
f(x)	2,49	2,499	2,4999	…	3,5001	3,501	3,51

Die Funktion hat an der Stelle 1,5 *keinen* Grenzwert, weil sich *verschiedene* Werte ergeben.

Zum Weiterarbeiten

1.

Gegeben sind die vier Funktionen der Aufgabe oben. Die Stelle a soll jedoch beliebig sein.

a) Die Funktion f ist an der Stelle a nicht definiert.

(1) $f(x)=x+1$ für $x \neq a$ (2) $f(x)=\begin{cases} x+1 & \text{für } x<a \\ x+2 & \text{für } x>a \end{cases}$

b) Die Funktion f ist an der Stelle a definiert.

(1) $f(x)=\begin{cases} x+1 & \text{für } x \neq a \\ a+2 & \text{für } x=a \end{cases}$ (2) $f(x)=\begin{cases} x+1 & \text{für } x \leq a \\ x+2 & \text{für } x>a \end{cases}$

Man denke sich einen Punkt P auf dem Graphen der Funktion f. Er möge sich einmal links von a und einmal rechts von a so bewegen, daß seine Abszisse x_p auf a zustrebt. Welchem Wert strebt dann seine Ordinate y_p zu? Setze für x auch Zahlen in der Nähe von a ein (z. B. $x=a+0{,}1$).

2.

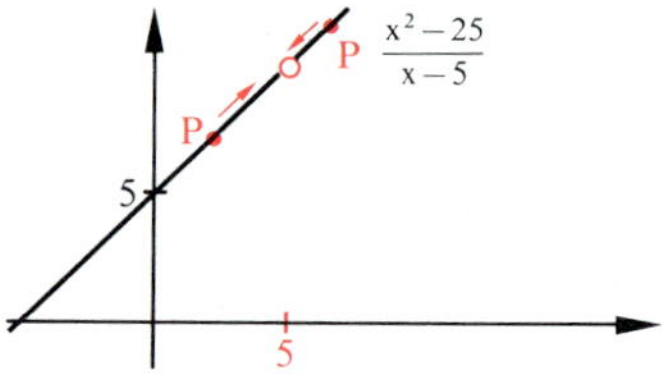

a) Bereits bei den gebrochen rationalen Funktionen hatten wir den Fall kennengelernt, daß im Graphen eine Lücke auftrat (vgl. Seite 43). Laß den Punkt P auf dem Graphen der Funktion $x \mapsto \frac{x^2-25}{x-5}$ auf die Lücke zuwandern. Welchem Grenzwert strebt dann seine Ordinate y_p zu?

b) Betrachte jetzt einen Punkt $P(x_p; y_p)$ auf dem Graphen der Funktion $x \mapsto \frac{5x}{x-5}$.

Der Punkt P soll sich so auf dem Graphen bewegen, daß x_p gegen 5 strebt.
Wie verhält sich die zugehörige Ordinate y_p?

3.

Der Punkt $P(x_p; y_p)$ möge sich auf dem Graphen der Funktion $x \mapsto \frac{\sin x}{x}$ befinden. Es soll untersucht werden, wie sich y_p verhält, wenn x_p gegen 0 strebt. Berechne dazu mit dem Taschenrechner Funktionswerte in der Nähe von 0, z. B. für $x=0{,}1$; $x=0{,}01$; $x=0{,}001$; $x=-0{,}1$; $x=-0{,}01$; $x=-0{,}001$. Welche Vermutung ergibt sich aus dieser Berechnung?

Information

(1) *Schreibweise für den Grenzwert einer Funktion an der Stelle a*

Hat die Funktion f an der Stelle a (in dem anschaulichen Sinne, wie wir das bisher verstanden haben) den Grenzwert g, so schreibt man $\lim\limits_{x \to a} f(x)=g$.

Beispiele: $\lim\limits_{x \to 1{,}5} (x+1)=2{,}5$

$\lim\limits_{x \to 1{,}5} f(x)=2{,}5$, wobei $f(x)=\begin{cases} x+1 & \text{für } x \neq 1{,}5 \\ 3{,}5 & \text{für } x=1{,}5 \end{cases}$

$\lim\limits_{x \to 5} \frac{x^2-25}{x-5}=10$

(2) *Kritik des Verfahrens*

Mit der Vorstellung eines sich bewegenden Punktes kann man sehr anschaulich den Grenzwert einer Funktion bestimmen. Wenn man jedoch allgemeine Sätze über Grenzwerte beweisen will, benötigt man eine präzise Definition des Grenzwertes, welche zu entscheiden gestattet, ob ein Grenzwert vorliegt oder nicht.
Wir müssen daher versuchen, eine präzise Grenzwertdefinition zu entwickeln (Seite 111).
Trotz dieser Kritik ist die Vorstellung eines sich bewegenden Punktes ein anschauliches Hilfsmittel, welches bei der Bestimmung eines Grenzwertes eine große Hilfe leistet.

(3) *Grenzwert von* $x \mapsto \frac{\sin x}{x}$ *an der Stelle* 0

In der Aufgabe Zum Weiterarbeiten **3.** Seite 108 ergab sich durch Rechnung die Vermutung:

Satz 2
Der Grenzwert der Funktion $x \mapsto \frac{\sin x}{x}$ an der Stelle 0 ist gleich 1, d.h. $\lim\limits_{x \to 0} \frac{\sin x}{x} = 1$.

Beweisgedanke:
Wir zeigen, daß der Graph der Funktion $x \mapsto \frac{\sin x}{x}$ genau zwischen die Graphen der Funktionen $x \mapsto \frac{1}{\cos x}$ und $x \mapsto \cos x$ paßt. Daraus läßt sich der zu bestimmende Grenzwert ablesen.

Beweis
Der Bogen AP habe die Länge x. Der Flächeninhalt des Kreisausschnitts MAP liegt zwischen den Flächeninhalten der Dreiecke MSP und MAB.

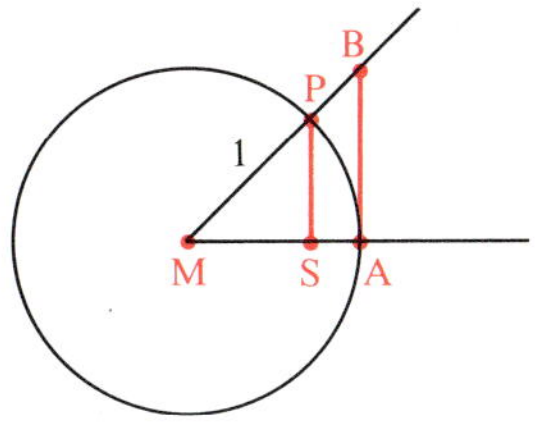

Es gilt also für $0 < x < \frac{\pi}{2}$: $\frac{1}{2} \cdot \sin x \cdot \cos x \leq \frac{1}{2} x \leq \frac{1}{2} \cdot \tan x$

Daraus folgt: $\cos x \leq \frac{x}{\sin x} \leq \frac{1}{\cos x}$; $\frac{1}{\cos x} \geq \frac{\sin x}{x} \geq \cos x$

Da $\frac{\sin(-x)}{-x} = \frac{\sin x}{x}$ (für $x \neq 0$) und $\cos(-x) = \cos x$, sind die Graphen von $x \mapsto \frac{\sin x}{x}$, $x \neq 0$, von $x \mapsto \frac{1}{\cos x}$ und von $x \mapsto \cos x$ symmetrisch zur 2. Achse.

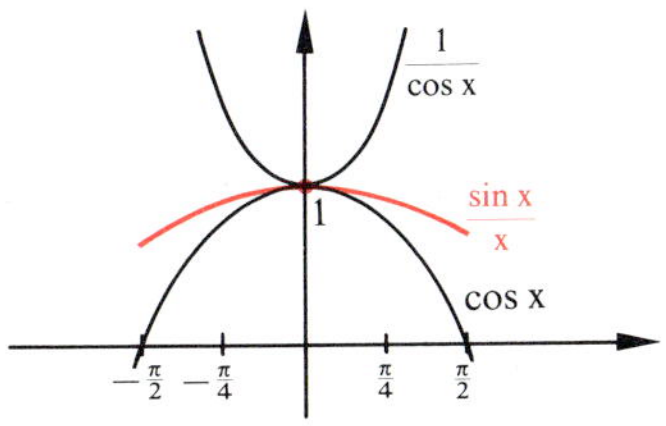

Der Graph der Funktion $x \mapsto \frac{\sin x}{x}$, $x \neq 0$, liegt also für $-\frac{\pi}{2} < x < \frac{\pi}{2}$ zwischen den Graphen der Funktionen $x \mapsto \frac{1}{\cos x}$ und $x \mapsto \cos x$.
Beide haben an der Stelle 0 den Funktionswert 1.
Daraus folgt, daß der Grenzwert von $x \mapsto \frac{\sin x}{x}$ an der Stelle 0 gleich 1 ist: $\lim\limits_{x \to 0} \frac{\sin x}{x} = 1$.

Übungen

4.
Gegeben sei die Funktion f. Man stelle sich einen Punkt P auf dem Graphen der Funktion f vor. Er möge sich einmal links von a und einmal rechts von a so bewegen, daß seine Abszisse x_p auf a zustrebt. Welchem Wert strebt dann die Ordinate y_p zu?
Hat die Funktion an der Stelle a einen Grenzwert?

a) $f(x) = 2x - 2$ für $x \neq 3$; $a = 3$

b) $f(x) = \begin{cases} 3x + 4 & \text{für } x < a \\ 3x + 2 & \text{für } x > a \end{cases}$; $a = 2$

c) $f(x) = \begin{cases} 2x + 1 & \text{für } x \neq a \\ 2a + 4 & \text{für } x = a \end{cases}$; $a = -1$

d) $f(x) = \begin{cases} 2x + 3 & \text{für } x \leq a \\ 2x & \text{für } x > a \end{cases}$; $a = 5$

e) $f(x) = x^2$ für $x \neq a$

f) $f(x) = \begin{cases} x^2 & \text{für } x < a \\ x^2 + 1 & \text{für } x > a \end{cases}$

g) $f(x) = \begin{cases} x^2 & \text{für } x \neq a \\ a^2 + 1 & \text{für } x = a \end{cases}$

h) $f(x) = \begin{cases} x^2 & \text{für } x \leq a \\ x^2 - 1 & \text{für } x > a \end{cases}$

5.
Gegeben sei die Funktion f. Man stelle sich auf ihrem Graphen einen Punkt P vor. Er möge sich so bewegen, daß seine Abszisse x_p auf a zustrebt. Welchem Wert strebt dann die Ordinate y_p zu?

a) $f(x) = x + 2$ für $x \leq a$

b) $f(x) = x^2$ für $x \geq a$

c) $f(x) = 2x - 1$ für $x \geq a$

d) $f(x) = x^2 - 1$ für $x < a$

6.

Gegeben sei die Funktion f und auf ihrem Graphen der Punkt A mit der Abszisse a. Man stelle sich auf dem Graphen von f einen Punkt P vor, der abwechselnd von der linken auf die rechte Seite von A springt und sich dabei immer mehr auf A zubewegt. Welchem Wert strebt dann die Ordinate y_p des Punktes P zu? Hat die Funktion einen Grenzwert?

a) $f(x)=\begin{cases}2x+1 & \text{für } x \neq a\\ 2a-1 & \text{für } x=a\end{cases}$ **b)** $f(x)=\begin{cases}x^2 & \text{für } x \neq a\\ a^2+1 & \text{für } x=a\end{cases}$

7.

Bestimme:

a) $\lim\limits_{x\to 3}\frac{x^2-9}{x-3}$ **c)** $\lim\limits_{x\to 4}\frac{x^2-7x+12}{x-4}$ **e)** $\lim\limits_{x\to a}\frac{x^2-a^2}{x-a}$ **g)** $\lim\limits_{x\to a}\frac{x^3-2ax^2+a^2x}{x-a}$

b) $\lim\limits_{x\to -2}\frac{x^2-4}{x+2}$ **d)** $\lim\limits_{x\to -2}\frac{x^3+4x^2+4x}{x+2}$ **f)** $\lim\limits_{x\to a}\frac{x^4-a^4}{x-a}$ **h)** $\lim\limits_{x\to a}\frac{x^3+(1-a)x^2-ax}{x-a}$

8.

Gegeben ist die Funktion f. Für welche Stellen $a \in \mathbb{R}$ ist f nicht definiert? Bestimme $\lim\limits_{x\to a} f(x)$, falls dieser Grenzwert existiert.

a) $f(x)=\frac{(x-1)\cdot x}{x-1}$ **d)** $f(x)=\frac{x^2+4x+4}{x+2}$ **g)** $f(x)=\frac{x^3-1}{x-1}$

b) $f(x)=\frac{x\cdot(x+4)}{x}$ **e)** $f(x)=\frac{(x-1)\cdot(x+2)}{x+2}$ **h)** $f(x)=\frac{x^2+x}{(x+1)^3}$

c) $f(x)=\frac{(x-1)^2}{1-x^2}$ **f)** $f(x)=\frac{x^3+x^2+x-3}{x-1}$ **i)** $f(x)=\frac{x}{x^2-1}$

○ **9.**

a) Bestimme $\lim\limits_{x\to\frac{\pi}{2}}\frac{\cos x}{\frac{\pi}{2}-x}$.

Anleitung: Gehe ähnlich vor wie bei der Berechnung von $\lim\limits_{x\to 0}\frac{\sin x}{x}$ (Seite 109). Berechne $|AB|$ nach dem Strahlensatz.

Bestätige das Ergebnis durch näherungsweises Berechnen mit einem Taschenrechner.

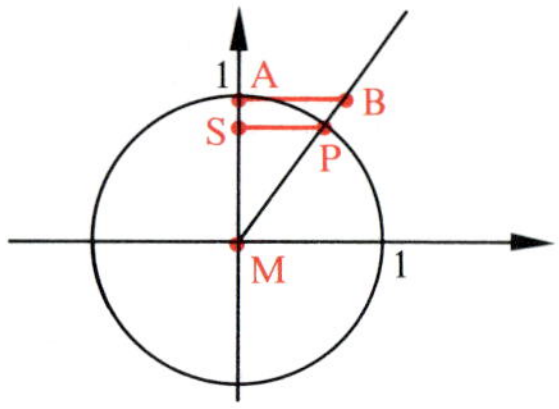

b) Bestimme ähnlich durch Einschachtelung mit zwei Funktionen:

(1) $\lim\limits_{x\to 0} x\cdot\cos x$ (2) $\lim\limits_{x\to 0} x\cdot\sin\frac{1}{x}$ (3) $\lim\limits_{x\to 0} x\cdot\cos\frac{1}{x}$

(4) $\lim\limits_{x\to\frac{\pi}{2}}\left(x-\frac{\pi}{2}\right)\cdot\sin x$ (5) $\lim\limits_{x\to+\infty}\frac{\sin x}{x}$ (6) $\lim\limits_{x\to-\infty}\frac{\cos x}{x}$

10.

Berechne angenähert mit einem Taschenrechner. **a)** $\lim\limits_{x\to 0}\frac{2^x-1}{x}$ **b)** $\lim\limits_{x\to 0}\frac{3^x-1}{x}$ **c)** $\lim\limits_{x\to 0}\frac{10^x-1}{x}$

3.2.2. Präzisieren des Begriffs Grenzwert einer Funktion an der Stelle a

Wenn die Abszisse x_p eines Punktes P auf die Stelle a zustrebt, kann man sich vorstellen, daß die Abszisse eine *Grundfolge* $\langle x_n\rangle$ durchläuft, die gegen a konvergiert. Die *zu der Grundfolge gehörende Folge der Funktionswerte* $\langle f(x_n)\rangle$ ist dann gerade die Folge der Ordinaten (vgl. Seite 102).

Beispiel: Wir betrachten die Funktion f mit $f(x)=x^2$ und die Stelle 1. Dann sind die Folgen $\left\langle 1+\frac{1}{n}\right\rangle$, $\left\langle 1-\frac{1}{n}\right\rangle$, $\left\langle 1+(-1)^n\cdot\frac{1}{n}\right\rangle$ Grundfolgen, die gegen 1 konvergieren. Die zugehörigen Folgen der Funktionswerte $\langle x_n^2\rangle$ konvergieren jeweils gegen $1\cdot 1$, also gegen 1.

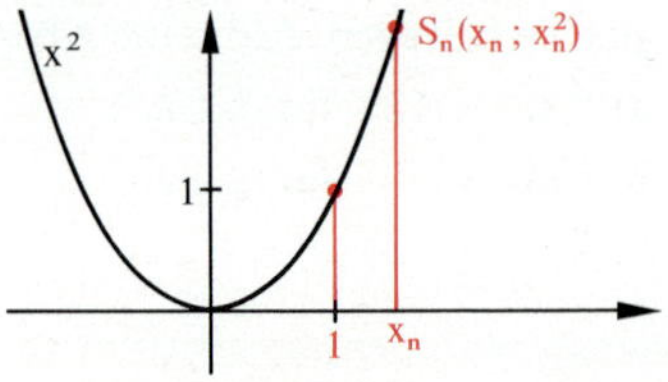

Aufgabe

Wir greifen zurück auf die Funktionen f mit:

(1) $f(x) = x + 1 \quad \text{für } x \neq 1{,}5$

(2) $f(x) = \begin{cases} x + 1 & \text{für } x < 1{,}5 \\ x + 2 & \text{für } x > 1{,}5 \end{cases}$

(3) $f(x) = \begin{cases} x + 1 & \text{für } x \neq 1{,}5 \\ 3{,}5 & \text{für } x = 1{,}5 \end{cases}$

(4) $f(x) = \begin{cases} x + 1 & \text{für } x < 1{,}5 \\ x + 2 & \text{für } x \geq 1{,}5 \end{cases}$

Gib zu diesen Funktionen Grundfolgen an, die gegen a konvergieren und bestimme den Grenzwert der zugehörigen Folge der Funktionswerte.

Lösung

(1) Sei $\langle x_n \rangle$ eine beliebige gegen 1,5 konvergierende Grundfolge (mit $x_n \neq 1{,}5$), dann gilt für die Folge $\langle f(x_n) \rangle$ der Funktionswerte:

$f(x_n) = x_n + 1$

Nach dem Grenzwertsatz für Summenfolgen konvergiert dann $\langle f(x_n) \rangle$ gegen $1{,}5 + 1$, also gegen 2,5. Da $\langle x_n \rangle$ eine beliebige Grundfolge war, gilt: Zu *jeder* Grundfolge $\langle x_n \rangle$ mit $x_n \neq 1{,}5$ und $\lim\limits_{n \to \infty} x_n = 1{,}5$ konvergiert die zugehörige Folge der Funktionswerte gegen $1{,}5 + 1$, also gegen 2,5.

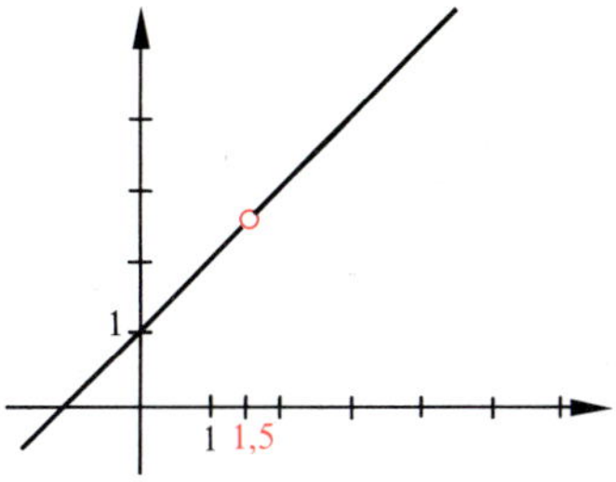

(2) Wir geben zwei Grundfolgen $\langle x_n \rangle$ und $\langle \bar{x}_n \rangle$ vor, die von links bzw. von rechts gegen 1,5 konvergieren.

Beispiel: $x_n = 1{,}5 - \frac{1}{n}$; $\bar{x}_n = 1{,}5 + \frac{1}{n}$

Dann gilt für die zugehörigen Folgen der Funktionswerte:

$$\lim_{n \to \infty} f(x_n) = \lim_{n \to \infty} (x_n + 1) = \lim_{n \to \infty} \left(1{,}5 - \frac{1}{n} + 1\right) = 1{,}5 + 1 = 2{,}5$$

$$\lim_{n \to \infty} f(\bar{x}_n) = \lim_{n \to \infty} (\bar{x}_n + 2) = \lim_{n \to \infty} \left(1{,}5 + \frac{1}{n} + 2\right) = 1{,}5 + 2 = 3{,}5$$

Die Folgen der Funktionswerte konvergieren gegen *verschiedene* Grenzwerte.

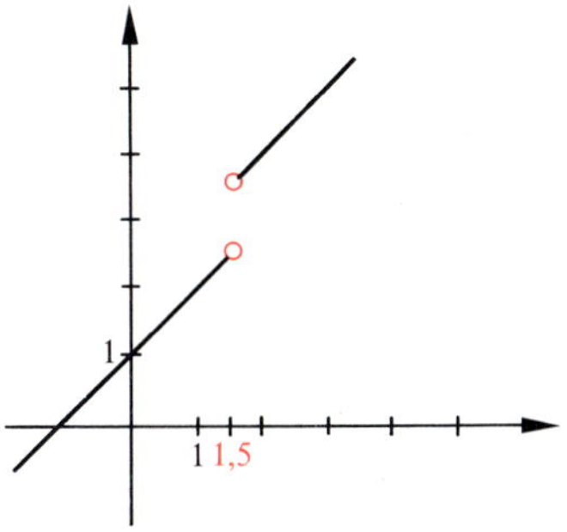

(3) Sei $\langle x_n \rangle$ eine beliebige Grundfolge mit $\lim\limits_{n \to \infty} x_n = 1{,}5$ und $x_n \neq 1{,}5$.

Dann gilt: $\lim\limits_{n \to \infty} f(x_n) = \lim\limits_{n \to \infty} (x_n + 1) = 1{,}5 + 1 = 2{,}5$

Alle Folgen von Funktionswerten, die zu verschiedenen Grundfolgen $\langle x_n \rangle$ (mit $\lim\limits_{n \to \infty} x_n = 1{,}5$, $x_n \neq 1{,}5$) gehören, konvergieren gegen *denselben* Grenzwert $1{,}5 + 1$, also gegen 2,5.

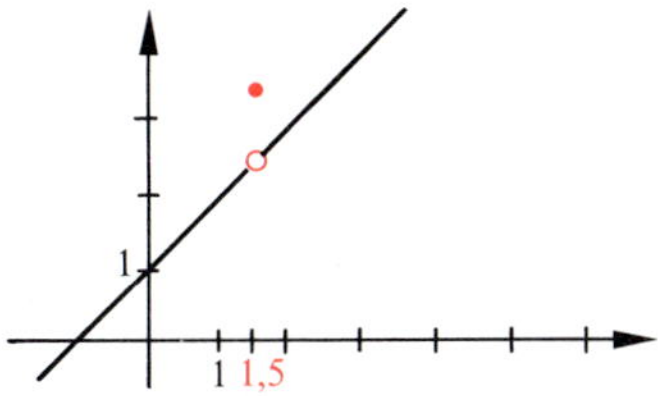

(4) Wir geben zwei Grundfolgen vor, die von links bzw. von rechts gegen 1,5 konvergieren.

Beispiele: $x_n = 1{,}5 - (\frac{1}{2})^n$; $\bar{x}_n = 1{,}5 + (\frac{1}{2})^n$

$$\lim_{n \to \infty} f(x_n) = \lim_{n \to \infty} (x_n + 1) = \lim_{n \to \infty} (1{,}5 - (\tfrac{1}{2})^n + 1) = 1{,}5 + 1 = 2{,}5$$

$$\lim_{n \to \infty} f(\bar{x}_n) = \lim_{n \to \infty} (\bar{x}_n + 2) = \lim_{n \to \infty} (1{,}5 + (\tfrac{1}{2})^n + 2) = 1{,}5 + 2 = 3{,}5$$

Die zugehörigen Folgen von Funktionswerten konvergieren *nicht* gegen *denselben* Grenzwert.

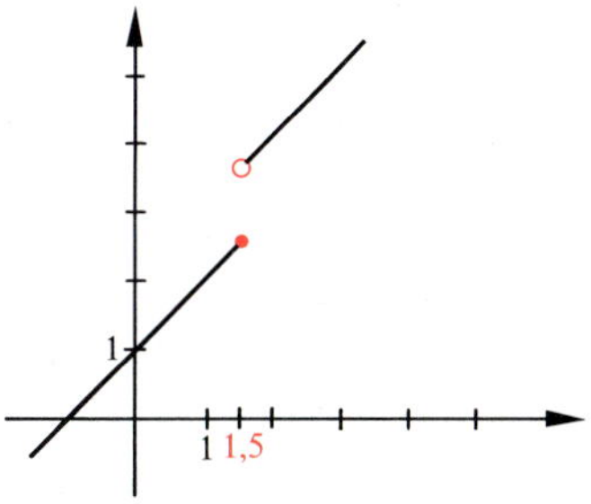

Information

(1) *Isolierte Stellen im Definitionsbereich*

Nicht immer gibt es eine gegen a konvergierende Grundfolge $\langle x_n \rangle$ mit $x_n \neq a$, die ganz im Definitionsbereich der Funktion f liegt.

Beispiel:

Gegeben sei die Funktion f mit $f(x) = \begin{cases} x & \text{für } x \leq 3 \\ 3 & \text{für } x = 4 \end{cases}$ und die Stelle $a = 4$.

Hier gibt es keine gegen 4 konvergierende Grundfolge $\langle x_n \rangle$ mit $x_n \neq 4$, die ganz im Definitionsbereich der Funktion f liegt. 4 und auch jede andere Zahl größer als 4 liegt *isoliert zum Definitionsbereich* der Funktion f.

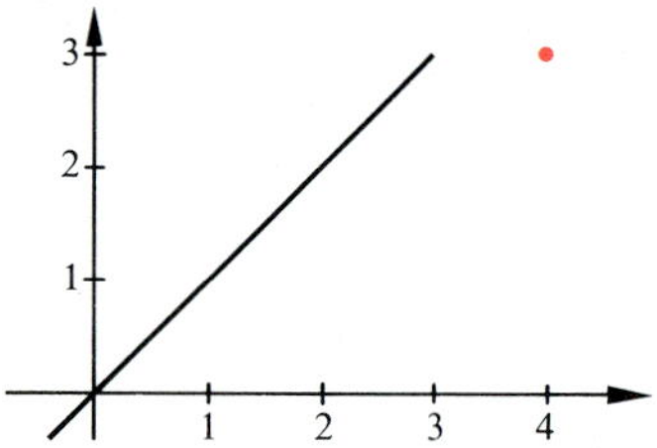

Definition 3
Die Stelle a heißt **isoliert** zum Definitionsbereich der Funktion f, wenn es *keine* gegen a konvergierende Grundfolge $\langle x_n \rangle$ mit $x_n \neq a$ gibt, die ganz im Definitionsbereich von f liegt.

(2) *Präzisierte Definition des Grenzwertes* $\lim\limits_{x \to a} f(x)$

Die bisher betrachteten Beispiele haben gezeigt:
Wenn nach der anschaulichen Vorstellung die Funktion f an der Stelle a einen Grenzwert hat, dann konvergieren alle Folgen von Funktionswerten, die jeweils zu einer gegen a konvergierenden Grundfolge gehören, gegen denselben Grenzwert.
Wenn dagegen nach der anschaulichen Vorstellung die Funktion f an der Stelle a keinen Grenzwert hat, so gibt es gegen a konvergierende Grundfolgen, deren zugehörige Folgen der Funktionswerte nicht gegen denselben Grenzwert konvergieren.
Diese Tatsache verwenden wir zur präzisierten Definition.

Definition 4
f sei eine Funktion und a liege nicht isoliert zum Definitionsbereich der Funktion f.
Unter dem **Grenzwert der Funktion f an der Stelle a** versteht man eine Zahl, die man folgendermaßen erhält:
(1) Man geht aus von einer beliebigen Grundfolge $\langle x_n \rangle$ mit $x_n \neq a$, die gegen a konvergiert.
(2) Man bildet die zu der Grundfolge $\langle x_n \rangle$ gehörende Folge der Funktionswerte $\langle f(x_n) \rangle$.
(3) Man prüft, ob jede dieser Folgen von Funktionswerten gegen denselben Grenzwert g konvergiert.
Ist dies der Fall, so heißt die Zahl g der Grenzwert der Funktion f an der Stelle a.
Man schreibt: $g = \lim\limits_{x \to a} f(x)$. Man sagt: $\lim\limits_{x \to a} f(x)$ existiert.
Ist Bedingung (3) nicht erfüllt, so hat die Funktion an der Stelle a keinen Grenzwert.
Man sagt: Der Grenzwert $\lim\limits_{x \to a} f(x)$ existiert nicht.

Zum Weiterarbeiten

1.
Zeige, daß folgende Grenzwerte nicht existieren. Wähle dazu eine geeignete Grundfolge, so daß die Folge der Funktionswerte divergiert. Bei welchen Beispielen liegt eine Polstelle vor?

a) $\lim\limits_{x \to 1} \frac{x}{x^2 - 1}$ **b)** $\lim\limits_{x \to 2} \frac{x^2 - 2x + 4}{x - 2}$ **c)** $\lim\limits_{x \to 0} \sin \frac{1}{x}$ **d)** $\lim\limits_{x \to 0} \cos \frac{1}{x}$ **e)** $\lim\limits_{x \to 0} \frac{|x|}{x}$

○ **2.**

Am Graphen der Funktion $x \mapsto \sqrt{x}$ erkennt man anschaulich: $\lim\limits_{x \to a} \sqrt{x} = \sqrt{a}$

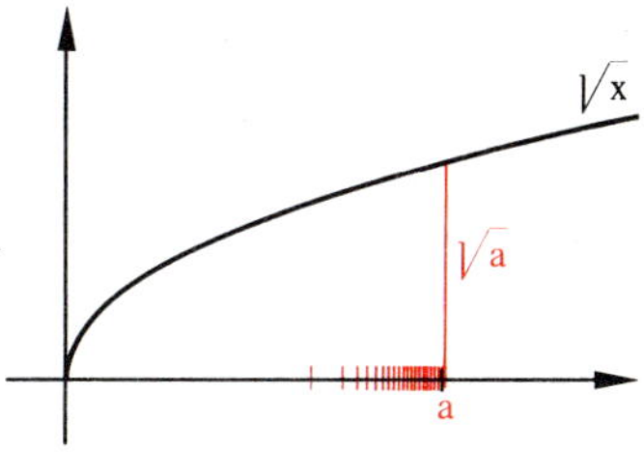

a) Bestätige das empirisch mit Hilfe des Taschenrechners für $a = 3$. Wähle dazu die Grundfolge 3,1; 3,01; 3,001; ... bzw. die Grundfolge 2,9; 2,99; 2,999; ....

b) Erläutere den folgenden Beweis von $\lim\limits_{x \to a} \sqrt{x} = \sqrt{a}$.

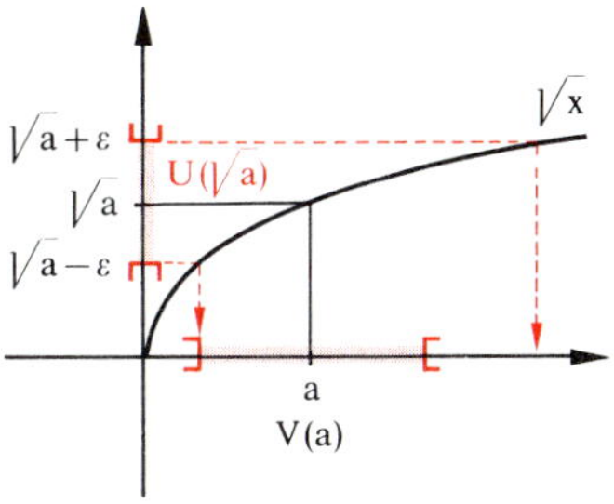

$\langle x_n \rangle$ sei eine beliebige Grundfolge, die gegen a konvergiert. Wir müssen zeigen, daß die Folge der Funktionswerte $\langle \sqrt{x_n} \rangle$ gegen $\sqrt{a}$ konvergiert.

Dazu müssen wir zeigen, daß in jeder Umgebung von $\sqrt{a}$ unendlich viele Glieder von $\langle \sqrt{x_n} \rangle$ liegen und außerhalb nur endlich viele.

Sei $U(\sqrt{a})$ eine beliebige Umgebung von $\sqrt{a}$. Wie in der Zeichnung angegeben, bestimmen wir dann eine Umgebung $V(a)$ (wir suchen dazu die Urbilder von $\sqrt{a} + \varepsilon$ bzw. $\sqrt{a} - \varepsilon$ und wählen dann ein kleineres Intervall mit a als Mittelpunkt).

Da $\langle x_n \rangle$ gegen a konvergiert, liegen nur endlich viele Glieder von x_n außerhalb von $V(a)$, alle anderen liegen innerhalb von $V(a)$. Wie die Zeichnung zeigt, liegen höchstens diejenigen $\sqrt{x_n}$ außerhalb von $U(\sqrt{a})$, für die x_n außerhalb von $V(a)$ liegen. Also liegen nur endlich viele Glieder von $\langle \sqrt{x_n} \rangle$ außerhalb von $U(\sqrt{a})$ und also unendlich viele innerhalb. Es gilt: $\lim\limits_{n \to \infty} \sqrt{x_n} = \sqrt{a}$.

▲ **c)** In Teil b) wurde formuliert: *Wie die Zeichnung zeigt, liegen höchstens diejenigen* $\sqrt{x_n}$, ...
Weise dies durch Rechnung nach.
Anleitung: Zeige zunächst, daß $]a - (2\sqrt{a}\varepsilon - \varepsilon^2); \; a + (2\sqrt{a}\varepsilon - \varepsilon^2)[$ eine der Zeichnung entsprechende Umgebung $V(a)$ ist. Zeige dann mit Hilfe von Ungleichungen:
Wenn $x_n \in V(a)$, dann $\sqrt{x_n} \in U(\sqrt{a})$.

○ **3.**

Am Graphen der Funktion $x \mapsto \sin x$ erkennt man anschaulich: $\lim\limits_{x \to a} \sin x = \sin a$.

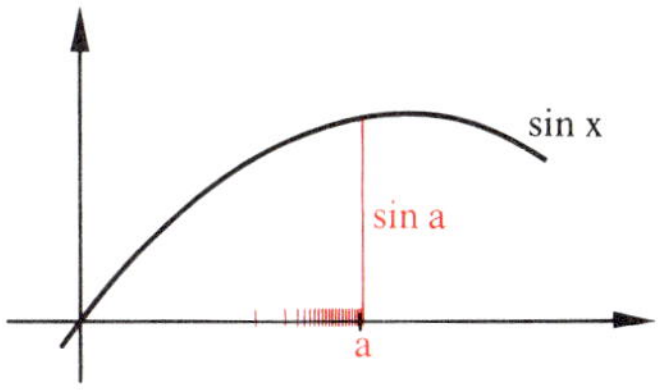

a) Bestätige das empirisch mit Hilfe des Taschenrechners für $a = 2$. Wähle dazu die Grundfolge 2,1; 2,01; 2,001; ... bzw. die Grundfolge 1,9; 1,99; 1,999; ....

▲ **b)** Führe einen Beweis von $\lim\limits_{x \to a} \sin x = \sin a$ ähnlich wie in Aufgabe 2b).
Beachte: x und a sind im Bogenmaß angegeben. Das bedeutet: x ist die Länge des Bogens von Punkt P(1; 0) bis zur Stelle x auf dem Einheitskreis. Ferner ist a die Länge des Bogens von P(1; 0) bis zur Stelle a auf dem Einheitskreis. Die Umgebung U(a) läßt sich als Bogenstück um die Stelle a deuten.

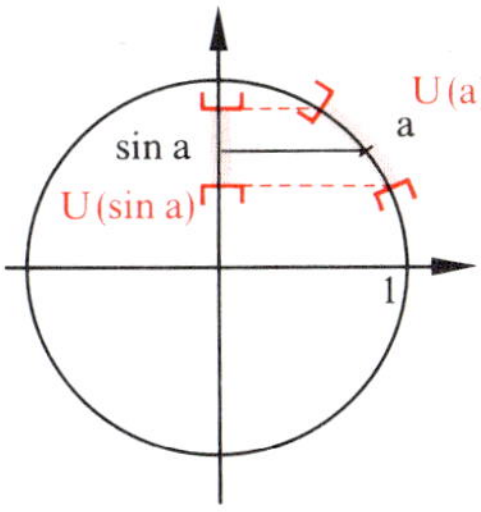

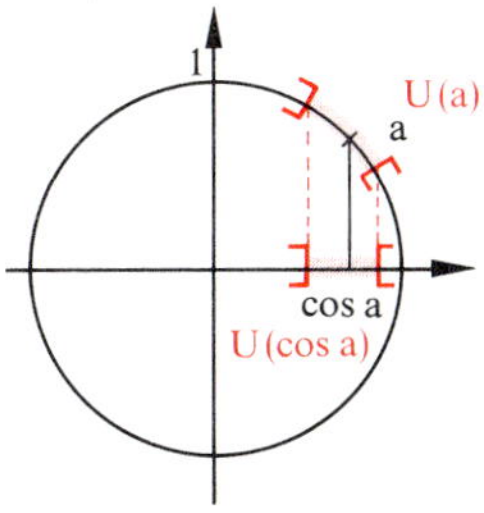

c) Zeige empirisch mit dem Taschenrechner, daß gilt: $\lim\limits_{x \to a} \cos x = \cos a$.

△ **4.**

h-Methode zur Präzisierung des Begriffs Grenzwert

Anstelle von Grundfolgen $\langle x_n \rangle$ kann man zur Präzisierung des Begriffs Grenzwert auch Nullfolgen $\langle h_n \rangle$ verwenden. **Nullfolgen** sind *Folgen, die gegen Null konvergieren.*

Zeige, daß folgende Definition logisch äquivalent zu der Definition **4** ist, d.h. daß aus Definition **4** die Definition **4*** folgt und umgekehrt aus Definition **4*** die Definition **4**.

Definition 4*

f sei eine Funktion und a liege nicht isoliert zum Definitionsbereich der Funktion f.

Unter dem **Grenzwert der Funktion f an der Stelle a** versteht man eine Zahl, die man folgendermaßen erhält:

(1) Man geht aus von einer beliebigen Nullfolge $\langle h_n \rangle$ mit $h_n \neq 0$. $a + h_n$ liege im Definitionsbereich von f.

(2) Man bildet die zu der Folge $\langle a + h_n \rangle$ gehörende Folge der Funktionswerte $\langle f(a + h_n) \rangle$.

(3) Man prüft, ob jede dieser Folgen von Funktionswerten gegen denselben Grenzwert g konvergiert. Ist dies der Fall, ist der Grenzwert g also unabhängig von der Auswahl der Nullfolge $\langle h_n \rangle$, so heißt g der Grenzwert der Funktion f an der Stelle a.

Übungen

○ **5.**

Gegeben ist die Funktion f, die Stelle a sowie eine gegen a konvergierende Grundfolge $\langle x_n \rangle$. Gib die Folge $\langle P_n \rangle$ der Punkte des Graphen an, die x_n als Abszisse haben.
Gib ferner die Folge der Funktionswerte an und bestimme deren Grenzwert.

a) $f(x) = x^2$ (1) $a = 2;\ x_n = 2 + \frac{1}{n}$ (2) $a = -4;\ x_n = -4 - \frac{1}{n}$ (3) $a = 0;\ x_n = (-1)^n \cdot \frac{1}{n}$

b) $f(x) = x^3$ (1) $a = 1;\ x_n = 1 - \left(\frac{1}{2}\right)^n$ (2) $a = -2;\ x_n = -2 + \frac{1}{n}$

c) $f(x) = x^4 + x;\ a = 1;\ x_n = 1 + (-1)^n \cdot \frac{1}{n}$

d) $f(x) = \frac{1}{x};\ a = 1;\ x_n = 1 + (-1)^n \cdot \left(\frac{1}{2}\right)^n$

○ **6.**

Gegeben sind die Funktion f und die Stelle a. Wähle eine beliebige gegen a konvergierende Grundfolge. Bestimme dann die zu dieser Grundfolge gehörende Folge der Funktionswerte und deren Grenzwert. Welche Grenzwertsätze mußten bei der Grenzwertbestimmung angewendet werden?

a) $f(x) = x^2;\ a = -5$

b) $f(x) = x^5;\ a = 3$

c) $f(x) = x^3 + x^2;$ a beliebig

d) $f(x) = 8x^3;$ a beliebig

e) $f(x) = mx + n;$ a beliebig

f) $f(x) = \frac{1}{x};\ a = 4$

g) $f(x) = \frac{1}{x^2};\ a = -2$

h) $f(x) = \frac{1}{x^4};$ a beliebig mit $a \neq 0$

i) $f(x) = \frac{1}{(x+1)^2};$ a beliebig mit $a \neq -1$

j) $f(x) = \frac{3x}{x-2};$ a beliebig mit $a \neq 2$

▲ **7.**

Gegeben sind die Funktion f, die Stelle a und eine Nullfolge $\langle h_n \rangle$. Fasse h_n als Koordinatendifferenz $x_n - a$ auf. Bestimme die zugehörige Folge der Funktionswerte und deren Grenzwert.

a) $f(x) = x^2;\ a = 2$ (1) $h_n = \frac{1}{n}$ (2) $h_n = -\frac{1}{n}$ (3) $h_n = (-1)^n \cdot \frac{1}{n}$

b) $f(x) = x^3;\ a = -3;\ h_n = \left(\frac{1}{10}\right)^n$

c) $f(x) = x^4;\ a = 1;\ h_n = \left(-\frac{1}{2}\right)^n$

d) $f(x) = 4x^2;\ a = 4;\ h_n = \left(\frac{1}{2}\right)^n$

e) $f(x) = x^3 + x^2;\ a = 1{,}5;\ h_n = (0{,}9)^n$

○ ***8.***

Gegeben sei die Funktion $x \mapsto H(x)$ mit:

$$H(x) = \begin{cases} 1 & \text{für } x > 0 \\ 0 & \text{für } x \leq 0 \end{cases}$$

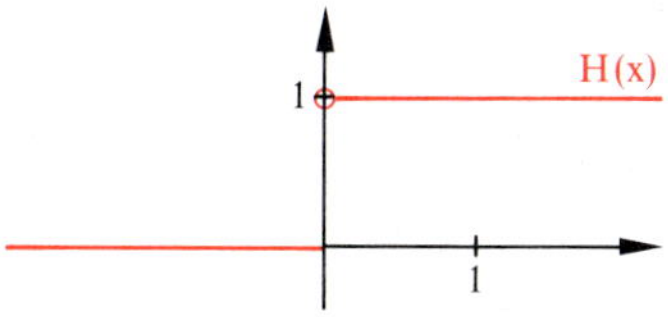

Diese Funktion heißt **Heavisidefunktion**.

a) Betrachte die Stelle 0 und die Grundfolge $\langle x_n \rangle$ mit $x_n = (-1)^n \cdot \frac{1}{n}$.
Zeige, daß die zugehörige Folge der Funktionswerte divergiert.

b) Gib eine weitere gegen 0 konvergierende Grundfolge $\langle x_n \rangle$ mit $x_n \neq 0$ an, deren zugehörige Folge der Funktionswerte divergent ist.

c) Gib auch eine gegen 0 konvergierende Grundfolge $\langle x_n \rangle$ mit $x_n \neq 0$ an, deren zugehörige Folge der Funktionswerte konvergent ist.

○ ***9.***

Gegeben sei die Funktion f und die Stelle a. Gib eine Grundfolge an, so daß die zugehörige Folge der Funktionswerte divergiert.

a) $f(x) = H(x-1)$; $a = 1$

b) $f(x) = \text{INT}(x)$; $a = 1$; $a = -1$

c) $f(x) = \text{INT}(x^2)$; $a = \sqrt{2}$

d) $f(x) = \text{sgn}\, x$; $a = 0$

Hinweis: H bezeichnet die *Heavisidefunktion* (vgl. Übung **8**). Zu INT (x) und sgn (x) vgl. Seite 12.

△ ***10.***

Gegeben seien die Funktionen f und die Stelle a von Übungsaufgabe **9**. Gib eine gegen 0 konvergierende Folge $\langle h_n \rangle$ an, wobei $h_n = x_n - a$ als Koordinatendifferenz gedeutet werden soll. Die zugehörige Folge der Funktionswerte soll divergent sein.

○ ***11.***

Zeige zu den Beispielen in Übungsaufgabe **9**, daß es auch Grundfolgen gibt, deren zugehörige Folge der Funktionswerte konvergent ist. Zeige aber, daß diese Funktionswertfolgen gegen *verschiedene* Grenzwerte konvergieren können.

○ ***12.***

Bestimme den Grenzwert.

a) $\lim\limits_{x \to 5} (x^2 + 1)$

b) $\lim\limits_{x \to 3} (3x^3 + 2)$

c) $\lim\limits_{x \to 0} (2x - 1) \cdot 3$

d) $\lim\limits_{x \to 6} (3x^3 - 4x + x^2)$

e) $\lim\limits_{x \to 1} \frac{x+2}{x-4}$

f) $\lim\limits_{x \to 4} \frac{x^2 + 2x + 9}{(x-7) \cdot (x+2)}$

○ ***13.***

Untersuche, ob der Grenzwert existiert. Wenn ja, gib ihn an. Wo liegt eine Polstelle vor?

a) $\lim\limits_{x \to 1} \frac{2}{x-1}$

b) $\lim\limits_{x \to 0} \frac{3x}{4-x}$

c) $\lim\limits_{x \to -1} \frac{7x}{x+1}$

d) $\lim\limits_{x \to 5} \frac{x^2 - 1}{2 \cdot (x^2 + 1)}$

e) $\lim\limits_{x \to 1} \frac{x^2 - 1}{(x-1)^2}$

f) $\lim\limits_{x \to 2} \frac{x^2 - 2x + 2}{x - 2}$

3.2.3. Grenzwertsätze

Die folgenden Grenzwerte haben wir als anschaulich einsichtig angesehen oder exakt mit Hilfe von Grundfolgen nachgewiesen. Die Grenzwerte weiterer Funktionen lassen sich dann mit Hilfe von Grenzwertsätzen erschließen.

$$\lim_{x \to a} x = a; \quad \lim_{x \to a} x^2 = a^2; \quad \lim_{x \to a} c = c; \quad \lim_{x \to a} \sqrt{x} = \sqrt{a}; \quad \lim_{x \to a} \sin x = \sin a; \quad \lim_{x \to a} \cos x = \cos a$$

Aufgabe

a) Ähnlich wie für Grenzwerte $x \to +\infty$ bzw. $x \to -\infty$ (vgl. Seite 105) kann man auch für Grenzwerte $x \to a$ Grenzwertsätze aufstellen. Formuliere diese und beweise den ersten dieser Sätze.

b) Bestimme durch Anwenden der Grenzwertsätze den Grenzwert g der Funktion f an der Stelle a.

$f(x) = \frac{4x^2-1}{2x^2+4}$; $a = 6$

Lösung

Grenzwertsätze: Die Funktionen u und v seien in einem gemeinsamen Intervall definiert.

Die Grenzwerte $\lim\limits_{x \to a} u(x)$ und $\lim\limits_{x \to a} v(x)$ sollen existieren. Dann gilt:

1. Grenzwertsatz für Summenfunktionen
Der Grenzwert $\lim\limits_{x \to a}(u(x)+v(x))$ existiert, und es gilt: $\lim\limits_{x \to a}(u(x)+v(x)) = \lim\limits_{x \to a} u(x) + \lim\limits_{x \to a} v(x)$

2. Grenzwertsatz für Differenzfunktionen
Der Grenzwert $\lim\limits_{x \to a}(u(x)-v(x))$ existiert, und es gilt: $\lim\limits_{x \to a}(u(x)-v(x)) = \lim\limits_{x \to a} u(x) - \lim\limits_{x \to a} v(x)$

3. Grenzwertsatz für Produktfunktionen
Der Grenzwert $\lim\limits_{x \to a}(u(x) \cdot v(x))$ existiert, und es gilt: $\lim\limits_{x \to a}(u(x) \cdot v(x)) = \lim\limits_{x \to a} u(x) \cdot \lim\limits_{x \to a} v(x)$

4. Grenzwertsatz für Quotientenfunktionen
Der Grenzwert $\lim\limits_{x \to a} \frac{u(x)}{v(x)}$ existiert, sofern $\lim\limits_{x \to a} v(x) \neq 0$, und es gilt: $\lim\limits_{x \to a} \frac{u(x)}{v(x)} = \frac{\lim\limits_{x \to a} u(x)}{\lim\limits_{x \to a} v(x)}$

Beweis des Grenzwertsatzes für Summenfunktionen

$\langle x_n \rangle$ sei eine beliebige Grundfolge mit $\lim\limits_{n \to \infty} x_n = a$; $x_n \neq a$. Dann gilt nach Voraussetzung:

$\lim\limits_{x \to a} u(x) = \lim\limits_{n \to \infty} u(x_n)$; $\lim\limits_{x \to a} v(x) = \lim\limits_{n \to \infty} v(x_n)$

Nach dem Grenzwertsatz für Summenfolgen existiert dann $\lim\limits_{n \to \infty}(u(x_n)+v(x_n))$, und es gilt:

$\lim\limits_{n \to \infty}(u(x_n)+v(x_n)) = \lim\limits_{n \to \infty} u(x_n) + \lim\limits_{n \to \infty} v(x_n)$

b) $\lim\limits_{x \to 6} \frac{4x^2-1}{2x^2+4} = \frac{\lim\limits_{x \to 6}(4x^2-1)}{\lim\limits_{x \to 6}(2x^2+4)} = \frac{\lim\limits_{x \to 6} 4 \cdot \lim\limits_{x \to 6} x^2 - \lim\limits_{x \to 6} 1}{\lim\limits_{x \to 6} 2 \cdot \lim\limits_{x \to 6} x^2 + \lim\limits_{x \to 6} 4} = \frac{4 \cdot 6^2 - 1}{2 \cdot 6^2 + 4} = \frac{143}{76} = 1\,\frac{67}{76}$

Zum Weiterarbeiten

1.
Beweise die anderen Grenzwertsätze für Differenz-, Produkt- und Quotientenfunktionen.

2.
a) Beweise durch Zurückführen auf die Grenzwertsätze für Funktionen:

(1) $\lim\limits_{x \to a}(c \cdot u(x)) = c \cdot \lim\limits_{x \to a} u(x)$

(2) $\lim\limits_{x \to a}(u(x)+c) = \lim\limits_{x \to a} u(x) + c$

(3) $\lim\limits_{x \to a}(u(x))^2 = (\lim\limits_{x \to a} u(x))^2$

(4) $\lim\limits_{x \to a} \frac{1}{v(x)} = \frac{1}{\lim\limits_{x \to a} v(x)}$ für $\lim\limits_{x \to a} v(x) \neq 0$

3.
Stelle selbst weitere Grenzwertsätze ähnlich wie in Aufgabe 2 auf. Beweise sie durch Zurückführen auf die Grenzwertsätze für Funktionen und gib eine ausführliche Formulierung an.

Übungen

4.

Bestimme folgende Grenzwerte:

a) $\lim\limits_{x\to 2}(3x^4+2x-7)$

b) $\lim\limits_{x\to 4}(2x^3-x+2)$

c) $\lim\limits_{x\to 3}((2x+4)\cdot(7x+3))$

d) $\lim\limits_{x\to -2}((3x^2-1)\cdot(4x+2))$

e) $\lim\limits_{x\to 1}(2x+1)^2$

g) $\lim\limits_{x\to -2}(3x+6)^2$

h) $\lim\limits_{x\to 2}(4x^3-6x^2-3)^2$

i) $\lim\limits_{x\to 1}\frac{3x^2-1}{2x-1}$

j) $\lim\limits_{x\to 0}\frac{7x+1}{3x+2}$

k) $\lim\limits_{x\to 4}\frac{2x-\frac{1}{2}}{2x+1}\cdot\frac{3x}{(x-1)^2}$

l) $\lim\limits_{x\to \pi}\sin(x+1)$

m) $\lim\limits_{x\to \frac{\pi}{2}}(\sin x)^2$

n) $\lim\limits_{x\to \pi}\frac{\cos x}{x}$

o) $\lim\limits_{x\to 16}\frac{4\cdot\sqrt{x}-5}{3\sqrt{x}+8}$

p) $\lim\limits_{x\to 2\pi}\frac{\sqrt{x}+\sin x}{\sqrt{x}+3x^2}$

f) $\lim\limits_{x\to 0}[(4x^2+3x-5)^4\cdot(3x^2-\frac{1}{2}x-\frac{1}{5})^3+(\sqrt{x}+1)^2]$

5.

Gib ein Beispiel dafür an, daß $\lim\limits_{x\to a}\frac{u(x)}{v(x)}$ existiert, obgleich $\lim\limits_{x\to a}u(x)=0$ und $\lim\limits_{x\to a}v(x)=0$ ist.

Wieso liegt kein Widerspruch zu dem Grenzwertsatz für Quotientenfunktionen vor?

3.3. Stetigkeit

3.3.1. Stetigkeit und Unstetigkeit an der Stelle a

Aufgabe

Gegeben sei die Funktion f. Die Stelle a gehöre zum Definitionsbereich von f. Bestimme $\lim\limits_{x\to a}f(x)$ und vergleiche den Grenzwert mit dem Funktionswert f(a).

a) $f(x)=3x^2+1;\quad a=2$

b) $f(x)=|\operatorname{sgn} x|;\quad a=0$

c) $f(x)=H(x)=\begin{cases}1 & \text{für } x>0\\ 0 & \text{für } x\le 0\end{cases}$ (Heavisidefunktion); $a=0$

Lösung

a) $\lim\limits_{x\to 2}f(x)=3\cdot(\lim\limits_{x\to 2}x)^2+1=13;\ f(2)=3\cdot 2^2+1=13;$ Grenzwert und Funktionswert stimmen überein.

b) Ist $\langle x_n\rangle$ eine beliebige gegen 0 konvergierende Grundfolge mit $x_n\neq 0$, dann gilt $|\operatorname{sgn} x_n|=1$.

Das heißt: $\lim\limits_{x\to 0}f(x)=\lim\limits_{x\to 0}|\operatorname{sgn} x|=1$.

Andererseits ist $f(0)=|\operatorname{sgn} 0|=0$.

Grenzwert und Funktionswert stimmen *nicht* überein.

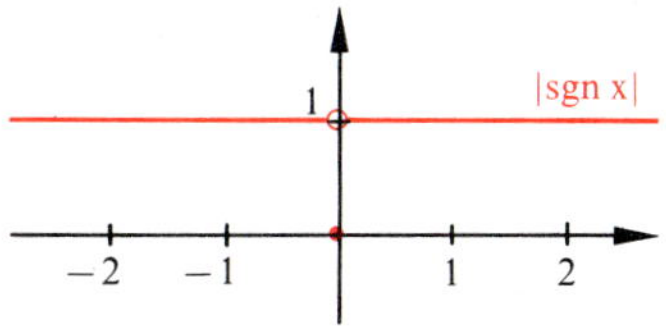

c) Wir wählen einmal die Grundfolge $\langle x_n\rangle=\left\langle -\frac{1}{n}\right\rangle$ und einmal $\langle x_n\rangle=\left\langle\frac{1}{n}\right\rangle$. Im ersten Fall ist $H(x_n)=0$ $\left(\text{weil } x_n=-\frac{1}{n}<0\right)$.

Im zweiten Fall ist $H(x_n)=1$ $\left(\text{weil } x_n=\frac{1}{n}>0\right)$.

Die beiden Folgen konvergieren gegen *verschiedene* Grenzwerte, nämlich 0 und 1. $\lim\limits_{x\to 0}H(x)$ existiert nicht.

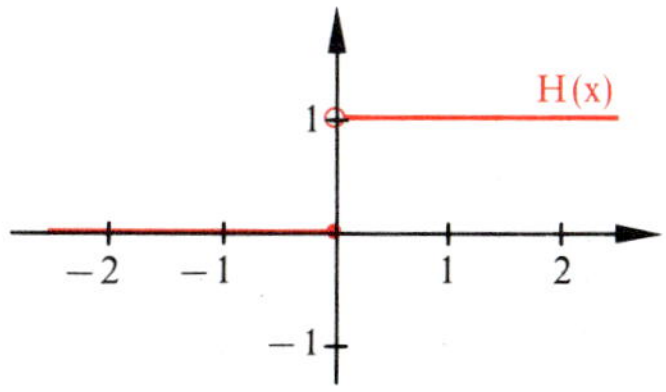

Information: *Stetigkeit an der Stelle a*

Betrachte die Ergebnisse der Aufgabe Seite 117.
Im Falle des Beispiels a) stimmen Grenzwert der Funktion an der Stelle a und Funktionswert an derselben Stelle überein. Die Funktion heißt dann *an der Stelle a stetig.*
In den anderen Fällen, wie im Beispiel b), in denen Grenzwert und Funktionswert voneinander verschieden sind, oder wie im Beispiel c), bei dem der Grenzwert nicht einmal existiert, heißt die Funktion *an der Stelle a unstetig.*

Definition 5
Die Funktion f sei an der Stelle a definiert. Sie heißt dann **an der Stelle a stetig**, falls $\lim\limits_{x\to a} f(x)$ existiert und $\lim\limits_{x\to a} f(x)=f(a)$ ist. Andernfalls heißt die Funktion *an der Stelle a unstetig.*

Die obige Definition der Stetigkeit einer Funktion f an der Stelle a ist nur für eine Stelle a ausgesprochen, die *nicht* isoliert zum Definitionsbereich von f liegt, denn sonst ist $\lim\limits_{x\to a} f(x)$ nicht definiert.

Liegt die Stelle a isoliert zum Definitionsbereich, so bezeichnet man die Funktion f üblicherweise auch an dieser Stelle als stetig. Dies kommt aber im folgenden nicht vor.

Zum Weiterarbeiten

1.
Zeige mit Hilfe der Definition **5**, daß die Funktion an jeder Stelle a ihres Definitionsbereiches stetig ist.

a) $x \mapsto x$ **b)** $x \mapsto \sqrt{x}$ **c)** $x \mapsto \sin x$
d) $x \mapsto \cos x$ **e)** $x \mapsto \tan x$ **f)** $x \mapsto c$

Die Funktion f mit $f(x)=x^2$ ist an jeder Stelle a stetig, denn es gilt:
$\lim\limits_{x\to a} f(x)=\lim\limits_{x\to a} x^2=(\lim\limits_{x\to a} x)^2=a^2=f(a)$

2.
Warum ist die Funktion f an der Stelle a weder stetig noch unstetig?

a) $f(x)=\frac{1}{x}$; $a=0$ **b)** $f(x)=\sqrt{x}$; $a=-1$ **c)** $f(x)=\frac{1}{x-4}$; $a=4$ **d)** $f(x)=\sin\frac{1}{x}$; $a=0$

3.
a) Die Funktion $x \mapsto \frac{x^2-1}{x-1}$ ist an der Stelle 1 nicht definiert. Sie hat dort eine Lücke. Welchen Funktionswert muß man für $x=1$ festsetzen, damit die dadurch erweiterte Funktion an der Stelle 1 stetig ist (sog. *stetige Erweiterung* an der Stelle 1)?

b) Verfahre ebenso mit folgenden Funktionen: (1) $x \mapsto \frac{x^2-4}{x+2}$ (2) $x \mapsto \frac{\sin x}{x}$

Übungen

4.
Zeige mit Hilfe der Grenzwertsätze, daß die Funktion f an der Stelle a (a beliebig aus dem Definitionsbereich von f) stetig ist.

a) $f(x)=3x^2+4x+5$ **c)** $f(x)=\frac{1}{4}x^3-4x+1$ **e)** $f(x)=\frac{x^2-2x+1}{(x-7)\cdot(x+3)}$
b) $f(x)=7x^4-2x^2+1$ **d)** $f(x)=(7x^2-1)\cdot(4x+2)$

5.
Zeige, daß die Funktion f an der Stelle a unstetig ist (vgl. Seite 12).

a) $f(x)=2\,\mathrm{INT}(x)$; $a=0$ **c)** $f(x)=\mathrm{INT}(x^2)$; $a=\sqrt{2}$ **e)** $f(x)=\begin{cases} x+4 & \text{für } x\geq -3 \\ 4-x & \text{für } x<-3 \end{cases}$; $a=-3$
b) $f(x)=(\mathrm{INT}(x))^2$; $a=2$ **d)** $f(x)=[\mathrm{INT}(x)]^{-1}$; $a=3$ **f)** $f(x)=x-H(x)$; $a=0$

○ **6.**
Untersuche, ob die Funktion f an der Stelle a stetig ist.

a) $f(x)=x\cdot H(x);\quad a=0$
b) $f(x)=x^2\cdot \operatorname{sgn} x;\quad a=0$
c) $f(x)=x+\operatorname{sgn} x;\quad a=0$
d) $f(x)=x+H(x);\quad a=0$
e) $f(x)=\begin{cases}\sqrt{x} & \text{für } x\geq 4\\ \frac{1}{4}x+1 & \text{für } x<4\end{cases};\quad a=4$
f) $f(x)=\begin{cases}\sqrt{x-1} & \text{für } x>1\\ \sqrt{1-x^2} & \text{für } x\in[-1;1]\end{cases};\quad a=1$

○ **7.**
Gib an, wo die Funktion f stetig und wo sie unstetig ist.

a) $f(x)=5x^2+1$ **b)** $f(x)=\operatorname{INT}(x)$ **c)** $f(x)=H(x)$ **d)** $f(x)=\operatorname{sgn} x$ **e)** $f(x)=|x|$

△ **8.**
Wo ist die Funktion f weder stetig noch unstetig?

a) $f(x)=\frac{1}{H(x)}$ **b)** $f(x)=\frac{1}{\operatorname{sgn} x}$ **c)** $f(x)=\frac{1}{|x|}$ **d)** $f(x)=\frac{x+1}{x^2-1}$ **e)** $f(x)=\frac{|x|}{x}$

△ **9.**
Wo ist die Funktion f stetig, wo unstetig, wo weder stetig noch unstetig?

a) $f(x)=\frac{H(x-2)}{H(x)}$ **b)** $f(x)=\frac{\sqrt{|x|}}{\operatorname{sgn} x}$ **c)** $f(x)=\sqrt{\operatorname{INT} x}$ **d)** $f(x)=\frac{\sqrt{x}}{\operatorname{sgn} x}$

△ **10.**
a) Zeige, daß die Funktion f an allen Stellen unstetig ist: $f(x)=\begin{cases}1 & \text{für x rational}\\ 2 & \text{für x irrational}\end{cases}$

b) Gib weitere Funktionen an, die an allen Stellen ihres Definitionsbereichs unstetig sind.

3.3.2. Sätze über stetige Funktionen

Bisher wissen wir schon:

> **Satz 3**
> Folgende Funktionen sind an jeder Stelle ihres Definitionsbereichs stetig:
> $x\mapsto x;\quad x\mapsto c;\quad x\mapsto x^2;\quad x\mapsto\sqrt{x};\quad x\mapsto\sin x;\quad x\mapsto\cos x;\quad x\mapsto\tan x$

Die Stetigkeit weiterer Funktionen kann man mit Hilfe des folgenden Satzes erschließen.

Aufgabe

Der Grenzwert einer Funktion f an der Stelle a und die Stetigkeit von f an der Stelle a hängen eng zusammen. Daher folgen aus den Grenzwertsätzen für Funktionen sofort Sätze über stetige Funktionen. Formuliere diese Sätze und beweise sie mit Hilfe der Grenzwertsätze für Funktionen.

Lösung

> **Satz 4**
> Die Funktionen u und v seien in einem gemeinsamen Intervall definiert, zu dem die Stelle a gehört. Die Funktionen u und v seien an der Stelle a stetig. Dann sind auch die Funktionen
> (1) f mit $f(x)=u(x)+v(x)$, (2) g mit $g(x)=u(x)-v(x)$, (3) h mit $h(x)=u(x)\cdot v(x)$,
> (4) k mit $k(x)=\frac{u(x)}{v(x)}$ (sofern $v(a)\neq 0$) an der Stelle a stetig.

Beweis von Satz **4**, *Teil (1):*

Da die Funktionen u und v stetig sind, existiert $\lim\limits_{x \to a} u(x)$ und $\lim\limits_{x \to a} v(x)$, und es gilt:

$\lim\limits_{x \to a} u(x) = u(a)$ und $\lim\limits_{x \to a} v(x) = v(a)$

Nach dem Grenzwertsatz für Summenfunktionen (Seite 116) existiert dann auch $\lim\limits_{x \to a} f(x)$, und es gilt:

$\lim\limits_{x \to a} f(x) = \lim\limits_{x \to a} (u(x) + v(x)) = \lim\limits_{x \to a} u(x) + \lim\limits_{x \to a} v(x) = u(a) + v(a) = f(a)$

d.h.: Die Summenfunktion f ist an der Stelle a stetig.

Die Beweise der anderen Teile von Satz **4** verlaufen entsprechend.

Zum Weiterarbeiten

1.

Zeige mit Hilfe von Satz **4**: Wenn die Funktion u an der Stelle a stetig ist, so auch die Funktion

(1) f mit $f(x) = (u(x))^2$, (2) g mit $g(x) = (u(x))^3$, (3) h mit $h(x) = (u(x))^n$.

2.

Zeige mit Hilfe von Satz **4**, daß folgende Funktion an jeder Stelle ihres Definitionsbereichs stetig ist:

a) $x \mapsto 3x^2 + 4x + 5$ **c)** $x \mapsto \frac{3x+4}{7x-8}$ **e)** $\dot{x} \mapsto \frac{1}{\sqrt{x}}$

b) $x \mapsto ax^2 + bx + c$ **d)** $x \mapsto \frac{1}{x}$ **f)** $x \mapsto \frac{1}{\sin x}$

g) Jede ganzrationale Funktion $x \mapsto a_n x^n + a_{n+1} x^{n+1} + \ldots + a_2 x^2 + a_1 x + a_0$.

h) Jede gebrochen rationale Funktion.

Definition 6

Eine Funktion heißt stetig, wenn sie an jeder Stelle ihres Definitionsbereichs stetig ist.

Satz 5

Jede ganzrationale Funktion und jede gebrochen rationale Funktion ist stetig.

Übungen

3.

Zeige mit Hilfe von Satz **4** die Stetigkeit an der Stelle a.

a) $x \mapsto 3x^2 + 4x + 5$; $a = 4$

b) $x \mapsto \sin x + \cos x$; $a = 5$

c) $x \mapsto 3\sin^2 x - 4\cos^2 x + 5\sqrt{x}$; a beliebig

d) $x \mapsto \frac{\sqrt{x} + \sin x}{x}$; $a \neq 0$

4.

Beweise mit Hilfe von Satz **4**: Wenn die Funktion u an der Stelle a stetig ist, dann ist auch die Funktion f an der Stelle a stetig.

a) $f(x) = u(x) + c$ **b)** $f(x) = c \cdot u(x)$ **c)** $f(x) = \frac{1}{u(x)}$ (falls $u(a) \neq 0$)

3.3.3. Verhalten einer stetigen Funktion in einer Umgebung der Stelle a

Aufgabe

Die Funktion f sei an der Stelle a stetig, und es sei $f(a)>0$. Wir wissen, daß dann der Graph von f an der Stelle a keinen Sprung machen kann. Welches Vorzeichen können die Funktionswerte in einer Umgebung der Stelle a haben?
Formuliere das Ergebnis in einem Satz und beweise ihn.

Lösung

Da kein Sprung an der Stelle a vorliegt, müssen auch die Funktionswerte in einer Umgebung von a positiv sein.

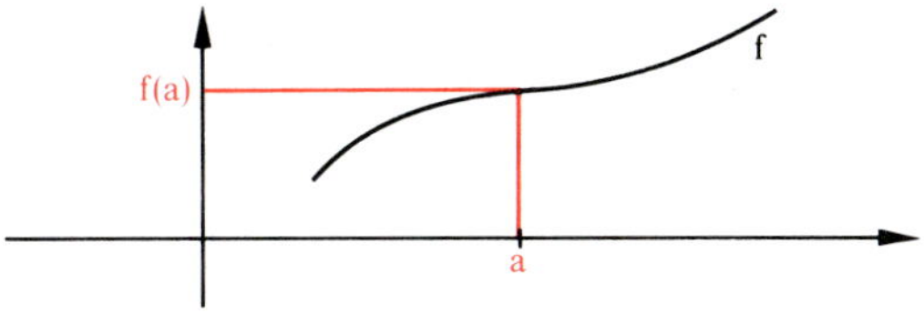

Satz 6
Die Funktion f sei an der Stelle a stetig, und es sei $f(a)>0$. Dann gibt es eine Umgebung U(a), in der die Funktionswerte von f ebenfalls positiv sind.

Beweis: Angenommen, es gäbe *keine* Umgebung U(a), in der alle Funktionswerte von f positiv sind. Dann wählen wir eine Folge von Umgebungen $U_n(a)$, die sich auf a zusammenziehen. Das bedeutet, daß die Folge der Intervall-Längen gegen 0 konvergiert. In jeder der Umgebungen $U_n(a)$ gibt es eine Stelle x_n mit $f(x_n)\le 0$. Die x_n bilden dann eine Folge, die gegen a konvergiert.
Wegen der Stetigkeit von f an der Stelle a folgt dann:

$$\lim_{n\to\infty} f(x_n)=f(a)$$

Weil $f(x_n)\le 0$ (für alle n), ist auch $\lim\limits_{n\to\infty} f(x_n)\le 0$, denn eine Folge, die keine positiven Glieder hat, kann keinen positiven Grenzwert haben. Um einen positiven Grenzwert könnte man nämlich eine Umgebung legen, die ganz im positiven Bereich liegen würde. In ihr müßten dann unendlich viele Glieder der Folge liegen. Das ist jedoch nicht möglich, weil die Glieder nicht positiv sind. Es gilt also $\lim\limits_{n\to\infty} f(x_n)\le 0$.

Wegen $\lim\limits_{n\to\infty} f(x_n)=f(a)$ ist auch $f(a)\le 0$.

Das widerspricht aber der Voraussetzung $f(a)>0$. Es muß also eine Umgebung U(a) mit $f(x)>0$ für $x\in U(a)$ geben.

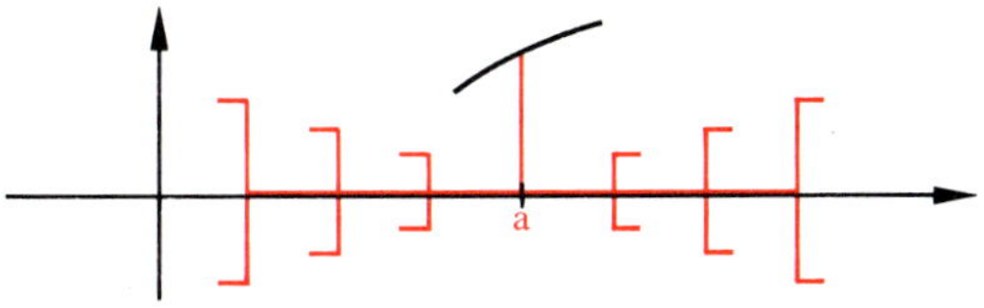

Übungen

1.
Gegeben ist die stetige Funktion f mit $f(a)>0$. Gib eine Umgebung U(a) an, für die gilt: $f(x)>0$ für $x\in U(a)$.

a) $f(x)=x^2$; $a=2$

b) $f(x)=\frac{1}{2}x^4$; $a=-\frac{1}{2}$

c) $f(x)=\frac{1}{2}x^2-1$; $a=1{,}5$

d) $f(x)=\sin x$; $a=0{,}01$

2.
Zu Satz **6** gibt es einen entsprechenden Satz für den Fall $f(a)<0$. Formuliere diesen Satz und beweise ihn.

4. Differentialrechnung

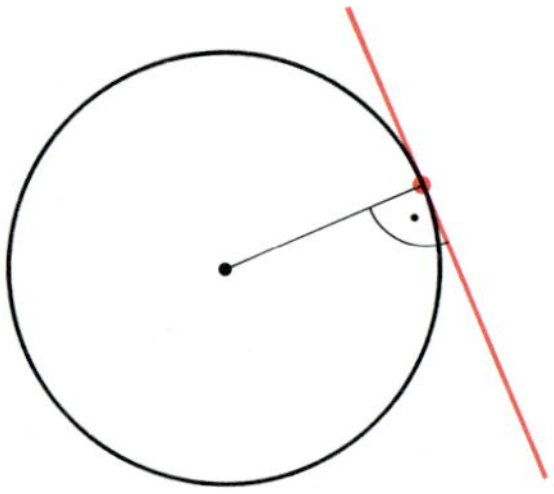

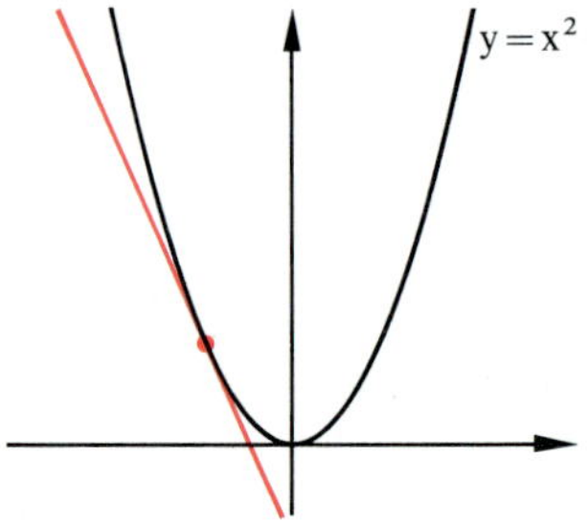

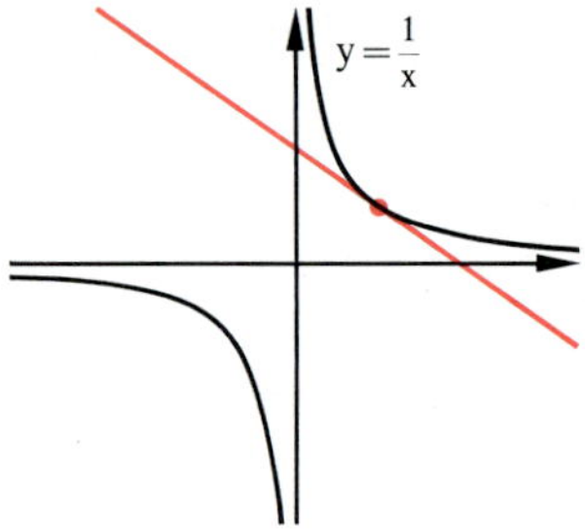

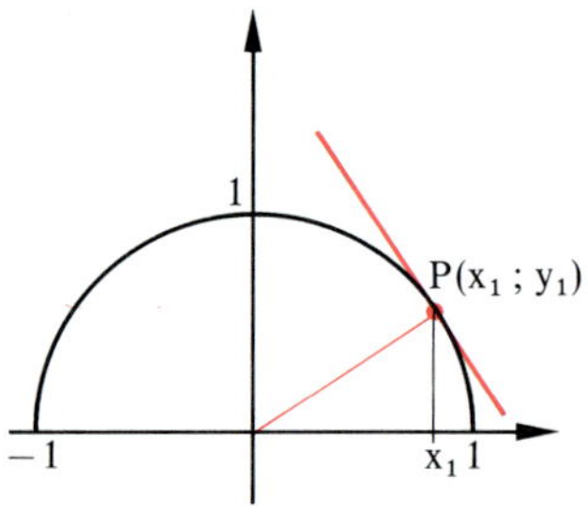

Die Tangente an einen Kreis zu zeichnen ist leicht, da sie orthogonal (senkrecht) auf dem Berührradius steht (siehe Bild oben links). Es ist auch leicht möglich, die Steigung der Tangente an den Kreis zu berechnen. Der Halbkreis rechts hat beispielsweise die Gleichung: $y=\sqrt{1-x^2}$ (vgl. Seite 9).

Die Steigung des Berührradius ist $\frac{y_1}{x_1}$. Für die Steigung m_t der Tangente gilt also (vgl. Seite 20):

$$m_t \cdot \frac{y_1}{x_1} = -1, \quad \text{also} \quad m_t = -\frac{x_1}{y_1} = -\frac{x_1}{\sqrt{1-x_1^2}}.$$

Hat man aber die Steigung der Tangente, so kann man mit Hilfe der Punktsteigungsform (Seite 18) auch die Gleichung der Tangente angeben.

Wie aber bestimmt man die Tangente an eine andere Kurve, wie z.B. an die Parabel mit der Gleichung $y=x^2$ (Bild oben Mitte) oder an die Hyperbel mit der Gleichung $y=\frac{1}{x}$ (Bild oben rechts)?

Diese Frage soll in diesem Kapitel durchgängig betrachtet werden.

Das *Tangentenproblem* ist das Grundproblem der Differentialrechnung.

Dabei zeigt sich:

(1) Wenn man eine Tangente zeichnen will, muß man wissen, was man unter einer Tangente versteht.

(2) Bei der Berechnung der Tangentensteigung kann man nicht so einfach wie beim Kreis verfahren. Es ist erforderlich, den Begriff des Grenzwertes zu verwenden.

(3) Die Steigung einer Tangente an den Graphen einer Funktion dient auch in vielen Anwendungssituationen zur Präzisierung von Begriffen wie Geschwindigkeit, Beschleunigung.

Dem Schwierigkeitsgrad entsprechend beginnen wir zunächst mit der Berechnung der Tangentensteigung.

Ziel des Kapitels: Wir wollen

- den Begriff der Tangente präzisieren;
- Verfahren zur Berechnung der Steigung einer Tangente an den Graphen einer Funktion entwickeln;
- die Tangentensteigung zur Klärung und Präzisierung von Begriffen in Anwendungssituationen verwenden.

4.1. Berechnen der Tangentensteigung bei bestimmten Funktionsgraphen

4.1.1. Steigung eines Funktionsgraphen in einem Punkt

Aufgabe

In Segelflugzeugen sind häufig automatisch arbeitende Schreiber eingebaut, die den Graphen der Funktion *Zeitpunkt* t → *Flughöhe zum Zeitpunkt* t aufzeichnen.

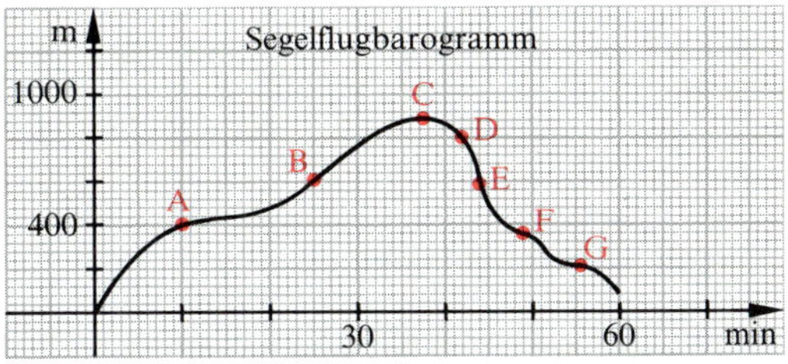

a) Vergleiche die Steigung des Graphen im Punkt A mit der Steigung des Graphen im Punkt B. Vergleiche entsprechend die Steigungen des Graphen in den Punkten E und G.

b) Erkläre, warum man von der Steigung des Graphen in einem Punkt sprechen muß.

c) Versuche, ein Maß für die Steigung des Graphen in einem Punkt zu definieren und bestimme aus der Zeichnung die Steigung im Punkt A und im Punkt B.

Lösung

a) Die Steigung des Graphen im Punkt B ist größer als die Steigung des Graphen im Punkt A. Die Steigungen in den Punkten E und G sind negativ; dabei ist die Steigung des Graphen im Punkt E kleiner als die Steigung des Graphen im Punkt G.

b) Die Steigung eines Graphen ist nicht überall gleich. Deshalb muß der Punkt angegeben werden, in dem die Steigung betrachtet wird.
Bei einer Geraden ist die Steigung überall gleich. Man kann daher von der Steigung der Geraden (ohne Angabe eines Punktes) sprechen.

c) Folgende Definition scheint vernünftig zu sein:

Definition 1
Die Steigung eines Funktionsgraphen in einem Punkt P ist gleich der Steigung der Tangente an den Graphen in diesem Punkt P.

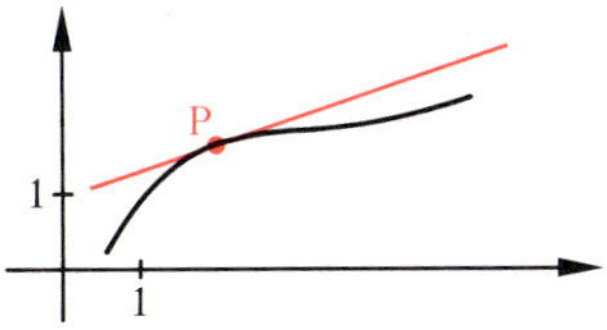

Hierbei ist eine Tangente zunächst anschaulich als eine Gerade definiert, die sich dem Graphen in einer Umgebung des Berührpunktes möglichst gut anschmiegt.

Durch diese Definition ist die Steigung eines Graphen in einem Punkt zurückgeführt auf die Steigung einer Geraden.

Zur Bestimmung der Steigung des Graphen in den Punkten A und B zeichnen wir jeweils eine Gerade durch diese Punkte, die sich dem Graphen möglichst gut anpaßt. Wir erhalten:

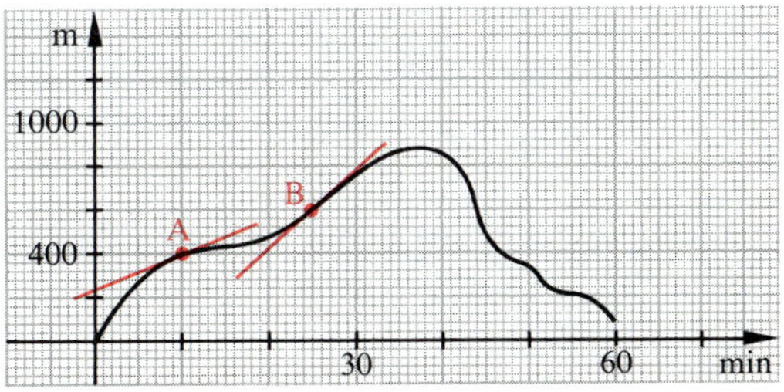

Steigung bei A $= \frac{160 \text{ m}}{10 \text{ min}} = 16$ m/min

Steigung bei B $= \frac{200 \text{ m}}{5 \text{ min}} = 40$ m/min

Zum Weiterarbeiten

1.

Betrachte das Segelflugbarogramm in der Einstiegsaufgabe.

a) Welches Vorzeichen hat die Steigung des Graphen im Punkt D, welches im Punkt B?

b) Wie groß ist die Steigung des Graphen jeweils in den Punkten C und E?

c) Welches Vorzeichen hat die Steigung eines Graphen dort, wo er bergauf [bergab] verläuft?

2.

Bestimme die Steigung des Graphen in den Punkten P_1, P_2, P_3, P_4 und P_5. An den Graphen ist bereits die Tangente gezeichnet.

(1)

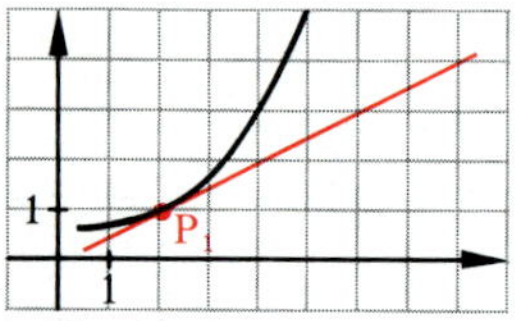

(2)

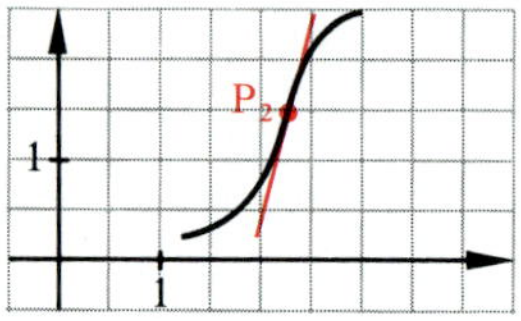

(3)

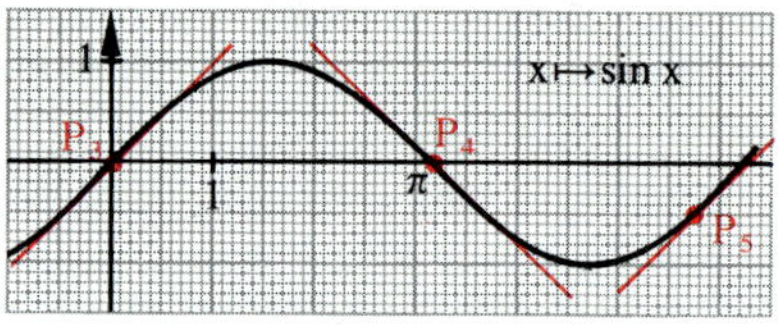

Anmerkung: Das Bestimmen der Steigung eines Graphen in einem Punkt mit Hilfe einer Zeichnung heißt *zeichnerisches Differenzieren.*

3.

Berechne die Steigung des Halbkreises im Punkt P. Beachte dazu die Erläuterung auf Seite 123.

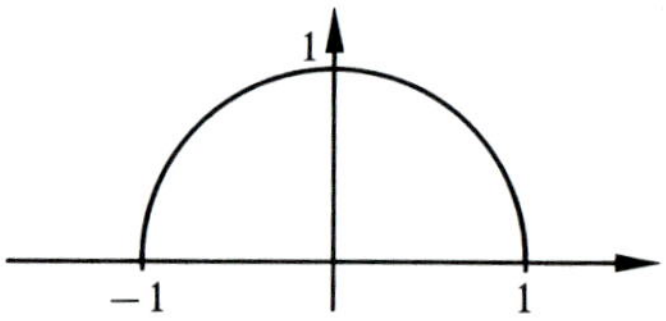

a) $P(0; y)$ **c)** $P(-\frac{1}{2}; y)$ **e)** $P(-\frac{1}{2}\sqrt{3}; y)$

b) $P(\frac{1}{2}; y)$ **d)** $P(\frac{1}{2}\sqrt{2}; y)$ **f)** $P(x; y)$

4.

Die Tangente an den Funktionsgraphen im Punkt P ist orthogonal (senkrecht) zur 1. Achse.
Warum ist für den Graphen im Punkt P keine Steigung definiert?

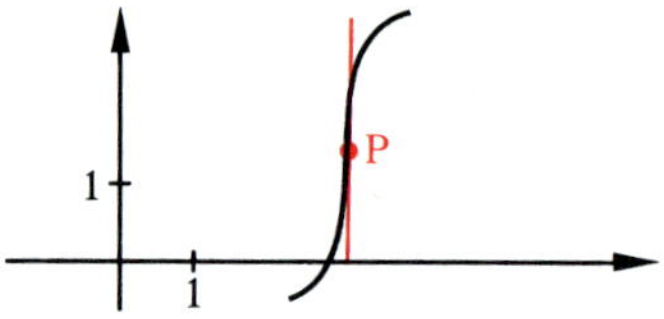

Information

(1) *Zielsetzung der weiteren Überlegungen*

Die Tangente ist bisher nur anschaulich als eine Gerade definiert, die sich dem Graphen in einer Umgebung des Berührpunktes besonders gut anschmiegt. Deswegen konnte die Steigung eines Graphen in einem Punkt P auch nur in wenigen Einzelfällen berechnet werden. Das ist unbefriedigend. Es muß daher unser Ziel sein, eine exakte Definition der Tangente zu geben, die auch eine *Berechnung* (und nicht nur eine zeichnerische Bestimmung) der Steigung gestattet.

(2) *Verschiedene Lagen der Tangente in einem Punkt*

Die Tangente an einen Funktionsgraphen kann

a)	b)	c)
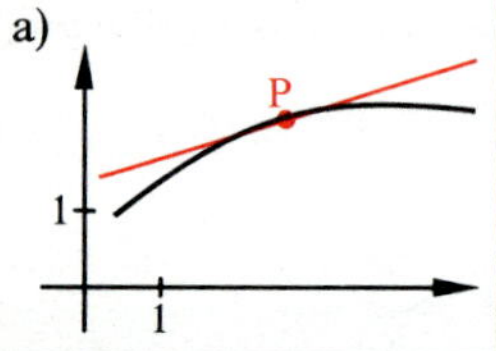	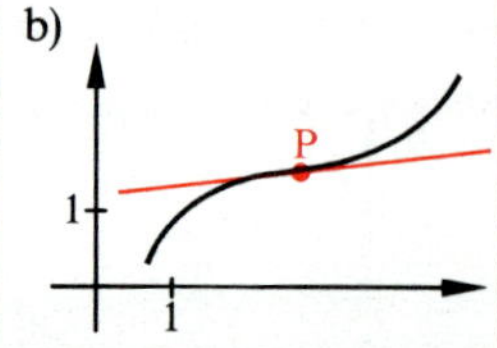	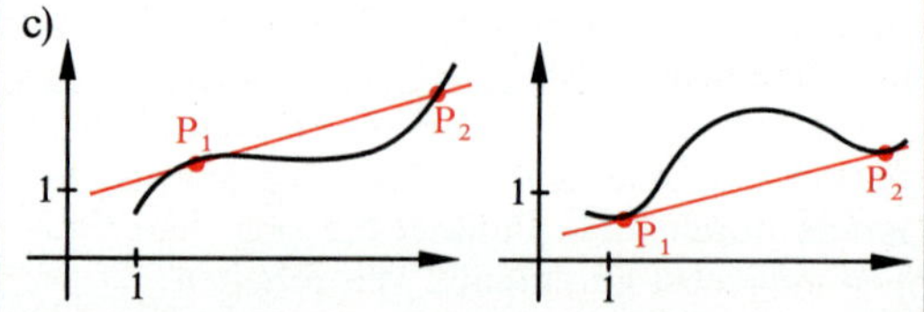
mit dem Graphen nur einen Punkt gemeinsam haben.	den Graphen durchsetzen.	den Graphen noch in einem zweiten oder weiteren Punkt schneiden oder berühren.

Übungen

5.

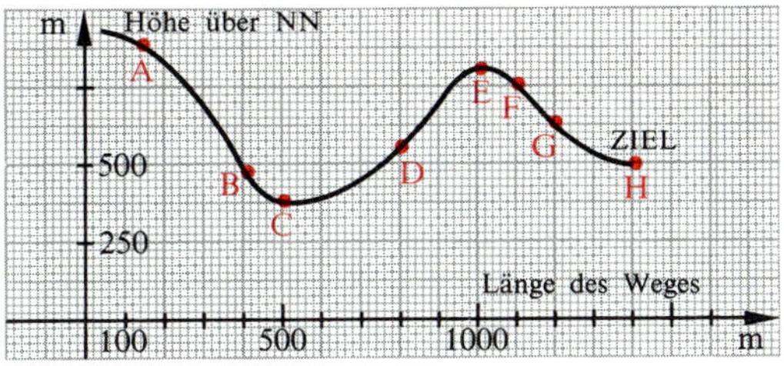

a) Vergleiche die Steigungen des Graphen in den Punkten A und B; C und D; E und F; G und H.

b) In welchen Punkten ist die Steigung des Graphen Null?

c) Gib an, in welchem Bereich die Steigung positiv [negativ] ist.

d) In welchen der markierten Punkte ist die Steigung des Graphen am größten [am kleinsten]?

6.

Zeichne einen Funktionsgraphen, für den beim Durchlaufen von links nach rechts gilt:

a) Vom Punkt A bis zum Punkt B ist die Steigung positiv. Im Punkt B ist die Steigung Null. Vom Punkt B bis zum Punkt C ist die Steigung negativ.

b) Vom Punkt A bis zum Punkt B ist die Steigung negativ. Im Punkt B ist die Steigung Null. Von B bis C ist die Steigung positiv. Von C bis D ist sie überall gleich, und zwar positiv.

c) Die Steigung ist immer negativ, wird aber immer größer.

7.

Lies die Steigung des Graphen in P ab.

a)

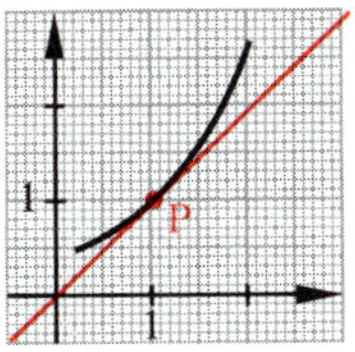

b)

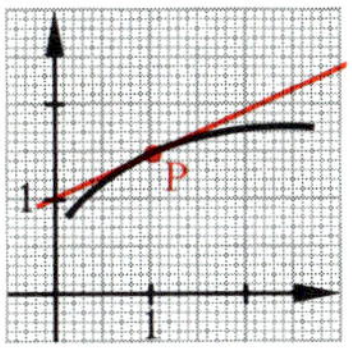

c)

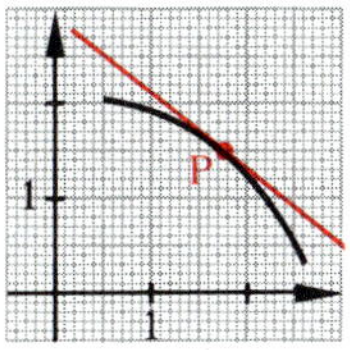

d)

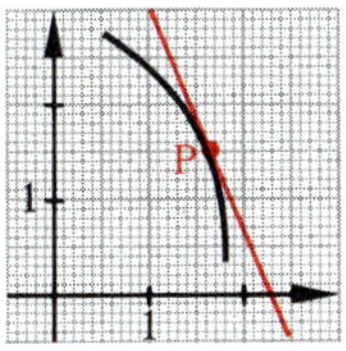

8.

Zeichne den Graphen; bestimme durch zeichnerisches Differenzieren die Steigung in P.

a) $x \mapsto x^2$; $P(1; 1)$ $[P(2; 4); P(-1; 1)]$

b) $x \mapsto x^3$; $P(1; 1)$ $[P(0; 0); P(0{,}5; 0{,}125)]$

c) $x \mapsto \cos x$; $P(0; 1)$ $[P(\frac{\pi}{2}; 0); P(-\frac{\pi}{2}; 0)]$

9.

Zeichne einen Funktionsgraphen, der im Punkt $P(1; 2)$ die Steigung m hat.

a) $m = 1$ **b)** $m = -1$ **c)** $m = \frac{1}{2}$ **d)** $m = 2$ **e)** $m = -2$ **f)** $m = -\frac{1}{2}$

10.

Berechne die Steigung des Graphen der Funktion im angegebenen Punkt. Nutze die Symmetrie des Graphen aus.

a) $x \mapsto \frac{1}{x}$; $P(1; 1)$ $[P(-1; -1)]$ **b)** $x \mapsto -\frac{1}{x}$; $P(-1; 1)$ $[P(1; -1)]$

11.

Gegeben sind die Graphen der Funktionen $x \mapsto x^2$ und $x \mapsto x^2 + 4$. Vergleiche die Steigungen in Punkten der beiden Graphen, die dieselbe Abszisse haben.

12.

Skizziere einen Funktionsgraphen, für den folgendes gilt:

a) Die Steigung im Punkt P ist gleich 1. Der Graph verläuft oberhalb der Tangente.

b) Die Steigung im Punkt P ist gleich -1 [0]. Die Tangente durchsetzt den Graphen.

c) Die Steigung im Punkt P ist gleich $-\frac{1}{3}$. Die Tangente schneidet [berührt] den Graphen noch in einem weiteren Punkt.

d) Die Steigung im Punkt P ist nicht definiert.

4.1.2. Berechnen der Tangentensteigung beim Graphen der Funktion $x \mapsto x^2$

Aufgabe

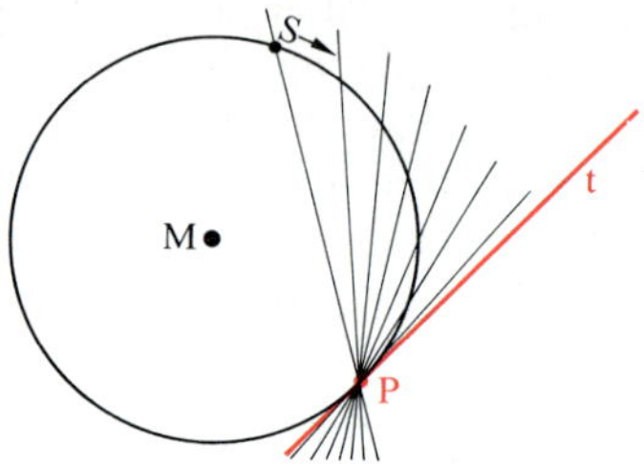

Im Bild rechts ist durch die Punkte P und S des Kreises die Sekante gezeichnet. Läßt man S auf P zuwandern, so wird aus der Sekante im Grenzfall die Tangente.
Versuche entsprechend die Steigung der Tangente an den Graphen der Funktion $x \mapsto x^2$ zu bestimmen

a) im Punkt P(1; 1); **b)** im Punkt $P(a; a^2)$.

Lösung

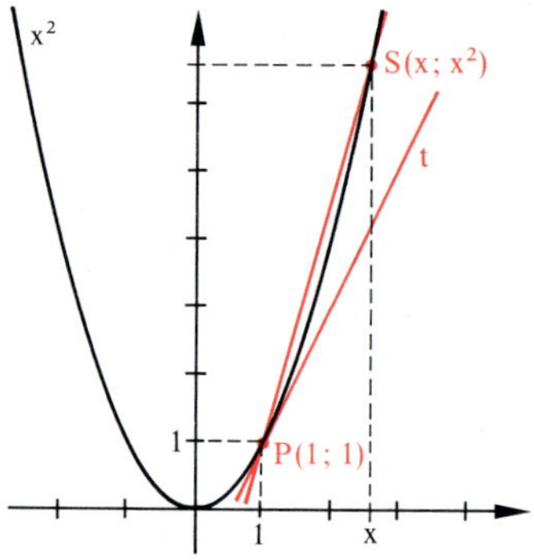

a) Eine Sekante durch P schneidet den Graphen der Funktion $x \mapsto x^2$ noch in einem weiteren Punkt $S(x; x^2)$.
Sie hat die Steigung:
$m_s = \frac{x^2-1}{x-1}$

Die Tabelle gibt die Steigung m_s für verschiedene Werte von x in der Nähe von 1 an:

x	1,1	1,01	1,001	1,0001	…	0,9999	0,999	0,99	0,9
m_s	2,1	2,01	2,001	2,0001	…	1,9999	1,999	1,99	1,9

Für $x=1$ liefert die Formel keine Steigung, weil Zähler und Nenner 0 werden. Für $x=1$ fallen aber auch P und S zusammen. Es gibt keine Sekante. Für $x \neq 1$ gilt:

$$m_s = \frac{x^2-1}{x-1} = \frac{(x-1)\cdot(x+1)}{x-1} = x+1$$

Die Formel gilt auch, falls der Punkt S links von P liegt. In diesem Fall ist $x<1$.
Liegt der Punkt S rechts (links) von P, so ist die Sekantensteigung größer (kleiner) als 2.

Wir stellen uns jetzt vor, daß sich der Punkt S auf dem Graphen auf den Punkt P zubewegt. Der Wert von x unterscheidet sich dann immer weniger von der Zahl 1.
An der Formel $m_s = x+1$ (für $x \neq 1$) erkennt man, daß sich die Sekantensteigung m_s dann immer weniger von der Zahl 1+1, also 2 unterscheidet. Bei dieser Bewegung des Punktes S auf P zu nähert sich die Sekante immer mehr der Tangente.
Die Zahl 2 ist offenbar die gesuchte Steigung der Tangente im Punkt P(1; 1).

Die Tangente im Punkt P(1; 1) hat die Steigung $m_t = 2$.

Wir schreiben: $m_t = \lim\limits_{x \to 1} m_s = \lim\limits_{x \to 1}(x+1) = 2$

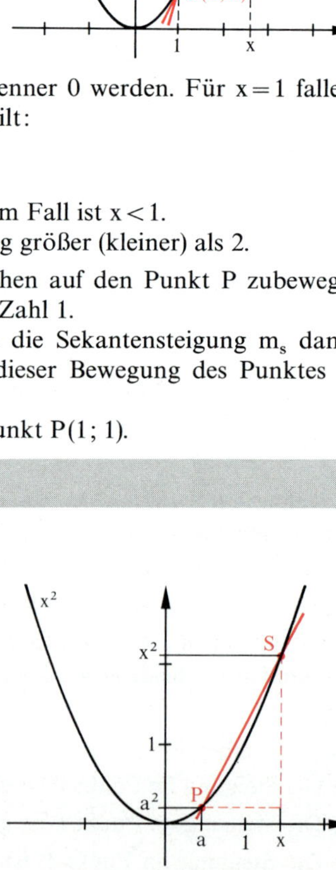

b) Die Steigung m_s der Sekante durch die Punkte $P(a; a^2)$ und $S(x; x^2)$ lautet:

$$m_s = \frac{x^2-a^2}{x-a} = \frac{(x-a)\cdot(x+a)}{x-a} = x+a \quad (\text{für } x \neq a)$$

Falls sich der Punkt S auf der Kurve auf den Punkt P zubewegt, unterscheidet sich der Wert von x immer weniger von der Zahl a, m_s also immer weniger von $a+a$, also von $2a$.
$2a$ ist der Grenzwert von m_s für x gegen a.
Wir schreiben: $m_t = \lim\limits_{x \to a} m_s = \lim\limits_{x \to a}(x+a) = 2a$.

Die Steigung m_t der Tangente im Punkt $P(a; a^2)$ beträgt $2a$.

Information

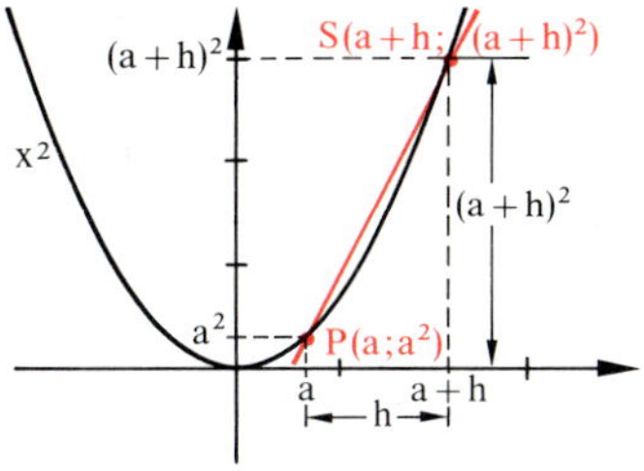

(1) *Berechnen der Tangentensteigung nach der h-Methode*

Anstelle der Variablen x kann man bei der Berechnung der Tangentensteigung auch die Koordinatendifferenz $h = x - a$ verwenden (siehe das Bild rechts). h ist positiv, falls der Punkt S rechts von P liegt; h ist negativ, falls S links von P liegt.
Für die Steigung m_s der Sekante durch P und S gilt:

$$m_s = \frac{(a+h)^2 - a^2}{h} = \frac{a^2 + 2ah + h^2 - a^2}{h} = 2a + h \quad (\text{für } h \neq 0)$$

Stellt man sich nun vor, daß S auf P zuwandert, so unterscheidet sich h immer weniger von 0 und m_s immer weniger von $2a$. Der Grenzwert von m_s für h gegen 0 ist gleich $2a$.
Daher gilt: $\lim\limits_{h \to 0} m_s = \lim\limits_{h \to 0} (2a + h) = 2a$

Die Verwendung der Koordinatendifferenz h hat manchmal rechnerische Vorteile.

△ (2) *Ergänzung: Sekantensteigungsfunktion – Schließen der Lücke im Graphen**)

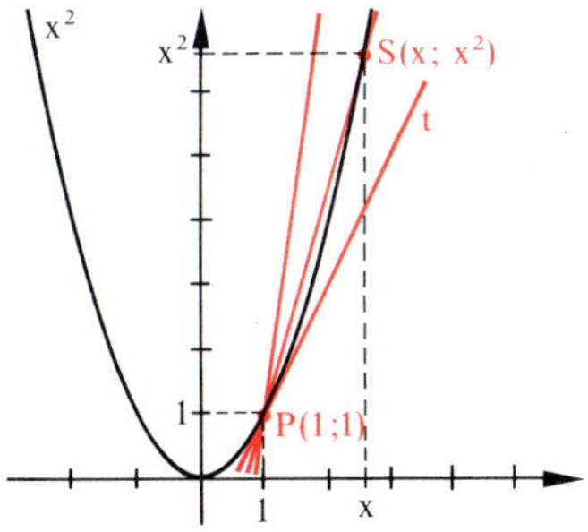

△ Wir betrachten Sekanten durch den Punkt P(1; 1) auf dem Graphen der Funktion $x \mapsto x^2$. Zu jedem x des Punktes $S(x; x^2)$ gehört dann eine Sekantensteigung. Wir erhalten eine Funktion $x \mapsto$ Sekantensteigung für $S(x; x^2)$. Sie heißt **Sekantensteigungsfunktion** sk. Es gilt: $sk(x) = x + 1$. Ihr Definitionsbereich ist $\mathbb{R} \setminus \{1\}$. Für die Sekantensteigungsfunktion kann man für x-Werte in der Nähe von 1 eine Wertetabelle anlegen:

x	1,1	1,01	1,001	1,0001	…	0,9999	0,999	0,99	0,9
sk(x)	2,1	2,01	2,001	2,0001	…	1,9999	1,999	1,99	1,9

△ *Der Graph der Sekantensteigungsfunktion* liegt auf einer Geraden mit der Steigung 1; er hat wegen $x \neq 1$ an der Stelle 1 eine Lücke.

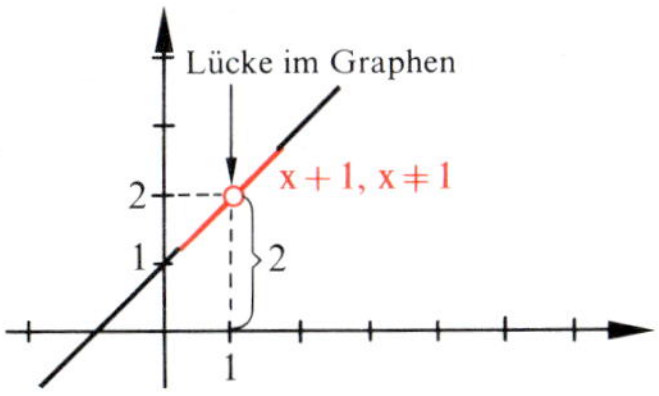

△ Es genügt, den Graphen in einer Umgebung der Stelle 1 zu zeichnen (in der Zeichnung rot).
△ Ordnet man der Stelle 1 die Zahl 2 zu, so wird offenbar die Lücke im Graphen der Sekantensteigungsfunktion geschlossen. Ein von 2 verschiedener Wert leistet dies nicht.
△ Die Zahl 2 wird gelegentlich auch *Lückenwert* der Sekantensteigungsfunktion genannt.
△ *Achtung:* Unterscheide die Sekantensteigungsfunktion sk von der Ausgangsfunktion (hier $x \mapsto x^2$).

Zum Weiterarbeiten

1.
Betrachte die Funktion $x \mapsto x^2$ im Einstiegsbeispiel oben.
Die Steigung m_s der Sekante durch P(1; 1) soll sich um weniger als $\frac{1}{10}$ [$\frac{1}{1000}$; ε (mit $\varepsilon > 0$)] von der Zahl 2 unterscheiden. Wie weit darf dann x, die Abszisse des Punktes S, höchstens von der Stelle 1 entfernt sein?

2.
Für welche Werte von a ist die Tangentensteigung negativ [null; positiv]? Deute das Ergebnis geometrisch am Graphen. An welcher Stelle hat die Tangentensteigung den Wert -5 [$+7$]?

3.
Gib die Gleichung der Tangente von $x \mapsto x^2$ im Punkte P(1; 1) [$P(a; a^2)$] an.

*) Diese Ergänzung liefert eine Alternative zur Lösung der Aufgabe Seite 126.

4.
Auf dem Graphen der Funktion $x \mapsto x^2$ sind die Punkte $P_1(x_1; y_1)$ und $P_2(x_2; y_2)$ gegeben. Die Steigung der Sekante durch P_1 und P_2 kann dann als *mittlere Steigung im Intervall* $[x_1; x_2]$ angesehen werden. Berechne diese mittlere Steigung für

a) $P_1(1; y_1)$ $P_2(4; y_2)$ **b)** $P_1(-3; y_1)$ $P_2(-0{,}5; y_2)$ **c)** $P_1(x_1; y_1)$ $P_2(x_2; y_2)$

△ **5.**
Berechnung der Tangentensteigung mit Hilfe von Folgen
(Diese Aufgabe kann nur behandelt werden, wenn Kapitel 2 Folgen besprochen wurde.)

$\langle x_n \rangle$ sei eine Folge von x-Werten, die gegen a konvergiere (d.h. $\lim_{n \to \infty} x_n = a$).

Zu jedem Folgenglied x_n gehört dann ein Punkt $S(x_n; x_n^2)$ und eine Sekantensteigung m_n der Sekante durch $P(a; a^2)$ und $S(x_n; x_n^2)$.

Gib m_n für den Fall an, daß $a = 2$ und $x_n = 2 + \frac{1}{n}$ sind [a und x_n beliebig sind].

Bestimme den Grenzwert der Sekantensteigungsfolge $\langle m_n \rangle$.

Übungen

6.
Gegeben ist der Punkt P auf dem Graphen der Funktion $x \mapsto x^2$. Zur Stelle x gehört der Punkt $S(x; x^2)$. Gib die Steigung der Sekante durch P und S an.

a) $P(2; y)$ **b)** $P(0{,}5; y)$ **c)** $P(-1; y)$ **d)** $P(-2; y)$ **e)** $P(0; y)$ **f)** $P(-1{,}5; y)$

7.
Bestimme die Steigung der Tangente an den Graphen der Funktion $x \mapsto x^2$ im Punkt P. Benutze das Ergebnis der Einstiegsaufgabe S. 126. Stelle auch die Gleichung der Tangente auf.

a) $P(2; 4)$ **b)** $P(-1; 1)$ **c)** $P(0; 0)$ **d)** $P(-0{,}5; y)$ **e)** $P(\sqrt{5}; y)$ **f)** $P(-\sqrt[4]{3}; y)$

8.
Bestimme die Steigung der Tangente an den Graphen der Funktion in dem angegebenen Punkt P.

a) $x \mapsto x^2 + 3$; $P(a; y)$
b) $x \mapsto x^2 - 8$; $P(a; y)$
c) $x \mapsto (x+2)^2$; $P(1; y)$
d) $x \mapsto x^2 + 2x$; $P(3; y)$
e) $x \mapsto x^2 + 2x$; $P(2; y)$
f) $x \mapsto (x-2)^2 - 6$; $P(1; y)$

9.
Berechne die Tangentensteigung im Punkt P nach der h-Methode:

a) $f(x) = x^2 + 5$; $P(2; y)$
b) $f(x) = x^2 - 6$; $P(0; y)$
c) $f(x) = 3x^2$; $P(2; y)$
d) $f(x) = 2x^2 + x$; $P(1; y)$
e) $f(x) = x^2 + 2x$; $P(2; y)$
f) $f(x) = (x-1)^2$; $P(3; y)$

10.
Bestimme die Gleichung der Tangente an den Graphen der Funktion $x \mapsto x^2$, die zu der Geraden mit der Gleichung $y = -4x + 5$ $[y = \frac{1}{4}x - 7]$ parallel ist.

4.1.3. Berechnen der Tangentensteigung bei weiteren Funktionsgraphen

Verfahren zur Bestimmung der Tangentensteigung

Die Steigung der Tangente an den Graphen einer Funktion im Punkt $P(a; f(a))$ wird nach folgendem Verfahren gewonnen:

(1) Man bestimmt die Steigung der Sekante durch die Punkte P und S des Graphen.
(2) Man läßt den Punkt S auf den Punkt P zuwandern.
(3) Die Steigung der Tangente im Punkt P ist dann der Grenzwert der Sekantensteigungen.

Bei diesem Verfahren kann man mit der Abszisse x des Punktes S oder mit der Koordinatendifferenz h rechnen.
Wenn man die Steigung der Tangente an den Graphen einer Funktion bestimmen will, muß man stets den Punkt oder die Stelle angeben, in dem bzw. an der das geschehen soll. Wir werden nach diesem Verfahren die Tangentensteigungen für verschiedene Funktionsgraphen bestimmen. Es erfaßt allerdings nicht den Fall, daß die Tangente parallel zur 2. Achse verläuft.

Aufgabe

Bestimme die Steigung der Tangente an den Graphen der Funktion f an der Stelle a.

a) $f(x)=x^3$ **b)** $f(x)=\frac{1}{x}$ $(x \neq 0)$ **c)** $f(x)=\sqrt{x}$ $(x \geq 0;\ a>0)$ **d)** $f(x)=\sin x$

Anleitung für d): Verwende die Formel $\sin x-\sin a=2\cdot\sin\frac{x-a}{2}\cdot\cos\frac{x+a}{2}$ (siehe dazu Formelsammlung bzw. Übungsaufgabe **8**, Seite 59).

Lösung

a) (1) *Steigung m_s der Sekante durch $P(a;\ a^3)$ und $S(x;\ x^3)$*

$m_s=\frac{x^3-a^3}{x-a}=x^2+xa+a^2$ (für $x \neq a$)

(2) *Steigung der Tangente im Punkt $P(a;\ a^3)$*

Wandert S auf P zu, so unterscheidet sich x immer weniger von a und damit m_s immer weniger von $a^2+a\cdot a+a^2$, also von $3a^2$.

Es gilt: $\lim\limits_{x\to a} m_s=3a^2$

$3a^2$ ist der Grenzwert von m_s für x gegen a.

Die Steigung der Tangente im Punkt P beträgt $3a^2$.

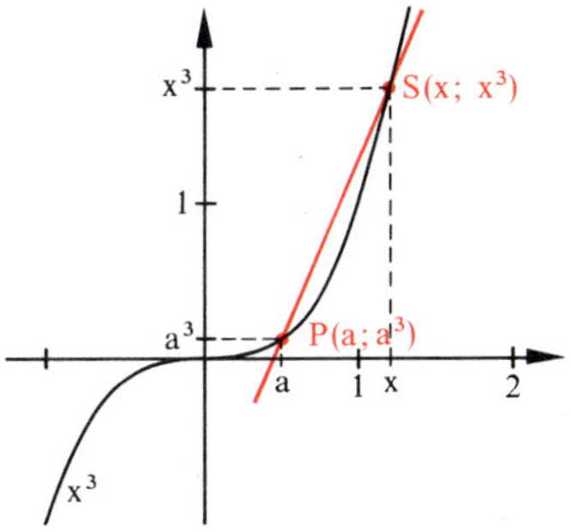

b) (1) *Steigung m_s der Sekante durch $P\left(a;\ \frac{1}{a}\right)$ und $S\left(x;\ \frac{1}{x}\right)$*

$m_s=\frac{\frac{1}{x}-\frac{1}{a}}{x-a}=\frac{\frac{a-x}{x\cdot a}}{x-a}=\frac{a-x}{x\cdot a(x-a)}=-\frac{1}{x\cdot a}$ (für $x \neq 0,\ a \neq 0,\ x \neq a$)

(2) *Steigung der Tangente im Punkt $P\left(a;\ \frac{1}{a}\right)$*

Wandert S auf P zu, so weicht x immer weniger von a und m_s immer weniger von $-\frac{1}{a\cdot a}$, also von $-\frac{1}{a^2}$ ab.

Es gilt: $\lim\limits_{x\to a} m_s=-\frac{1}{a^2}$

Die Steigung der Tangente im Punkt P beträgt $-\frac{1}{a^2}$.

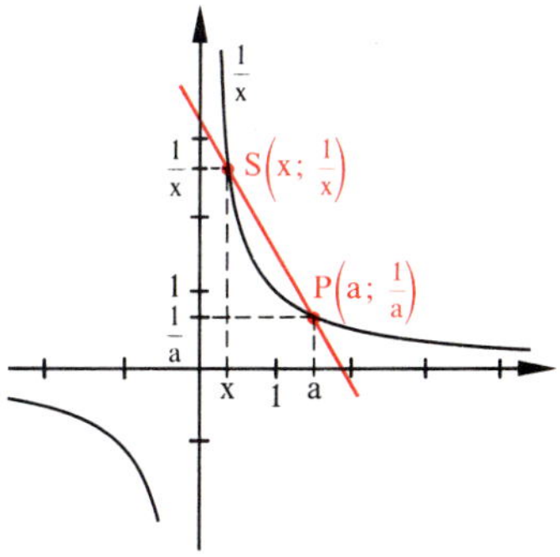

c) (1) *Steigung der Sekante durch $P(a;\ \sqrt{a})$ und $S(x;\ \sqrt{x})$*

$m_s=\frac{\sqrt{x}-\sqrt{a}}{x-a}=\frac{(\sqrt{x}-\sqrt{a})\cdot(\sqrt{x}+\sqrt{a})}{(x-a)\cdot(\sqrt{x}+\sqrt{a})}=\frac{x-a}{(x-a)(\sqrt{x}+\sqrt{a})}=\frac{1}{\sqrt{x}+\sqrt{a}}$

(für $x \neq a$, $a>0$). Hierbei wurde so umgeformt, daß $x-a$ im Nenner nicht mehr auftritt.

(2) *Steigung der Tangente im Punkt $P(a;\ \sqrt{a})$*

Wandert S auf P zu, so unterscheidet sich x immer weniger von a und damit m_s immer weniger von

$\frac{1}{\sqrt{a}+\sqrt{a}}$, also von $\frac{1}{2\cdot\sqrt{a}}$. Es gilt: $\lim\limits_{x\to a} m_s=\frac{1}{2\sqrt{a}}$

Die Steigung der Tangente im Punkt P beträgt $\frac{1}{2\sqrt{a}}$.

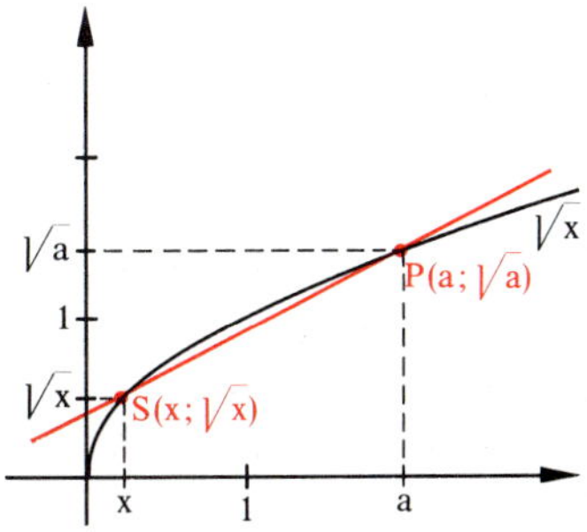

d) (1) *Die Steigung der Sekante durch $P(a; \sin a)$ und $S(x; \sin x)$*

$$m_s = \frac{\sin x - \sin a}{x - a} \quad (\text{für } x \neq a)$$

Nun gilt: $\sin x - \sin a = 2 \sin \frac{x-a}{2} \cos \frac{x+a}{2}$. Daraus folgt:

$$m_s = \frac{2 \cdot \sin \frac{x-a}{2} \cdot \cos \frac{x+a}{2}}{x-a} = \frac{\sin \frac{x-a}{2}}{\frac{x-a}{2}} \cdot \cos \frac{x+a}{2} \quad (\text{für } x \neq a)$$

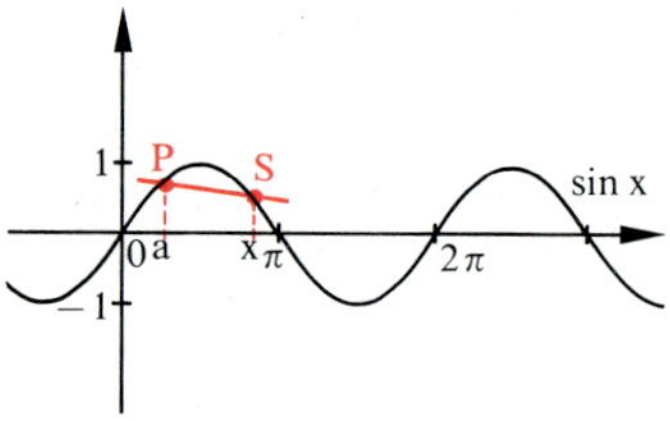

(2) *Steigung der Tangente im Punkt $P(a; \sin a)$*

Wandert S auf P zu, so unterscheidet sich x immer weniger von a. Es gilt dann:

$\lim\limits_{x \to a} \cos \frac{x+a}{2} = \cos \frac{a+a}{2} = \cos a$. Um $\lim\limits_{x \to a} \frac{\sin \frac{x-a}{2}}{\frac{x-a}{2}}$ zu berechnen, setzen wir $\frac{x-a}{2} = z$.

Wir bemerken: Falls x gegen a strebt, strebt z gegen 0. Wir müssen also $\lim\limits_{z \to 0} \frac{\sin z}{z}$ berechnen. Dieser Grenzwert ist jedoch gleich 1 (siehe Seite 109). Daher gilt:
Die Steigung der Tangente im Punkt P beträgt $\cos a$.

Zum Weiterarbeiten

1.
Gib für alle vier Funktionen in der Aufgabe S. 129 oben die Gleichung der Tangente an den Graphen an der Stelle 2 [π; a] an.

2.
An welcher Stelle des Graphen der Funktion f hat die Steigung den angegebenen Wert?

a) $f(x) = x^3$; Wert 27 [7; 0]

b) $f(x) = \frac{1}{x}$; Wert −1 [−4; −7]

c) $f(x) = x$; Wert $\frac{1}{9}$ [16; $\frac{1}{2}$; 3]

d) $f(x) = \sin x$; Wert 0 [$\frac{1}{2}$; $-\frac{1}{2}$]

3.
Welche Werte kommen bei den Steigungen der Tangenten an den Graphen der Funktion f überhaupt nicht vor? Deute dieses Ergebnis geometrisch.

a) $f(x) = x^3$ **b)** $f(x) = \frac{1}{x}$ **c)** $f(x) = \sqrt{x}$ **d)** $f(x) = \sin x$

4.
Bestimme die Steigung der Tangente an den Graphen der Funktion f an der Stelle a.

a) $f(x) = x^4$ **b)** $f(x) = \cos x$ (Verwende die Formel $\cos x - \cos a = -2 \cdot \sin \frac{x-a}{2} \cdot \sin \frac{x+a}{2}$)

△ **5.***)
Gib für alle Funktionen der Aufgabe S. 129 oben die Sekantensteigungsfunktion zur Stelle a an und zeichne ihren Graphen. Welcher Wert schließt die Lücke im Graphen? Setze $a = 2$ bzw. $a = \frac{\pi}{2}$.

Information

Als Ergebnis halten wir für wichtige Grundfunktionen fest:

Die Tangente an den Graphen der Funktion f an der Stelle a hat folgende Steigung m_t:

f(x)	x^2	x^3	x^4	$\frac{1}{x}$	$\sqrt{x}$	$\sin x$	$\cos x$
m_t	$2a$	$3a^2$	$4a^3$	$-\frac{1}{a^2}$	$\frac{1}{2\sqrt{a}}$	$\cos a$	$-\sin a$

*) Diese Aufgabe sollte nur besprochen werden, wenn die Ergänzung S. 127 behandelt worden ist.

Übungen

6.
Bestimme die Steigung der Tangente an den Graphen der Funktion $x \mapsto x^3$ $\left[x \mapsto \frac{1}{x};\ x \mapsto \sqrt{x};\ x \mapsto \sin x\right]$ an der Stelle a. Verwende dabei die h-Methode.

△ **7.**
Um weniger als welche Zahl darf die Abszisse x des Punktes S auf dem Graphen der Funktion $x \mapsto x^3$ höchstens von der Stelle a abweichen, damit die Sekantensteigung um weniger als $\frac{1}{4}$ $[\frac{1}{100};\ 10^{-5};\ \varepsilon\ (\varepsilon > 0)]$ von der Steigung der Tangente im Punkt $P(a;\ a^3)$ abweicht?

a) $a = 0$ **b)** $a = 2$ **c)** a beliebig

8.
In welchem Punkt hat die Steigung der Tangente an den Graphen der Funktion $x \mapsto x^3$ die Steigung 12 [108]? Was fällt dir auf? Erkläre das.

9.
Bestimme die Steigung der Tangente an den Graphen der Funktion f in dem angegebenen Punkt. Gib auch die Gleichung der Tangente in der Form $y = mx + b$ an.

a) $f(x) = 2x^3$; $P(2;\ y)$ $[P(-1;\ y)]$
b) $f(x) = x^3 + 5$; $P(1;\ y)$ $[P(-2;\ y)]$
c) $f(x) = x^3 + x$; $P(-1;\ y)$ $[P(2;\ y)]$
d) $f(x) = (x-2)^3$; $P(3;\ y)$ $[P(1;\ y)]$

△ **10.**
Bestimme die Steigung der Tangente an den Graphen der Funktion f an der Stelle a.

a) $f(x) = \frac{1}{x} + 2$; $a = 0{,}5$
b) $f(x) = \frac{2}{x}$; $a = 1$
c) $f(x) = \frac{1}{x} + x$; $a = 2$
d) $f(x) = \frac{1}{x} + x^2$; $a \neq 0$
e) $f(x) = \frac{1}{x} + x^3$; $a \neq 0$
f) $f(x) = \frac{1}{x^2}$; $a \neq 0$

△ **11.**
Bestimme die Steigung der Tangente an den Graphen von f in $P(a;\ y)$ mit $a > 0$.

a) $f(x) = \sqrt{x} + 3$
b) $f(x) = \sqrt{2x}$
c) $f(x) = \sqrt{x} + \frac{1}{x}$
d) $f(x) = 3\sqrt{x}$
e) $f(x) = \sqrt{x} + x$
f) $f(x) = \frac{1}{\sqrt{x}}$

△ **12.**
Gib die Gleichung der Tangente an den Graphen der Funktion f in dem angegebenen Punkt an.

a) $f(x) = \sqrt{x}$; $P(4;\ y)$ **b)** $f(x) = \sqrt{x} + x$; $P(9;\ y)$ **c)** $f(x) = 3\sqrt{x}$; $P(2;\ y)$

13.
a) Gib die Steigung der Tangente an den Graphen der Sinusfunktion [Kosinusfunktion] in den Schnittpunkten mit der 1. Achse an.
b) Wie groß ist der Winkel, den diese Tangente mit der positiven Richtung der 1. Achse bildet?

4.1.4. Vermischte Übungen

Definition 2
Unter der **Normalen** des Graphen im Punkt P versteht man die Senkrechte auf der Tangente an den Graphen im Punkt P.

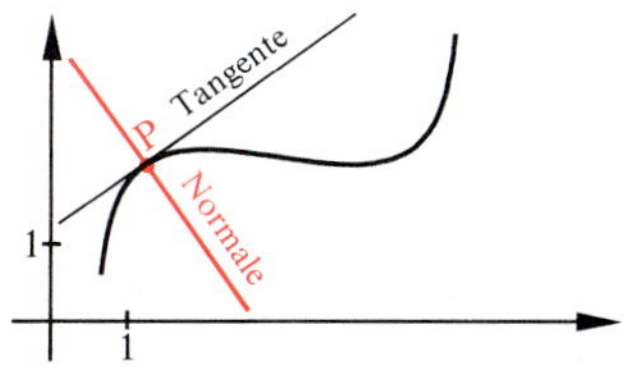

1.

Tangentenkonstruktion für die Normalparabel

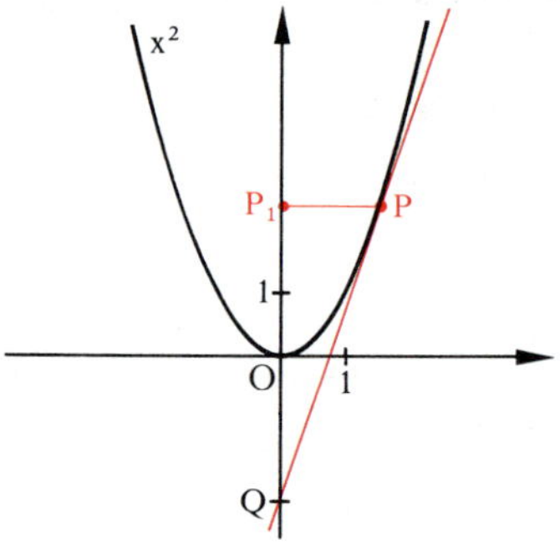

a) Man kann folgendermaßen exakt die Tangente im Punkte P an die Parabel mit der Gleichung $y=x^2$ konstruieren: Man fällt das Lot auf die zweite Achse und bestimmt Q so, daß $|OQ|=|OP_1|$ ist. Die Gerade QP ist dann die gesuchte Tangente. Zeige, daß dieses Verfahren korrekt ist.

b) Auch mit Hilfe der Normalen läßt sich eine Tangentenkonstruktion gewinnen. Bestimme dazu zunächst den Schnittpunkt der Normalen mit der zweiten Achse und beschreibe dann die Tangentenkonstruktion.

2.

Tangentenkonstruktion für die Hyperbel

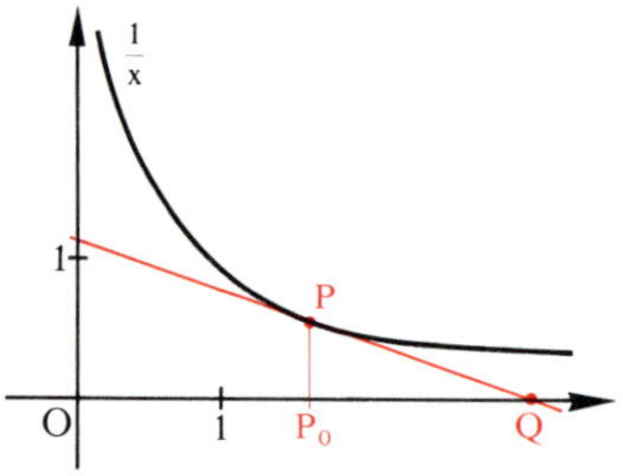

a) Für die Tangente an die Hyperbel mit der Gleichung $y=\frac{1}{x}$ im Punkt P gibt es die folgende (exakte) Konstruktion: Man fälle von P das Lot auf die erste Achse und bestimme Q so, daß $|OP_0|=|P_0Q|$ ist. Die Gerade PQ ist dann die gesuchte Tangente. Begründe diese Konstruktion.

△ **b)** Gib eine weitere Konstruktion der Tangente mit Hilfe der Normalen im Punkt P an. *Hinweis:* Verwende $y=-x$.

3.

In welchem Punkt schneiden sich die Tangenten an den Graphen der Funktion f in den Punkten P_1 und P_2? Wie groß ist der Schnittwinkel?

a) $f(x)=x^2$; $P_1(1;y)$; $P_2(2;y)$ **b)** $f(x)=x^5$; $P_1(3;y)$; $P_2(-2;y)$

4.

Der Punkt P liegt auf dem Graphen der Funktion $x\mapsto x^2$. Der Punkt Q sei das Bild des Punktes P bei der Spiegelung an der 2. Achse. In den Punkten P und Q sind die Tangenten an den Graphen der Funktion $x\mapsto x^2$ gezeichnet. Die Tangenten schließen einen Winkel von 45° [30°; 60°] ein. Bestimme die Koordinaten der beiden Punkte P und Q.

5.

Zur Sekante durch die Punkte $A(1;y_1)$ und $B(4;y_2)$ auf dem Graphen der Funktion $x\mapsto x^3$ ist eine parallele Tangente gezeichnet. Bestimme den Berührpunkt der Tangente.

6.

Im Punkt $P(2;y)$ ist an den Graphen der Funktion $x\mapsto x^2$ die Tangente gezeichnet. Zu ihr soll eine parallele Tangente an den Graphen der Funktion $x\mapsto x^3$ gezeichnet werden. Bestimme ihre Gleichung.

7.

An den Graphen der Funktion $x\mapsto x^2$ sind zwei Tangenten gezeichnet. Sie schneiden die 1. Achse unter einem Winkel von 30° bzw. 60°. Zusammen mit der 1. Achse bilden sie ein Dreieck. Berechne seinen Flächeninhalt.

8.

An welchen Stellen ist der Winkel, den die Tangenten an den Graphen der Funktion $x\mapsto \sin x$ [$x\mapsto \cos x$] mit der (positiven Richtung der) 1. Achse einschließen, gleich

a) 30° **b)** 60° **c)** 120° **d)** 150°?

9.

Unter welchem Winkel schneiden sich die Graphen der Sinusfunktion und Kosinusfunktion?

Beachte: Der Winkel, den zwei Graphen miteinander einschließen, ist der Winkel, den die Tangenten an die Graphen im Schnittpunkt miteinander einschließen.

4.2. Differenzierbarkeit – Ableitung einer Funktion

4.2.1. Sonderfälle und Probleme bei der Berechnung der Tangentensteigung

Im vorigen Kapitel sind wir zunächst von dem anschaulichen Verständnis der Tangenten als einer Geraden, die sich dem Graphen besonders gut anschmiegt, ausgegangen. Dann haben wir ein Verfahren gewonnen, mit dessen Hilfe die Steigung der Tangenten berechnet werden konnte.
Jetzt wollen wir überprüfen, ob sich dieses Verfahren auch in extremen Fällen bewährt, in denen der Graph selbst eine Gerade ist oder eine „Spitze" hat oder einen „Sprung macht".

Aufgabe

a) Nach unserem bisherigen anschaulichen Verständnis der Tangente als einer Geraden, die sich in einer Umgebung des Berührpunktes dem Graphen möglichst gut anschmiegt, würde die Tangente an eine Gerade in einem Punkt mit der Gerade selbst zusammenfallen. Bestätige das durch die Rechnung.

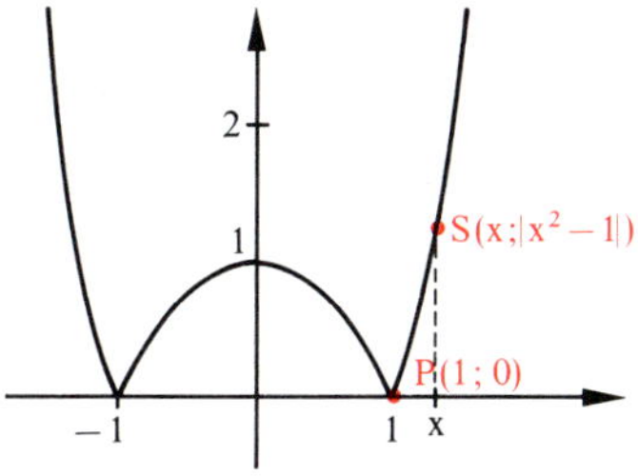

b) Der Graph der Funktion $x \mapsto |x^2-1|$ hat an der Stelle 1 (und auch an der Stelle -1) eine „Spitze". Nach unserem bisherigen Tangentenverständnis dürfte es dort keine Tangente geben. Denn, wie man auch eine Gerade durch P legt, sie schmiegt sich in einer Umgebung von P nicht dem Graphen an.
Zeigt dies auch die Rechnung?

c) Der Graph der Funktion $x \mapsto H(x)$ (Heavysidefunktion) mit

$$H(x)=\begin{cases}0 & \text{für } x \leq 0\\ 1 & \text{für } x>0\end{cases}$$

macht an der Stelle 0 einen „Sprung".

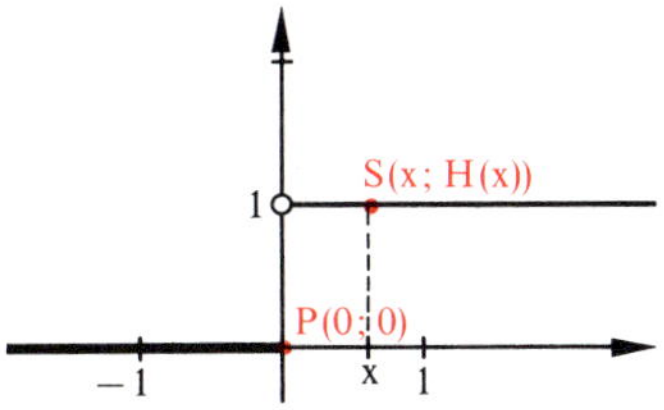

Nach unserem bisherigen Tangentenverständnis dürfte an der Stelle 0 keine Tangente existieren, denn, wie man auch eine Gerade durch P legt, sie schmiegt sich in einer Umgebung von P nicht dem Graphen an. Zeigt dies auch die Rechnung?

Lösung

a) Der Graph der Funktion $x \mapsto mx+b$ ist eine Gerade.
Die Tangente ist von uns aufgefaßt als eine Gerade, die sich dem Graphen möglichst genau anschmiegt. Nach diesem Tangentenverständnis muß die gesuchte Tangente mit der Geraden zusammenfallen.
Wir wollen untersuchen, ob die im vorhergehenden Abschnitt verwendete Methode zur Tangentenbestimmung zu demselben Ergebnis führt.

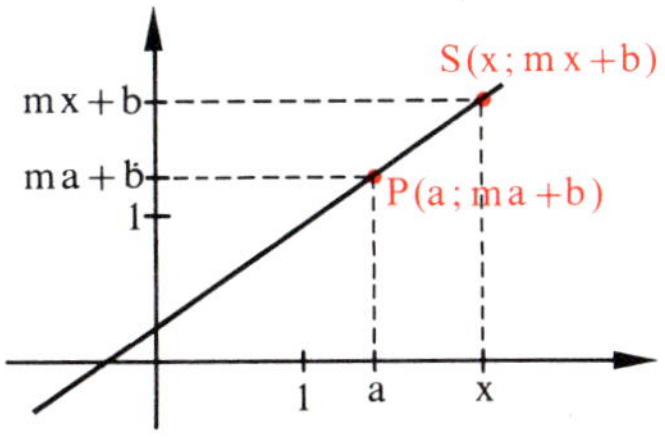

(1) *Steigung der Sekante durch die Punkte* $P(a; ma+b)$ *und* $S(x; mx+b)$

$$\frac{(mx+b)-(ma+b)}{x-a}=\frac{m(x-a)}{x-a}=m \quad (\text{für } x \neq a)$$

(2) *Steigung der Tangente im Punkt P*

Wandert S auf P zu, so weicht x immer weniger von a ab. Die Sekantensteigung ist stets gleich m. Die Tangentensteigung kann dann auch nur m sein.
Die Steigung der Tangente an den Graphen der Funktion $x \mapsto mx+b$ an der Stelle a ist gleich m. Die Tangente fällt mit dem Funktionsgraphen zusammen.

b) (1) *Steigung der Sekante durch* $P(1;0)$ *und* $S(x;|x^2-1|)$

$$m_s=\frac{|x^2-1|-0}{x-1}=\begin{cases}\frac{x^2-1}{x-1}=\frac{(x-1)\cdot(x+1)}{x-1}=x+1 & \text{für } |x|>1\\ \frac{-(x^2-1)}{x-1}=\frac{-(x-1)(x+1)}{x-1}=-x-1 & \text{für } -1<x<1\end{cases}$$

(2) Wandert S von rechts auf P zu, so weicht x mit $x>1$ immer weniger von 1 ab und m_s unterscheidet sich immer weniger von $1+1$, also 2.
Wandert S von links auf P zu, so weicht x immer weniger von 1 ab, aber es ist $x<1$ und m_s unterscheidet sich immer weniger von $-1-1$, also von -2.
Falls es eine Tangente gäbe, dürfte sich nur *ein* Wert ergeben.
Der Grenzwert $\lim\limits_{x\to 1} m_s=\lim\limits_{x\to 1}\frac{|x^2-1|}{x-1}$ existiert nicht. *Es gibt keine Tangente an der Stelle 1.*

c) (1) *Steigung der Sekante durch* $P(0;0)$ *und* $S(x;H(x))$

$$m_s=\frac{H(x)-H(0)}{x-0}=\frac{H(x)}{x}=\begin{cases}\frac{1}{x} & \text{für } x>0\\ 0 & \text{für } x<0\end{cases}$$

(2) Liegt S rechts von P und wandert dann S auf P zu, so unterscheidet sich x mit $x>0$ immer weniger von 0. Dann aber wächst $m_s=\frac{1}{x}$ über alle Grenzen, d.h. zu jeder noch so großen Zahl K kann man stets eine Sekantensteigung angeben, die größer als K ist.
Liegt S links von P und wandert dann S auf P zu, so unterscheidet sich x mit $x<0$ immer weniger von 0 und m_s bleibt dann immer 0.
Falls eine Tangente vorhanden wäre, müßte sich bei beiden Annäherungen derselbe Wert ergeben.
Der Grenzwert $\lim\limits_{x\to 0} m_s=\lim\limits_{x\to 0}\frac{H(x)}{x}$ existiert nicht. *Es gibt keine Tangente an der Stelle 0.*

Information

(1) *Übereinstimmung zwischen Anschauung und Verfahren*

In den extremen Fällen „Spitze" und „Sprung" beim Graphen gibt es anschaulich keine bestimmte sich anschmiegende Gerade als Tangente. Die Sekanten haben auch keine eindeutig bestimmte Grenzlage. Das Verfahren zur Bestimmung der Steigung der Tangenten steht also nicht im Widerspruch zur Anschauung.

△ (2) *Nicht stetig ergänzbare Sekantensteigungsfunktion*)*

△ (a) Gegeben sei die Funktion $x\mapsto|x^2-1|$.
△ Die Sekantensteigungsfunktion dieser Funktion an der Stelle 1
△ läßt sich dann schreiben:
△ $x\mapsto\frac{|x^2-1|}{x-1}$.
△ An ihrem Graphen rechts erkennt man, daß keine Lücke ge-
△ schlossen werden kann.
△ Das bestätigt, daß an der Stelle 1 keine Tangente vorliegt.

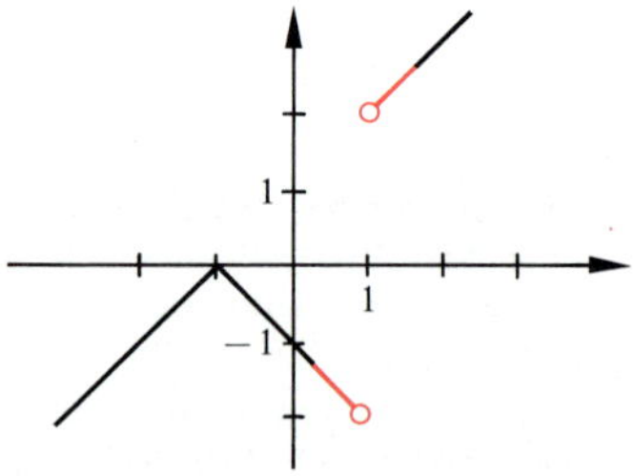

△ (b) Gegeben sei die Funktion $x\mapsto H(x)$.
△ Die Sekantensteigungsfunktion dieser Funktion an der Stelle 0
△ hat den nebenstehenden Graphen.
△ Man erkennt, daß keine Lücke geschlossen werden kann.
△ Das bestätigt, daß an der Stelle 1 keine Tangente vorliegt.

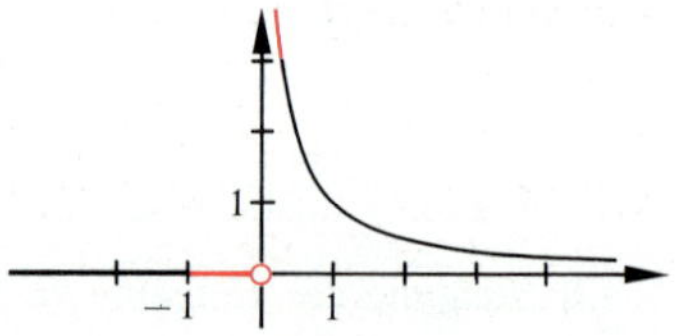

*) Sollte nur behandelt werden, falls die Ergänzung S. 127 besprochen wurde.

Zum Weiterarbeiten

1.
Wie groß ist die Steigung der konstanten Funktion $x \mapsto c$ an der Stelle a?

2.
Berechne die Steigung der Tangente an den Graphen der Funktion f an der Stelle a.

a) $f(x)=|x^2-1|$; $a>1$ [$-1<a<+1$] **b)** $f(x)=H(x)$; $a>0$ [$a<0$]

Übungen

3.
Bestimme die Steigung der Tangente an den Graphen der Funktion $x \mapsto mx+b$ an der Stelle a. Verwende bei der Rechnung die h-Methode.

4.
Bestimme die Steigung der Tangente an den Graphen von f an der angegebenen Stelle.

a) $f(x)=(-4)\cdot x$; Stelle 3 [a]
b) $f(x)=0$; Stelle 5 [a]
c) $f(x)=|x|$ Stelle a; $a>0$ [$a<0$]
d) $f(x)=x\cdot H(x)$; Stelle a, $a>0$ [$a<0$]
e) $f(x)=x^2\cdot H(x)$; Stelle a, $a>0$
f) $f(x)=H(x)\cdot \sin x$; Stelle a, $a>0$

5.
Versuche die Steigung der Tangente an den Graphen der Funktion f an der angegebenen Stelle zu bestimmen. Liegt eine Tangente vor?

a) $f(x)=|x^2-1|$; Stelle -1
b) $f(x)=|x^2-4|$; Stelle 2 [Stelle -2]
c) $f(x)=|x^3-1|$; Stelle 1
d) $f(x)=|x^3+1|$; Stelle -1
e) $f(x)=|x|$; Stelle 0
f) $f(x)=x\cdot H(x)$; Stelle 0
g) $f(x)=x^2\cdot H(x)$; Stelle 0
h) $f(x)=x^2\cdot \operatorname{sgn} x$; Stelle 0
i) $f(x)=x^3\cdot \operatorname{sgn} x$; Stelle 0
j) $f(x)=\sqrt{|x|}$; Stelle 0
k) $f(x)=\operatorname{sgn} x$; Stelle 0
l) $f(x)=\mathrm{INT}(x)$; Stelle 1
m) $f(x)=\mathrm{INT}(x)$; Stelle a (mit $a\in\mathbb{Z}$)
n) $f(x)=x\cdot \mathrm{INT}(x)$; Stelle 1
o) $f(x)=\begin{cases} x+1 & \text{für } x\le 2; \\ -x+5 & \text{für } x>2; \end{cases}$ Stelle 2
p) $f(x)=\begin{cases} x+1 & \text{für } x\le 1; \\ x-1 & \text{für } x>1; \end{cases}$ Stelle 1

4.2.2. Differenzierbarkeit einer Funktion – Ableitung

Information

(1) *Definition der Differenzierbarkeit an der Stelle a*

Wir haben gesehen, daß es Funktionen gibt, deren Graph an bestimmten Stellen *keine* Tangente besitzt. Solche Funktionen heißen an diesen Stellen *nicht* differenzierbar. Andernfalls heißt die Funktion an der Stelle a *differenzierbar*. Betrachten wir dazu allgemein eine Funktion f und die Stelle a.

(a) Um die Steigung der Tangente an der Stelle a zu bestimmen, muß zunächst die Steigung der Sekante durch P und S berechnet werden:

$$m_s=\frac{f(x)-f(a)}{x-a}$$

Dieser Quotient heißt auch *Differenzenquotient*.

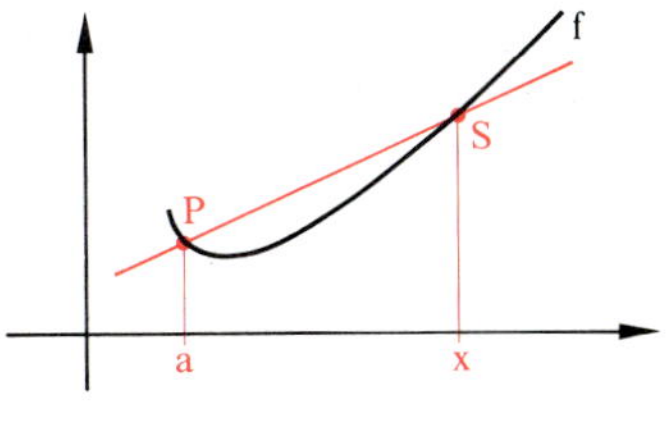

(b) Wenn nun S auf P zuwandert, kann der Fall auftreten, daß m_s sich immer weniger von einer Zahl unterscheidet, wie auch immer S auf P zuwandern mag. Diese Zahl ist dann der Grenzwert $\lim\limits_{x \to a} \frac{f(x)-f(a)}{x-a}$. Er wird auch mit $f'(a)$ bezeichnet und heißt die *Ableitung der Funktion f an der Stelle a.*

Diese Zahl ist dann auch die Steigung der Tangente an der Stelle a. f heißt dann differenzierbar.

Definition 3
Die Funktion f sei in einem Intervall definiert, das die Stelle a enthält. Sie heißt dann **an der Stelle a differenzierbar**, falls die Sekantensteigungen einen Grenzwert haben. Dieser Grenzwert heißt die **Ableitung der Funktion f an der Stelle a**. Er wird mit $f'(a)$ bezeichnet.

$$f'(a) = \lim_{x \to a} \frac{f(x)-f(a)}{x-a} \quad \text{bzw.} \quad f'(a) = \lim_{h \to 0} \frac{f(a+h)-f(a)}{h}$$

Die Ableitung der Funktion f an der Stelle a gibt die Steigung der Tangente an den Graphen im Punkt P(a; f(a)) an.
Sie gibt damit gleichzeitig die Steigung des Graphen im Punkt P(a; f(a)) an.

Differenzierbar sind z.B. die Funktionen

$$x \mapsto x^2, \quad x \mapsto x^3, \quad x \mapsto \frac{1}{x}, \quad x \mapsto 2x^3, \quad x \mapsto x^2 + x, \quad x \mapsto mx + b, \quad x \mapsto \sin x, \quad x \mapsto \cos x$$

an jeder Stelle ihres Definitionsbereiches.
Nicht differenzierbar sind die Funktionen $x \mapsto |x^2 - 1|$ an den Stellen 1 und -1 und $x \mapsto H(x)$ an der Stelle 0. Sie sind aber an jeder *anderen* Stelle ihres Definitionsbereiches differenzierbar.

Es ist daher sehr wichtig, die Stelle genau anzugeben, an welcher die Funktion auf Differenzierbarkeit hin betrachtet werden soll.

(2) *Deutung der Ableitung einer Funktion f an der Stelle a als Änderungsrate*

Die Ableitung einer Funktion an der Stelle a wird in zwei Schritten bestimmt.

1. Schritt: Bilden des Differenzenquotienten $m_s = \frac{f(x)-f(a)}{x-a}$.

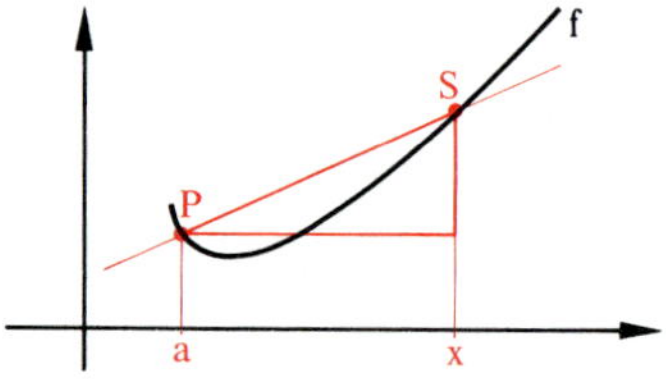

Die *geometrische Deutung* des Differenzenquotienten ist die Steigung der Sekante durch die Punkte P(a; f(a)) und S(x; f(x)).
Wenn man auf dem Graphen von P nach S wandert, dann verändern sich die Funktionswerte. Dieselbe Änderung erhält man, wenn man auf der Sekante von P nach S wandern würde.

Der Differenzenquotient ist daher auch ein Maß dafür, um wieviel sich die Ordinate des Graphen der Funktion in dem Intervall [a; x] verändert hat. Man sagt: Der Differenzenquotient ist ein Maß für die *mittlere Änderungsrate* der Funktionswerte bezüglich des Intervalls [a; x].
Die mittlere Änderungsrate ist das Verhältnis der Änderung der Funktionswerte zur Änderung der Werte in dem Intervall [a; x]: $\frac{f(x)-f(a)}{x-a}$.

2. Schritt: Bilden des Grenzwertes $f'(a) = \lim\limits_{x \to a} \frac{f(x)-f(a)}{x-a}$.

Die geometrische Deutung der Ableitung kennen wir schon. Die Ableitung $f'(a)$ an der Stelle a ist die Steigung der Tangente an den Graphen der Funktion im Punkt P(a; f(a)). Die Ableitung $f'(a)$ ist aber auch ein Maß dafür, wie stark sich die Funktionswerte *punktuell* an der Stelle a ändern. Man spricht von *punktueller Änderungsrate* der Funktionswerte.

$f'(a)$ ist die *punktuelle Änderungsrate* der Funktionswerte der Funktion f an der Stelle a.

(3) *Definition der Tangente an den Graphen der Funktion f im Punkt P*

Eines der Ziele dieses Kapitels war es auch, eine exakte Definition der Tangente an einen Graphen im Punkt P anzugeben (vgl. die Zielangabe Seite 122). Dazu sind wir jetzt in der Lage.

Definition 4

Der Graph der Funktion f hat im Punkte P(a; f(a)) eine Tangente, wenn f an der Stelle a differenzierbar ist.

Die Tangente ist dann die Gerade durch P, welche die Steigung f'(a) hat.

Ist f an der Stelle a nicht differenzierbar, so hat der Graph von f im Punkte P(a; f(a)) auch keine Tangente, es sei denn, die Tangente verlaufe parallel zur 2. Achse.

Das Bild rechts zeigt den Graphen der Funktion $x \mapsto \operatorname{sgn}(x) \cdot \sqrt{|x|}$. Rein anschaulich würde man die 2. Achse als Tangente an den Graphen der Funktion im Punkt P(0; 0) ansehen. Die Funktion ist jedoch an der Stelle 0 nicht differenzierbar. Der Begriff der Differenzierbarkeit erfaßt somit diese Tangente nicht.

Solche Diskrepanzen zwischen der Anschauung und der Definition der Tangente treten jedoch nur bei Tangenten auf, die parallel zur 2. Achse verlaufen.

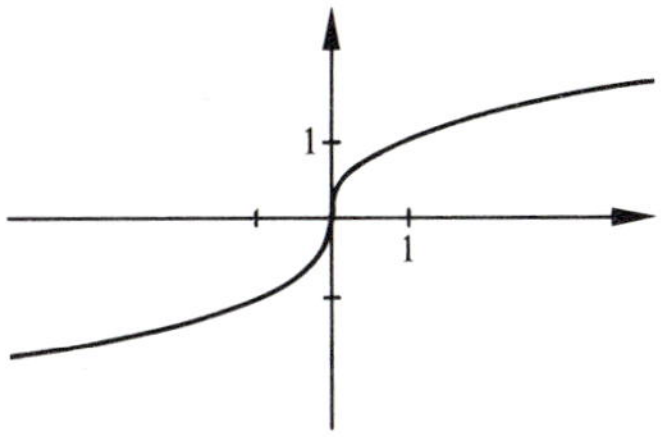

(4) *Andere Sprech- und Bezeichnungsweisen*

Die Ableitung der an der Stelle x_0 differenzierbaren Funktion wird auch **Differentialquotient** genannt. Diese Bezeichnung hat historische Gründe. Man vertrat die Auffassung, die Steigung der Tangente sei ein Quotient von sog. Differentialen. Vor allem bei Anwendungen in Physik und Technik schreibt man auch Δx (gelesen: Delta x) für die Koordinatendifferenz h: $\Delta x = x - x_0$.

Für die Differenz $f(x) - f(x_0)$ schreibt man dann konsequent Δy: $\Delta y = f(x) - f(x_0) = y - y_0$.

Für die Sekantensteigung m_s gilt dann: $m_s = \frac{\Delta y}{\Delta x}$.

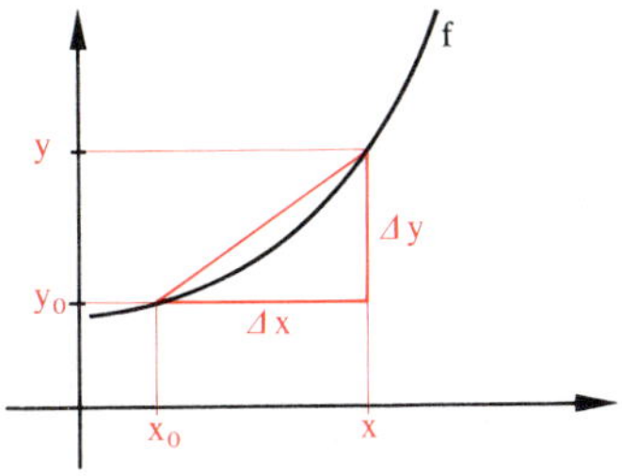

Für f'(x) schreibt man auch y' oder $\frac{dy}{dx}$ (gelesen: dy *nach* dx). $\frac{dy}{dx}$ ist *kein* Quotient.

Deswegen wird gelesen: dy *nach* dx. Das Symbol $\frac{dy}{dx}$ muß hier als Ganzes gesehen werden.

Beispiel:

Die Funktion f sei durch die Gleichung $y = x^2$ gegeben.

Dann ist $\frac{dy}{dx} = 2x$ (gelesen: dy nach dx gleich 2x).

Es gibt auch mathematische Theorien, in denen Differentiale dy bzw. dx erklärt werden. Dann ist allerdings auch die Ableitung als Quotient von Differentialen auffaßbar. Wir verzichten darauf, dies darzustellen.

Übungen

1.

a) Gib an: f'(1), f'(2), f'(0), f'(−4) für $f(x) = x^3$ [$f(x) = x^2$]

b) Gib an: f'(3), f'(1), f'(−1), f'(−4) für $f(x) = \frac{1}{x}$ [$f(x) = H(x)$]

c) Gib an: f'(1), f'(4), f'(2), f'(256) für $f(x) = \sqrt{x}$

d) Gib an: f'(0), $f'\left(\frac{\pi}{2}\right)$, $f'\left(-\frac{\pi}{2}\right)$, $f'\left(\frac{\pi}{3}\right)$, $f'\left(-\frac{\pi}{6}\right)$ für $f(x) = \sin x$

2.

Gib an, ob die Funktion f an der angegebenen Stelle differenzierbar ist. Wenn ja, gib die Ableitung von f an dieser Stelle an.

a) $f(x)=x^2+x$; Stelle 3 [Stelle a]

b) $f(x)=\sqrt{x}$; Stelle 4 [Stelle a; $a>0$]

c) $f(x)=\sqrt{x}$; Stelle 0

d) $f(x)=H(x)+4$; Stelle 0

e) $f(x)=H(x)+x$; Stelle 0

f) $f(x)=H(x)+x$; Stelle a (mit $a \neq 0$)

g) $f(x)=x\cdot H(x)$; Stelle 0

h) $f(x)=x^4$; Stelle -5 [Stelle a]

i) $f(x)=x^2\cdot H(x)$; Stelle 0

j) $f(x)=(x-1)\cdot H(x-1)$; Stelle 1

k) $f(x)=(x^2-1)\cdot H(x-1)$; Stelle 1

l) $f(x)=(x-1)^2\cdot H(x-1)$; Stelle 1

3.

Bestimme die Stellen des Definitionsbereichs der Funktion f, an denen f differenzierbar ist.

a) $f(x)=\operatorname{sgn} x$

b) $f(x)=|x|$

c) $f(x)=|x^2-2|$

d) $f(x)=|x-1|$

e) $f(x)=H(x+1)$

f) $f(x)=(x-1)\cdot H(x)$

g) $f(x)=3x^2+2x$

h) $f(x)=\frac{1}{x}$

i) $f(x)=\operatorname{INT}(x)$

j) $f(x)=x\cdot \operatorname{INT}(x)$

k) $f(x)=x^2\cdot \operatorname{sgn} x$

l) $f(x)=x-\operatorname{INT}(x)$

m) $f(x)=\operatorname{INT}(x^2)$

n) $f(x)=\operatorname{INT}(3x)$

o) $f(x)=\sqrt{|x|}$

4.2.3. Lineare Annäherung des Funktionsgraphen durch die Tangente – Näherungsformeln

Aufgabe

Die Funktion f sei an der Stelle a differenzierbar.

a) Fasse die Tangente als Graph einer Funktion, der Tangentenfunktion t, auf. Gib einen Term an.

b) Stelle dann eine Näherungsformel für $f(a+h)$ auf und wende diese auf $\sqrt{1+h}$ und auf $\sin(a+h)$ an.

c) Berechne $\sqrt{1{,}5}$, $\sqrt{0{,}5}$, $\sqrt{1{,}2}$, $\sqrt{1{,}05}$ näherungsweise mit der gewonnenen Formel.

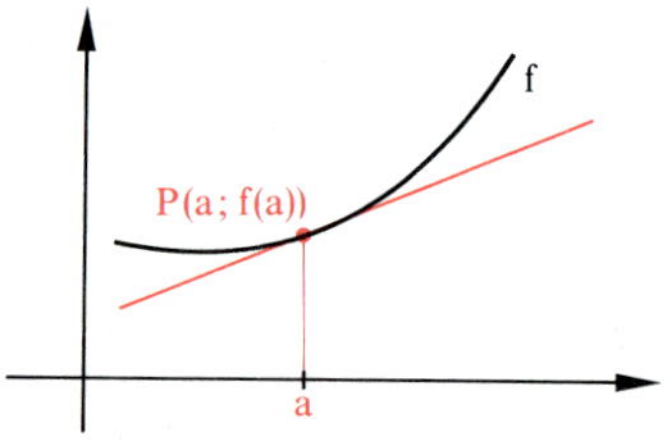

Lösung

a) Den Funktionsterm $t(x)$ der Tangentenfunktion kann man nach der Punktsteigungsform $y-y_1=m(x-x_1)$ bestimmen. Für $y=t(x)$ gilt dann: $t(x)-f(a)=f'(a)\cdot(x-a)$.

$$t(x)=f'(a)\cdot(x-a)+f(a)$$

$t(x)=f'(a)\cdot x+f(a)-f'(a)\cdot a$

Die Tangentenfunktion ist eine lineare Näherungsfunktion der Funktion f, d.h. es gilt in einer Umgebung von a:

$f(x)\approx t(x)$, d.h. $f(x)\approx f'(a)\cdot(x-a)+f(a)$

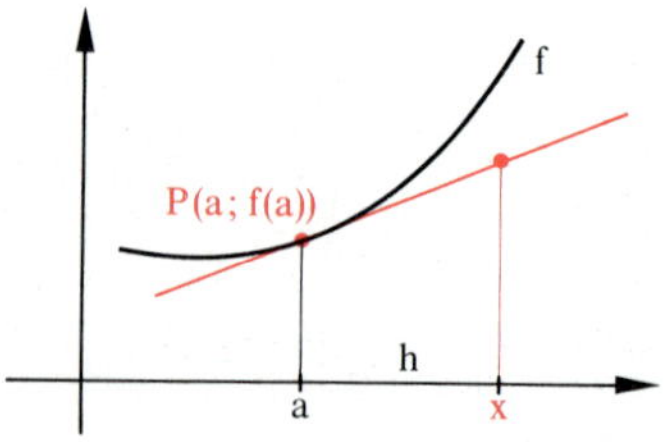

b) Für $x=a+h$ erhält man die Näherungsformel:

$$f(a+h)\approx f(a)+f'(a)\cdot h$$

(1) Anwendung der Näherungsformel auf $f(x)=\sqrt{x}$.
Es gilt $f'(a)=\frac{1}{2\cdot\sqrt{a}}$. Also folgt:
$\sqrt{a+h}\approx\sqrt{a}+\frac{1}{2\cdot\sqrt{a}}\cdot h$.
Für $a=1$ ergibt sich:
$\sqrt{1+h}\approx 1+\frac{1}{2}\cdot h$
Wie die Zeichnung zeigt, ist der Näherungswert etwas zu groß.

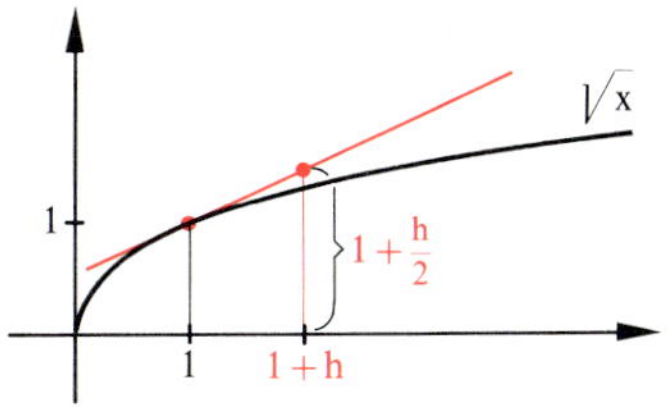

(2) Anwendung der Näherungsformel auf $f(x)=\sin x$.
Es gilt: $f'(a)=\cos a$.
Wir erhalten die Näherungsformel:

$$\sin(a+h)\approx\sin a+h\cdot\cos a$$

Der Näherungswert ist etwas zu groß.

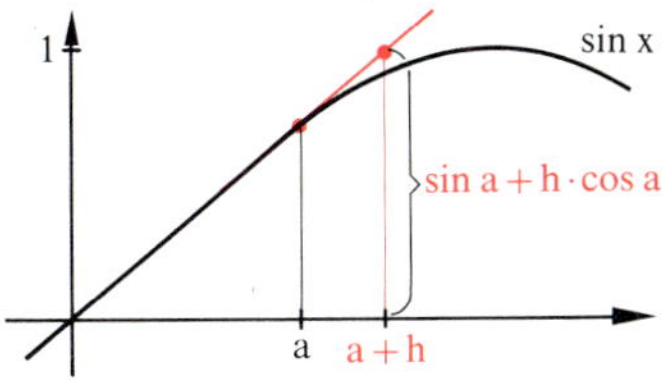

c) Nach der Formel oben erhält man:

$\sqrt{1{,}5}\approx 1+\frac{0{,}5}{2}=1{,}25$ (genauer Wert: 1,2247 …)

$\sqrt{0{,}5}\approx 1+\frac{(-0{,}5)}{2}=0{,}75$ (genauer Wert: 0,7071 …)

$\sqrt{1{,}2}\approx 1+\frac{0{,}2}{2}=1{,}1$ (genauer Wert: 1,0954 …)

$\sqrt{1{,}05}\approx 1+\frac{0{,}05}{2}=1{,}025$ (genauer Wert: 1,0246 …)

Zum Weiterarbeiten

1.
Berechne Näherungswerte im Kopf:

a) $\sqrt{1{,}3}$; $\sqrt{1{,}1}$; $\sqrt{0{,}8}$; $\sqrt{0{,}9}$ **b)** $\sin 0{,}1$; $\sin 0{,}01$; $\sin(-0{,}1)$; $\sin(-0{,}01)$

2.
Alexandra betrachtet im Fernsehen einen Laufwettbewerb. Sie sieht, wie ein Läufer von der Mitte der einen Bahn auf die Mitte der Nachbarbahn überwechselt. Sie überlegt: „Der Läufer muß eine längere Strecke laufen. Fällt diese ins Gewicht?“ Sie weiß, eine Gerade der Laufbahn ist 84,4 m lang. Sie verwendet die Näherungsformel für $\sqrt{a+h}$.

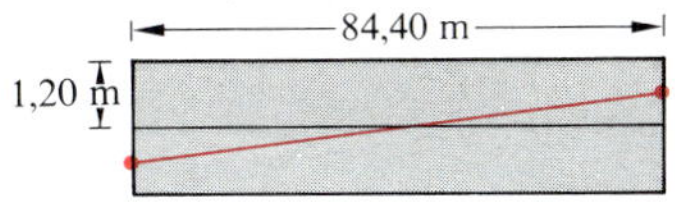

3.
Fließt ein Strom der Stärke I durch einen Widerstand, so wird Wärmeenergie nach der Formel $E=R\cdot J^2$ abgegeben. Wir nehmen an, *R* sei bekannt. J soll gemessen werden. Nun sind Messungen immer etwas ungenau. Die Meßgenauigkeit von J sei ΔJ (gelesen: Delta J), d. h. der genaue Wert von J liegt im Intervall $[J-\Delta J; J+\Delta J]$.
Wir fragen: Wie pflanzt sich dieser Fehler auf das Ergebnis E fort? Verwende dazu eine Näherungsformel für $(a+h)^2$ und berechne den Meßfehler ΔE.

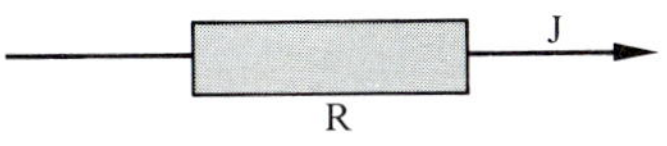

4.
Vergleiche in einer Tabelle die genauen Werte von $\sqrt{1{,}1}$, $\sqrt{1{,}2}$, $\sqrt{1{,}3}$, $\sqrt{1{,}4}$, $\sqrt{1{,}5}$, $\sqrt{1{,}6}$ und die Näherungswerte dieser Wurzeln. Zeige, daß die Unterschiede ungefähr proportional h^2 sind.

5.
Für Winkel in der Nähe von 0 ist der Sinus eines Winkels ungefähr gleich dem Bogenmaß des Winkels, d. h. $\sin x\approx x$. Zeige dies mit Hilfe einer Näherungsformel.

Information

Die Tangentenfunktion t als beste lineare Näherungsfunktion der Funktion f an der Stelle a

Man kann beweisen, daß die Tangentenfunktion t, deren Graph also die Tangente ist, die *beste* lineare Näherungsfunktion ist. Das soll bedeuten:

Ist g mit $g(x)=mx+b$ eine andere lineare Näherungsfunktion mit $g(a)=f(a)$ (deren Graph also durch den Punkt P verläuft), so kann man zu g ein Intervall um a finden, so daß für alle x aus diesem Intervall mit $x \neq a$ gilt:

$$|f(x)-t(x)|<|f(x)-g(x)|$$

d.h. die Funktionswerte von t liegen dort näher bei den Funktionswerten von f als die von g.

In diesem Sinne ist die Tangente diejenige Gerade, welche den Graphen von f in einer Umgebung von a am besten annähert.

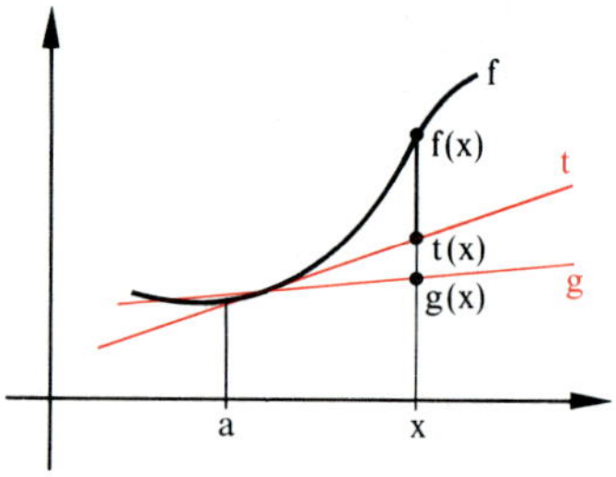

Übungen

6.

Auf der 84,4 m langen „Geraden" einer Stadionlaufbahn überholt ein Läufer wie in der Zeichnung angegeben einen anderen Läufer. Welchen Mehrweg muß er dazu zurücklegen? Verwende dazu eine Näherungsformel für $\sqrt{a+h}$. (Eine Laufbahn ist 1,20 m breit.)

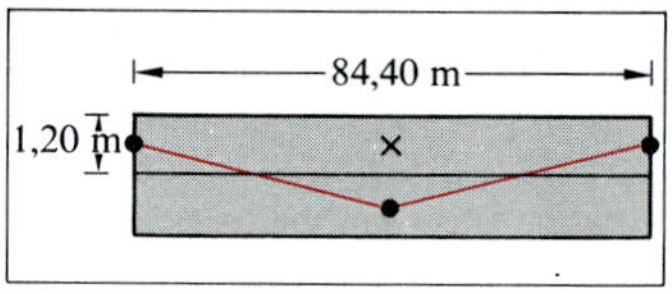

7.

a) Eine quadratische Platte soll aus einem Blech ausgeschnitten werden. Ihr Flächeninhalt soll möglichst genau 4 m² betragen. Die Kantenlänge von 2 m wurde um 0,01 m übertroffen [unterboten]. Wie groß ist jetzt tatsächlich der Flächeninhalt? Rechne mit einer Näherungsformel für $(a+h)^2$.

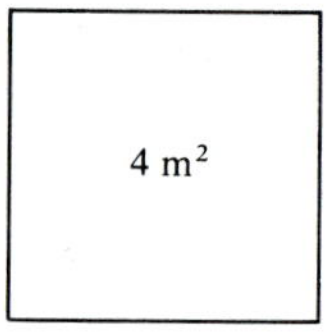

b) Ein Würfel soll für Meßzwecke verwendet werden. Sein Volumen soll 1 *l* betragen. Angenommen, die Kantenlänge weicht um 0,04 dm nach oben [unten] von der genauen Kantenlänge 1 dm ab. Wie groß ist dann das Volumen? Rechne mit einer Näherungsformel für $(a+h)^3$.

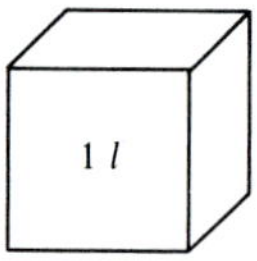

8.

Nimm Stellung zu der Behauptung:
Die Näherungsformeln für $(a+h)^2$ und $(a+h)^3$ entstehen aus den genauen Formeln, indem Glieder von h mit Exponenten ≥ 2 fortgelassen (vernachlässigt) werden.

9.

a) Leite eine Näherungsformel für $\frac{1}{a+h}$ $(a \neq 0)$ her und berechne damit $\frac{1}{10{,}1}$ $\left[\frac{1}{9{,}9}\right]$.

b) Leite eine Näherungsformel für $\frac{1}{a-h}$ her $(a \neq 0)$.

Sind die Werte, die nach der Näherungsformel berechnet werden, größer oder kleiner als die genauen Werte? Fertige dazu eine Zeichnung an.

10.

Die Länge der Luftlinie zwischen den Orten A und B bestimmt man meist durch Ausmessen auf der Karte. Dabei vernachlässigt man den Höhenunterschied der Orte. Warum ist das statthaft?

Beispiel: Bestimme die Länge der Luftlinie der Orte rechts.

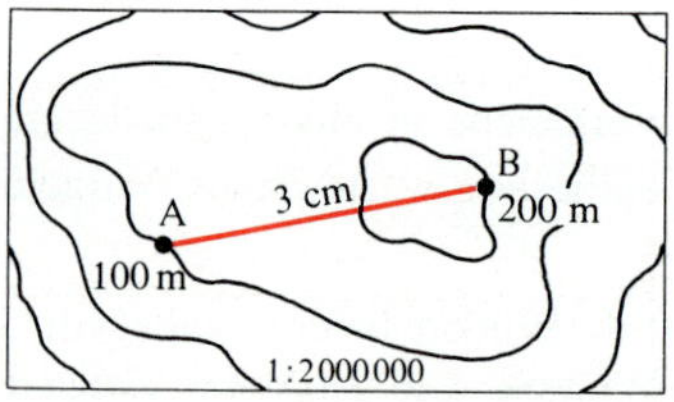

4.2.4. Ableitungsfunktion – erste, zweite, dritte, ... Ableitung

Aufgabe

Die Funktion f mit $f(x) = x^2$, $x \in \mathbb{R}$ ist an jeder Stelle differenzierbar.

a) Lege eine Tabelle an, in der für jede der folgenden Stellen die Ableitung von f an der betreffenden Stelle notiert ist:
$-5;\ -4;\ -3;\ -2;\ -1;\ 0;\ 1;\ 2;\ 3;\ 4;\ 5$

b) Die Tabelle kann als Wertetabelle einer neuen Funktion aufgefaßt werden. Diese Funktion heißt *Ableitungsfunktion von f* (kurz: *Ableitung von f*). Sie wird mit f′ bezeichnet. Gib Zuordnungsvorschrift, Funktionsterm und Definitionsbereich dieser Funktion an. Zeichne ihren Graphen.

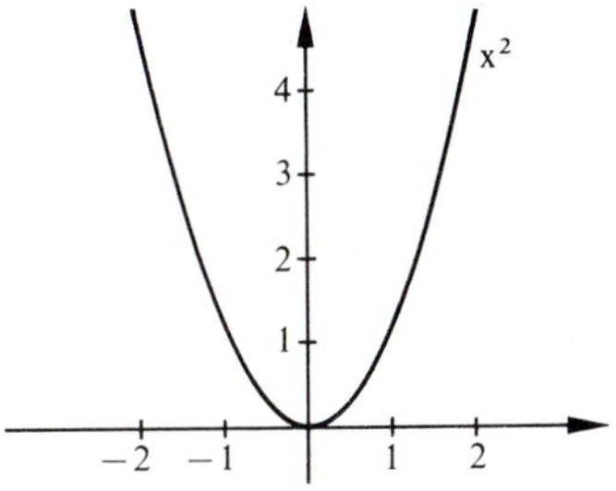

Lösung

a) Für die Ableitung an der Stelle a gilt: $f'(a) = 2a$.
Damit erhält man folgende Tabelle:

a	−5	−4	−3	−2	−1	0	1	2	3	4	5
f′(a)	−10	−8	−6	−4	−2	0	2	4	6	8	10

b) Die Zuordnungsvorschrift lautet $x \mapsto 2x$. Für den Funktionsterm gilt also $f'(x) = 2x$. Der Definitionsbereich ist gleich $\mathbb{R}$.

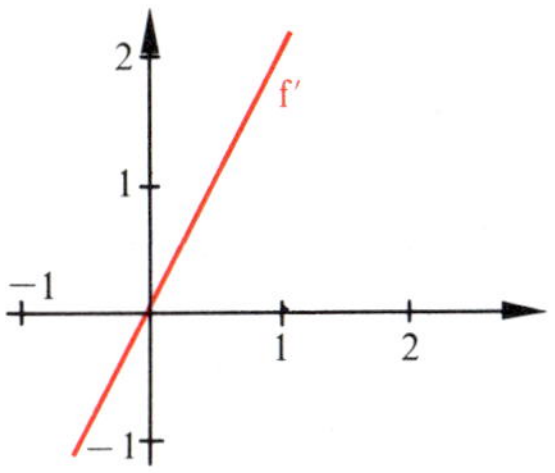

Zum Weiterarbeiten

1.

a) Gib die Ableitungsfunktion von $x \mapsto \sqrt{x}$ an. Zeichne den Graphen. Vergleiche den Definitionsbereich der Ableitungsfunktion mit dem der Ausgangsfunktion.

b) Gib die Ableitungsfunktion f′ an:
(1) $f(x) = x^3$ (2) $f(x) = x^4$ (3) $f(x) = c$ (4) $f(x) = \frac{1}{x}$ (5) $f(x) = \sin x$ (6) $f(x) = \cos x$

Information

(1) *Differenzieren – Ableitung wichtiger Grundfunktionen*

Definition 5
Unter der **Ableitungsfunktion f′** der Ausgangsfunktion f (meist kurz **Ableitung f′** von f genannt), versteht man diejenige Funktion, die jeder Stelle x, an welcher f differenzierbar ist, die Ableitung von f an dieser Stelle zuordnet.
Das Bestimmen der Ableitungsfunktion f′ einer Funktion f heißt **Differenzieren**.
Für die Ableitungsfunktion gilt: $f'(x) = \lim\limits_{h \to 0} \frac{f(x+h) - f(x)}{h}$.

Zusammenstellung wichtiger Grundfunktionen f und ihrer Ableitungen f′:

f(x)	$mx+b$	x^2	x^3	x^4	c	$\frac{1}{x}$	$\sqrt{x}$	$\sin x$	$\cos x$
f′(x)	m	$2x$	$3x^2$	$4x^3$	0	$-\frac{1}{x^2}$	$\frac{1}{2\sqrt{x}}$	$\cos x$	$-\sin x$

Der Definitionsbereich von f′ ist eine Untermenge des Definitionsbereichs von f.

(2) *Höhere Ableitungen*

Die Ableitung der Funktion f bezeichnet man mit f′. Von der Funktion f′ kann man erneut die Ableitung bilden. Sie heißt zweite Ableitung von f. Man bezeichnet sie mit f″. Von dieser Funktion kann man erneut die Ableitung bilden. Man erhält dann die dritte Ableitung f‴ usw.

Beispiel: Gegeben sei die Funktion f mit $f(x)=x^2$.

Dann ist: $f'(x)=2x$; $f''(x)=2$; $f'''(x)=0$; $f^{IV}(x)=0$.

Alle weiteren Ableitungen haben den Wert 0.

Definition 6

f″ (zweite Ableitung von f) ist die Ableitungsfunktion von f′.
f‴ (dritte Ableitung von f) ist die Ableitungsfunktion von f″.
f^{IV} (vierte Ableitung von f) ist die Ableitungsfunktion von f‴, usw.

(3) *Ergänzung*) – Veranschaulichung der Ableitungsfunktion*

Wir betrachten das Beispiel $x \mapsto x^2-2x$; $x \in [-2; 4]$ und zeichnen den Graphen der Sekantensteigungsfunktion $x \mapsto sk(x)$ für die Stellen $-1, 0, +1, +2, +3$ in dasselbe Koordinatensystem.

Zunächst erhalten wir für die Stelle a:

$$sk(x)=\frac{(x^2-2x)-(a^2-2a)}{x-a}=\frac{(x^2-a^2)-2(x-a)}{x-a}=\frac{x^2-a^2}{x-a}-\frac{2(x-a)}{x-a}$$

$$=x+a-2 \quad (\text{für } x \neq a)$$

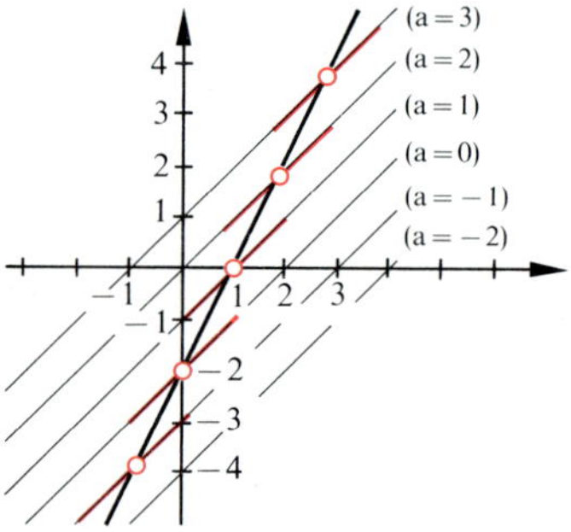

Es entstehen also zueinander parallele Geradenstücke mit der Steigung 1 und Lücken an den jeweiligen Stellen.

Den Graphen der Ableitungsfunktion erhält man, indem man die Lücken verbindet.

Der Grenzwert an der Stelle a lautet $a+a-2$, also $2a-2$.

Für die Ableitungsfunktion f′ gilt:

$f'(x)=2x-2$

(Zu weiteren Beispielen siehe Übungsaufgabe **7**.)

Übungen

2.

Gegeben ist die Funktion f. Lege eine Tabelle an, in der für jede der folgenden Stellen die Ableitung von f an der betreffenden Stelle notiert ist:

-3; -2; -1; 0; $+1$; $+2$; $+3$

Die Tabelle kann als Wertetabelle der Ableitungsfunktion f′ aufgefaßt werden. Gib f′(x) an und zeichne den Graphen von f′ im Intervall $]-3{,}5;\ +3{,}5[$.

a) $f(x)=x^3$
b) $f(x)=\frac{1}{x}$
c) $f(x)=\frac{1}{2}x^2$
d) $f(x)=\frac{1}{2}x^2+x$
e) $f(x)=x^2 \cdot H(x)$
f) $f(x)=x^2+4$

3.

Gib die Ableitungsfunktion f′ an.

a) $f(x)=x^3+x^2$
b) $f(x)=x^4$
c) $f(x)=c$
d) $f(x)=2x^3$
e) $f(x)=4x^2+2x$
f) $f(x)=x^2+3$

*) Behandlung ist nur sinnvoll, falls die Ergänzung S. 127 besprochen worden ist.

△ **4.**
Gib die Ableitungsfunktion der Funktion f an. Zeige, daß der Definitionsbereich der Ableitungsfunktion f′ eine Untermenge des Definitionsbereichs von f ist. Untersuche, ob es sich um eine echte oder unechte Untermenge handelt.

a) $f(x)=H(x)$ **b)** $f(x)=\operatorname{sgn} x$ **c)** $f(x)=|x|$ **d)** $f(x)=x\cdot H(x)$ **e)** $f(x)=\sqrt{|x|}$ **f)** $f(x)=x^2\cdot H(x)$ **g)** $f(x)=|x^2-1|$ **h)** $f(x)=x^3\cdot H(x)$

5.
Gib f′, f″, f‴ an.

a) $f(x)=x^2$ **b)** $f(x)=2x^2$ **c)** $f(x)=x$ **d)** $f(x)=x^2+2$ **e)** $f(x)=H(x)$ **f)** $f(x)=x\cdot H(x)$ **g)** $f(x)=x^2\cdot H(x)$ **h)** $f(x)=|x|$

6.
Für f′ gilt die Formel: $f'(x)=\lim\limits_{h\to 0}\frac{f(x+h)-f(x)}{h}$. Gib entsprechende Formeln für f″, f‴ an.

△ **7.**
Zeichne für die ganzzahligen Werte des Definitionsbereichs den Graphen der Sekantensteigungsfunktion. Zeichne anschließend den Graphen der Ableitungsfunktion durch Verbinden der Lücken. Vergleiche dazu die Ergänzung auf Seite 142.

a) $x\mapsto 2x;\quad x\in[-3;2]$ **b)** $x\mapsto x^3;\quad x\in[-2;2]$ **c)** $x\mapsto |x|\cdot x;\quad x\in[-4;+4]$

4.3. Ableitungsregeln

Bis jetzt kennen wir schon die Ableitung der folgenden Funktionen: $x\mapsto mx+b$, $x\mapsto x^2$, $x\mapsto x^3$, $x\mapsto x^4$, $x\mapsto c$, $x\mapsto\frac{1}{x}$, $x\mapsto\sqrt{x}$, $x\mapsto\sin x$, $x\mapsto\cos x$. Wir erweitern unsere Kenntnisse zunächst, indem wir die Ableitung der Potenzfunktionen $x\mapsto x^n$ $(n\in\mathbb{N})$ bestimmen. Dann leiten wir Regeln über die Ableitung von Summen, Differenzen und Funktionen mit einem konstanten Faktor her. Mit deren Hilfe gelingt es dann, die Differentiation einer komplizierten Funktion auf die Funktionen zurückzuführen, deren Ableitung schon bekannt ist.
Dadurch wird es uns am Ende auch gelingen, alle ganzrationalen Funktionen zu differenzieren.

4.3.1. Potenzregel für natürliche Zahlen als Exponenten

Aufgabe

a) Stelle in einer Tabelle die Potenzfunktionen $x\mapsto x$, $x\mapsto x^2$, $x\mapsto x^3$, $x\mapsto x^4$ und ihre Ableitungen gegenüber.
b) Versuche eine Regel für die Ableitung bei Potenzfunktionen zu entdecken.
c) Bilde nach dieser Regel die Ableitungen von $x\mapsto x^5$, $x\mapsto x^8$, $x\mapsto x^{10}$, $x\mapsto x^{15}$.
d) Für die Ableitung einer Potenzfunktion f gilt $f'(x)=6x^5$. Wie heißt die Funktion f?

Lösung

a)

f(x)	x	x^2	x^3	x^4
f′(x)	1	$2x$	$3x^2$	$4x^3$

b) Man erkennt:

Satz 1: *Potenzregel für natürliche Zahlen als Exponenten*
Die Potenzfunktion $x \mapsto x^n$ $(n \in \mathbb{N})$ hat als Ableitungsfunktion $x \mapsto n \cdot x^{n-1}$,
kurz: Wenn $f(x) = x^n$, dann $f'(x) = n \cdot x^{n-1}$.

c)

f(x)	x^5	x^8	x^{10}	x^{15}
f′(x)	$5 \cdot x^4$	$8 \cdot x^7$	$10 \cdot x^9$	$15 \cdot x^{14}$

d) Es gilt $f(x) = x^6$.

Information

(1) *Beweis der Potenzregel*

1. Schritt: Bildung des Differenzenquotienten der Funktion f mit $f(x) = x^n$

$$\frac{f(x) - f(a)}{x - a} = \frac{x^n - a^n}{x - a}$$

Wir dividieren den Zähler durch den Nenner:

$$\begin{aligned}
&(x^n - a^n) : (x - a) = x^{n-1} + x^{n-2} \cdot a + x^{n-3} \cdot a^2 + \ldots + x \cdot a^{n-2} + a^{n-1} \\
&\underline{-(x^n - x^{n-1} \cdot a)} \\
&\qquad x^{n-1} \cdot a - a^n \\
&\qquad \underline{-(x^{n-1} \cdot a - x^{n-2} \cdot a^2)} \\
&\qquad\qquad x^{n-2} \cdot a^2 - a^n \\
&\qquad\qquad \underline{-(x^{n-2} \cdot a^2 - x^{n-3} \cdot a^3)} \\
&\qquad\qquad\qquad x^{n-3} \cdot a^3 - a^n \\
&\qquad\qquad\qquad\qquad \vdots \\
&\qquad\qquad\qquad \underline{-(x^2 - x \cdot a^{n-1})} \\
&\qquad\qquad\qquad\qquad x \cdot a^{n-1} - a^n \\
&\qquad\qquad\qquad\qquad \underline{-(x \cdot a^{n-1} - a^n)} \\
&\qquad\qquad\qquad\qquad\qquad 0
\end{aligned}$$

2. Schritt: Bestimmung der Ableitung $f'(a)$

$$f'(a) = \lim_{x \to a} \frac{x^n - a^n}{x - a} = \lim_{x \to a} (x^{n-1} + x^{n-2} \cdot a + x^{n-3} \cdot a^2 + \ldots + x \cdot a^{n-2} + a^{n-1})$$

Wenn x gegen a strebt, wird x^{n-1} zu a^{n-1}, x^{n-2} zu a^{n-2} usw. Daher gilt:

$$f'(a) = a^{n-1} + a^{n-2} \cdot a + \ldots + a \cdot a^{n-2} + a^{n-1} = a^{n-1} + a^{n-1} + \ldots + a^{n-1} = n \cdot a^{n-1}$$

Für die Ableitungsfunktion f' gilt also: $f'(x) = n\,x^{n-1}$

(2) *Kritische Anmerkung zum Beweis*

Die Überlegung zur Bestimmung von $\lim\limits_{x \to a} \frac{x^n - a^n}{x - a}$ scheint unmittelbar einleuchtend zu sein.

Tatsächlich wird hierbei die Gültigkeit von Grenzwertsätzen (vgl. Seite 116) vorausgesetzt.

Zum Weiterarbeiten

1.

a) Beweise die Potenzregel für $n = 5$ [$n = 6$; $n = 7$].

b) Untersuche, ob die Potenzregel auch für die Exponenten $n = 0$, $n = -1$ und $n = \frac{1}{2}$ gilt.

△ ***2.***

Führe den Beweis der Potenzregel mit Hilfe der h-Methode durch. *Anleitung:* Begründe, daß sich beim Ausrechnen von $(x + h)^n$ ein Ausdruck folgender Gestalt ergibt: $x^n + n \cdot h \cdot x^{n-1} + h^2 \cdot (\ldots)$.

Übungen

3.

Wende die Regel über die Ableitung der Potenzfunktionen f an. Wie groß ist n jeweils?

a) $f(x)=x^7$ **c)** $f(x)=x^{29}$ **e)** $f(x)=x^{p+1}$ **g)** $f(x)=x^{m+3}$

b) $f(x)=x^{12}$ **d)** $f(x)=x^{15}$ **f)** $f(x)=x^{q-2}$ **h)** $f(x)=x^{2n-1}$

4.

Die Ableitung f′ einer Potenzfunktion f ist angegeben. Bestimme f mit Hilfe der Regel.

a) $f'(x)=14x^{13}$ **c)** $f'(x)=9x^8$ **e)** $f'(x)=(s-2)x^{s-3}$

b) $f'(x)=7x^6$ **d)** $f'(x)=(m-1)x^{m-2}$ **f)** $f'(x)=(2n-4)x^{2n-5}$

5.

Bestimme die Gleichung der Tangente im Punkt P an den Graphen der Funktion f.

a) $f(x)=x^4$; $P(-1; y)$ **c)** $f(x)=x^6$; $P(\sqrt{3}; y)$ **e)** $f(x)=x^{10}$; $P(-1; y)$

b) $f(x)=x^5$; $P(-2; y)$ **d)** $f(x)=x^7$; $P(0; y)$ **f)** $f(x)=x^8$; $P(\sqrt{5}; y)$

6.

In welchem Punkt hat die Tangente an den Graphen von f den Steigungswinkel α?

a) $f(x)=x^4$; $\alpha=45°$ **c)** $f(x)=x^7$; $\alpha=60°$ **e)** $f(x)=x^{12}$; $\alpha=135°$

b) $f(x)=x^5$; $\alpha=30°$ **d)** $f(x)=x^6$; $\alpha=45°$ **f)** $f(x)=x^8$; $\alpha=120°$

7.

An welchen Stellen haben die Potenzfunktionen $x \mapsto x^n$ die Steigung 1 [−1]?

4.3.2. Faktorregel

Aufgabe

a) Wir wissen: Die Funktion $x \mapsto x^2$ ist differenzierbar. Ist dann auch $x \mapsto 3x^2$ differenzierbar? Wie heißt die Ableitungsfunktion?

b) Prüfe das in Teilaufgabe a) erhaltene Ergebnis an weiteren Beispielen und formuliere eine Regel.

Lösung

a) Auch die Funktion $x \mapsto 3x^2$ ist differenzierbar, denn es gilt für die Steigung m der Tangente an der Stelle x:

$$m=\lim_{h\to 0}\frac{3(x+h)^2-3x^2}{h}=\lim_{h\to 0}3\cdot\frac{(x+h)^2-x^2}{h}=\lim_{h\to 0}3\cdot(2x+h)=3\cdot\lim_{h\to 0}(2x+h)=3\cdot 2x$$

Die Ableitungsfunktion heißt $x \mapsto 3\cdot 2x$.

Der Faktor 3 bleibt beim Übergang zur Ableitung erhalten.

b) Auch weitere Beispiele bestätigen das Resultat, daß ein konstanter Faktor beim Übergang zur Ableitung (beim Differenzieren) erhalten bleibt.

Satz 2: *Faktorregel*
Wenn die Funktion u an der Stelle a differenzierbar ist, dann ist auch die Funktion f mit $f(x)=k\cdot u(x)$ an der Stelle a differenzierbar, und es gilt:

$$f'(a)=k\cdot u'(a) \qquad (k\in\mathbb{R})$$

Ein konstanter Faktor bleibt beim Differenzieren erhalten.
Wir schreiben kurz: $(k\cdot u)'=k\cdot u'$.

Information

(1) *Anschauliche Begründung der Faktorregel*

Der Graph der Funktion f mit $f(x)=k\cdot u(x)$ geht aus dem der Funktion u durch Streckung parallel zur 2. Achse mit dem Faktor k hervor. Dabei geht die Tangente im Punkt P über in die Tangente im Punkt P_1. Da die Längen der Strecken parallel zur 2. Achse auch mit dem Faktor k multipliziert werden, ist die senkrechte Kathete im Steigungsdreieck bei P_1 k-mal so lang wie die entsprechende Kathete im Steigungsdreieck bei P. Es gilt daher:

$$f'(a)=\frac{k\cdot d}{h}=k\cdot\frac{d}{h}=k\cdot u'(a)$$

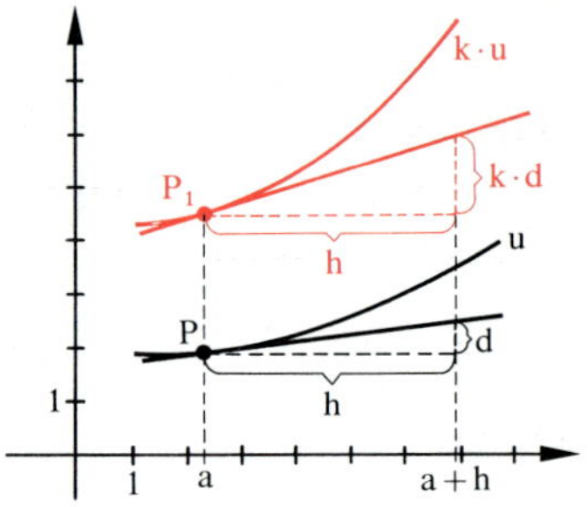

(2) *Beweis der Faktorregel mit Hilfe von Grenzwertsätzen*

Es gilt nach dem 3. Grenzwertsatz (vgl. Seite 116)

$$f'(a)=\lim_{x\to a}\frac{f(x)-f(a)}{x-a}=\lim_{x\to a}\frac{k\cdot u(x)-k\cdot u(a)}{x-a}=\lim_{x\to a}k\cdot\frac{u(x)-u(a)}{x-a}=k\cdot\lim_{x\to a}\frac{u(x)-u(a)}{x-a}=k\cdot u'(a)$$

Zum Weiterarbeiten

1.

Wie könnte die Funktion f lauten? Überprüfe mit der Faktorregel.

a) $f'(x)=x^2$ **b)** $f'(x)=x^3$ **c)** $f'(x)=\sin x$ **d)** $f'(x)=\frac{1}{\sqrt{x}}$ **e)** $f'(x)=\frac{1}{x^2}$ **f)** $f'(x)=0$ **g)** $f'(x)=5x$ **h)** $f'(x)=7x^2$

Übungen

2.

Differenziere die Funktion f nach der Faktorregel.

a) $f(x)=3x^5$ **b)** $f(x)=7x^9$ **c)** $f(x)=\frac{1}{8}x^5$ **d)** $f(x)=\frac{1}{10}x^6$ **e)** $f(x)=\sqrt{2}\cdot x^4$ **f)** $f(x)=\frac{3}{4}x^8$ **g)** $f(x)=(-7)\cdot\frac{1}{x}$ **h)** $f(x)=\frac{1}{3}\sqrt{x}$ **i)** $f(x)=-\frac{1}{6}x$ **j)** $f(x)=\frac{2}{3}x^3$ **k)** $f(x)=4\cdot\sin x$ **l)** $f(x)=-5\cdot\cos x$

3.

Gegeben ist die Ableitungsfunktion f′. Suche eine Ausgangsfunktion f. Überprüfe mit der Faktorregel.

a) $f'(x)=4x^3$ **b)** $f'(x)=x^4$ **c)** $f'(x)=x^7$ **d)** $f'(x)=x^9$ **e)** $f'(x)=3x^5$ **f)** $f'(x)=7x^8$ **g)** $f'(x)=4x^6$ **h)** $f'(x)=2x^7$ **i)** $f'(x)=3x^2$ **j)** $f'(x)=x^n$ **k)** $f'(x)=3\cdot\cos x$ **l)** $f'(x)=-2\cdot\sin x$

4.

Bestimme die höheren Ableitungen $f', f'', f''', f^{IV}, \ldots$
Gib so viele an, bis eine überall den Wert 0 hat.

a) $f(x)=x^4$ **b)** $f(x)=x^6$ **c)** $f(x)=x^8$ **d)** $f(x)=10x^5$ **e)** $f(x)=\frac{1}{20}x^6$ **f)** $f(x)=\frac{1}{56}x^8$ **g)** $f(x)=\frac{1}{3}x^7$ **h)** $f(x)=0{,}7\cdot x^4$

5.

Bestimme die höheren Ableitungen $f', f'', f''', f^{IV}, \ldots$ der Funktion f mit $f(x)=x^n$. Gib die k-te Ableitung $f^{(k)}$ an. Die wievielte Ableitung hat überall einen konstanten Wert? Gib diesen an.

4.3.3. Summen- und Differenzregel

Aufgabe

a) Wir wissen: Die Funktionen $x \mapsto \frac{1}{x}$ und $x \mapsto \sqrt{x}$ sind differenzierbar. Ist dann auch die Summenfunktion $x \mapsto \frac{1}{x} + \sqrt{x}$ differenzierbar? Wie heißt die Ableitungsfunktion?

b) Prüfe das in Teilaufgabe a) erhaltene Ergebnis an weiteren Beispielen und formuliere eine Regel.

Lösung

a) Auch die Summenfunktion f mit $f(x) = \frac{1}{x} + \sqrt{x}$ ist differenzierbar, denn es gilt:

$$f'(a) = \lim_{x \to a} \frac{\frac{1}{x} + \sqrt{x} - \left(\frac{1}{a} + \sqrt{a}\right)}{x - a} = \lim_{x \to a} \frac{\left(\frac{1}{x} - \frac{1}{a}\right) + (\sqrt{x} - \sqrt{a})}{x - a}$$

$$= \lim_{x \to a} \frac{\frac{1}{x} - \frac{1}{a}}{x - a} + \lim_{x \to a} \frac{\sqrt{x} - \sqrt{a}}{x - a} = -\frac{1}{a^2} + \frac{1}{2\sqrt{a}}$$

Die Ableitungsfunktion lautet: $x \mapsto -\frac{1}{x^2} + \frac{1}{2\sqrt{x}}$

Beim Übergang zur Ableitung der Summenfunktion bildet man gliedweise die Ableitung.

b) Auch weitere Beispiele bestätigen das Ergebnis, daß eine Summe gliedweise differenziert wird.

Satz 3: *Summenregel*
Die Funktionen u und v seien in einem gemeinsamen Intervall definiert, das die Stelle a enthält. An dieser Stelle seien sie differenzierbar. Dann ist auch die Funktion f mit $f(x) = u(x) + v(x)$ an der Stelle a differenzierbar, und es gilt:

$$f'(a) = u'(a) + v'(a)$$

Eine Summe wird gliedweise differenziert.

Wir schreiben kurz: $(u + v)' = u' + v'$

Information

(1) *Plausibilitätsbetrachtung zur Gültigkeit der Summenregel*

Wir geben eine Begründung an, die sich auf die Betrachtung der Sekanten und Tangenten sowie ihrer Steigungen bei den Funktionen u, v, u + v an der Stelle a stützt.
Es gilt:

$$m_f(h) = \frac{[u(a+h) + v(a+h)] - [u(a) + v(a)]}{h}$$
$$= \frac{u(a+h) - u(a)}{h} + \frac{v(a+h) - v(a)}{h}$$
$$= m_u(h) + m_v(h)$$

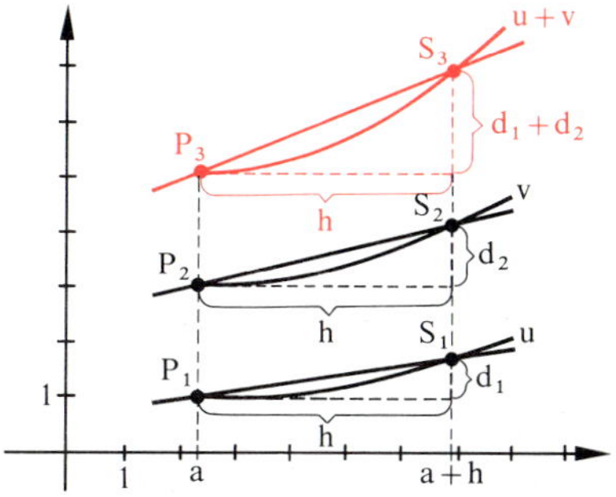

Die Steigung der zur Funktion f gehörenden Sekante ist gleich der Summe der Steigungen der zu u und v gehörenden Sekanten. Nun unterscheidet sich die Sekantensteigung $m_u(h)$ [$m_v(h)$] immer weniger von der Tangentensteigung $u'(a)$ [$v'(a)$], je weniger sich h von 0 unterscheidet. Es ist daher plausibel, daß dann auch die Steigung der Tangente im Punkt P gleich der Summe der Steigungen der Tangenten bei P_1 und P_2 ist.
Man beachte: Eine Plausibilitätsbetrachtung ist noch kein Beweis.

(2) *Beweis der Summenregel unter Verwendung eines Grenzwertsatzes*

$$f'(a) = \lim_{x \to a} \frac{f(x) - f(a)}{x - a} = \lim_{x \to a} \frac{u(x) + v(x) - (u(a) + v(a))}{x - a}$$

Wir formen so um, daß die Differenzenquotienten der Funktionen u und v erscheinen.

$$f'(a) = \lim_{x \to a} \frac{(u(x) - u(a)) + (v(x) - v(a))}{x - a} = \lim_{x \to a} \left(\frac{u(x) - u(a)}{x - a} + \frac{v(x) - v(a)}{x - a} \right)$$

Wir wenden jetzt den 1. Grenzwertsatz für Summenfunktionen an:

$$f'(a) = \lim_{x \to a} \frac{u(x) - u(a)}{x - a} + \lim_{x \to a} \frac{v(x) - v(a)}{x - a}$$

Da nach Voraussetzung die beiden Grenzwerte existieren (u und v sind ja differenzierbar), existiert nach dem Grenzwertsatz für Summenfunktionen auch $f'(a) = u'(a) + v'(a)$.

(3) *Differenzregel*

Entsprechend zur Summenregel kann man die Differenzregel plausibel machen bzw. beweisen.

Satz 4: *Differenzregel*
Wenn die Funktionen u und v an der Stelle a differenzierbar sind, so ist auch die Funktion f mit $f(x) = u(x) - v(x)$ an der Stelle a differenzierbar, und es gilt: $f'(a) = u'(a) - v'(a)$.
Eine Differenz wird gliedweise differenziert.

Beweis durch Zurückführen auf die Summen- und die Faktorregel

$f(x) = u(x) - v(x) = u(x) + (-1) \cdot v(x)$
$f'(a) = u'(a) + (-1) \cdot v'(a)$ (nach der Summen- und der Faktorregel)
$f'(a) = u'(a) - v'(a)$

(4) *Differenzierbarkeit der ganzrationalen Funktionen*

Durch mehrfache Anwendung der Summen- und der Faktorregel ergibt sich, daß jede ganzrationale Funktion f mit $f(x) = a_n \cdot x^n + a_{n-1} \cdot x^{n-1} + \ldots + a_2 \cdot x^2 + a_1 \cdot x + a_0$ differenzierbar ist.

(5) *Rückblick auf die Ableitungsregeln*

Potenzregel, Faktorregel, Summenregel und Differenzregel sind in unterschiedlichem Sinne Ableitungsregeln: Während die Potenzregel unmittelbar die Ableitung einer Potenzfunktion angibt, lassen sich die drei anderen Regeln nur anwenden, wenn man die Ableitung der jeweiligen Funktionen u und v schon kennt.

Zum Weiterarbeiten

1.
Begründe mit der Summenregel, daß ein konstanter Summand beim Differenzieren verschwindet.

2.
Gib die Ableitung der ganzrationalen Funktion f an: $f(x) = a_n x^n + a_{n-1} \cdot x^{n-1} + \ldots + a_2 x^2 + a_1 x + a_0$

Übungen

3.
Differenziere die Funktion f nach der Summen- oder Differenzregel.

a) $f(x) = x^5 + x^8$
b) $f(x) = x^4 - x^3$
c) $f(x) = x^3 + x^4$
d) $f(x) = x^5 - x^7$
e) $f(x) = x^9 + x^5$
f) $f(x) = 2x^4 - 3x^6$
g) $f(x) = x^{10} + 2x$
h) $f(x) = 2x^2 + 3x$
i) $f(x) = x + \frac{1}{x}$
j) $f(x) = \frac{1}{x} - \sqrt{x}$
k) $f(x) = x^2 + \sqrt{x}$
l) $f(x) = x - \frac{1}{x}$

4.
Bilde die erste Ableitung der Funktion f.

a) $f(x)=\frac{1}{8}x^5+\frac{1}{2}x^3-0{,}7x$
b) $f(x)=2x^4-7x^2+5x$
c) $f(x)=8x^{12}-\sqrt[3]{17}x^2+5x$
d) $f(x)=4x^5-2x^2-8x$
e) $f(x)=\sqrt{3}x^2-9x+2$
f) $f(x)=8x^4-12x^3-4x^2$
g) $f(x)=9x^4-\sqrt{3}x^3+5x-7$
h) $f(x)=4x^6+2x^3-9x^2-18x+2$
i) $f(x)=9x^4-\frac{1}{3}x^3+\frac{1}{2}x^2-\sqrt[3]{2}x+8$
j) $f(x)=9x^6-\sqrt{\frac{1}{5}}x^5+\frac{1}{8}x^4-\frac{1}{2}x^2+3x$
k) $f(x)=8x^3-4x^2+0{,}8x+9$
l) $f(x)=12x^4-0{,}8x^3-7x^2-8x+2$

5.
Gib die erste Ableitung an.

a) $f(x)=\frac{3}{x}+2\sqrt{x}$
b) $f(x)=\frac{1}{x}-x^2-x^4$
c) $f(x)=\frac{7}{x}-\frac{2}{3}x^2+5$
d) $f(x)=4x^5+\frac{3}{x}-\frac{1}{2}\sqrt{x}$
e) $f(x)=4x^4-\frac{2}{x}+\frac{\sqrt{x}}{5}$
f) $f(x)=\frac{1}{x}+\cos x$
g) $f(x)=2\sin x-3\cos x$
h) $f(x)=4\sqrt{x}+2\cos x$
i) $f(x)=a\cdot\cos x+c$

6.
Gib die erste, zweite und dritte Ableitung an.

a) $f(x)=3x^4+2x^2$
b) $f(x)=5x^6-7x^3$
c) $f(x)=7x^7+9x^3$
d) $f(x)=x^4-2x^3$
e) $f(x)=3x^6-8x^2$
f) $f(x)=3x^2+8x+5$
g) $f(x)=4x-5$
h) $f(x)=5x^4-8x^3+x$
i) $f(x)=8x^3-4x^2-9x$
j) $f(x)=\frac{1}{2}x^6-\frac{1}{5}x^5+\frac{1}{8}x^4$
k) $f(x)=-\frac{1}{24}x^4+\frac{1}{6}x^3-\frac{1}{2}x$
l) $f(x)=-\frac{1}{15}x^5-\frac{1}{12}x^4+8$
m) $f(x)=\frac{5}{36}x^6+\frac{11}{18}x^3-\frac{7}{16}x^2$
n) $f(x)=\frac{1}{14}x^7+\frac{5}{21}x^6-\frac{2}{3}x^3$
o) $f(x)=\frac{2}{21}x^7+\frac{4}{5}x^5-\frac{9}{20}x^4$

7.
Gegeben ist die Ableitungsfunktion f'. Gesucht ist eine Ausgangsfunktion f.

a) $f'(x)=3x^2+2x$
b) $f'(x)=4x^3-7x^6$
c) $f'(x)=9x^8-6x^5+8$
d) $f'(x)=x^6+x^2$
e) $f'(x)=x^4-x^3$
f) $f'(x)=8x^3-6x^2$
g) $f'(x)=2x^4-8x^3+2x^2$
h) $f'(x)=\sin x-\cos x$
i) $f'(x)=2\cos x-\frac{1}{2x^2}$

8.
Gegeben ist f''. Gesucht ist eine Ausgangsfunktion f.

a) $f''(x)=2x+3x^2$
b) $f''(x)=\cos x-\sin x$
c) $f''(x)=x^2-x^3$

4.4. Vermischte Übungen

In einigen Aufgaben kommt der Begriff der *Normalen* vor. Zur Definition siehe Seite 131.

1.
Bilde so oft die Ableitung der Funktion f, bis sich die Funktion $x\mapsto 0$ ergibt.

a) $f(x)=3x^6-2x^4$
b) $f(x)=3x^3-9x^4-x$
c) $f(x)=2x^5-8x-x^4$
d) $f(x)=9x^4-x$
e) $f(x)=\frac{2}{3}x^5-\frac{3}{2}x^4+2x$
f) $f(x)=\sqrt{2}\cdot x^6-\pi\cdot x^4+7$

2.
Differenziere folgende Funktion f.

a) $f(x)=(x+1)^2$
b) $f(x)=x^{-1}+x^{\frac{1}{2}}$
c) $f(x)=\frac{x^2-1}{x+1}$

3.
Differenziere folgende Funktion

a) $f(x)=(7x-5)\cdot(3x^2+7x+4)$
b) $f(x)=(ax^2+b)\cdot(cx+d)$
c) $f(x)=3\cdot(4-x^2)\cdot(2-x)+\frac{1}{2}(4-x)$
d) $f(x)=x\cdot(x-1)-x\cdot(x+1)$
e) $f(x)=(x-5)^2+(x-2)^2-3(x+5)$
f) $f(x)=2x\cdot(x-4)^2+7x^2(x+5)^2$

4.
Gegeben sei die Funktion f mit $f(x)=\sin x$ [$f(x)=\cos x$]. Bilde $f'(x)$, $f''(x)$, $f'''(x)$, $f^{IV}(x)$, usw. Welche Gesetzmäßigkeit erkennst du?

5.
In welchen Punkten des Graphen der Funktion f schließen die Tangenten mit der 1. Achse einen Winkel von 45° [30°; 60°; 120°; 135°] ein?

a) $f(x)=4x^2$ **b)** $f(x)=5x^3$ **c)** $f(x)=-5\cdot(x-5)^2$

6.
Der Graph der Funktion f mit $f(x)=ax^2+bx+c$ schneidet die 1. Achse an der Stelle -3 und die 2. Achse bei $y=-2$. An der Stelle 4 hat die Tangente an den Graphen der Funktion die Steigung 1. Wie lautet die Funktion?

7.
Gegeben sind die beiden Funktionen f und g mit $f(x)=1+x-x^2-x^3$ und $g(x)=2x^2-8x-1$. An welcher Stelle sind die Tangenten an die Graphen parallel zueinander?

8.
Bilde die Ableitung folgender Funktion:

a) Radius → Flächeninhalt des Kreises **b)** Radius → Volumen der Kugel

Was stellst du fest?

9.
Gegeben sei der Graph einer Funktion f mit $f'(a)\neq 0$.

a) Gib die Gleichung der Normalen des Graphen der Funktion f an der Stelle a an.
b) Bestimme die Schnittpunkte dieser Normalen mit den Koordinatenachsen.
c) Wie würde die Normale verlaufen, wenn $f'(a)=0$ wäre?

10.
Die Graphen K_1 und K_2 mögen sich im Punkt P schneiden. Der Schnittwinkel der Graphen in P ist dann der Winkel, den die Tangenten an die Graphen im Punkt P miteinander bilden.
Gib Schnittpunkte und Größe der Schnittwinkel an.

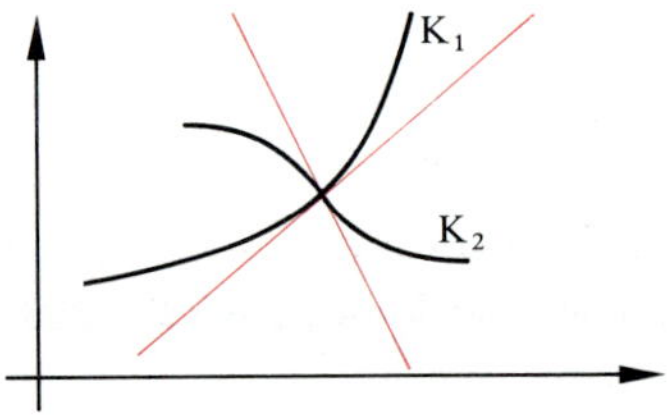

a) $f(x)=3x^2+4x+5$, $g(x)=-4x^2-3x+6$
b) $f(x)=5x^2-3x-6$, $g(x)=3x^2-5x+10$

11.
Durch die Punkte P und S verläuft eine Sekante des Graphen von f. Zu der Sekante ist eine parallele Tangente gezeichnet. Berechne den Berührpunkt.

a) $f(x)=2x^2+5x-4$; P(1; y); S(3; y)
b) $f(x)=4x^2-9x+6$; P(−1; y); S(0; 4)
c) $f(x)=3x+4+\sqrt{x}$; P(0; y); S(1; y)
d) $f(x)=4x+2-\sqrt{x}$; P(4; y); S(9; y)

12.
Vom Punkt P(−1; −1) sind die Tangenten an den Graphen der Funktion $x \mapsto x^2$ gezeichnet. Bestimme:

a) die Koordinaten der Berührpunkte.
b) die Gleichungen der beiden Tangenten in Normalform.

13.

An den Graphen der Funktion $x \mapsto x^2$ sind zwei Tangenten gezeichnet, die orthogonal (senkrecht) aufeinander stehen.

a) Wie viele solcher Tangentenpaare gibt es?

b) Kann jeder Punkt des Graphen Berührpunkt einer der beiden Tangenten eines solchen Tangentenpaares sein?

c) Gib die beiden Gleichungen (in Normalform) eines solchen Tangentenpaares an.

d) Gegeben sind die Abszisse a des Berührpunktes der einen Tangente. Bestimme die Abszisse b des Berührpunktes der anderen Tangente eines solchen Tangentenpaares.

14.

a) Durch die Punkte P_1 und P_2 auf dem Graphen der Funktion $x \mapsto x^2$ ist die Sekante gezeichnet und zu ihr eine parallele Tangente. Durch den Berührpunkt der Tangente ist die Parallele zur 2. Achse gezeichnet. Beweise oder widerlege, daß diese Parallele die Sekante im Mittelpunkt der Strecke $\overline{P_1 P_2}$ schneidet.

b) Zeige durch ein Gegenbeispiel, daß dies nicht unbedingt mehr gilt, falls ein anderer Funktionsgraph gegeben ist.

15.

An den Graphen der Funktion $x \mapsto \sqrt{x}$ sind im Punkt P Tangente und Normale gezeichnet. Wo schneidet die Normale die 1. Achse? Ermittle das Ergebnis auf zwei Weisen durch Rechnung und durch eine geometrische Überlegung an einem rechtwinkligen Dreieck. Leite aus dem Ergebnis ein Verfahren zur Konstruktion der Tangente an den Graphen von $x \mapsto \sqrt{x}$ im Punkt P her.

16.

Im Punkt P(a; y) des Graphen der Funktion $x \mapsto x^2 - 2{,}75$ ist die Normale so gezeichnet, daß sie durch O(0; 0) [A(0; −2)] verläuft. Gib die Koordinaten von P an.

17.

Gegeben sind die Graphen der Funktionen $x \mapsto x^2$ und $x \mapsto x^3$.
Im Schnittpunkt $P(x_1; y_1)$ mit $x_1 > 0$ sind die Tangenten an die Graphen gezeichnet.

a) Wo schneiden diese Tangenten die 2. Achse?

b) Die beiden Tangenten schließen zusammen mit der 2. Achse ein Dreieck ein. Wie groß ist sein Flächeninhalt?

18.

In den Schnittpunkten des Graphen der Funktion $x \mapsto x^2$ mit dem Einheitskreis (Mittelpunkt M(0; 0)) sind die Tangenten an den Graphen und den Einheitskreis gezeichnet.

a) Wo schneiden diese Tangenten die 1. Achse [2. Achse]?

b) Die vier Tangenten schließen ein Viereck ein. Bestimme seinen Flächeninhalt.

19.

An die Graphen der Funktionen $x \mapsto x^2$ und $x \mapsto \sqrt{x}$ ist jeweils eine Tangente gezeichnet. Sie stehen orthogonal (senkrecht) aufeinander. Welche Beziehung besteht zwischen den Abszissen a und b der Berührpunkte?

20.

a) Die Tangenten an den Graphen der Funktion $x \mapsto \sqrt{x}$ in den Punkten $P_1(a; y_a)$ und $P_2(b; y_b)$ (mit $a < b$) schneiden sich im Punkt S. Gib seine Koordinaten an.

b) Ebenso sind die Normalen in den Punkten P_1 und P_2 gezeichnet. Berechne ihren Schnittpunkt.

21.

Zeige: Eine Tangente an den Graphen der Funktion $x \mapsto \sqrt{x}$ kann niemals parallel zu einer Tangente an den Graphen der Funktion $x \mapsto \frac{1}{x}$ verlaufen.

Funktionenscharen

22.
Gegeben sei $f_p(x)=x^2-px$. Dann gehört zu jedem p eine Funktion. Insgesamt erhält man eine Funktionenschar (Menge von Funktionen).

a) Welchen Punkt haben alle Graphen der Funktionenschar gemeinsam?

b) Die Punkte der Graphen, in welchen die Steigung 0 [1; −1] beträgt, liegen auf einer Kurve. Gib die Gleichung dieser Kurve an.

c) Bestimme den Schnittpunkt der Tangenten [Normalen] an der Stelle a an die Graphen dieser Schar mit der zweiten Achse.

23.
Gegeben ist die Gleichung einer Geraden und eine Funktionenschar. Welche Funktion f_p aus der Schar hat einen Graphen, für den die Gerade Tangente ist?

a) $y=x-4$; $f_p(x)=x^2-px$ **b)** $y=-4x-1$; $f_p(x)=x^2-px$

○ **24.**
Gegeben sind die Funktionenschar f_p mit $f_p(x)=px+(1-p)\cdot x^2$ $(p\in\mathbb{R})$ und die Funktion f mit $f(x)=\frac{1}{x}$. Für welche beiden Scharparameter p schneiden sich der Graph der Funktion f und der Graph von f_p orthogonal (senkrecht)?

○ **25.**
Gegeben sind die beiden Funktionenscharen $x\mapsto px^2$ und $x\mapsto q-x^2$. Gesucht ist die Menge aller Punkte im Koordinatensystem, in denen sich ein Graph der einen Schar mit einem Graphen der anderen Schar orthogonal (senkrecht) schneidet. Wo liegen diese Punkte?

4.5. Anwendungen des Begriffs der Ableitung

4.5.1. Geschwindigkeit als punktuelle Änderungsrate

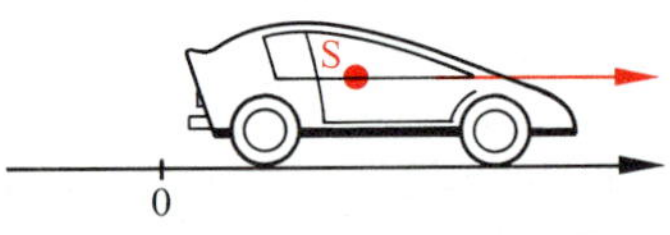

Bewegt sich ein Massenpunkt (z. B. der Schwerpunkt S eines Wagens) auf einer Geraden (Zahlengeraden), so gehört zu jedem Zeitpunkt t der Bewegung eine Stelle s(t), an der er sich gerade befindet.
Jedem Zeitpunkt t ist eine Wegstelle s(t) eindeutig zugeordnet. Die Bewegung kann also durch eine Weg-Zeit-Funktion $t\mapsto s(t)$ beschrieben werden. t_0 sei ein fester Zeitpunkt. Er entspricht der Stelle a in unseren sonstigen Betrachtungen.

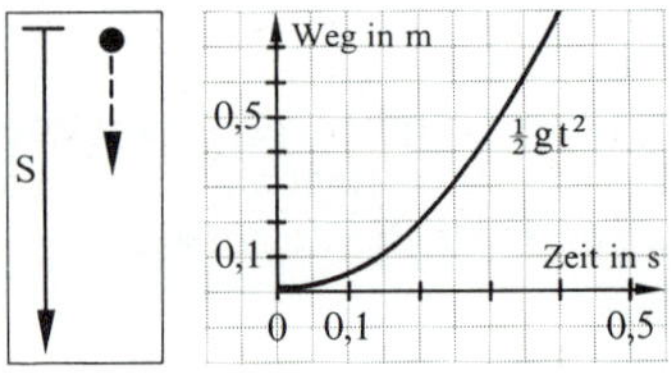

Beispiel: Freier Fall

Der Nullpunkt falle mit der Stelle des Bewegungsbeginns zusammen. Die positive Richtung zeige nach unten. Die Weg-Zeit-Funktion lautet dann $t\mapsto\frac{1}{2}g\cdot t^2$ $(g=9{,}81\,\mathrm{m\cdot s^{-2}})$. g heißt die Fallbeschleunigung.

Aufgabe

a) Deute $s(t)-s(t_0)$ und $\frac{s(t)-s(t_0)}{t-t_0}$. **b)** Deute ebenfalls $\lim\limits_{t\to t_0}\frac{s(t)-s(t_0)}{t-t_0}$.

c) Wende die Überlegungen auf den freien Fall an.

Lösung

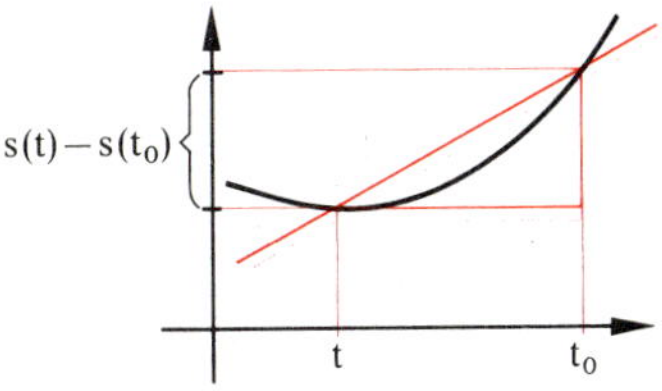

a) $s(t)-s(t_0)$ ist die im Zeitintervall $[t_0; t]$ effektiv zurückgelegte Weglänge.

$\frac{s(t)-s(t_0)}{t-t_0}$ ist also die *mittlere Geschwindigkeit* in diesem Zeitintervall, also die mittlere Änderungsrate der Weglänge bezüglich des Zeitintervalls $[t_0; t]$.

b) Der Grenzwert $\lim\limits_{t \to t_0} \frac{s(t)-s(t_0)}{t-t_0}$, also die Ableitung der Weg-Zeit-Funktion an der Stelle t_0, heißt die *Momentangeschwindigkeit* zum Zeitpunkt t_0. Sie ist die punktuelle Änderungsrate der Weglänge bezüglich der Zeit.

c) (1) *Mittlere Geschwindigkeit $\bar{v}$ im Intervall $[t_0; t]$*

$\bar{v} = \frac{\frac{1}{2}gt^2 - \frac{1}{2}gt_0^2}{t-t_0} = \frac{1}{2}g \cdot \frac{(t-t_0)(t+t_0)}{t-t_0}$ $\qquad$ $\bar{v} = \frac{1}{2}g \cdot (t+t_0)$ (für $t \neq t_0$)

(2) *Momentangeschwindigkeit $\dot{s}(t_0)$ zum Zeitpunkt t_0*

$\dot{s}(t_0) = v(t_0) = \lim\limits_{t \to t_0}(\frac{1}{2}g \cdot (t+t_0)) = g \cdot t_0$ (statt s′ schreibt man oft $\dot{s}$).

Der Differenzenquotient $\frac{s(t)-s(t_0)}{t-t_0}$ der Weg-Zeit-Funktion gibt die mittlere Geschwindigkeit und damit die mittlere Änderungsrate der Weglänge bezüglich des Zeitintervalls $[t_0; t]$ an.
Die Ableitung der Weg-Zeit-Funktion (an der Stelle t_0) gibt die Momentangeschwindigkeit (zum Zeitpunkt t_0), also die punktuelle Änderungsrate der Weglänge bezüglich der Zeit an.
Ist s die Weg-Zeit-Funktion, so wird die Ableitung häufig mit $\dot{s}$ bezeichnet.

Das Tachometer im Auto zeigt die Momentangeschwindigkeit an.

Zum Weiterarbeiten

1.

Beschleunigung als punktuelle Änderungsrate der Geschwindigkeit bezüglich der Zeit

Bei einem frei fallenden Körper erhöht sich die Geschwindigkeit ständig. Man kann daher fragen, um wieviel sich die Geschwindigkeit ihrerseits gegenüber der Zeit verändert.
Man spricht von *Beschleunigung*.
Gegeben sei die Weg-Zeit-Funktion $t \mapsto s(t)$ eines sich bewegenden Massenpunktes. Die zugehörige Geschwindigkeits-Zeit-Funktion ist $t \mapsto \dot{s}(t)$. Statt $\dot{s}(t)$ schreiben wir $v(t)$.

a) Präzisiere die Begriffe *mittlere Beschleunigung im Intervall $[t; t+h]$* und *Beschleunigung zur Zeit t*.

b) In welcher Beziehung steht die Beschleunigung zum Zeitpunkt t zur Weg-Zeit-Funktion?

c) Berechne für den freien Fall die Beschleunigung zum Zeitpunkt t.

Übungen

2.

Deute die Begriffe *mittlere Geschwindigkeit im Zeitintervall $[t_0; t]$* und *Momentangeschwindigkeit zum Zeitpunkt t_0* am Graphen der Weg-Zeit-Funktion $t \mapsto s(t)$.

3.

Das (fast) reibungsfreie Gleiten eines Schneebretts auf einem Bergabhang ist ein Beispiel für die Bewegung eines Körpers auf der schiefen Ebene.
Für diese Bewegung gilt: $s(t)=\frac{1}{2}g\cdot\sin\alpha\cdot t^2$.

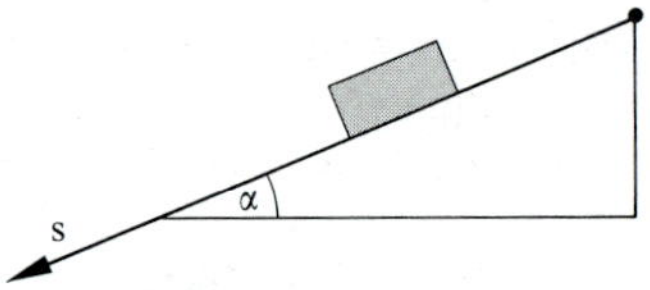

a) Gib die mittlere Geschwindigkeit im Zeitintervall $[t_1; t_2]$ an.

b) Gib die Momentangeschwindigkeit zum Zeitpunkt t_0 an.

c) Gib die Geschwindigkeits-Zeit-Funktion $\dot{s}$ an.

d) Gib die mittlere Beschleunigung im Zeitintervall $[t_1; t_2]$ an.

e) Gib die Momentanbeschleunigung zum Zeitpunkt t an.

f) Gib die Beschleunigungsfunktion $\ddot{s}$ an.

g) Betrachte die Grenzfälle $\alpha=90°$, $\alpha=0°$.

4.

Ein Thermograph zeichnet über einen längeren Zeitraum zu jedem Zeitpunkt die Temperatur auf. Zum Zeitpunkt t sei die Temperatur $\vartheta(t)$ vorhanden. Dann zeichnet der Thermograph den Graphen der Funktion $t\mapsto\vartheta(t)$ auf. Deute die Ausdrücke:

$\vartheta(t+h)-\vartheta(t)$, $\quad \dfrac{\vartheta(t+h)-\vartheta(t)}{h}$ und $\vartheta'(t)$

5.

Ein Flüssigkeitsbehälter wird durch ein Ventil entleert. Zum Zeitpunkt t möge im Behälter die Masse m(t) sein.
Präzisiere die Begriffe *mittlere Ausflußgeschwindigkeit in einem Zeitintervall* und *momentane Ausflußgeschwindigkeit zum Zeitpunkt t* und deute diese Begriffe am Graphen der Funktion $t\mapsto m(t)$. Verwende auch den Begriff der Änderungsrate.

6.

Eine Bakterienkultur wächst mit der Zeit. Führe eine Funktion ein, die den Sachverhalt des Wachstums beschreibt, und präzisiere den Begriff der *Wachstumsgeschwindigkeit zum Zeitpunkt t*.

7.

Beim senkrechten Wurf nach oben werde für s eine nach oben zeigende Koordinatenachse verwendet. Dann gilt: $s=v_0\cdot t-\frac{1}{2}g t^2$.
Hierbei ist v_0 die Abwurfgeschwindigkeit.

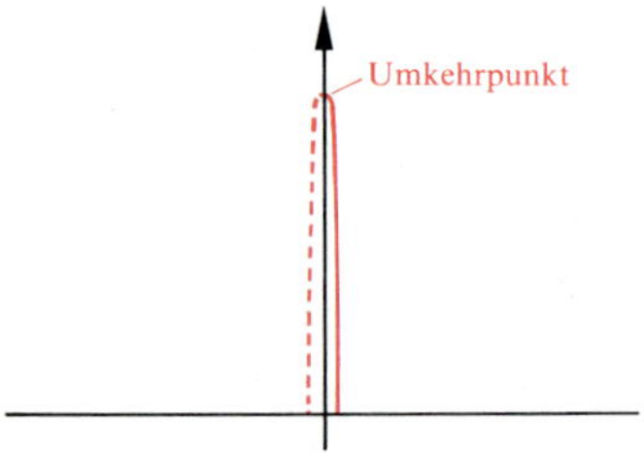

a) Gib die Geschwindigkeitszeitfunktion und die Beschleunigungszeitfunktion an.

b) Wann ist die Geschwindigkeit 0, wann positiv, wann negativ? Wann wird der Umkehrpunkt erreicht?

4.5.2. Dichte eines Gases als punktuelle Änderungsrate

Aufgabe

In einem lotrechten langen Rohr vom Querschnitt q befinde sich ein schweres Gas, das naturgemäß im unteren Teil des Rohres „dichter" als im oberen ist, weil es sich selbst durch sein eigenes Gewicht zusammenpreßt.
Präzisiere den Begriff der *Dichte* des Gases in einer bestimmten Tiefe x.

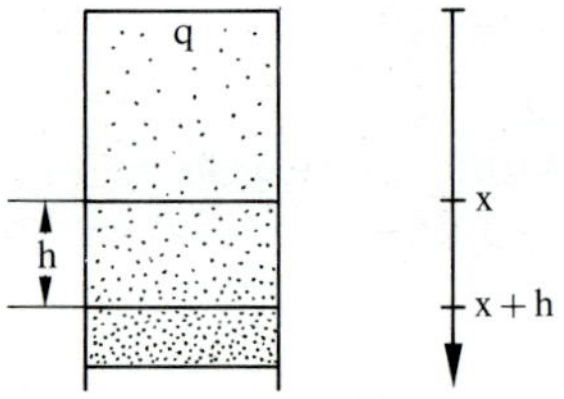

Lösung

Die Dichte eines homogenen Körpers ist definiert als Quotient aus Masse und Volumen des Körpers. Die Aufgabe verfolgt die Erweiterung des Begriffs der Dichte auf einen nicht homogenen Körper. Nun gehört zu jeder Tiefe x eine bestimmte Masse des Gases bis zu dieser Tiefe. Wir bezeichnen diese Funktion mit m.
Dann ist: $m(x)=$ Masse des Gases bis zur Tiefe x
Offensichtlich ist die Funktion m monoton wachsend, weil mit jeder Vergrößerung der Tiefe Masse hinzukommt. Die zwischen der Tiefe x und der Tiefe $x+h$ befindliche Gasmasse beträgt $m(x+h)-m(x)$. Sie nimmt das Volumen $q\cdot h$ ein. Die mittlere Änderungsrate der Masse bezüglich des Volumens, also die mittlere Dichte dieser Gasmasse beträgt $\frac{m(x+h)-m(x)}{q\cdot h}$.

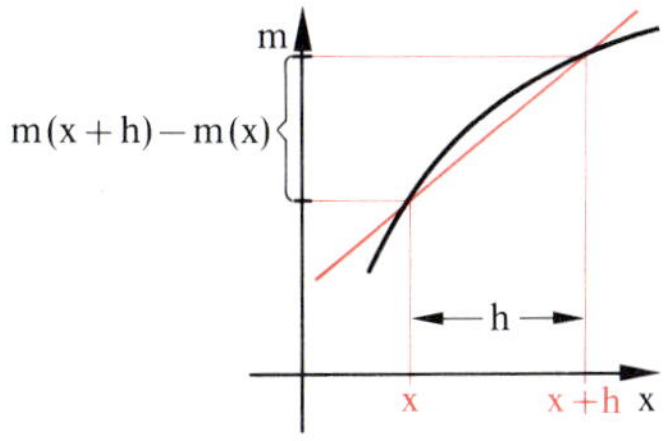

Es ist sinnvoll, unter der Dichte des Gases in der Tiefe x den Grenzwert $\lim\limits_{h\to 0}\frac{m(x+h)-m(x)}{q\cdot h}$ zu verstehen.

Dieser ist also die punktuelle Änderungsrate der Masse bezüglich des Volumens.

Nun ist der Querschnitt q konstant. Deshalb gilt für die Dichte in der Tiefe x:

$$\lim_{h\to 0}\frac{m(x+h)-m(x)}{q\cdot h}=\frac{1}{q}\cdot\lim_{h\to 0}\frac{m(x+h)-m(x)}{h}=\frac{1}{q}\cdot m'(x)$$

Zum Weiterarbeiten

1.

Die Verkehrsdichte als punktuelle Änderungsrate

Zur Festlegung des Begriffs *Verkehrsdichte an einer Stelle der Autobahn* denken wir uns zu einem bestimmten Zeitpunkt die Anzahl der Autos bestimmt, die sich vom Beginn der Autobahn bis zur Stelle x auf der Autobahn befinden. Diese Anzahl bezeichnen wir mit $V(x)$. $x\mapsto V(x)$ ist dann eine Funktion. Wir betrachten ein Autobahnstück ohne Abfahrten.

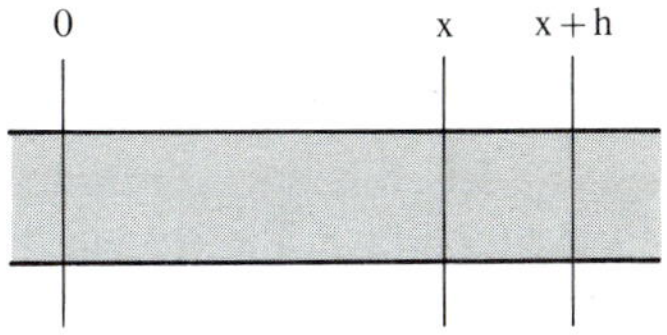

a) Bestimme die Anzahl der Autos, die sich zwischen den Stellen x und $x+h$ befinden.

b) Bestimme die durchschnittliche Verkehrsdichte (Anzahl der Autos pro Längeneinheit) zwischen den Stellen x und $x+h$.

c) Wie ist die *punktuelle Verkehrsdichte* an der Stelle x zu definieren? Welche Idealisierung muß dazu für die Funktionswerte der Funktion $x\mapsto V(x)$ vorgenommen werden?

Information

Verwendung des Begriffs Ableitung in den Anwendungen

Die bisherigen und folgenden Beispiele zeigen, daß der Begriff der Ableitung in vielen Bereichen von Wissenschaft, Technik, Statistik und Wirtschaft verwendet wird. Er dient dazu, um bestimmte Begriffe aus diesen Bereichen zu präzisieren. In allen Fällen handelt es sich darum, daß eine punktuelle Änderungsrate einer Größe bezüglich einer anderen Größe eine Rolle spielt, die mit dem Begriff der Ableitung exakter erfaßt wird.
Bei diesen Prozeß der Präzisierung macht man die stillschweigende Voraussetzung, daß alle auftretenden Funktionen differenzierbar sind. Man geht also von einer sogenannten Modellannahme aus. Vergleiche dazu auch den Exkurs *Mathematik und Wirklichkeit – Anwendungen und Modellbildung* (Seite 208).

Übungen

2.

Die Funktion $x \mapsto m(x)$ der Einstiegsaufgabe 4.5.2 ist gegeben. Bestimme die Dichte in der Tiefe x.

a) $m(x) = c \cdot x^2$ **b)** $m(x) = m_0 - \frac{c}{x}$

3.

Verkehrsdichte zum Zeitpunkt t

a) An einer bestimmten Stelle der Autobahn wird den ganzen Tag über registriert, wie viele Autos von Tagesbeginn an bis zum Zeitpunkt t die Autobahn passiert haben. Präzisiere die Begriffe *mittlere zeitliche Verkehrsdichte zwischen zwei Zeitpunkten* und *(zeitliche) Verkehrsdichte zum Zeitpunkt t*. Worin besteht der Unterschied zur punktuellen Verkehrsdichte (vgl. S. 155)? Formuliere den Unterschied mit Hilfe des Begriffs Änderungsrate.

b) Das Bild gibt qualitativ die Registrierung der Autozahlen wieder. Warum ist die zugehörige Funktion monoton steigend? Warum beginnt der Graph im Punkt P(0; 0)? Versuche eine Begründung für den Verlauf des Graphen anzugeben. Zeichne darunter (qualitativ) den Graphen, der die Verkehrsdichte zum Zeitpunkt t beschreibt.

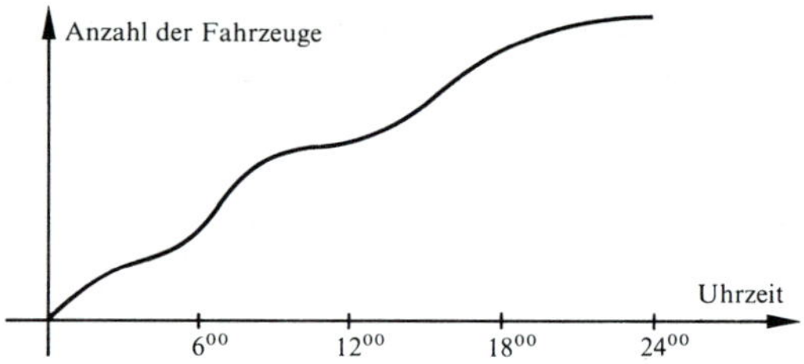

4.5.3. Vermischte Übungen

1.

Temperaturgefälle als punktuelle Änderungsrate der Temperatur bezüglich der Höhe

Bekanntlich nimmt die Temperatur der Luft im großen und ganzen mit der Höhe vom Erdboden ab.

Zu jeder Höhe x über einem bestimmten Ort der Erdoberfläche gehört eine bestimmte Temperatur $\vartheta(x)$; $x \mapsto \vartheta(x)$ ist eine Funktion. Ihr Graph geht bergab, weil die Temperatur mit der Höhe abnimmt, d.h. die Funktion $x \mapsto \vartheta(x)$ ist monoton fallend. Rechts ist der Graph einer solchen Funktion abgebildet.

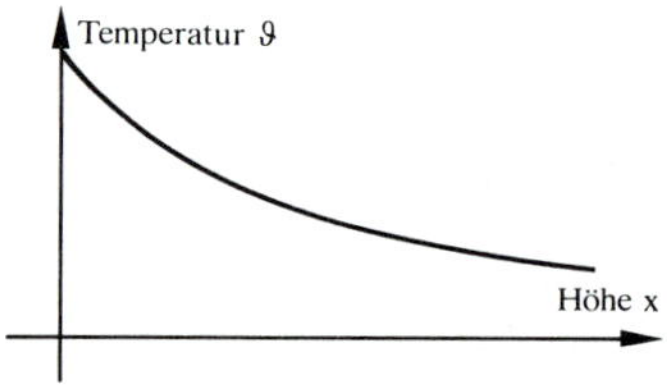

a) Wie groß ist der Temperaturunterschied zwischen den Höhen x und $x+h$?

b) Wie groß ist das mittlere Temperaturgefälle zwischen den Höhen x und $x+h$?

c) Wie ist das (punktuelle) Temperaturgefälle in einer bestimmten Höhe x zu definieren?

d) Deute das mittlere Temperaturgefälle im Intervall $[x; x+h]$ und das punktuelle Temperaturgefälle in der Höhe x geometrisch am Graphen der Funktion.

2.

Der Luftdruck nimmt mit der Höhe ab. Zu jeder Höhe h gehört ein bestimmter Luftdruck $p(h)$.
Deute: $p(h) - p(h_0)$, $\frac{p(h) - p(h_0)}{h - h_0}$ und $p'(h_0)$.

3.

Die Orte A und B sind durch eine gerade Linie verbunden. Zu jeder Stelle s der Verbindungslinie gehört ein bestimmter Luftdruck $p(s)$ [eine bestimmte Temperatur $\vartheta(s)$].

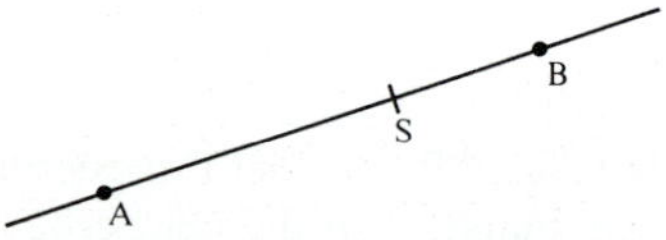

Präzisiere die Begriffe *mittleres Luftdruckgefälle* und *punktuelles Luftdruckgefälle* [*mittleres Temperaturgefälle und punktuelles Temperaturgefälle*]. Deute auch die Begriffe am Graphen der betreffenden Funktion. Worin besteht der Unterschied zum Begriff Temperaturgefälle in der Aufgabe 1 oben? Drücke dies mit dem Begriff Änderungsrate aus.

4.

Altersmäßige Bevölkerungsdichte

Die Tabelle gibt die altersmäßige Zusammensetzung der Bundesrepublik Deutschland im Jahre 1985 an. Dabei bedeutet: A(x) = Anzahl der Personen, die höchstens x Jahre alt sind.
Die Tabelle kann als Ausschnitt aus der Wertetabelle einer Funktion $x \mapsto A(x)$ angesehen werden.

x (in Jahren)	10	20	30	40	50	60	70	80	90	100
A(x) (in Mio.)	5,9	13,9	24,0	32,3	41,1	48,5	54,1	59,0	60,8	61,0

a) Zeichne (näherungsweise) den Graphen der Funktion $x \mapsto A(x)$.

b) Bestimme zeichnerisch: Wieviel Personen sind 10, 20, 30, 40, 50, 60, 70, 80, 90 Jahre alt?
Anleitung:
(1) Gib die Anzahl der Einwohner mit Hilfe des allgemeinen Terms A(x) an, die älter als x Jahre, aber höchstens x + h Jahre sind.
(2) Gib die mittlere Anzahl der Einwohner, die älter als x Jahre, aber höchstens x + h Jahre alt sind, pro Jahrgang an. Wie ist der Grenzwert für h gegen 0 zu deuten?

5.

Radioaktive Substanzen verlieren durch Zerfall ständig an Masse. Jod 131 beispielsweise zerfällt innerhalb von 8 Tagen auf die Hälfte, Caesium 137 zerfällt innerhalb von 30 Jahren auf die Hälfte. Definiere die Begriffe *mittlere Zerfallsgeschwindigkeit* und *momentane Zerfallsgeschwindigkeit*.

6.

Reaktionsgeschwindigkeit in der Chemie

Chemische Reaktionen können unterschiedlich schnell ablaufen*). Das Rosten von Eisen beispielsweise läuft im allgemeinen langsam ab. Sehr schnell dagegen erfolgt die Neutralisation von Säuren und Basen oder die Fällung von Silberchlorid.
Wie aber ist die Reaktionsgeschwindigkeit zu definieren?

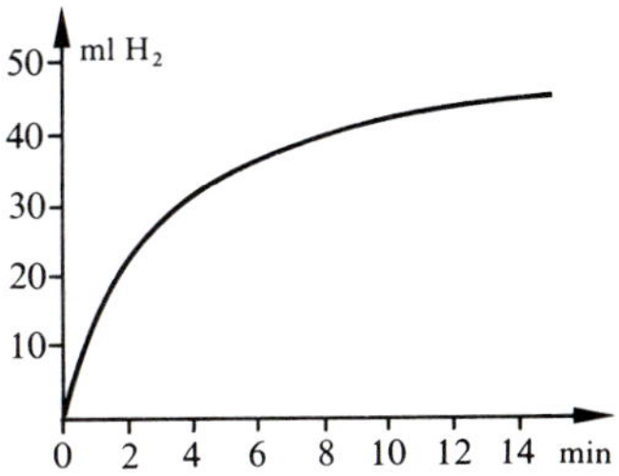

Beispiel
Bringt man Zink in (in Wasser gelöste) Salzsäure, so entstehen Wasserstoff (der aufsteigt) und Zinkionen, die in der Lösung bleiben. Die Formel für die Reaktionen lautet:

$$Zn(s) + 2H^+(aq) \rightarrow Zn^{2+}(aq) + H_2(g)$$

Das Volumen des Wasserstoffs wird in gleichen Zeitabständen gemessen.
Die graphische Darstellung des Wasserstoffvolumens in Abhängigkeit von der Zeit gibt das Bild rechts oben an.

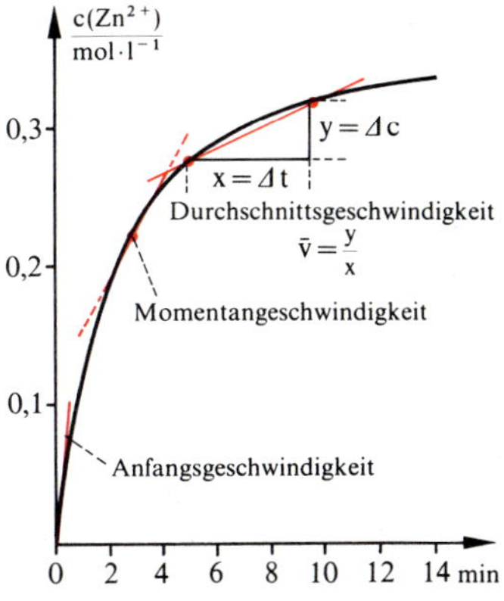

a) Die Kurve flacht immer mehr ab. Was folgt daraus für die Reaktionsgeschwindigkeit? Welches Vorzeichen hat die Reaktionsbeschleunigung?

b) Die Anzahl der Zinkionen pro Liter bezeichnet man auch als Konzentration der Zinkionen; in Formeln: $C(Zn^{2+})$. Das Bild rechts stammt aus einem Chemiebuch.
Erkläre das Bild und die dargestellten Begriffe Durchschnittsgeschwindigkeit und Momentangeschwindigkeit. Verwende dabei auch den Begriff Änderungsrate. Was ist an dem Bild mißverständlich dargestellt?

c) Definiere die Begriffe *durchschnittliche Reaktionsbeschleunigung* und *punktuelle Reaktionsbeschleunigung*.

---

*) 1967 erhielt der deutsche Physiker und Chemiker *Manfred Eigen* den Nobelpreis für die Messung der Geschwindigkeit ultraschneller chemischer Reaktionen.

Exkurs: Zur Geschichte der Differentialrechnung

Wie schon Seite 122 erwähnt, ist historisch gesehen, die Aufgabe die Tangente an eine Kurve zu bestimmen, das Grundproblem der Differentialrechnung.

Erste Anfänge im 17. Jahrhundert

Den ersten bedeutenden Beitrag zur Lösung dieses Problems lieferte PIERRE FERMAT (französischer Jurist und Mathematiker, 1601–1655). Über die Betrachtung von Tangenten fand er 1629 eine Methode zur Bestimmung von Extremstellen gegebener Funktionen. Weitere Einzelprobleme wurden mit dieser Methode von BONAVENTURA CAVALIERI (1598–1647) und BLAISE PASCAL (1623–1662) gelöst.

Begründung der Differentialrechnung durch Leibniz und Newton

Die Differentialrechnung – etwa so, wie sie heute in den Grundzügen an den Schulen unterrichtet wird – wurde zwischen 1673 und 1676 von GOTTFRIED WILHELM LEIBNIZ (1646–1716) während eines Aufenthaltes in Paris entwickelt. LEIBNIZ verwendete unendlich kleine Zahlen (S. 98) und brachte diese in Beziehung zum charakteristischen Dreieck (heute Steigungsdreieck genannt). Er entdeckte schon alle Regeln zur Differentiation (S. 143–148) und schuf auch das Symbol $\frac{dy}{dx}$ (S. 137).

Schon vor LEIBNIZ hatte ISAAC NEWTON (1642–1727) in den Jahren 1665/66 die sog. *Fluxionsrechnung* aufgebaut. Damit konnte er den Begriff der Momentangeschwindigkeit (S. 153) erfassen und Bewegungsprobleme insbesondere der Himmelskörper lösen. Er führte auch die Bezeichnung mit einem übergesetzten Punkt ein (vgl. S. 153).
Der Streit um die Erstentdeckung der Differentialrechnung ist wohl der berühmteste Prioritätsstreit der Geistesgeschichte. Historische Forschungen haben jedoch ergeben, daß NEWTON und LEIBNIZ auf verschiedenen Wegen unabhängig voneinander zu demselben Ziel gelangt sind.

Strenge Begründung der Differentialrechnung

In der Anfangszeit der Differentialrechnung war die seit den Griechen in der Mathematik übliche Strenge verlorengegangen. Ein strenger Aufbau, fußend auf einer exakten Definition des Grenzwertes einer Folge (S. 77) und einer Funktion (S. 112), wurde insbesondere von AUGUSTIN LOUIS CAUCHY (1789–1857) und KARL WEIERSTRASS (1815–1897) im 19. Jahrhundert angegeben.

Zeitalter der Entdeckung der Differentialrechnung

Politik

1648 Westfälischer Friede, Ende des Dreißigjährigen Krieges
1640–1688 Friedrich Wilhelm I. von Brandenburg, der Große Kurfürst
1643–1715 Ludwig XIV., der „Sonnenkönig“, König von Frankreich
1640–1658 O. Cromwell in England
1689 „Bill of Rights“, das Parlament wird in England zum maßgeblichen Staatsorgan
1683 Türken belagern Wien
1689–1725 Zar Peter I., der Große erringt den Aufstieg Rußlands zur Großmacht
1701 Preußen wird Königreich, Friedrich I. von Preußen

Kunst, Musik, Literatur, Wissenschaft

1558–1672 Heinrich Schütz, Kirchenmusiker
1606–1669 Rembrandt van Rijn, ndl. Maler
1607–1676 Paul Gerhard, Kirchenlieddichter
1621–1695 Jean de La Fontaine, frz. Dichter
1622–1673 Molière, frz. Dichter
1632–1677 Baruch de Spinoza, Philosoph
1632–1704 John Locke, engl. Philosoph
1635 Académie Française
1652 Kaiserlich Leopoldinisch-Carolinische Deutsche Akademie der Naturforscher
1662 „Royal Society“ in England
1666 Akademie der Wissenschaften in Paris
1675 Sternwarte in Greenwich
1710 Preußische Akademie der Wissenschaften

5. Funktionsuntersuchungen

Die Bahn der Kugel ist zu erkennnen. Sie ist der Graph einer Funktion.
An welcher Stelle wird die größte Höhe erreicht? Wie groß ist diese Höhe?

In welcher Entfernung vom Abstoßpunkt schlägt die Kugel auf dem Boden auf?
Offensichtlich hängt die erzielte Weite auch von dem Winkel ab, unter dem die Kugel abgestoßen wurde. Bei welcher Abwurfrichtung wird die größte Weite erreicht?
Lassen sich die Ergebnisse auf einen senkrechten Wurf nach oben mit der Anfangsgeschwindigkeit v_0 übertragen?
Wie verhält sich die Geschwindigkeit in Abhängigkeit von der Zeit?

Zur Beantwortung solcher Fragen müssen wir den Graph einer Funktion genauer untersuchen (siehe Seite 192, Aufgabe 20).
Hierzu müssen wir insbesondere Stellen mit größten bzw. kleinsten Funktionswerten bestimmen.
Solche Stellen werden in diesem Kapitel zunächst charakterisiert, sodann lassen sich Beziehungen zur Ableitung der gegebenen Funktion f herstellen.
Um diese Stellen zu berechnen, benötigen wir mathematische Sätze, die diese Zusammenhänge präzisieren.

Als grundlegend erweisen sich Zusammenhänge zwischen der Monotonie einer Funktion f und dem Vorzeichen der Werte ihrer Ableitung f′.
Daraus lassen sich Sätze herleiten, welche einen Zusammenhang zwischen markanten Punkten des Graphen der Funktion f (Hochpunkte, Tiefpunkte) und Eigenschaften der Ableitung f′ herstellen.
Eine weitere Hilfe ist das Untersuchen von Punkten, in denen ein Funktionsgraph seine Krümmung ändert („Wendepunkte“).

Ihre Berechnung kann mit Hilfe analoger Sätze erfolgen.

Ziel des Kapitels:
Es sollen Funktionen untersucht werden, so daß der Graph mit Hilfe markanter Punkte und Eigenschaften gezeichnet werden kann. Hierzu werden Beziehungen zwischen dem Verlauf des Graphen und charakteristischen Punkten einerseits sowie der Ableitung der Funktion andererseits gefunden.
Mit Hilfe der Ableitung lassen sich Hoch- und Tiefpunkte sowie Wendepunkte des Funktionsgraphen berechnen und der Verlauf des Graphen charakterisieren.
Umgekehrt werden Funktionen bestimmt, die vorgegebene Eigenschaften besitzen.
Schließlich können Verfahren gewonnen werden, mit denen größte und kleinste Werte bei Anwendungsproblemen bestimmt werden.

5.1. Extrempunkte – notwendiges Kriterium

5.1.1. Absolute und relative Extrempunkte

Aufgabe

a) Betrachte den Graphen der Funktion f. Definiere die Begriffe *Hochpunkt* und *Tiefpunkt* des Graphen einer Funktion f. Unterscheide jeweils zwei Fälle.

b) Untersuche die Funktion f mit $f(x) = -x^2 + 4x - 1$ auf Hoch- und Tiefpunkte.

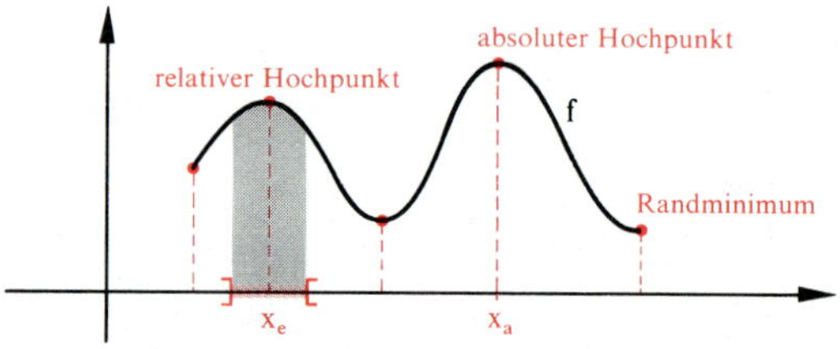

Lösung

a) *Fall (1):* Der Funktionswert an der Stelle x_a ist der (*absolut*) größte Funktionswert der Funktion f.

Fall (2): Es läßt sich eine Umgebung*) der Stelle x_e finden, so daß der Funktionswert an der Stelle x_e innerhalb (also *relativ* zu) dieser Umgebung der größte Funktionswert von f ist. Außerhalb dieser Umgebung können hier größere Funktionswerte auftreten.

Definition 1: *Relativer und absoluter Hoch- und Tiefpunkt – Randextremum*

Gegeben ist eine Funktion f mit dem Definitionsbereich D_f.

(1) Ein Punkt $A(x_a; f(x_a))$ heißt **absoluter** $\left\{\begin{matrix}\textbf{Hochpunkt}\\ \textbf{Tiefpunkt}\end{matrix}\right\}$ des Graphen der Funktion f, falls für *alle* $x \in D_f$ gilt: $\left\{\begin{matrix}f(x) \le f(x_a)\\ f(x) \ge f(x_a)\end{matrix}\right\}$.

(2) Ein Punkt $E(x_e; f(x_e))$ heißt **relativer** $\left\{\begin{matrix}\textbf{Hochpunkt}\\ \textbf{Tiefpunkt}\end{matrix}\right\}$ des Graphen der Funktion f, falls sich eine Umgebung $U(x_e)$ mit $U(x_e) \subseteq D_f$ finden läßt, so daß *für alle* $x \in U(x_e)$ gilt: $\left\{\begin{matrix}f(x) \le f(x_e)\\ f(x) \ge f(x_e)\end{matrix}\right\}$.

Als Oberbegriff für Hoch- bzw. Tiefpunkt verwenden wir den Begriff **Extrempunkt**.
Die Stelle x_e heißt dann **Extremstelle**, der Funktionswert $f(x_e)$ heißt **Extremum** (Extremwert).

Ist $\left\{\begin{matrix}H(x_e; f(x_e)) \text{ ein Hochpunkt}\\ T(x_e; f(x_e)) \text{ ein Tiefpunkt}\end{matrix}\right\}$, so heißt der Funktionswert $f(x_e)$ $\left\{\begin{matrix}\textbf{Maximum}\\ \textbf{Minimum}\end{matrix}\right\}$ der Funktion f.

Ein absolutes Extremum an einer Randstelle des Definitionsbereiches D_f nennt man auch **Randextremum**.

b) Es gilt: $f(x) = -x^2 + 4x - 1 = -(x-2)^2 + 3$;

$-(x-2)^2 < 0$ für $x \neq 2$

$-(x-2)^2 = 0$ für $x = 2$

Daraus folgt:

$f(x) < 3$ für $x \neq 2$; $f(x) = 3$ für $x = 2$.

Also ist der Punkt H(2; 3) ein absoluter Hochpunkt. Einen Tiefpunkt gibt es nicht.

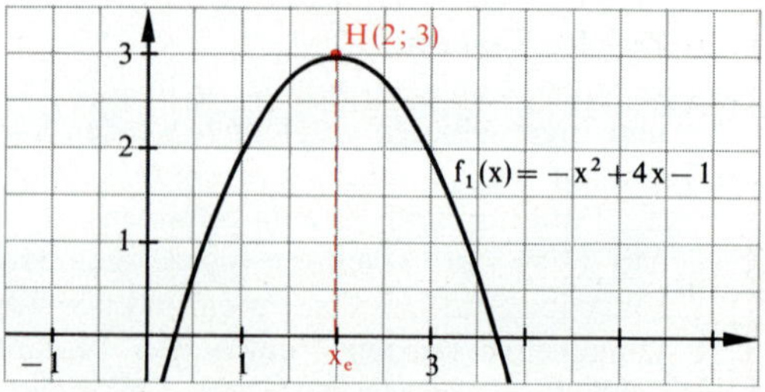

*) Unter einer **Umgebung** einer Stelle a versteht man ein nach beiden Seiten offenes Intervall, welches a als Mittelpunkt hat (vgl. S. 76).

Zum Weiterarbeiten

1.

Begründe:

a) Jedes absolute Extremum im Innern des Definitionsbereichs von f ist auch ein relatives Extremum.

b) Wenn eine Funktion im Innern ihres Definitionsbereichs kein absolutes Extremum besitzt, hat sie höchstens Randextrema.

2.

Gib an, an welchen Stellen absolute bzw. relative Extrempunkte vorliegen.

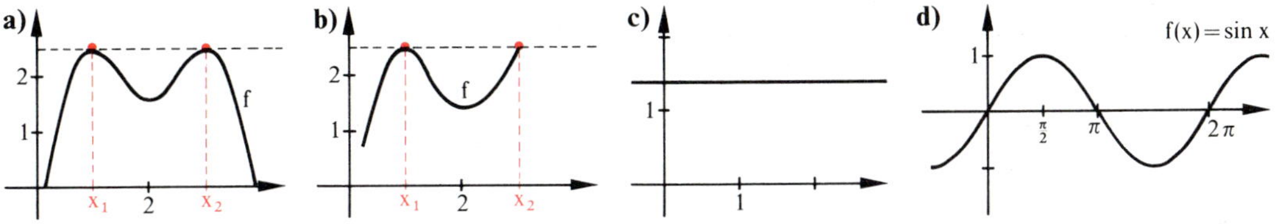

Beachte: Bei Extremwerten $f(x_e)$ heißt es $f(x) \leq f(x_e)$, d.h. für die zugelassenen x gilt *entweder* $f(x) < f(x_e)$ *oder* $f(x) = f(x_e)$. Entsprechendes gilt für $f(x) \geq f(x_e)$.

Information

Verschiedene Stellen – gleicher Extremwert

Eine Funktion f kann höchstens *einen* absolut größten [kleinsten] Funktionswert $f(x_e)$ besitzen, jedoch kann es vorkommen, daß dieser Funktionswert an *mehreren* Stellen x_e angenommen wird.

Beispiel: Bei der Funktion $x \mapsto \sin x$ wird der absolut größte Funktionswert 1 an allen Stellen $\frac{\pi}{2} + k \cdot 2\pi$ mit $k \in \mathbb{Z}$, also sogar an unendlich vielen Stellen angenommen.

Übungen

3.

Skizziere den Graphen von f und untersuche die Funktion f auf Hoch- und Tiefpunkte.

a) $f(x) = (x-2)^2$

b) $f(x) = x^2 - 2$

c) $f(x) = -2x + x^2$

d) $f(x) = |x-2|$

e) $f(x) = \sqrt{|x-2|}$

f) $f(x) = \operatorname{sgn} |x|$

g) $f(x) = \frac{8}{x^2+2}$

h) $f(x) = \frac{8}{(x+2)^2}$

i) $f(x) = \sin\left(x - \frac{\pi}{2}\right)$

4.

Der Graph der Funktion f hat an den angegebenen Stellen einen Tiefpunkt. Begründe das.

a) $f(x) = x^2$; Stelle 0

b) $f(x) = x^2 (x-3)^2$; Stellen 0; 3

c) $f(x) = (x-3)^2 + 4$; Stelle 3

d) $f(x) = x + \frac{1}{x}$; Stelle 1

e) $f(x) = |x-2|$; Stelle 2

f) $f(x) = \sqrt{x}$; Stelle 0

5.

Begründe, warum der Graph der angegebenen Funktion f an der Stelle 0 keinen Extrempunkt besitzt.

a) $f(x) = x^3$

b) $f(x) = 3x - 4$

c) $f(x) = x^4 + x$

d) $f(x) = \sin x$

e) $f(x) = \begin{cases} x+1 & \text{für } x \geq 0 \\ x^2 & \text{für } x < 0 \end{cases}$

f) $f(x) = \begin{cases} x+1 & \text{für } x > 0 \\ 0 & \text{für } x = 0 \\ x-1 & \text{für } x < 0 \end{cases}$

6.

Prüfe die folgenden Formulierungen. Gib Begründungen an oder skizziere ein Gegenbeispiel.

(1) Eine auf einem abgeschlossenen Intervall definierte streng monotone Funktion kann an einer Stelle im Innern dieses Intervalls kein Extremum haben.

(2) Eine konstante Funktion hat stets ein Extremum.

(3) Es gibt Funktionen mit Graphenpunkten, die zugleich Hoch- und Tiefpunkt sind.

(4) Eine auf einem abgeschlossenen Intervall definierte streng monotone Funktion hat stets zwei Randextrema.

(5) Es gibt monotone Funktionen, die kein Randextremum besitzen.

(6) Jeder absolute Hochpunkt ist auch ein relativer Hochpunkt.

7.

Skizziere den Graphen einer Funktion mit den folgenden Eigenschaften:

a) Zwei relative Hochpunkte, ein relativer Tiefpunkt **b)** Zwei Randextrema

c) Ein absolutes Maximum im Innern des Definitionsbereichs, ein Randminimum.

5.1.2. Notwendiges Kriterium für relative Extremstellen

Extrema von Funktionen kann man nur bei einfachen Funktionstermen direkt bestimmen.
Um Extremstellen besser berechnen zu können, wollen wir Zusammenhänge zwischen relativen Extremstellen und der Ableitung an diesen Stellen entdecken.
Die gegebenen Funktionen seien daher stets differenzierbar.

Aufgabe

a) x_e sei relative Extremstelle der Funktion f. Welcher Zusammenhang besteht zu $f'(x_e)$?

b) Formuliere einen entsprechenden Wenn-dann-Satz. Zeige, daß seine Umkehrung falsch ist.

c) Wo könnten die Extremstellen der Funktion f mit $f(x) = 4x^4 - 8x^2 + 4$ liegen?

Lösung

a) Im relativen Hochpunkt bzw. Tiefpunkt besitzt der Graph eine horizontale Tangente. Diese hat die Steigung Null, also ist $f'(x_e) = 0$.

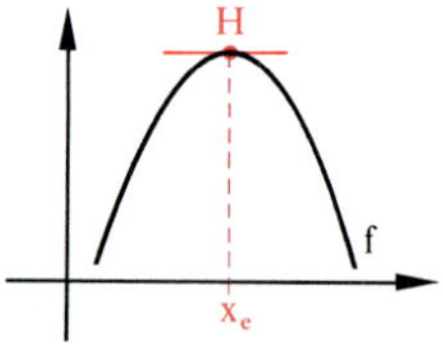

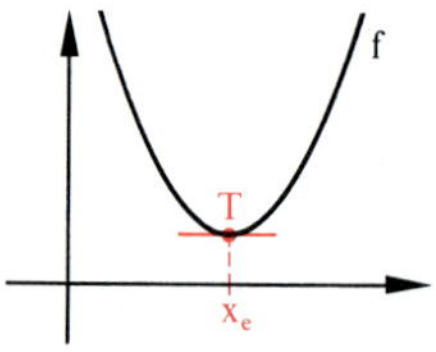

b) Wir vermuten:

> **Satz 1:** *Notwendiges Kriterium für relative Extremstellen*
> Die Funktion f sei an der Stelle x_e differenzierbar.
> Wenn x_e relative Extremstelle ist, dann gilt: $f'(x_e) = 0$.

Dieser Satz ist anschaulich ohne weiteres klar. Wir beweisen ihn in Information (1).

Die Umkehrung lautet:
Wenn $f'(x_e) = 0$, dann ist x_e eine relative Extremstelle von f. Dieser Satz ist falsch, wie das nebenstehende Beispiel zeigt.
Es gilt $f'(0) = 0$. Die Tangente hat an der Stelle 0 also die Steigung 0.
Jedoch ist 0 nicht Extremstelle, da die Funktion in jeder Umgebung von 0 positive und negative Funktionswerte hat.

$f(x) = x^3$
$f'(x) = 3x^2$
$f'(0) = 0$

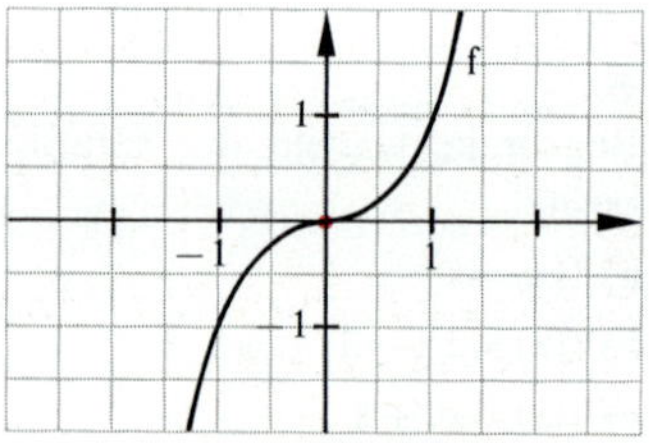

c) Es gilt: $f'(x) = 16x^3 - 16x$.
Nach Satz **1** können höchstens die Nullstellen von f′ als Extremstellen in Frage kommen, d.h. die Bedingung $f'(x) = 0$ muß erfüllt sein. Die Extremstellen der Funktion f können höchstens 0, 1 oder −1 sein.

$f'(x) = 0$: $16x^3 - 16x = 0$
$16x(x^2 - 1) = 0$
Lösungsmenge:
$L = \{0; 1; -1\}$

Information

(1) *Formaler Beweis des notwendigen Kriteriums für einen Hochpunkt*

Wir wissen: x_e ist relative Extremstelle von f, d.h. es läßt sich eine Umgebung $U(x_e)$ finden, so daß gilt $f(x) \leq f(x_e)$ für alle $x \in U(x_e)$. Wir müssen daraus folgern: $f'(x_e) = 0$.
Hierzu betrachten wir den Differenzenquotienten $\frac{f(x) - f(x_e)}{x - x_e}$.
Wegen $f(x) \leq f(x_e)$ gilt stets $f(x) - f(x_e) \leq 0$.

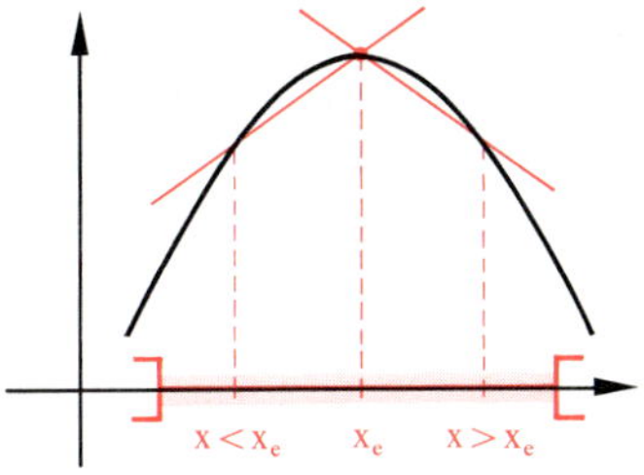

Für $x < x_e$ gilt $x - x_e < 0$, d.h. $m_s = \frac{f(x) - f(x_e)}{x - x_e} \geq 0$;

für $x > x_e$ gilt $x - x_e > 0$, d.h. $m_s = \frac{f(x) - f(x_e)}{x - x_e} \leq 0$.

Die Funktion f ist nach Voraussetzung an der Stelle x_e differenzierbar, also existiert der Grenzwert der Sekantensteigungen.
Für $x < x_e$ gilt $f'(x_e) = \lim\limits_{x \to x_e} m_s \geq 0$; für $x > x_e$ gilt $f'(x_e) = \lim\limits_{x \to x_e} m_s \leq 0$.

Wegen der Eindeutigkeit des Grenzwertes folgt daraus $f'(x_e) = 0$.

(2) *Notwendige Bedingung*

An einer relativen Extremstelle hat die Ableitung *notwendig* den Wert Null. Das bedeutet: Stellen, die *nicht* Nullstellen von f′ sind, sind auch keine relativen Extremstellen von f. Man sagt: $f'(x_e) = 0$ ist eine *notwendige Bedingung* dafür, daß x_e eine relative Extremstelle ist (*notwendiges Kriterium*).
Es ist also zweckmäßig, beim Aufsuchen von relativen Extremstellen die Nullstellen von f′ zu bestimmen und diese Stellen dann weiter zu untersuchen.

Zum Weiterarbeiten

1.
Führe den Beweis von Satz **1**, falls ein Tiefpunkt vorliegt.

2.
Prüfe die folgenden Formulierungen. Gib Begründungen oder Gegenbeispiele an.

(1) Die im Intervall I differenzierbare Funktion f kann im Innern von I nur dann eine relative Extremstelle x_e besitzen, wenn gilt $f'(x_e) = 0$.

(2) Eine im Intervall I differenzierbare Funktion f kann an einer inneren Stelle x_e höchstens dann ein relatives Extremum haben, falls gilt $f'(x_e) = 0$.

(3) Eine in einem Intervall differenzierbare Funktion f hat stets x_e als relative Extremstelle, falls gilt $f'(x_e) = 0$.

(4) Hat die Funktion f an der Stelle x_e ein relatives Extremum, so muß gelten $f'(x_e) = 0$.

(5) Eine im Intervall I differenzierbare Funktion f kann an einer Stelle x_e im Innern von I mit $f'(x_e) \neq 0$ kein relatives Extremum haben.

3.
Warum kann man in den nebenstehenden Fällen Satz **1** nicht anwenden?

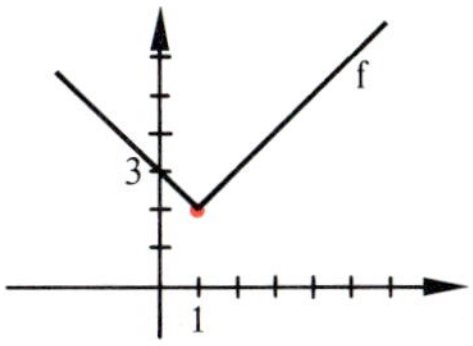

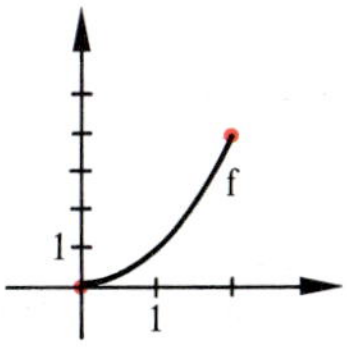

Der Graph einer Funktion f kann auch an Stellen relative Extrema haben, an denen die Funktion *nicht differenzierbar* ist.
Bei *Randextrema* muß nicht notwendig $f'(x)=0$ gelten.
In diesen Fällen ist also die notwendige Bedingung nicht anwendbar.

Übungen

4.
Warum kann die Funktion f keine relativen Extremstellen besitzen?

a) $f(x)=2x-1$ **b)** $f(x)=\frac{1}{x}$ **c)** $f(x)=x^3+3x$

d) $f(x)=2x^3+3x^2+6x$ **e)** $f(x)=x^3-3x^2+3x-1$ **f)** $f(x)=\frac{1}{x}-2x$

g) $f(x)=x+2\sqrt{x}$ **h)** $f(x)=\begin{cases} x^3 & \text{für } x<0 \\ x^2 & \text{für } x\geq 0 \end{cases}$ **i)** $f(x)=2x+\cos x$

5.
Zeige, daß die angegebene Stelle a keine relative Extremstelle von f ist, obwohl gilt $f'(a)=0$.

a) $f(x)=x^3-2$; Stelle 0

b) $f(x)=-x^5+4$; Stelle 0

c) $f(x)=(x-1)^3+2$; Stelle 1

d) $f(x)=\begin{cases} x^3+x^2 & \text{für } x\geq 0 \\ -x^2 & \text{für } x<0 \end{cases}$; Stelle 0

6.
Wo können mögliche Extremstellen liegen?

a) $f(x)=x^3-3x^2$ **b)** $f(x)=\sin x-x$

c) $f(x)=\frac{1}{4}x^2-\sqrt{x}$ **d)** $f(x)=x^4-2x^2+3$

e) $f(x)=x^2+\frac{2}{x}$ **f)** $f(x)=\cos x+\frac{x}{\sqrt{2}}$

7.
Begründe:

a) Eine ganzrationale Funktion vom Grad n hat höchstens $n-1$ relative Extremstellen.

○ **b)** Eine Funktion f mit $f(x)=ax^3+bx^2+cx+d$, $a\neq 0$, hat im Falle $3ac>b^2$ keine relative Extremstelle.

8.
Für den senkrechten Wurf nach oben mit der Anfangsgeschwindigkeit v_0 gilt für den Weg s in Abhängigkeit von der Zeit t angenähert $s(t)=v_0\cdot t-5\cdot t^2$.

a) Bestimme den höchsten Punkt der Bahn des Körpers.
Nach welcher Zeit wird dieser Punkt erreicht?

b) Welche Bedeutung hat $s'(t)=0$?

9.

Skizziere den Graphen einer Funktion, die an zwei Stellen relative Maxima besitzt, an denen sie nicht differenzierbar ist.

5.2. Monotoniesatz – hinreichende Kriterien für Extrempunkte

Mit Hilfe des notwendigen Kriteriums (Satz **1**, Seite 162) kann man lediglich Stellen angeben, die als relative Extremstellen in Frage kommen bzw. an denen auf keinen Fall eine Extremstelle vorliegt. *Umgekehrt* möchte man mit Hilfe der Ableitungen einer Funktion auch wirklich die relativen Extremstellen einer Funktion berechnen.
Grundlegend für dieses Ziel wird der Zusammenhang zwischen Monotonie und Ableitung sein.

5.2.1. Monotonie und Vorzeichen der Ableitung

Aufgabe

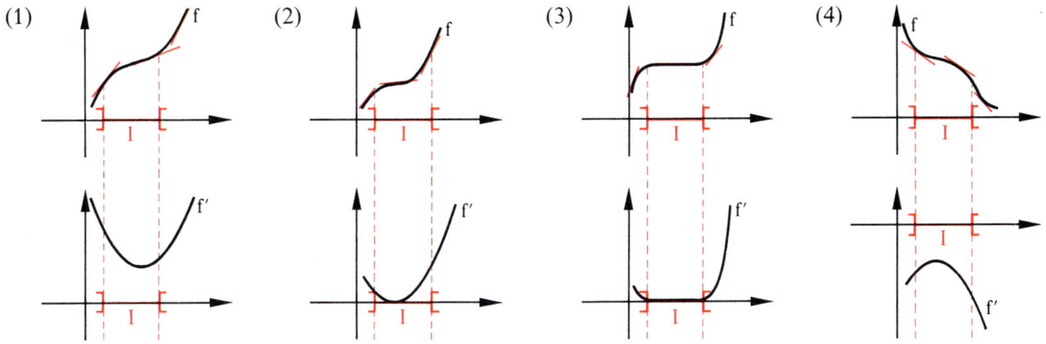

Die Bilder lassen Zusammenhänge zwischen Monotonie bzw. strenger Monotonie einerseits und dem Vorzeichen der Ableitung andererseits vermuten.

a) Formuliere die Zusammenhänge als Wenn-dann-Aussagen. Verweise auf die entsprechenden Bilder.

b) Formuliere Umkehraussagen, die durch die Bilder als richtig nahegelegt werden.

c) Gib entsprechende Aussagen für Funktionen an, die in einem Intervall I konstant sind.

d) Untersuche mit Hilfe des gefundenen Satzes die Monotonie der Funktion f mit $f(x) = -x^2 + 4x - 1$.

Lösung

a) Wenn f in I *streng monoton* wächst, dann gilt $f'(x) > 0$ (Bild 1) oder $f'(x) \geq 0$ (Bild 2), also $f'(x) \geq 0$ für alle $x \in I$.
Wenn f in I *monoton* wächst, dann gilt $f'(x) \geq 0$ für alle $x \in I$ (Bilder (1) bis (3)).
Entsprechendes gilt für monotones Fallen (Bild (4)).

b) Wenn $f'(x) > 0$ für alle $x \in I$, dann ist f in I streng monoton wachsend (Bild (1)).
Wenn $f'(x) \geq 0$ für alle $x \in I$, dann ist f in I monoton wachsend (Bilder (1) bis (3)).
Beachte: Ist $f'(x) \geq 0$, so kann f sogar streng monoton wachsend sein (Bild (2)).
Entsprechendes gilt für monotones Fallen (Bild (4)).

c) Wenn f im Intervall I konstant ist, dann gilt $f'(x) = 0$ für alle $x \in I$.
Wenn $f'(x) = 0$ für alle $x \in I$, dann ist f konstant in I (Bild (3)).

Satz 2: *Monotoniesatz*

Die Funktion f sei im Intervall I differenzierbar.

(1) Wenn f im Intervall I monoton $\left\{\begin{matrix}\text{wachsend}\\ \text{fallend}\end{matrix}\right\}$ ist, dann gilt $\left\{\begin{matrix}f'(x) \geq 0\\ f'(x) \leq 0\end{matrix}\right\}$ für alle $x \in I$.

(2) Wenn $\left\{\begin{matrix}f'(x) \geq 0\\ f'(x) \leq 0\end{matrix}\right\}$ für alle $x \in I$, dann ist f monoton $\left\{\begin{matrix}\text{wachsend}\\ \text{fallend}\end{matrix}\right\}$ im Intervall I.

(3) Wenn $\left\{\begin{matrix}f'(x) > 0\\ f'(x) < 0\end{matrix}\right\}$ für alle $x \in I$, dann ist f streng monoton $\left\{\begin{matrix}\text{wachsend}\\ \text{fallend}\end{matrix}\right\}$ im Intervall I.

(4) Wenn $f'(x) = 0$ für alle $x \in I$, dann gilt $f(x) = c$ für alle $x \in I$.
Wenn $f(x) = c$ für alle $x \in I$, dann ist $f'(x) = 0$ für alle $x \in I$.

Der Monotoniesatz ist anschaulich einleuchtend. Sein Beweis ist schwieriger als vermutet. Wir verzichten deshalb auf einen Beweis.

d) Es gilt: $f'(x) = -2x + 4 = -2(x-2)$.
Für $x > 2$ gilt $f'(x) < 0$, also ist f streng monoton fallend im Intervall $]2; \infty[$.
Für $x < 2$ gilt $f'(x) > 0$, also ist f streng monoton wachsend im Intervall $]-\infty; 2[$.

Zum Weiterarbeiten

1.

Skizziere den Graphen von f'.
Gib die Art der Monotonie von f und das Vorzeichen von $f'(x)$ in diesem Intervall an.

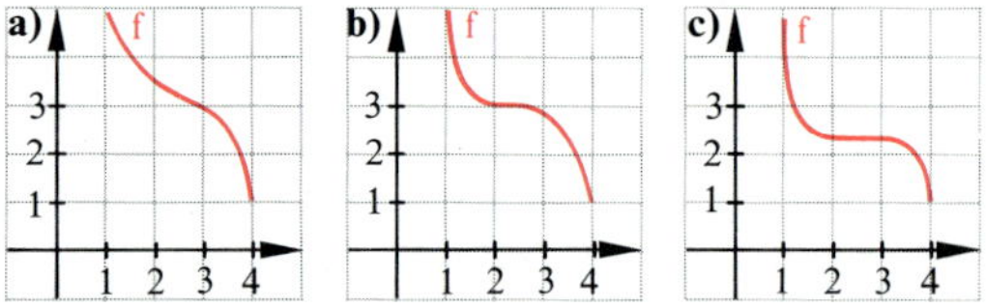

2.

Die Funktion f sei jeweils im Intervall I differenzierbar.
Überprüfe anhand des Monotoniesatzes die Richtigkeit der folgenden Aussagen. Gib, falls eine Aussage falsch ist, ein Gegenbeispiel an.

(1) Jede Funktion mit $f'(x) > 0$ im Intervall I ist monoton wachsend, aber nicht streng monoton wachsend.

(2) Ist die Funktion f streng monoton wachsend, so kann nie $f'(x) = 0$ sein.

○ **(3)** Die Funktion f ist im Intervall I streng monoton wachsend, falls gilt $f'(x) \geq 0$ für alle $x \in I$ und $f'(x) = 0$ an genau zwei Stellen $x \in I$.

△ **3.**

Die Hauptschwierigkeit beim Beweis des Monotoniesatzes liegt beim Beweis der Aussage (2).

a) Setzt man sie als bewiesen voraus, so lassen sich die Aussagen (3) und (4) hieraus folgern. Zeige dies.

b) Beweise Aussage (1) des Monotoniesatzes analog zum Beweis von Satz **1** (S. 163).

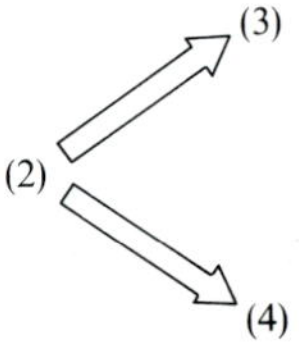

Übungen

4.

In welchen Intervallen liegt Monotonie [strenge Monotonie] vor?

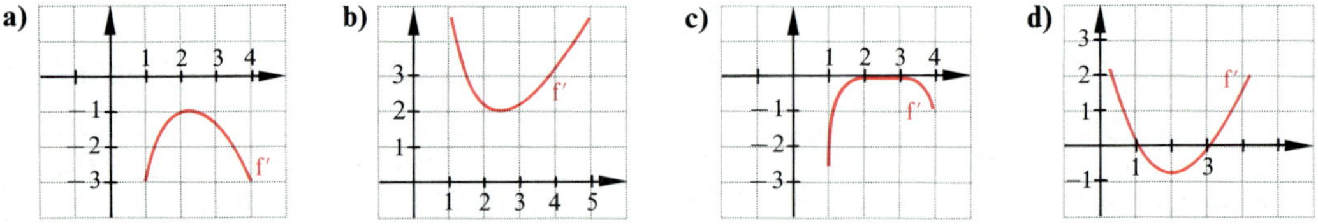

5.

In welchen Intervallen liegt strenge Monotonie vor?

a) $f'(x) = \frac{1}{16}x^5$

b) $f'(x) = -\frac{2}{3}x^4$

c) $f'(x) = (x-2)^2$

d) $f(x) = (x+1)^3$

e) $f(x) = x^2 - 3x + 2$

f) $f(x) = x^5 - 4x^3$

g) $f(x) = 1 + \frac{1}{x}$

h) $f(x) = \sin x - x$

i) $f(x) = 3\sqrt{x} - \frac{1}{x}$

6.
Gib das Monotonieverhalten der Funktion f in Abhängigkeit von den Parametern a, b ($a \neq 0$, $b \neq 0$) an.

a) $f(x) = a \cdot x^n$
b) $f(x) = \frac{a}{x}$
c) $f(x) = a \cdot \sqrt{x} + x$
d) $f(x) = a\sqrt{x} + \frac{b}{x}$
e) $f(x) = a x^3 + b x^2$
f) $f(x) = a x^2 + b x$
g) $f(x) = x^3 + a x^2 + b x$
h) $f(x) = a x^4 + b x^3$
i) $f(x) = a \sin x + b \cos x$

7.
Skizziere den Graphen einer Funktion f, die streng monoton wächst und bei der an genau zwei Stellen $f'(x) = 0$ gilt.

○ **8.**
f sei im (abgeschlossenen) Intervall I differenzierbar; $I = [a; b]$.
Beweise: f ist genau dann im Intervall I streng monoton wachsend, wenn zugleich gilt:
(1) an allen Stellen des offenen Intervalls $]a; b[$ gilt $f'(x) \geq 0$ und
(2) in keinem abgeschlossenen Teilintervall $[p; q]$ des Intervalls I ist überall $f'(x) = 0$.

9.
Gegeben ist f mit $f(x) = a x^3 + b x^2 + c x + d$.
a) Es sei $a > 0$. Begründe: f steigt für hinreichend große x streng monoton.
b) Übertrage die Überlegungen auf den Fall $a < 0$.
c) Untersuche entsprechend die Funktionen f mit
$f(x) = a x^n + a_{n-1} x^{n-1} + a_{n-2} x^{n-2} + \ldots + a_1 x + a_0$.

5.2.2. Vorzeichenwechsel von f′ als hinreichendes Kriterium für Extremstellen

Das Bild legt Zusammenhänge zwischen dem Vorzeichen von $f'(x)$ und relativen Extremstellen nahe: In einer Umgebung einer relativen Extremstelle wechselt hier die Ableitung f′ ihr Vorzeichen.

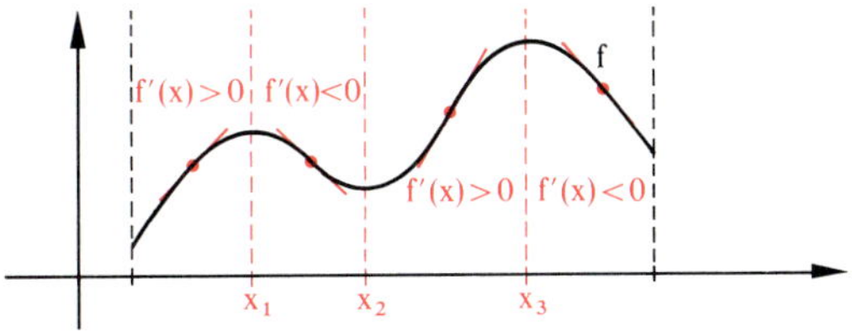

Wir wollen nun umgekehrt aus einem solchen Vorzeichenwechsel auf relative Extremstellen schließen.
Dazu notieren wir zunächst etwas genauer, was ein Vorzeichenwechsel einer Funktion f bedeutet:

> Eine Funktion f hat an der Stelle x_0 mit $f(x_0) = 0$ einen **Vorzeichenwechsel**, wenn sich eine Umgebung $U(x_0)$ finden läßt, so daß für alle $x \in U(x_0)$ gilt:
> $f(x) > 0$ für $x < x_0$ und $f(x) < 0$ für $x > x_0$ **(+/−)-Vorzeichenwechsel** *oder*
> $f(x) < 0$ für $x < x_0$ und $f(x) > 0$ für $x > x_0$ **(−/+)-Vorzeichenwechsel**
>
> 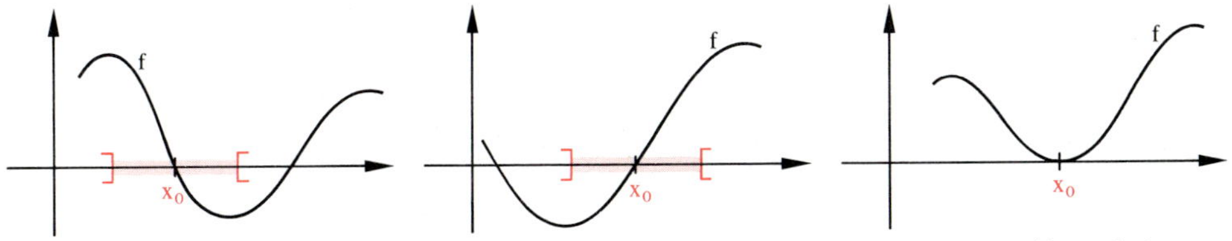
>
>
> (+/−)-Vorzeichenwechsel (−/+)-Vorzeichenwechsel kein Vorzeichenwechsel

Aufgabe

a) Gegeben sei eine differenzierbare Funktion f. Der Graph von f′ habe in der Umgebung $U(x_0)$ einer Stelle x_0 den rechts abgebildeten Verlauf (1) oder (2). Skizziere den Graph von f in der Umgebung $U(x_0)$.
Was läßt sich über die Funktion f an der Stelle x_0 sagen?
Formuliere einen Wenn-dann-Satz.

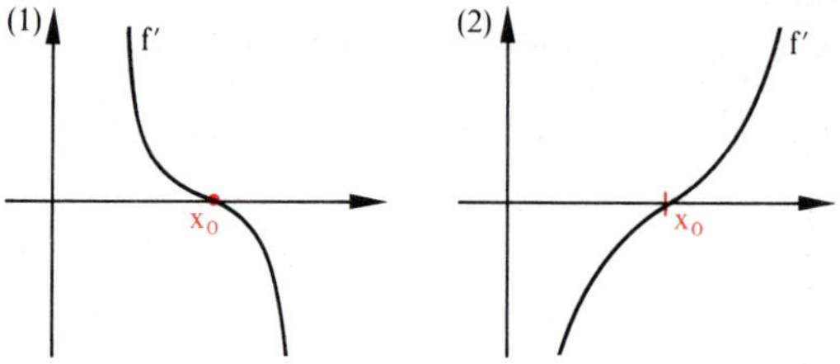

b) Bestimme die relativen Extremstellen der Funktion f mit $f(x)=\frac{1}{3}x^3-4x+2$ mit Hilfe des unter a) formulierten Satzes.

Lösung

a) In der Umgebung $U(x_0)$ gilt jeweils:
Fall (1): Links von x_0 ist $f'(x)$ positiv, also f streng monoton wachsend. Rechts von x_0 ist $f'(x)$ negativ, also f streng monoton fallend. Die Funktion f hat an der Stelle x_0 also ein relatives Maximum.

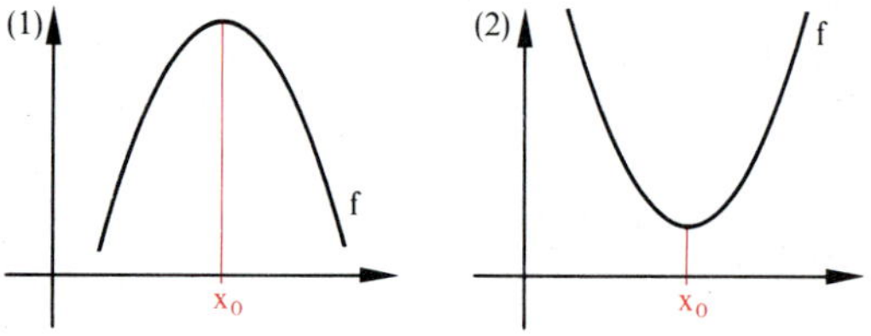

Fall (2): Analog erhält man: Die Funktion f hat an der Stelle x_0 ein relatives Minimum.

Satz 3: *Vorzeichenwechselkriterium*

Die Funktion f sei in einer Umgebung der Stelle x_0 differenzierbar, und es gelte $f'(x_0)=0$.

Wenn f′ an der Stelle x_0 einen $\begin{Bmatrix}(+/-)\\(-/+)\end{Bmatrix}$-Vorzeichenwechsel hat, dann liegt an der Stelle x_0 ein relativer $\begin{Bmatrix}\text{Hochpunkt}\\\text{Tiefpunkt}\end{Bmatrix}$ des Graphen von f vor.

b) (1) Relative Extremstellen der Funktion f kommen höchstens an den Nullstellen von f′ vor: Es muß also für sie mindestens gelten $f'(x)=0$, also $x^2-4=0$. Lösungsmenge: $L=\{2;\ -2\}$.

(2) Vorzeichen von f′: $f'(x)=(x-2)(x+2)$.
An der Stelle -2 liegt ein $(+/-)$-Vorzeichenwechsel von f′ vor, die Funktion f wechselt von streng monotonem Steigen zu streng monotonem Fallen; es liegt ein relatives Maximum vor. An der Stelle 2 ist ein $(-/+)$-Vorzeichenwechsel von f′, es liegt ein relatives Minimum vor.

	$x-2$	$x+2$	$f'(x)$	f
$x<-2$	<0	<0	>0	steigt monoton
$-2<x<2$	<0	>0	<0	fällt monoton
$x>2$	>0	>0	>0	steigt monoton

Information

(1) *Formaler Beweis des Vorzeichenwechselkriteriums*

Fall (1): f′ hat an der Stelle x_0 einen $(+/-)$-Vorzeichenwechsel, und es gilt: $f'(x_0)=0$.
Dann gibt es eine Umgebung $U(x_0)$, so daß für alle $x\in U(x_0)$ gilt:

$$f'(x)\geq 0 \text{ für } x\leq x_0 \quad\text{und}\quad f'(x)\leq 0 \text{ für } x\geq x_0$$

Nach dem Monotoniesatz (2) gilt dann für $x\in U(x_0)$:

$$\left.\begin{matrix}\text{f monoton wachsend}\\ \text{also } f(x)\leq f(x_0)\end{matrix}\right\} \text{für } x\leq x_0 \quad\text{und}\quad \left.\begin{matrix}\text{f monoton fallend}\\ \text{also } f(x)\leq f(x_0)\end{matrix}\right\} \text{für } x\geq x_0.$$

Also gilt insgesamt in $U(x_0)$: $f(x)\leq f(x_0)$, d.h. an der Stelle x_0 liegt ein relatives Maximum vor.
Fall (2): f′ hat an der Stelle x_0 einen $(-/+)$-Vorzeichenwechsel, und es gilt: $f'(x_0)=0$.
Hier folgt entsprechend, daß an der Stelle x_0 ein relatives Minimum vorliegt.

(2) *Begriff der hinreichenden Bedingung*

Man sagt: Die Bedingung $f'(x_e)=0$ *und ein Vorzeichenwechsel von* f' *an der Stelle* x_e ist eine **hinreichende Bedingung** dafür, daß x_e relative Extremstelle von f ist (*hinreichendes Kriterium*). Ist die hinreichende Bedingung nicht erfüllt, so kann keine Aussage darüber gemacht werden, ob eine relative Extremstelle vorliegt. *Es ist nichts entschieden.*

(3) *Die Umkehrung des Vorzeichenwechselkriteriums gilt nicht*

Es gibt differenzierbare Funktionen f mit Extremstellen x_e, bei denen kein Vorzeichenwechsel von f′ vorliegt, d.h. man kann keine Umgebung $U(x_e)$ finden, so daß für $x \in U(x_e)$ gilt:

$f'(x)<0$ für $x<x_e$; $f'(x)>0$ für $x>x_e$

Das hinreichende Vorzeichenwechselkriterium ist also *keine notwendige* Bedingung.

Beispiel:

$$f(x)=\begin{cases} x^2\left(\sin\frac{1}{x}\right)^2 & ; x \neq 0 \\ 0 & ; x=0 \end{cases}$$

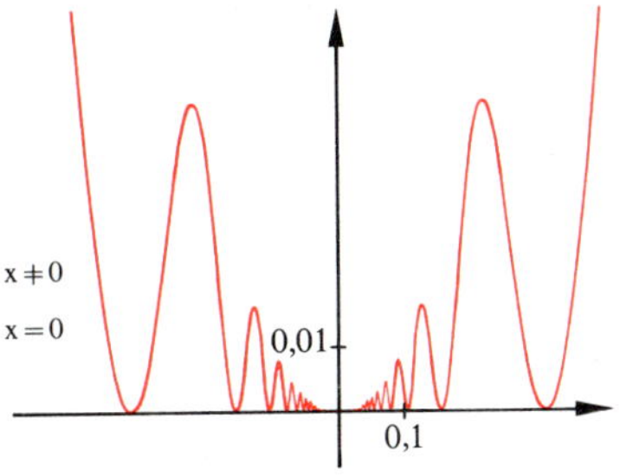

Zum Weiterarbeiten

○ **1.**

Führe den Beweis des Vorzeichenwechselkriteriums, falls ein (−/+)-Vorzeichenwechsel vorliegt.

2.

Prüfe die folgenden Formulierungen. Gib Begründungen bzw. Gegenbeispiele an.

(1) Die in einer Umgebung von x_e differenzierbare Funktion f hat immer dann x_e als relative Extremstelle, wenn $f'(x_e)=0$ ist und f′ an der Stelle x_e einen Vorzeichenwechsel hat.

(2) Nur dann hat die in einer Umgebung von x_e differenzierbare Funktion f die Stelle x_e als relative Extremstelle, wenn $f'(x_e)=0$ ist und f′ an der Stelle x_e einen Vorzeichenwechsel hat.

(3) Stets wenn die Funktion f in einer Umgebung von x_e differenzierbar ist, $f'(x_e)=0$ ist und f′ an der Stelle x_e einen Vorzeichenwechsel hat, ist x_e relative Extremstelle von f.

(4) Hinreichend für eine relative Extremstelle x_e einer in einer Umgebung von x_e differenzierbaren Funktion f ist $f'(x_e)=0$ und ein Vorzeichenwechsel von f′ an der Stelle x_e.

(5) f sei im Intervall I differenzierbar. x_e liege im Innern von I. Hinreichend dafür, daß x_e *keine* relative Extremstelle von f ist, ist $f'(x_e) \neq 0$.

Übungen

3.

Bestimme die relativen Extrema der Funktion f.

a) $f(x)=-\frac{1}{3}x^3+x$

b) $f(x)=\frac{1}{6}x^3+2x$

c) $f(x)=x^4-\frac{1}{2}x$

d) $f(x)=(x^2-2)^2$

e) $f(x)=x+\frac{1}{x}$

f) $f(x)=\frac{1}{4}x^2-\sqrt{x}$

g) $f(x)=4x+\frac{1}{x}$

h) $f(x)=x^4+3x^3+3x^2+x$

i) $f(x)=x^4-4x^3+3x^2+4x-4$

j) $f(x)=|x|^3+x^2$

k) $f(x)=|x^2-1|$

l) $f(x)=\sin x-0{,}5x$

4.

Prüfe nach, ob die Ableitung f′ an den angegebenen Stellen einen Vorzeichenwechsel hat.

a) $f(x)=x^4$; Stellen 0; 2

b) $f(x)=x^5$; Stellen 0; −1

c) $f(x)=\frac{1}{4}x^4+\frac{1}{3}x^3$; Stellen 0, 1

d) $f(x)=\sin x$; Stellen 0, $\frac{\pi}{2}$, π

e) $f(x)=1+\frac{1}{x}$; Stellen 1; −2

f) $f(x)=x-2\sqrt{x}$; Stellen 1; 2

5.2.3. Hinreichende Kriterien für relative Extremstellen mittels der 2. Ableitung

Der Nachweis eines Vorzeichenwechsels von f′ an einer Stelle x mit $f'(x)=0$ ist häufig rechnerisch aufwendig oder gar nicht durchführbar.
Daher begründen wir ein weiteres hinreichendes Kriterium für Extremstellen mittels f″:
Unter welcher Bedingung für f″ kann man auf einen Vorzeichenwechsel von f′ schließen?

Aufgabe

Eine Funktion f sei in einer Umgebung $U(x_e)$ zweimal differenzierbar, es gelte $f'(x_e)=0$ und $f''(x_e)<0$.

a) Zeichne die Tangente an den Graphen der Funktion f′ an der Stelle x_e und skizziere einen möglichen Verlauf des Graphen von f′ in einer geeigneten Umgebung von x_e mit Hilfe dieser Tangente. *Beachte:* $f''(x_e)$ gibt die Steigung dieser Tangente an.
Achte auf einen Vorzeichenwechsel von f′ und formuliere einen Wenn-dann-Satz als hinreichendes Kriterium für einen relativen Hochpunkt bzw. Tiefpunkt.

b) Bestimme die Extremstellen der Funktion f mit $f(x)=\frac{1}{4}x^4-2x^2+2$ mit Hilfe des gefundenen Satzes.

Lösung

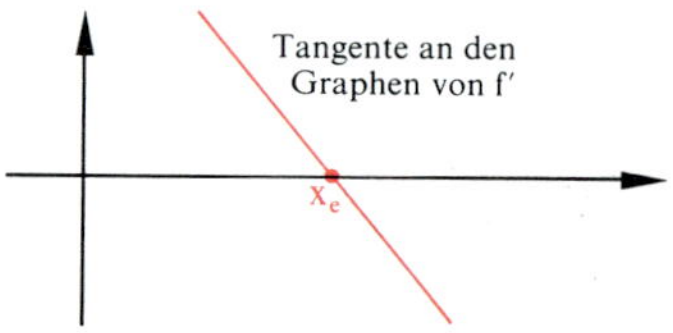

a) Es gilt $f'(x_e)=0$ und $f''(x_e)<0$. Daher hat die zu zeichnende Tangente negative Steigung, sie verläuft bergab. Da sich die Tangente gut an den Graphen anschmiegt, kann man den Verlauf des Graphen von f′ in einer Umgebung von x_e in etwa erschließen (siehe z.B. die Bilder (1) bis (3):

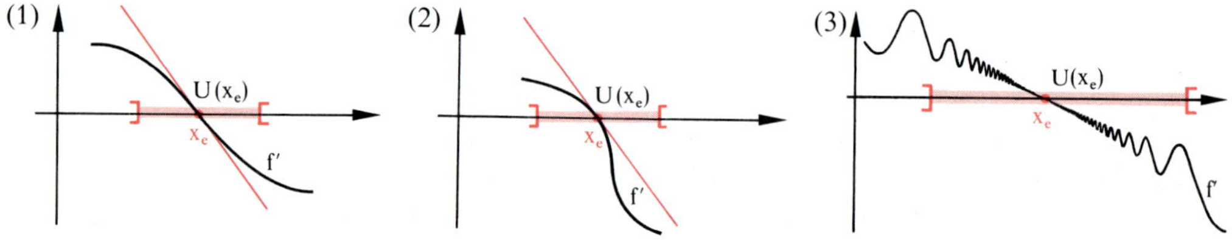

Die Bilder (1) bis (3) lassen uns vermuten, daß f′ an der Stelle x_e einen (+/−)-Vorzeichenwechsel hat. (Für einen genauen Beweis vgl. Information (1) S. 171.) Da außerdem $f'(x_e)=0$, folgt mit Satz **3**, daß der Graph von f an der Stelle x_e einen relativen Hochpunkt besitzt.
Entsprechend schließt man auf einen Tiefpunkt.

> **Satz 4:** *Hinreichendes Kriterium für relative Extremstellen mittels der zweiten Ableitung*
> Die Funktion f sei in einer Umgebung $U(x_e)$ zweimal differenzierbar.
> Wenn $f'(x_e)=0$ und zugleich $\left\{\begin{matrix} f''(x_e)<0 \\ f''(x_e)>0 \end{matrix}\right\}$ gelten, dann hat der Graph von f an der Stelle x_e einen relativen $\left\{\begin{matrix} \text{Hochpunkt} \\ \text{Tiefpunkt} \end{matrix}\right\}$.

b) (1) Relative Extremstellen der Funktion kommen höchstens an den Nullstellen von f′ vor: $f'(x)=0$, also $x^3-4x=0$; mögliche Extremstellen: 0; 2; −2.
(2) Man erhält für die zweite Ableitung: $f''(x)=3x^2-4$.
$f''(0)=3\cdot 0^2-4=-4<0$; $f''(-2)=3\cdot(-2)^2-4=12-4>0$; $f''(2)=3\cdot 2^2-4=12-4>0$
Damit ist das hinreichende Kriterium für relative Extremstellen mittels f″ erfüllt:
An der Stelle 0 liegt ein relativer Hochpunkt, an den Stellen 2 und −2 liegen relative Tiefpunkte des Graphen von f vor.

Information

(1) *Formaler Beweis des hinreichenden Kriteriums mittels f''*

Der Beweis wird für einen Hochpunkt geführt.
Wir beabsichtigen, auf einen (+/−)-Vorzeichenwechsel von f' an der Stelle x_e zu schließen.
Nach Voraussetzung gilt $f'(x_e)=0$ und $f''(x_e)<0$.

Also gilt $f''(x_e)=\lim\limits_{x\to x_e}\frac{f'(x)-f'(x_e)}{x-x_e}=\lim\limits_{x\to x_e}\frac{f'(x)}{x-x_e}<0$.

Hieraus folgt, daß $\frac{f'(x)}{x-x_e}<0$ auch für alle x aus einer geeigneten Umgebung $U(x_e)$ gelten muß. (Andernfalls läge in jeder noch so kleinen Umgebung von x_e stets mindestens eine Stelle x mit $\frac{f'(x)}{x-x_e}\geq 0$. Dann aber könnte nicht $f''(x_e)=\lim\limits_{x\to x_e}\frac{f'(x)}{x-x_e}<0$ sein.)

Dann hat aber f'(x) in dieser Umgebung $U(x_e)$ jeweils ein anderes Vorzeichen als $x-x_e$, d.h. für $x<x_e$ ist $f'(x)>0$, für $x>x_e$ ist $f'(x)<0$.
Es liegt also ein (+/−)-Vorzeichenwechsel von f' an der Stelle x_e vor. Da $f'(x_e)=0$, folgt mit Satz **3**, daß der Graph von f an der Stelle x_e einen Hochpunkt besitzt.

(2) *Die Umkehrung von Satz 4 gilt nicht*

Das zeigt das Beispiel der Funktion f mit $f(x)=x^4$. Wegen $f(x)\geq 0$ für alle x und $f(0)=0$ liegt an der Stelle 0 ein Minimum. Jedoch gilt: $f'(0)=f''(0)=0$.

(3) *Hinreichendes Kriterium für relative Extremstellen mittels der ersten von Null verschiedenen Ableitung gerader Ordnung*

Die Funktionen f mit $f_4(x)=x^4$, $f_6(x)=x^6$, $f_8(x)=x^8$, $f_{10}(x)=x^{10}, \ldots$ haben alle wegen $f(x)>0$ für $x\neq 0$ und $f(0)=0$ an der Stelle 0 ein Minimum, es ist jedoch $f''(0)=0$.
Andererseits gilt $f_4^{(4)}(0)>0$; $f_6^{(6)}(0)>0$; $f_8^{(8)}(0)>0$; $f_{10}^{(10)}(0)>0, \ldots$
Alle anderen Ableitungen an der Stelle Null haben den Wert Null.
Dies legt den folgenden Satz nahe:

> **Satz 5:** *Hinreichendes Kriterium für Extremstellen mittels $f^{(k)}(x_e)=0$ für $k<n$, $f^{(n)}(x_e)\neq 0$*
>
> Die Funktion f sei in einer Umgebung $U(x_e)$ n-mal differenzierbar.
> Wenn n gerade ist und $f'(x_e)=f''(x_e)=f'''(x_e)=\ldots=f^{(n-1)}(x_e)=0$ und $\begin{Bmatrix} f^{(n)}(x_e)<0 \\ f^{(n)}(x_e)>0 \end{Bmatrix}$ ist,
> dann hat der Graph von f an der Stelle x_e einen relativen $\begin{Bmatrix}\text{Hochpunkt}\\ \text{Tiefpunkt}\end{Bmatrix}$.

Auch dieses Kriterium ist hinreichend, aber nicht notwendig.

Zum Weiterarbeiten

1.
a) Übertrage die Aufgabe a) und ihre Lösung auf den Fall $f''(x_e)>0$.
b) Beweise das hinreichende Kriterium für Extremstellen mittels f'' für den Fall $f''(x_e)>0$.

2.
Warum kann man nicht auf ein relatives Extremum von f an der Stelle x_e schließen?

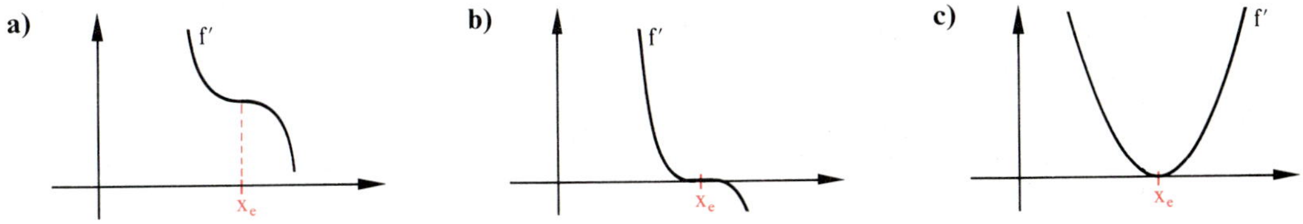

Übungen

3.

Bestimme die relativen Extremstellen von f. Gib die Art des Extremums an.

a) $f(x)=\frac{1}{6}x^3+\frac{1}{2}x^2$

b) $f(x)=4x^3-6x^2+9x$

c) $f(x)=0{,}04x^5-1{,}6x^3$

d) $f(x)=x^5-5x^3+10x-2$

e) $f(x)=\frac{1}{2}x-\sin x$

f) $f(x)=x^6+x^4$

g) $f(x)=(x-1)^4$

h) $f(x)=x^4-2x^3+3x^2-4x+4$

i) $f(x)=\begin{cases} x^3+x^2 & \text{für } x<0 \\ x^2 & \text{für } x\geq 0 \end{cases}$

j) $f(x)=|x|^3+3|x|$

4.

a) Zeige: Die Funktion f mit $f(x)=ax^3+bx^2+cx+d$, $a\neq 0$, hat für $b^2>3ac$ genau zwei relative Extremstellen.

b) Welche Bedingungen müssen für a, b, c erfüllt sein, damit die Funktion f mit $f(x)=ax^4+bx^2+c$, $a\neq 0$, genau eine Extremstelle [genau drei Extremstellen] hat?

c) Welche Bedingungen müssen für a, b erfüllt sein, damit die Funktion f mit $f(x)=ax^5-bx^3$ $\left[f(x)=ax+\frac{b}{x}\right]$ genau zwei Extremstellen [keine Extremstelle] hat?

d) Haben alle Funktionen f mit $f(x)=ax^4+bx^3$ $[f(x)=ax+b\sqrt{x}]$, $a\neq 0$, stets genau eine Extremstelle?

5.

a) Gegeben sind Funktionen f_1, f_2 und f_3. Von ihnen ist nur bekannt

$f_1'(x)=(x+1)(x-2)$; $f_2'(x)=-(x+1)(x-2)$; $f_3'(x)=x(x+1)(x-2)$

Zeige, daß die Funktionen an denselben Stellen relative Extrema besitzen.
Wo hat f_3 eine zusätzliche Extremstelle?

b) Von einer Funktion f ist bekannt $f'(-1)=0$, $f'(2)=0$, $f'(-2)=3$, $f'(0)=-1$, $f'(3)=4$. Skizziere den Graphen einer Funktion, die diese Angaben erfüllt und genau an den Stellen -1 und 2 [und an mindestens einer weiteren Stelle] relative Extrempunkte besitzt.

6.

Es sei f eine ganzrationale Funktion. Gesucht ist ein Term für $f'(x)$ als Produkt von Linearfaktoren. Gib eine weitere Ableitung $f_1'(x)$ an, die dieselben Bedingungen erfüllt.

a) Relative Extremstellen bei -2 und 1.

b) Relatives Maximum an der Stelle 0; relatives Minimum an der Stelle 3.

c) Relative Maxima an den Stellen -2 und 2; relatives Minimum an der Stelle 0.

d) Relative Minima an den Stellen -2 und 2; relatives Maximum an der Stelle 1.

7.

Überprüfe die angegebenen Formulierungen auf ihre Richtigkeit.
Begründe oder widerlege durch ein Gegenbeispiel.

(1) $f'(x_e)=0$ und $f''(x_e)>0$ ist ein hinreichendes Kriterium für einen relativen Tiefpunkt.

(2) $f'(x_e)=0$ ist ein hinreichendes Kriterium für einen relativen Extrempunkt.

(3) $f''(x_e)<0$ ist ein notwendiges Kriterium für einen relativen Hochpunkt.

(4) $f'(x_e)=0$ ist notwendig für einen relativen Hochpunkt.

(5) $f'(x_e)=0$ ist notwendig, aber nicht hinreichend für das Vorhandensein eines relativen Extrempunktes des Graphen von f an der Stelle x_e.

(6) $f'(x_e)=0$ ist hinreichend, aber nicht notwendig für das Vorhandensein eines relativen Extrempunktes des Graphen von f an der Stelle x_e.

5.3. Linkskurve/Rechtskurve – Wendepunkte

Wenn man mit einem Motorrad eine Rechtskurve bzw. eine Linkskurve fährt, muß man den Schwerpunkt des Körpers nach rechts bzw. nach links verlagern. So kann man anschaulich eine *Rechtskurve* bzw. eine *Linkskurve* eines Graphen charakterisieren. Dabei denken wir uns den Graphen von links nach rechts durchlaufen. Den Übergangspunkt zwischen Rechts- und Linkskurve nennen wir *Wendepunkt*. Wendepunkte lassen sich analog zu Extrempunkten untersuchen.

5.3.1. Definition und hinreichendes Kriterium für Linkskurve/Rechtskurve

Aufgabe

a) Definiere die Begriffe *Linkskurve* und *Rechtskurve* mittels der Monotonie von f'.

b) Formuliere mit Hilfe des Monotoniesatzes ein hinreichendes Kriterium für das Vorliegen einer Linkskurve bzw. eine Rechtskurve.

c) In welchem Intervall bildet der Graph der Funktion f mit $f(x)=\frac{1}{5}x^5-\frac{2}{3}x^3+2x-3$ eine Linkskurve, in welchem eine Rechtskurve?

Lösung

a)

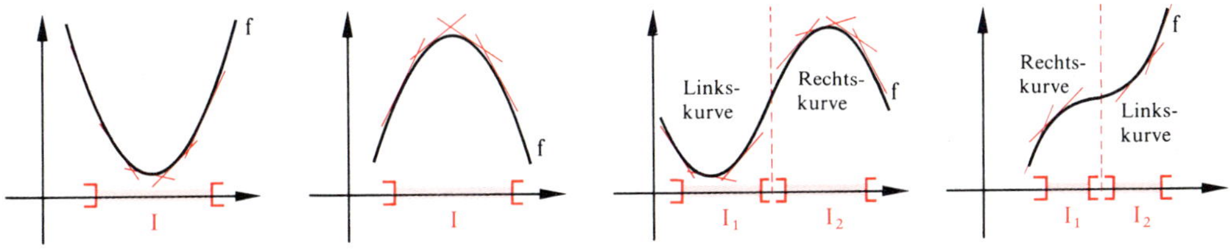

An den Bildern erkennt man:

> **Definition 2:** *Rechts- und Linkskurve*
>
> Der Graph einer in einem Intervall I differenzierbaren Funktion f bildet im Intervall I eine **Linkskurve** bzw. eine **Rechtskurve**, falls die Ableitungsfunktion f' in I streng monoton wächst bzw. fällt. Man sagt auch: Der Graph ist ‚linksgekrümmt' bzw. ‚rechtsgekrümmt'.

b) Mit Hilfe des Monotoniesatzes (3) kann man auf die strenge Monotonie von f' schließen:

> **Satz 6:** *Hinreichendes Kriterium für Links- und Rechtskurven mittels f''*
>
> Die Funktion f sei im Intervall I zweimal differenzierbar.
>
> Wenn $\begin{Bmatrix} f''(x)>0 \\ f''(x)<0 \end{Bmatrix}$ für alle $x \in I$, dann bildet der Graph von f in I eine $\begin{Bmatrix} \text{Linkskurve} \\ \text{Rechtskurve} \end{Bmatrix}$.

c) Es gilt: $f''(x)=4x^3-4x=4x(x-1)(x+1)$

Intervall	x+1	x	x−1	f''(x)	Art der Krümmung
$x<-1$	<0	<0	<0	<0	Rechtskurve
$-1<x<0$	>0	<0	<0	>0	Linkskurve
$0<x<1$	>0	>0	<0	<0	Rechtskurve
$x>1$	>0	>0	>0	>0	Linkskurve

Zum Weiterarbeiten

1.

Formuliere die Umkehrung von Satz **6**.
Zeige an einem geeigneten Beispiel, daß die Umkehrung von Satz **6** falsch ist.

2.

Prüfe, ob eine Gerade rechts- bzw. linksgekrümmt sein kann.

3.

Eine Funktion f habe an der Stelle x_e eine horizontale Tangente, und der Graph bildet in einem Intervall, in dessen Innerem x_e liegt, eine Linkskurve [Rechtskurve]. Welche besondere Stelle ist x_e?

Übungen

4.

Bestimme die Intervalle, in denen der Graph von f eine Linkskurve bzw. eine Rechtskurve bildet.

a) $f(x)=\frac{1}{3}x^3-x$
b) $f(x)=\frac{1}{4}x^4-\frac{1}{2}x^2$
c) $f(x)=\frac{1}{2}x^2-x+2$
d) $f(x)=\frac{1}{4}(x-2)^4$
e) $f(x)=\frac{1}{2}x^2+\sin x$
f) $f(x)=3x-\frac{1}{2}\cos x$
g) $f(x)=x^5-4x^3$
h) $f(x)=x^5$
i) $f(x)=(x-1)^5$
j) $f(x)=x^5-x^3+2x$
k) $f(x)=x^4-2x^3+x^2$
l) $f(x)=\frac{1}{4}x^4-9x^3+48x^2+3x-1$
m) $f(x)=x^4+3x^3+\frac{15}{8}x^2-2x+2$
n) $f(x)=\begin{cases} x^2 & \text{für } x>0 \\ x^3 & \text{für } x\le 0 \end{cases}$
o) $f(x)=\begin{cases} x^3+x^2 & \text{für } x<0 \\ -x^2 & \text{für } x\ge 0 \end{cases}$
p) $f(x)=|\frac{1}{4}x^4-\frac{1}{2}x^2|$
q) $f(x)=\frac{1}{3}|x|^3-2|x|$

5.3.2. Wendepunkte – Kriterien für Wendepunkte

Aufgabe

a) Beschreibe den Verlauf des Graphen von f und definiere den Begriff *Wendepunkt*.

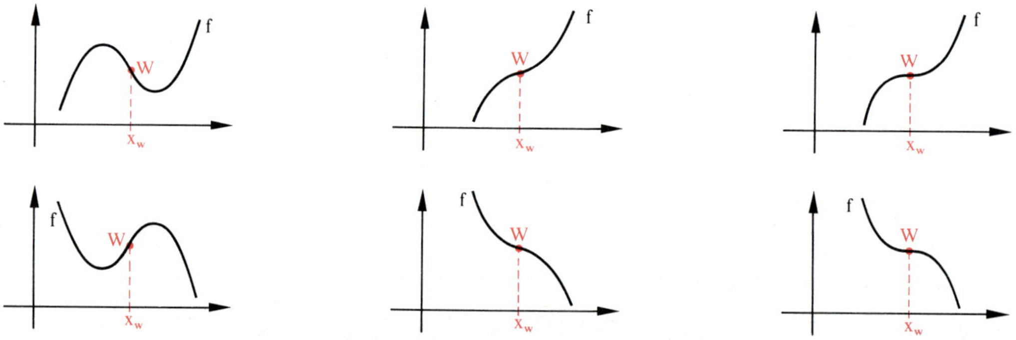

b) Betrachte in einer Umgebung einer Wendestelle x_w einer Funktion f die erste Ableitung f′ und begründe anschaulich: x_w ist dann relative Extremstelle von f′.
Formuliere entsprechend zu den Kriterien für Extremstellen ein notwendiges Kriterium sowie hinreichende Kriterien für Wendestellen.

c) Bestimme die Wendestellen der Funktion f mit $f(x)=\frac{3}{8}x^4-2x^3+3x^2$.

Lösung

a) In einer Umgebung $U(x_w)$ gilt: Der Graph von f geht im Punkt $W(x_w;\, f(x_w))$ von einer Linkskurve [Rechtskurve] in eine Rechtskurve [Linkskurve] über.
Im Punkt W ändert also der Graph von f das Krümmungsverhalten.

Definition 3: *Wendepunkt*

f sei in einer Umgebung von x_w differenzierbar.
Dann heißt $W(x_w; f(x_w))$ **Wendepunkt** des Graphen der Funktion f, falls sich eine Umgebung $U(x_w) \subseteq D_f$ finden läßt, so daß für alle $x \in U(x_w)$ gilt:

Der Graph bildet für $x \leq x_w$ eine $\begin{Bmatrix}\text{Linkskurve}\\ \text{Rechtskurve}\end{Bmatrix}$ und für $x \geq x_w$ eine $\begin{Bmatrix}\text{Rechtskurve}\\ \text{Linkskurve}\end{Bmatrix}$.

Hat der Graph von f an der Stelle x_w zusätzlich eine *horizontale* Tangente, so nennt man diesen besonderen Wendepunkt **Sattelpunkt**.

b) Am Graph ist zu erkennen: Die Ableitungsfunktion f′ steigt [fällt] mit wachsendem x bis zur Wendestelle x_w, dann fällt [steigt] sie.
Jede Wendestelle ist also relative Extremstelle der Ableitung f′. Dann gilt nach dem notwendigen Kriterium für Extremstellen (s. S. 162), angewandt auf die Funktion f′: $f''(x_w)=0$.

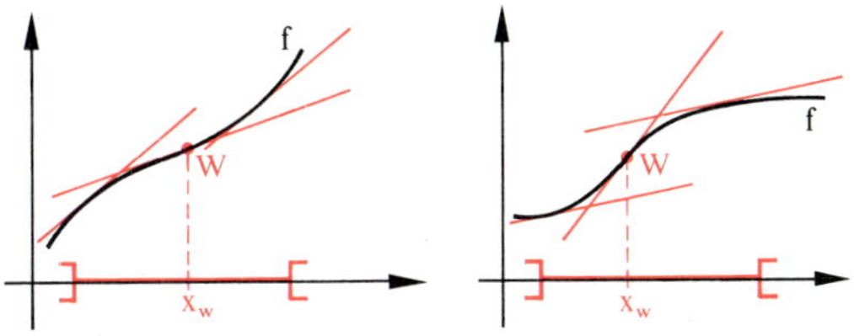

Satz 7: *Notwendiges Kriterium für Wendestellen*

Die Funktion f sei an der Stelle x_w zweimal differenzierbar.
Wenn x_w eine Wendestelle der Funktion f ist, dann gilt: $f''(x_w)=0$.

Entsprechend können wir die Sätze **3** und **4** auf die Ableitung f′ anwenden:
Wir können aus einem Vorzeichenwechsel von f″ an der Stelle x_w auf eine Änderung des Monotonieverhaltens von f′, also auf eine Änderung des Krümmungsverhaltens schließen:

Satz 8: *Hinreichende Kriterien für Wendestellen*

(1) Die Funktion f sei in einer Umgebung $U(x_w)$ zweimal differenzierbar.
Wenn $f''(x_w)=0$ und f″ an der Stelle x_w einen Vorzeichenwechsel hat, dann ist x_w Wendestelle von f.

(2) Die Funktion f sei in einer Umgebung $U(x_w)$ dreimal differenzierbar.
Wenn $f''(x_w)=0$ und zugleich $f'''(x_w)\neq 0$ gelten, dann ist x_w Wendestelle von f.

Ist zusätzlich $f'(x_w)=0$, so hat der Graph von f an der Stelle x_w einen Sattelpunkt.

c) Es gilt: $f'(x) = \frac{3}{2}x^3 - 6x^2 + 6x$
$f''(x) = \frac{9}{2}x^2 - 12x + 6$
$f'''(x) = 9x - 12$

$f''(x)=0$, also $\frac{9}{2}x^2 - 12x + 6 = 0$ Lösungsmenge: $L=\{2; \frac{2}{3}\}$

Lösung mit Hilfe eines Vorzeichenwechsels	**Lösung mit Hilfe von f‴**
Aus $f''(x)=\frac{9}{2}(x-2)(x-\frac{2}{3})$ folgt, daß f″ bei 2 und bei $\frac{2}{3}$ jeweils einen Vorzeichenwechsel hat.	Es gilt $f'''(2)\neq 0$ $f'''(\frac{2}{3})\neq 0$

Damit sind die Bedingungen von Satz **8** (1) bzw. (2) erfüllt. Also sind 2 und $\frac{2}{3}$ Wendestellen der Funktion f.
Wir prüfen, ob an den berechneten Wendestellen *Sattelpunkte* vorliegen:
Es gilt $f'(2)=0$ und $f'(\frac{2}{3})\neq 0$.
An der Stelle 2 liegt ein Sattelpunkt vor; an der Stelle $\frac{2}{3}$ liegt kein Sattelpunkt vor.

Information

(1) *Formaler Beweis der hinreichenden Kriterien für Wendestellen*

Teil (1): Vorausgesetzt ist ein Vorzeichenwechsel von f'' an der Stelle x_w und $f''(x_w)=0$.
Dann gilt z.B. für $x<x_w$: $f''(x)>0$; für $x>x_w$: $f''(x)<0$.
Dann bildet der Graph für $x \leq x_w$ eine Linkskurve, für $x \geq x_w$ eine Rechtskurve (Satz **6** S. 173).
Also sind die Voraussetzungen von Definition **3** (S. 175) erfüllt; x_w ist Wendestelle von f.

Teil (2): Wendet man den Beweis von Satz **4** (S. 171) auf die Funktion f' an, so folgert man analog einen Vorzeichenwechsel von f'' an der Stelle x_w. Dann sind die Voraussetzungen von Satz **8**, Teil (1) erfüllt; x_w ist Wendestelle von f.

(2) *Hinreichendes Kriterium für Wendestellen mittels der ersten von Null verschiedenen Ableitung ungerader Ordnung*

Entsprechend zur Information (3) S. 171 läßt sich Satz **8**, Teil (2) verallgemeinern:

> **Satz 9:** *Hinreichendes Kriterium für Wendestellen mittels $f^{(k)}(x_w)=0$ für $k<n$ und $f^{(n)}(x_w)\neq 0$*
> Die Funktion f sei in einer Umgebung $U(x_w)$ n-mal ($n>2$) differenzierbar.
> Wenn n ungerade ist und $f'(x_w)=\ldots=f^{(n-1)}(x_w)=0$ und zugleich $f^{(n)}(x_w)\neq 0$ ist, dann hat der Graph an der Stelle x_w einen Wendepunkt.
> Für $n>3$ liegt dann an der Stelle x_w sogar ein Sattelpunkt vor.

Zum Weiterarbeiten

1.
In welchen der möglichen Fälle (vgl. Bild in der Aufgabe) liegt an einer Wendestelle ein Maximum der Steigung, in welchen Fällen ein Minimum der Steigung vor?

2.
Bestimme angenähert die Koordinaten der Wendepunkte des Graphen. Gib jeweils an, ob eine Rechts- in eine Linkskurve oder ob eine Links- in eine Rechtskurve übergeht.

a) 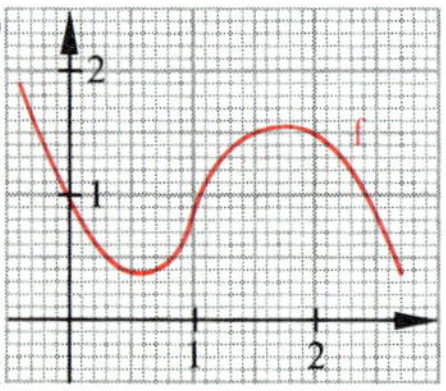

b) 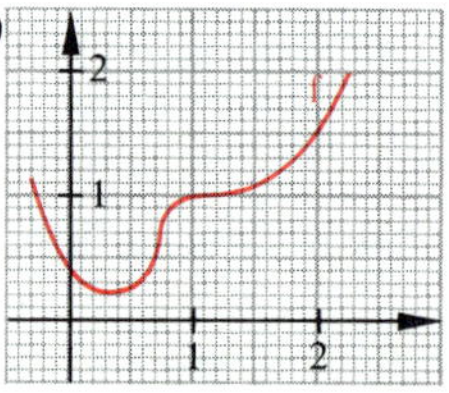

c) 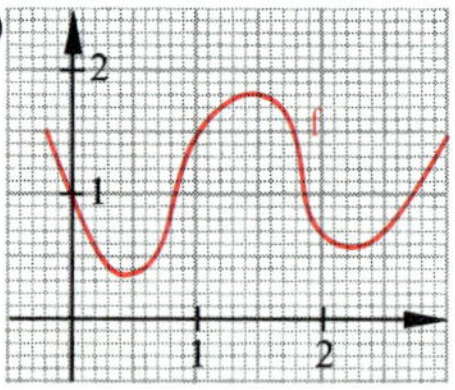

d) 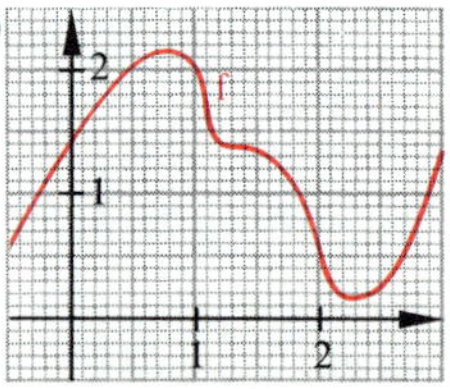

3.
Bestimme die Extrempunkte des Graphen der Funktion f aus der Aufgabe Seite 174, Teil c).
Skizziere dann den Graphen von f mit Hilfe der Extrem- und Wendepunkte und mit Hilfe der Tangenten an den Graphen in den Wendepunkten, den sogenannten **Wendetangenten**.

Übungen

4.
Bestimme die Wendepunkte des Graphen der Funktion f. Prüfe auch, ob Sattelpunkte vorliegen.

a) $f(x)=x^3-2x^2-4x+8$
b) $f(x)=2x+1$
c) $f(x)=x^5-3x^3-2x$
d) $f(x)=x^4+3x$
e) $f(x)=x^4+3x^3+3x^2+x$
f) $f(x)=x^2+3x-4$
g) $f(x)=x^4+2x^3+4x^2+8x-7$
h) $f(x)=x^6+x^4+2x+1$
i) $f(x)=2x^2-\cos x$
j) $f(x)=2\sin x+\frac{1}{2}\cos x$
k) $f(x)=-\frac{1}{4}x^2+x-2+\sin x$
l) $f(x)=|\frac{1}{4}x^3-2x^2|$

5.

Skizziere den Graphen einer Funktion, der den folgenden Bedingungen genügt:

a) Genau ein Wendepunkt, kein relativer Extrempunkt.

b) Genau ein Wendepunkt, genau ein relativer Hochpunkt und genau ein relativer Tiefpunkt.

c) Genau ein Wendepunkt, genau ein relativer Hochpunkt und kein relativer Tiefpunkt.

d) Drei [zwei] Wendepunkte, kein relativer Extrempunkt.

e) Genau zwei relative Tiefpunkte, genau ein relativer Hochpunkt, genau zwei Wendepunkte.

f) Genau ein relativer Tiefpunkt, kein relativer Hochpunkt, zwei Wendepunkte.

6.

Bestimme die Extrem- und Wendepunkte des Graphen von f. Gib die Gleichungen der Wendetangenten an und skizziere mit ihrer Hilfe den Graphen von f.

a) $f(x) = -x^3 + 3x + 4$ **c)** $f(x) = \frac{1}{3}x^3 - 2x^2 + 5$ **e)** $f(x) = -\frac{1}{6}|x|^3 + x^2 - 1$

b) $f(x) = \frac{1}{12}x^4 - 2x^2 + 5$ **d)** $f(x) = x^5 - \frac{10}{3}x^3 - 1$ **f)** $f(x) = x^3 - 2x + 3$

7.

Welche Bedingungen müssen für die Parameter a, b, c, d erfüllt sein, damit der Graph der angegebenen Funktion f

(1) genau zwei Wendepunkte; (2) genau einen Wendepunkt; (3) keinen Wendepunkt hat?

Untersuche auch, unter welchen Bedingungen Sattelpunkte vorliegen.

a) $f(x) = ax^3 + bx^2 + cx + d$ **c)** $f(x) = ax^4 + bx^2$ **e)** $f(x) = ax^8 + bx^4$

b) $f(x) = x^4 + ax^3$ **d)** $f(x) = x^4 + x^3 + ax^2$ **f)** $f(x) = x^4 + ax^3 + bx^2$

8.

Welche Bedingungen müssen für a, b erfüllt sein, damit der Graph der Funktion genau drei Wendepunkte hat?

a) $f(x) = x^5 + ax^3$ **b)** $f(x) = x^6 + ax^4 + bx^2$ **c)** $f(x) = x^5 + x^4 + ax^3$

9.

Prüfe die folgenden Formulierungen. Begründe oder gib Gegenbeispiele an.

(1) Ein Wendepunkt kann nie zugleich relativer Extrempunkt des Graphen einer Funktion sein.

(2) Nur monotone Funktionen haben Wendepunkte.

(3) Ist eine Funktion f in einem Teilintervall $I \subseteq D_f$ konstant, so kann in diesem Teilintervall keine Wendestelle liegen.

(4) An jeder Stelle einer linearen Funktion liegt eine relative Extremstelle von f′ vor, jedoch keine Wendestelle von f.

10.

Bestimme bei der Funktion f mit $f(x) = x^4 + ax^3 - 4x$ den Parameter a so, daß der Graph der Funktion f an der Stelle 0 keinen Wendepunkt haben kann.

11.

Beweise: Die Graphen aller Funktionen f mit $f(x) = x^4 + kx^3$ mit $k \neq 0$ haben an der Stelle 0 einen Sattelpunkt.

12.

Zeige: Jede ganzrationale Funktion n-ten Grades hat höchstens $n-2$ Wendestellen.

13.

Gute oder schlechte Nachrichten?

- Die Zuwachsraten sinken.
- Die Aufwärtsentwicklung hat sich abgeschwächt („Der Aufschwung erlahmt“).
- Die Talfahrt ist gebremst.

Erläutere die Aussagen mit Hilfe des Begriffs Wendepunkt anhand typischer Funktionsgraphen.

5.4. Untersuchen und Bestimmen ganzrationaler Funktionen – Extrema in Anwendungen

Die bisher bewiesenen Sätze können nun angewendet werden. Sie gestatten es, den Verlauf des Graphen einer gegebenen ganzrationalen Funktion zu ermitteln.
Umgekehrt können ganzrationale Funktionen aus gegebenen charakteristischen Punkten und Eigenschaften bestimmt und Extrema in Anwendungssituationen berechnet werden.

5.4.1. Ausführliche Funktionsuntersuchung einer ganzrationalen Funktion

Aufgabe

Untersuche die Funktion f mit $f(x)=\frac{1}{4}x^4-2x^2+2$.

Lösung

Als ganzrationale Funktion hat f den Definitionsbereich $\mathbb{R}$

1. Symmetrie zur 2. Achse bzw. zum Ursprung $f(-x)=f(x)$: Achsensymmetrie zur 2. Achse $f(-x)=-f(x)$: Punktsymmetrie zum Ursprung *Ganzrationale Funktionen:* Treten nur $\left\{\begin{matrix}\text{gerade}\\\text{ungerade}\end{matrix}\right\}$ Exponenten bei den Potenzen von x auf, so liegt Symmetrie $\left\{\begin{matrix}\text{zur 2. Achse}\\\text{zum Ursprung}\end{matrix}\right\}$ vor.	$f(x)=\frac{1}{4}x^4-2x^2+2x^0$ Bei den Potenzen von x treten nur gerade Exponenten auf. Der Graph von f ist also symmetrisch zur 2. Achse. Punktsymmetrie zum Ursprung liegt nicht vor.
2. Verhalten von f für betragsgroße x Die Untersuchung zeigt, in welchem Quadranten der Graph von f für sehr große bzw. sehr kleine x liegt.	$f(x)=\frac{1}{4}x^4\left(1-\frac{8}{x^2}+\frac{8}{x^4}\right)$ für $x\neq 0$ Für $x\to+\infty$ und $x\to-\infty$ geht der Klammerterm gegen 1, d.h. das Verhalten für betragsgroße x wird von $\frac{1}{4}x^4$ bestimmt. Wenn $x\to+\infty$, dann $f(x)\to+\infty$ Wenn $x\to-\infty$, dann $f(x)\to+\infty$
3. Gemeinsame Punkte von Graph und Koordinatenachsen 1. Achse: $P_1(x;0)$; d.h. $f(x)=0$, also Nullstellen von f bestimmen. 2. Achse: $P_2(0;f(0))$, also f(0) berechnen.	$f(x)=0$, also $\frac{1}{4}x^4-2x^2+2=0$ Wir setzen $x^2=z$, $x^4=z^2$ und lösen die entstehende quadratische Gleichung. Lösungsmenge: $L=\{\sqrt{4+\sqrt{8}};\ -\sqrt{4+\sqrt{8}};\sqrt{4-\sqrt{8}};\ -\sqrt{4-\sqrt{8}}\}$ $f(0)=2$; Achsenschnittpunkt $P_2(0;2)$
4. Vorzeichenbereiche Die Achsenschnittpunkte, Vorzeichenwechsel von f und das Verhalten für betragsgroße x ergeben eine Einteilung in Gebiete, in denen der Graph von f verläuft.	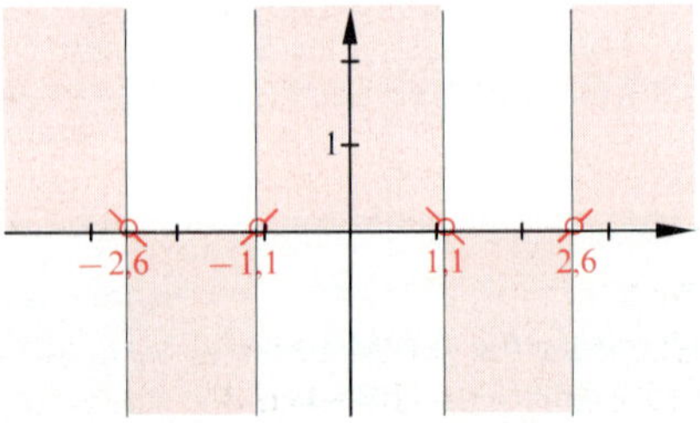 Es liegen nur einfache Nullstellen vor, also liegt stets ein Vorzeichenwechsel von f vor.

5. Relative Extrempunkte

(a) *Notwendig*: $f'(x_0)=0$
(b) *Hinreichend für $P(x_0; f(x_0))$ Hochpunkt:*
- $f'(x_0)=0$ und $f''(x_0)<0$ *oder*
- $f'(x_0)=0$ und $(+/-)$-Vorzeichenwechsel von f' an der Stelle x_0

Hinreichend für $P(x_0; f(x_0))$ Tiefpunkt:
- $f'(x_0)=0$ und $f''(x_0)>0$ *oder*
- $f'(x_0)=0$ und $(-/+)$-Vorzeichenwechsel von f' an der Stelle x_0

(a) $f'(x)=0$: $f'(x)=x^3-4x$, also
$x^3-4x=0$; Lösungsmenge: $L=\{0; 2; -2\}$
Höchstens die Stellen 0; 2; −2 sind Extremstellen der Funktion f.

(b) $f''(x)\neq 0$: $f''(x)=3x^2-4$
$f''(0)=-4<0$; $f(0)=2$
H(0; 2) ist relativer Hochpunkt.

$f''(2)=8>0$; $f(2)=-2$
$T_1(2; -2)$ ist relativer Tiefpunkt.

$f''(-2)=8>0$; $f(-2)=-2$
$T_2(-2; -2)$ ist relativer Tiefpunkt.

6. Wendepunkte

(a) *Notwendig:* $f''(x_0)=0$
(b) *Hinreichend für $W(x_0; f(x_0))$ Wendepunkt:*
- $f''(x_0)=0$ und $f'''(x_0)\neq 0$ *oder*
- $f''(x_0)=0$ und Vorzeichenwechsel von f'' an der Stelle x_0

Das Zeichnen von Wendetangenten unterstützt die Zeichnung des Funktionsgraphen.

(a) $f''(x)=0$: $f''(x)=3x^2-4$, also
$3x^2-4=0$; Lösungsmenge: $L=\{\sqrt{\tfrac{4}{3}}; -\sqrt{\tfrac{4}{3}}\}$
Höchstens die Stellen $\sqrt{\tfrac{4}{3}}; -\sqrt{\tfrac{4}{3}}$ sind Wendestellen der Funktion f.

(b) $f'''(x)\neq 0$: $f'''(x)=6x$
$f'''(\sqrt{\tfrac{4}{3}})=6\cdot\sqrt{\tfrac{4}{3}}\neq 0$; $f(\sqrt{\tfrac{4}{3}})=-\tfrac{2}{9}$
$W_1(\sqrt{\tfrac{4}{3}}; -\tfrac{2}{9})$ ist Wendepunkt.

$f'''(-\sqrt{\tfrac{4}{3}})=-6\cdot\sqrt{\tfrac{4}{3}}\neq 0$; $f(-\sqrt{\tfrac{4}{3}})=-\tfrac{2}{9}$
$W_2(-\sqrt{\tfrac{4}{3}}; -\tfrac{2}{9})$ ist Wendepunkt.

7. Wertemenge

Mit Hilfe der Extremstellen und des Verhaltens für betragsgroße x läßt sich die Wertemenge W bestimmen.

T_1 und T_2 sind absolute Tiefpunkte.
Es gilt $W=[-2; \infty[$

8. Graph

Die ermittelten Punkte werden eingetragen. Gegebenenfalls werden weitere Funktionswerte bestimmt, um den Graphen genauer zu zeichnen.

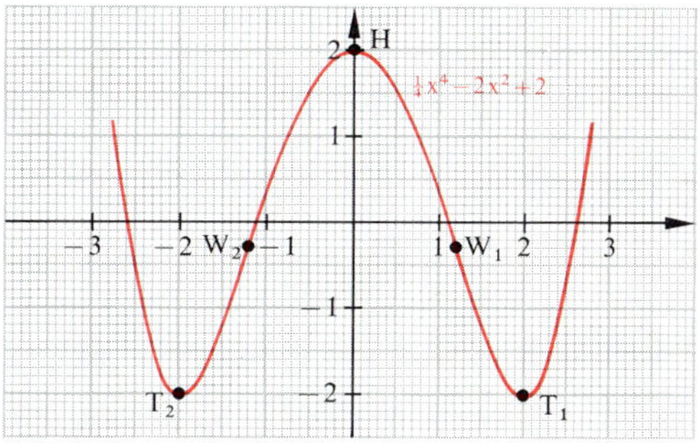

x	−3	−1	$-\frac{1}{2}$	$\frac{1}{2}$	1	3
f(x)	$4\frac{1}{4}$	$\frac{1}{4}$	1,52	1,52	$\frac{1}{4}$	$4\frac{1}{4}$

Ergänzung:

Die vorliegende Funktionsuntersuchung hätte sich durch Ausnutzen der Achsensymmetrie abkürzen lassen, z.B. durch Beschränken der Rechnungen auf die Stellen x mit $x\geq 0$.
Umgekehrt kann man die Symmetrie verwenden, um Ergebnisse zu überprüfen, z.B. bei den Tiefpunkten und Wendepunkten des Graphen von f.

Zum Weiterarbeiten

1.
Führe die Untersuchung der in der Aufgabe gegebenen Funktion auf Extrem- und Wendestellen lediglich mit Hilfe der Vorzeichenwechselkriterien durch.

2.
Gib das Monotonie- und Krümmungsverhalten der in der Aufgabe gegebenen Funktion an.
Zeichne die Wendetangenten ein.

3.
Bestimme bei der Funktion f mit $f(x)=x^4-4x$ die relativen Extrem- und Wendestellen.
Skizziere den Graphen.
Beachte: Es kann vorkommen, daß eine Stelle x weder Extrem- noch Wendestelle ist, obwohl dort gilt: $f''(x)=0$.

Information

Typische Graphen ganzrationaler Funktionen

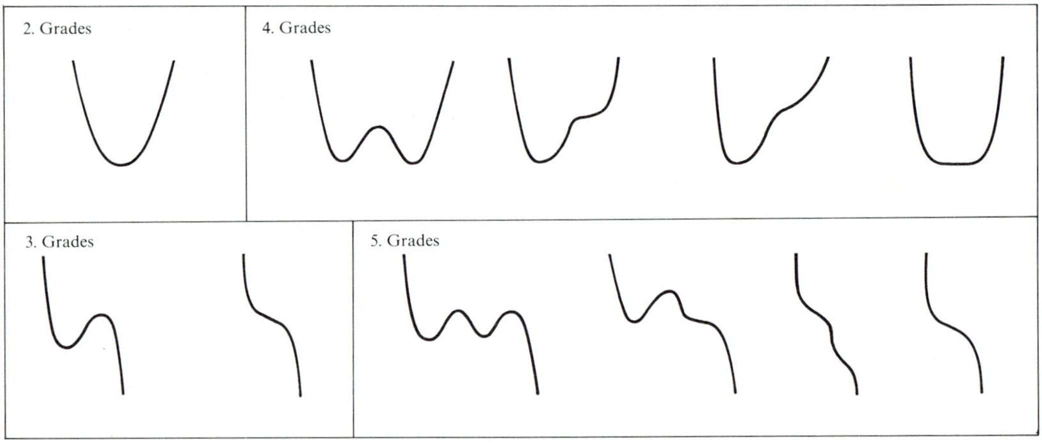

Die Graphen sind bezüglich der Anzahl der Extrem- und Wendepunkte und der Monotoniebereiche charakteristisch für den jeweiligen Grad.
Durch Spiegelungen an den Koordinatenachsen ergeben sich Varianten der Grundtypen.

Übungen

Untersuche die Funktion f.

4.

a) $f(x)=\frac{1}{3}x^3-x^2$
b) $f(x)=\frac{1}{3}x^3-3x$
c) $f(x)=\frac{1}{3}x^3+3x$
d) $f(x)=x^3-2x^2-15x$
e) $f(x)=x^4-9x^2$
f) $f(x)=\frac{1}{8}x^4-\frac{1}{2}x^3$
g) $f(x)=\frac{1}{3}x^3-3$
h) $f(x)=-x^4+4x^2$
i) $f(x)=\frac{1}{20}x^5-x^3$

5.

a) $f(x)=-x^4+8x$
b) $f(x)=6x^4-16x^3+12x^2$
c) $f(x)=\frac{1}{4}x^4+2x^2$
d) $f(x)=x^5-4x^3$
e) $f(x)=\frac{1}{16}x^3+\frac{1}{4}x-1$
f) $f(x)=\frac{1}{4}x^4-\frac{4}{3}x^3+2x^2$
g) $f(x)=x^5-3x^3-2x^2$
h) $f(x)=x^4-4x^3+3x^2+4x-4$
i) $f(x)=\frac{1}{8}x^4-3x^2+10$

6.

a) $f(x)=\frac{1}{9}(x+3)(x-3)^2$

b) $f(x)=\frac{1}{18}(x-6)(x^2-9)$

c) $f(x)=\frac{1}{4}(x-1)^3(x+2)$

d) $f(x)=\frac{1}{25}(x-5)^2(x+3)^2$

e) $f(x)=\frac{1}{8}(x-2)^3(x+1)$

f) $f(x)=\frac{1}{4}(x-2)^2(x+1)$

7.

a) $f(x)=x^3-6x^2+9x-4$

b) $f(x)=x^3-2x-1$

c) $f(x)=\frac{1}{4}x^4-x^2-x$

d) $f(x)=x^3+2x^2-16$

e) $f(x)=\frac{1}{64}x^4+\frac{1}{24}x^3-x$

f) $f(x)=\frac{1}{6}x^3+\frac{2}{3}x^2-\frac{11}{6}x-5$

8.

a) $f(x)=\left(\frac{x}{2}-2\right)^4$

b) $f(x)=\frac{1}{6}(x-3)(x+4)(x-\frac{1}{2})$

c) $f(x)=(x^2-1)(3x-9)$

d) $f(x)=\frac{1}{100}(x^3+2x^2-104x+192)$

e) $f(x)=x^4+4x^3+6x^2$

f) $f(x)=x^5-5x^4+10x^3-10x^2+5x-1$

9.

Gegeben seien drei Funktionen f_1, f_2, f_3:

$f_1(x)=\frac{1}{4}x^3-3x^2+9x$; $f_2(x)=-3x^2+9x$; $f_3(x)=9x$

a) Führe eine vollständige Funktionsuntersuchung aller drei Funktionen durch und zeichne ihre Graphen in dasselbe Koordinatensystem ein.

b) Bestätige: Alle drei Funktionsgraphen haben genau einen gemeinsamen Punkt und dort eine gemeinsame Tangente.

10.

a) Untersuche die Funktionen f und g mit $f(x)=x^4+8x^2+16$; $g(x)=x^2+4$.
Zeige, daß gilt $(g(x)^2)=f(x)$. Welche Eigenschaften von f lassen sich hieraus folgern? Wo schneiden sich die Graphen der Funktionen f und g?

b) Untersuche entsprechend die Funktionen f und g: $f(x)=x^4-4x^3+4x^2$; $g(x)=x^2-2x$.

11.

Untersuche die Funktion f.

a) $f(x)=\begin{cases} x^3+x^2 & \text{für } x\leq 0 \\ x^2 & \text{für } x>0 \end{cases}$

b) $f(x)=\begin{cases} x^3+x^2 & \text{für } x\geq 0 \\ -x^2 & \text{für } x<0 \end{cases}$

c) $f(x)=\begin{cases} 27x^3-27x^2 & \text{für } x>0 \\ x^2+2x & \text{für } x\leq 0 \end{cases}$

d) $f(x)=|x^3-9x|$

e) $f(x)=(x^2+1)\cdot|x-3|$

f) $f(x)=\frac{1}{64}|x^4+x^3|$

g) $f(x)=\frac{1}{27}(|x|^3-x^2)$

h) $f(x)=\frac{1}{27}|x^3-x^2|$

i) $f(x)=\frac{1}{4}|x-2|^3\cdot(x+1)$

j) $f(x)=|x^3|+|x^2-1|$

k) $f(x)=|\frac{1}{3}x^3-3x|$

12.

Gegeben sind Funktionen f_k durch $f_k(x)=x^3-3x^2+kx$.

a) Zeige, daß alle Funktionen f_k dieselbe Wendestelle haben.

b) Untersuche, wie k die Existenz und die Lage der relativen Extremstellen von f_k beeinflußt.

13.

Gegeben sind Funktionen f_k.

a) Untersuche allgemein die Funktionen f_k.

b) Welchen Wert muß der Parameter k haben, damit der Graph der Funktion f_k an der Stelle 1 [Stelle 0] einen Extrempunkt [Wendepunkt] haben kann?

(1) $f_k(x)=x^2-kx$

(2) $f_k(x)=x^3+kx$

(3) $f_k(x)=x^4+kx^2$

(4) $f_k(x)=kx^3+3x$

(5) $f_k(x)=x^3-kx^2$

(6) $f_k(x)=kx^3+kx$

5.4.2. Bestimmen von Funktionen mit gewünschten Eigenschaften

Während bisher charakteristische Punkte und Eigenschaften einer gegebenen Funktion ermittelt wurden, soll nun umgekehrt eine Funktion aus gegebenen charakteristischen Punkten und Eigenschaften bestimmt werden.

Aufgabe

Gegeben sind Funktionen f mit $f(x)=a\,x^4+b\,x^2$. Gibt es Funktionen dieser Art, so daß

a) der Punkt $W(1;\,-2{,}5)$ **b)** der Punkt $W(0;\,0)$ Wendepunkt ist?

Lösung

a) (1) *Ableitungen:*
$$\begin{aligned} f(x) &= a\,x^4+b\,x^2\\ f'(x) &= 4\,a\,x^3+2\,b\,x\\ f''(x) &= 12\,a\,x^2+2\,b\\ f'''(x) &= 24\,a\,x \end{aligned}$$

(2)

Bedingung am Graphen	*notwendige Funktionsbedingung*
$W(1;\,-2{,}5)$ ist Punkt des Graphen	$f(1)=-2{,}5$ $f(1)=a+b$
1 ist Wendestelle	$f''(1)=0$ $f''(1)=12\,a+2\,b$

(3) *Gleichungen*

Die möglichen Lösungen erfüllen ein Gleichungssystem:

$$\left|\begin{aligned} a+\;b&=-2{,}5\\ 12\,a+2\,b&=0 \end{aligned}\right|,\quad \text{also} \quad \left|\begin{aligned} a&=0{,}5\\ b&=-3 \end{aligned}\right|$$

Höchstens der Graph der Funktion f mit $f(x)=0{,}5\,x^4-3\,x^2$ kann den Punkt $W(1;\,-2{,}5)$ als Wendepunkt haben.

(4) *Prüfen, ob die hinreichenden Bedingungen erfüllt sind*

Wir prüfen, ob $W(1;\,-2{,}5)$ Wendepunkt des Graphen der Funktion f mit $f(x)=0{,}5\,x^4-3\,x^2$ ist.

Es ist $f'''(1)=24\cdot 0{,}5\cdot 1 \neq 0$.

Da $f''(1)=0$ und $f'''(1)\neq 0$, ist für $x=1$ das hinreichende Kriterium für Wendestellen mittels f''' erfüllt. An der Stelle 1 liegt ein Wendepunkt vor.

(5) *Ergebnis*

Die Funktion f mit $f(x)=0{,}5\,x^4-3\,x^2$ ist die einzige Lösung der Aufgabe.

b) *Notwendige Funktionsbedingungen:* $f(0)=0$ und $f''(0)=0$

Gleichungen: $\left|\begin{aligned} 0&=0\\ 0&=2\,b \end{aligned}\right|$

Höchstens die Graphen der Funktionen $f(x)=a\,x^4$ (a beliebig) können den Punkt $W(0;\,0)$ als Wendepunkt haben

Prüfen der hinreichenden Bedingungen

Da $f''(x)=12\,a\,x^2$, bilden die Graphen auf ihrem Definitionsbereich $\mathbb{R}$ entweder eine Linkskurve $(a>0)$ oder eine Rechtskurve $(a<0)$. Die Stelle 0 ist in keinem Fall Wendestelle.

Ergebnis:

Es gibt keine Funktion f mit $f(x)=a\,x^4+b\,x^2$, so daß $W(0;\,0)$ Wendepunkt des Graphen von f ist.

Zum Weiterarbeiten

1.

a) Bestimme den Parameter k bei der Funktion f mit $f(x)=x^2+kx$ so, daß der Graph von f an der Stelle -1 einen relativen Tiefpunkt haben kann.

b) Zeige, daß der Graph von f an der Stelle -1 tatsächlich einen relativen Tiefpunkt hat.

c) Zeige, daß es unter den Angaben in a) keine Funktion f gibt, deren Graph an der Stelle -1 einen relativen Hochpunkt besitzt.

2.

a) Gesucht sind alle ganzrationalen Funktionen dritten Grades, die 0 und 2 als Extremstelle haben.

b) Gib weitere Eigenschaften der gesuchten Funktion an, so daß sich genau eine Lösung [keine Lösung] ergibt.

Information

Lösungsschritte bei Funktionsbestimmungen

Funktionsbestimmungen der vorgegebenen Art werden folgendermaßen gelöst:

(1) Ansatz für f(x) mit unbekannten Koeffizienten.

(2) Berechnen der Ableitungen der Funktionen f.

(3) Auswerten der in der Aufgabe gegebenen Daten: Anwenden der notwendigen Kriterien für relative Extremstellen oder Wendestellen, Bestimmen von Funktionswerten, von Werten der 1. Ableitung u.a., Aufstellen entsprechender Terme mit Hilfe von f(x) und der Ableitungen von f.

(4) Aufstellen und Lösen des entsprechenden Gleichungssystems. Formulieren eines Satzes, der angibt, welche Funktionen höchstens Lösung der Aufgabenstellung sein können.

(5) Prüfen, ob wirklich eine Lösung der Aufgabe vorliegt. Die Prüfung kann manchmal mit Hilfe der hinreichenden Kriterien für Extrem- und Wendestellen erfolgen.

Dabei kann es vorkommen, daß die Aufgabe genau eine Lösung, unendlich viele Lösungen, mehrere Lösungen oder keine Lösung besitzt.

Übungen

3.

Gesucht ist die Funktionsgleichung einer Parabel.

a) O(0; 0) und P(2; 3) sind Punkte der Parabel, im Punkt P [im Punkt O] hat die Tangente die Steigung 2 [-1; 0].

b) An der Stelle 0,75 liegt der Scheitel der Parabel, an der Stelle 1 hat die Parabeltangente die Steigung 4.

c) Die Parabel hat den Scheitel S(1; 2) und geht durch O(0; 0).

4.

Bestimme eine ganzrationale Funktion dritten Grades so, daß für den Funktionsgraphen gilt:

a) O(0; 0) ist Punkt des Graphen, W(2; 4) ist Wendepunkt, die zugehörige Wendetangente hat die Steigung -3.

b) O(0; 0) ist Wendepunkt, an der Stelle $\sqrt{\frac{1}{3}}$ liegt ein relativer Hochpunkt, P(1; 2) ist Punkt des Graphen.

c) O(0; 0) ist relativer Tiefpunkt [Hochpunkt] des Graphen. 2 ist Wendestelle, die zugehörige Wendetangente hat die Steigung 4.

5.

Bestimme eine ganzrationale Funktion dritten Grades, so daß für den Graphen gilt:

a) 0 und -3 sind Nullstellen, $E(3;\ -6)$ ist relativer Tiefpunkt [Hochpunkt].

b) $H(-1;\ 2)$ [$H(1;\ 0)$] ist relativer Hochpunkt, $W(0;\ 0{,}5)$ Wendepunkt.

c) $O(0;\ 0)$ und $P(1;\ 7)$ sind Punkte des Graphen, 2 und -2 sind relative Extremstellen.

d) $P(2;\ 3)$ ist Punkt des Graphen, 1 ist relative Extremstelle und 1,5 ist Wendestelle.

e) An der Stelle 1 hat die Tangente die Steigung 4, eine relative Extremstelle ist 5, eine Wendestelle ist $\frac{10}{3}$, eine Nullstelle ist 0.

f) $W(1;\ \frac{2}{3})$ ist Wendepunkt des Graphen von f, die zugehörige Wendetangente hat die Steigung -2, an der Stelle 3 liegt ein relativer Extrempunkt vor.

6.

Bestimme eine ganzrationale Funktion vierten Grades, so daß für den Graphen der Funktion gilt:

a) $S(0;\ 3)$ ist Sattelpunkt, im Punkt $P(3;\ 0)$ liegt eine horizontale Tangente vor.

b) $T(2;\ 4)$ ist relativer Tiefpunkt, $W(0;\ 0)$ Wendepunkt, die Wendetangente hat die Steigung 1.

c) $O(0;\ 0)$ ist relativer Hochpunkt des Graphen, 3 ist relative Extremstelle, $W(1;\ 11)$ Wendepunkt.

7.

Bestimme eine ganzrationale Funktion f vierten Grades, deren Graph zur 2. Achse symmetrisch ist und für die gilt:

a) Der Graph von f geht durch $O(0;\ 0)$, 3 ist Nullstelle, an dieser Stelle hat die Tangente des Funktionsgraphen die Steigung -48 [2; 0].

b) Der Graph enthält den Punkt $O(0;\ 0)$, er hat an der Stelle 1 eine Tangente mit der Steigung 2, eine Wendestelle ist $\frac{1}{2}\sqrt{2}$.

c) $W(1;\ 3)$ ist Wendepunkt des Graphen, die zugehörige Wendetangente hat die Steigung -2.

d) $W(2;\ 6)$ ist Wendepunkt des Graphen von f, die zugehörige Wendetangente hat die Steigung 4.

e) $E(2;\ 4)$ ist relativer Hochpunkt [Tiefpunkt] des Graphen von f, 1 ist Wendestelle.

8.

Bestimme eine ganzrationale Funktion 5. Grades, deren Graph zu $O(0;\ 0)$ punktsymmetrisch ist und $E_1(0;\ 0)$ und $E_2(\sqrt{2};\ -\sqrt{8})$ als relative Extrempunkte hat.
Untersuche den Graphen der Funktion f.

5.4.3. Extrema mit Nebenbedingungen

Aufgabe

Welche zylindrische Dose von 1 *l* Fassungsvermögen hat den geringsten Materialverbrauch?

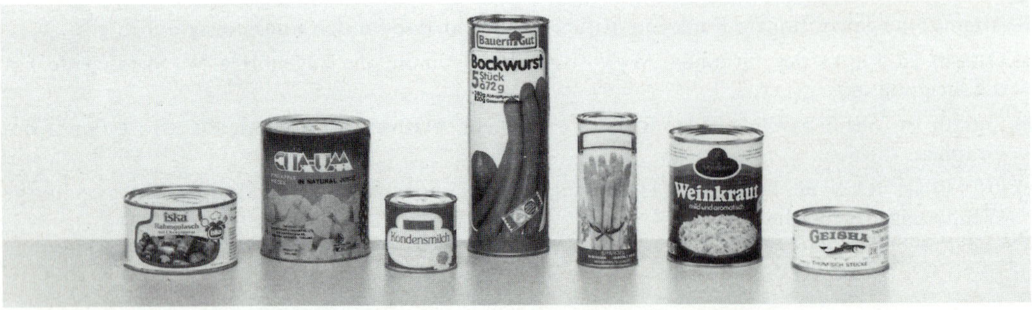

Lösung

Vorüberlegung: Es ist anzunehmen, daß (mindestens) ein Minimum existiert: Ist der Radius des Kreises sehr klein, muß die Höhe sehr groß sein, d.h. es wird viel Material benötigt. Entsprechend ist bei einem sehr großen Radius der Materialverbrauch sehr groß.

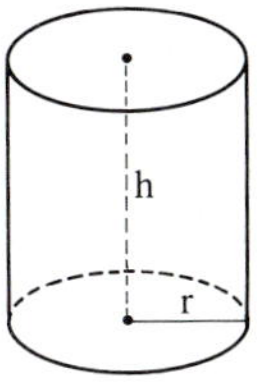

(1) Angabe der gesuchten extremalen Größe

Die Größe der Oberfläche eines Zylinders soll minimal sein:

$O = 2\pi r h + 2\pi r^2$ möglichst klein *Extremalbedingung*

Der Oberflächeninhalt hängt also von den Variablen r (Radius) und h (Höhe) ab.

(2) Herstellen von Beziehungen zwischen den Variablen anhand der Aufgabenstellung

Das Volumen des Zylindergefäßes soll stets $1\,l = 1\,\text{dm}^3$ betragen:

$V = 1 = \pi r^2 h$ *Nebenbedingung*

Wir rechnen nur mit den Maßzahlen der Größen, geben daher r und h entsprechend in dm an.

(3) Einsetzen in die Extremalbedingung, so daß eine Funktion mit nur einer Variablen entsteht

Wir formen die Nebenbedingung so um, daß in die Extremalbedingung eingesetzt werden kann.
Es gilt $h = \frac{1}{\pi r^2}$, also folgt: $O = 2\pi r \cdot \frac{1}{\pi r^2} + 2\pi r^2 = \frac{2}{r} + 2\pi r^2$

Die Oberfläche O hängt jetzt nur noch von r ab. Die Aufgabenstellung verlangt: Die Funktion

$O\colon r \mapsto \frac{2}{r} + 2\pi r^2, \quad r > 0$ *Zielfunktion*

soll auf Minima untersucht werden.

(4) Bestimmen der relativen Minima der Zielfunktion

Ableitung: $O'(r) = -\frac{2}{r^2} + 4\pi r = \frac{-2 + 4\pi r^3}{r^2}$

Höchstens an den Nullstellen von O′ können relative Minima vorliegen.

$O'(r) = 0$, also $-\frac{2}{r^2} + 4\pi r = 0$. Wir erhalten: $r = \frac{1}{\sqrt[3]{2\pi}}$

Es gilt ferner für $r < \frac{1}{\sqrt[3]{2\pi}}$: $O'(r) < 0$; für $r > \frac{1}{\sqrt[3]{2\pi}}$: $O'(r) > 0$.

$O'(r)$ hat also für $r = \frac{1}{\sqrt[3]{2\pi}}$ einen $(-/+)$-Vorzeichenwechsel. Damit ist das hinreichende Kriterium mittels Vorzeichenwechsel erfüllt. Die Zielfunktion hat an der Stelle $\frac{1}{\sqrt[3]{2\pi}}$ ein relatives Minimum.

(5) Bezug der berechneten Werte zur Aufgabe

Für $r = \frac{1}{\sqrt[3]{2\pi}}$ ergibt sich aus der Nebenbedingung: $h = \frac{1}{\pi \cdot \left(\frac{1}{\sqrt[3]{2\pi}}\right)^2} = \frac{\sqrt[3]{4\pi^2}}{\pi} = \sqrt[3]{\frac{4\pi^2}{\pi^3}} = \sqrt[3]{\frac{8}{2\pi}} = \frac{2}{\sqrt[3]{2\pi}} = 2r$,

d.h. im Falle des relativen Minimums ist die Höhe der Dose doppelt so groß wie der Radius des Kreises bzw. gleich groß wie sein Durchmesser.

(6) Untersuchen auf absolute Extrema

Die Zielfunktion ist für $r > 0$ überall differenzierbar. Ob für $r = \frac{1}{\sqrt[3]{2\pi}}$ ein absolutes Minimum vorliegt, können wir anhand möglicher Randextrema bestimmen.
Es gilt: Wenn $r \to 0$, dann $O(r) \to \infty$, wenn $r \to \infty$, dann $O(r) \to \infty$, d.h. die Zielfunktion ist nach oben unbeschränkt, es liegt ein absolutes Minimum vor.

Zum Weiterarbeiten

1.

Miß bei einigen Konservendosen nach, ob sie tatsächlich den geringsten Materialverbrauch haben. Begründe, warum dies häufig nicht der Fall ist.

2.

In einem gleichseitigen Dreieck der Seitenlänge 6 cm ist ein Rechteck so einbeschrieben, daß eine Rechteckseite auf einer Dreiecksseite liegt. Wie lang sind die Rechteckseiten zu wählen, damit das Rechteck einen möglichst großen Flächeninhalt hat?
Hinweis zur Lösung: Verwende zum Aufstellen der Nebenbedingung eine *Strahlensatzfigur*.

3.

Einer Halbkugel [Kugel] ist ein Zylinder mit möglichst großem Volumen einzubeschreiben.
Hinweis zur Lösung: Verwende für die Nebenbedingung den *Satz des Pythagoras*.

Information

Strategie zum Lösen von Extremwertaufgaben

(1) *Aufstellen der für das Problem charakteristischen Funktion*

Oft ist die Größe, die einen größten oder kleinsten Wert annehmen soll, in Abhängigkeit von zwei oder mehr Variablen gegeben.
Man kann dann in mehreren Schritten vorgehen:
Situationsskizze, aus der oft Beziehungen zwischen den Variablen erkennbar sind. Aufstellen einer Bedingung, in der die Größe auftritt, die einen größten oder kleinsten Wert annehmen soll, in Abhängigkeit von weiteren gegebenen Größen *(Extremalbedingung)*. Aufstellen von Beziehungen der Größen in der Extremalbedingung *(Nebenbedingung)* (z.B. mit Hilfe von Funktionsgleichungen, Strahlensatz, Satz des Pythagoras, Volumen- oder Flächeninhaltsformeln). Die Nebenbedingungen werden so umgeformt, daß in die Extremalbedingung eingesetzt werden kann. Ziel der Einsetzungen ist es zu erreichen, daß die Größe, die einen extremalen Wert annehmen soll, nur noch von einer Variablen abhängt. Man erhält dann eine Funktion *(Zielfunktion)*.

(2) *Aufsuchen der relativen Extremstellen der Zielfunktion*

Nach den entsprechenden Kriterien werden die relativen Extremstellen der Zielfunktion bestimmt.

(3) *Bezug der gefundenen Werte zur Aufgabe*

Die gefundenen Werte werden bezüglich der Aufgabenstellung gedeutet. Eventuell werden noch andere im Zusammenhang mit der Aufgabenstellung stehende Größen berechnet und Grenz- und Entartungsfälle, die sich als Lösung ergeben, als solche gedeutet.

(4) *Untersuchen auf Randextrema*

Es wird festgestellt, ob an den in (2) gefundenen relativen Extremstellen auch absolute Extrema der Zielfunktion vorliegen oder ob dies gegebenenfalls an den eventuell vorhandenen Randstellen des Definitionsbereichs der Zielfunktion der Fall ist. Dazu müssen die Funktionswerte an den relativen Extremstellen und den Randstellen berechnet und miteinander verglichen werden.

Übungen

4.

a) Welche oben offene Schachtel in der Form einer quadratischen Säule hat bei gegebenem Oberflächeninhalt 3 dm^2 ein möglichst großes Fassungsvermögen?

b) Löse Aufgabe a), falls die Schachtel anstatt nach oben nach vorn geöffnet ist. In welchem Verhältnis stehen jetzt Höhe und Breite der quadratischen Säule? Ergibt sich ein größeres Volumen?

c) Löse die Aufgaben a) und b) allgemein bei gegebener Oberfläche O.

5.

a) Welche zylindrische Dose mit dem Oberflächeninhalt 1 dm^2 hat das größte Volumen?

b) Welches oben offene zylindrische Gefäß mit 1 *l* Fassungsvermögen hat den geringsten Materialverbrauch?

6.

Ein Draht der Länge 20 cm soll eine rechteckige Fläche mit möglichst großem Inhalt umrahmen.

7.

Ein Rechteck habe den Umfang 12 cm. Wie lang sind die Rechteckseiten zu wählen, damit das Rechteck maximalen Flächeninhalt hat?

8.

Aus einem 36 cm langen Draht soll das Kantenmodell einer quadratischen Säule hergestellt werden. Wie lang sind die Kanten zu wählen, damit die Säule maximales Volumen hat?

9.

Aus einem rechteckigen Stück Pappe mit den Seitenlängen 40 cm und 25 cm soll man einen Kasten ohne Deckel herstellen, indem man an jeder Ecke ein Quadrat ausschneidet und die entstehenden Seitenflächen nach oben biegt. Der Kasten soll ein möglichst großes Volumen haben.

10.

Aus einem rechteckigen Stück Blech gegebener Länge und der Breite 49 cm soll eine gleich lange Röhre mit möglichst großem, rechteckigem Querschnitt gewonnen werden.

11.

Ein Rechteck soll den Flächeninhalt 10 cm^2 erhalten. Wie lang sind die Rechteckseiten zu wählen, damit das Rechteck minimalen Umfang hat?

12.

Welcher oben offene Zylinder hat bei gegebener Oberfläche ein möglichst großes Volumen?

13.

Ein Gefäß besteht aus einem Zylinder mit aufgesetzter Halbkugel. Welche Form muß es haben, damit es ohne Deckel bei gegebener Oberfläche ein möglichst großes Volumen hat?

14.

Aus einer rechteckigen Fensterscheibe mit den Seitenlängen a und b ist vom Mittelpunkt der kleineren Seite aus eine Ecke unter einem Winkel von 45° abgesprungen. Aus der restlichen Scheibe soll durch Schnitte parallel zu den ursprünglichen Seiten eine möglichst große neue Scheibe hergestellt werden. Gib die Maße der neuen Scheibe an.

15.

Welches von allen Rechtecken mit gegebenem Flächeninhalt hat den kleinsten Umfang?

16.

Der Querschnitt eines Kanals ist ein Rechteck mit aufgesetztem Halbkreis. Wähle die Maße dieses Rechtecks so, daß bei gegebenem Umfang u des Querschnitts sein Inhalt möglichst groß wird.

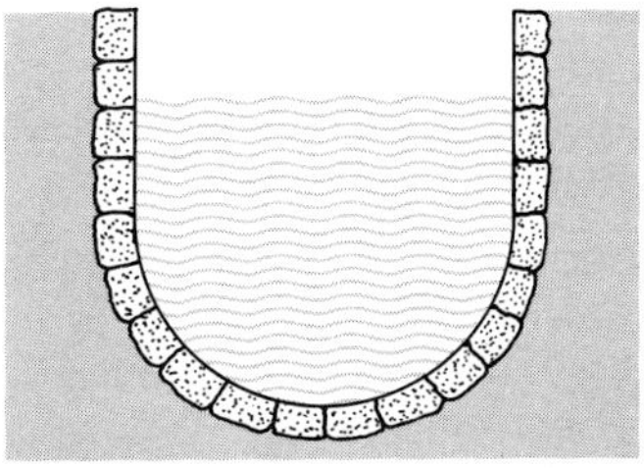

17.

Ein Kessel besteht aus einer Halbkugel mit aufgesetztem Zylindermantel. Wie sind seine Maße zu wählen, damit er mit Deckel [ohne Deckel] bei gegebener Oberfläche O ein möglichst großes Volumen hat?

18.

Die Katheten eines rechtwinkligen Dreiecks sind 12 cm und 8 cm lang.
Diesem Dreieck ist ein möglichst großes Rechteck einzubeschreiben, von dem zwei Seiten auf den Katheten des Dreiecks liegen.

19.

a) In einen geraden Kreiskegel mit dem Grundkreisradius r und der Höhe h soll ein Zylinder mit möglichst großem Volumen einbeschrieben werden.

b) Auf der Deckfläche dieses maximalen Zylinders soll dem „Restkegel“ erneut ein Zylinder größten Volumens einbeschrieben werden.
Löse diese Teilaufgabe b)
– durch erneute Rechnung,
– durch Analogieüberlegung zu a).

20.

Einem Kegel soll ein zweiter Kegel mit möglichst großem Volumen so einbeschrieben werden, daß die Spitze des zweiten Kegels im Mittelpunkt des Grundkreises des ersten Kegels liegt.

21.

Ein Dachboden hat als Querschnittsfläche ein gleichschenkliges Dreieck mit einer Höhe von 4,8 m und einer Breite von 8 m. In ihm soll ein möglichst großes quaderförmiges Zimmer eingerichtet werden.

22.

Ein Kegel soll bei einer 12 cm langen Seitenkante ein möglichst großes Volumen bekommen.

23.

Einer Halbkugel [Kugel] soll ein Quader mit quadratischer Grundfläche einbeschrieben werden. Wie sind die Maße des Quaders zu wählen, wenn sein Volumen möglichst groß werden soll?

24.

Welche quadratische Säule mit gegebenem Volumen hat die kürzeste Körperdiagonale?
Beachte und begründe: Mit einer Größe hat auch ihr Quadrat an derselben Stelle ein Extremum.

25.

Welche gerade quadratische Pyramide mit gegebenem Volumen hat die kürzeste Seitenkante?

26.

Welcher einer Kugel einbeschriebene gerade Kreiskegel hat die größte Mantelfläche?

27.

Aus vier vorgegebenen Stäben gleicher Länge soll eine gerade Pyramide mit quadratischer Grundfläche gebildet werden, die ein möglichst großes Volumen hat.

28.

a) Einer Pyramide mit quadratischer Grundfläche ist eine quadratische Säule mit maximalem Volumen einzubeschreiben.

b) Einem Kegel ist eine quadratische Säule mit maximalem Volumen einzubeschreiben.

29.

Gegeben sei ein Kreis mit dem Radius r. Rollt man einen Kreissektor zusammen, entsteht ein Kegel. Bei welchem Mittelpunktswinkel α des Sektors entsteht ein Kegel mit maximalem Volumen?

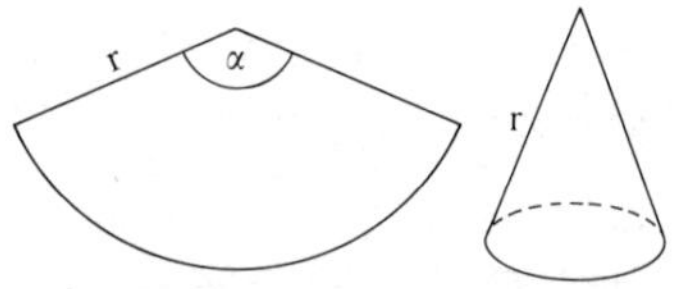

30.

Gegeben sei ein Quadrat mit der Seitenlänge a. Schneidet man die gefärbten gleichschenkligen Dreiecke heraus, entsteht das Netz einer geraden Pyramide mit quadratischer Grundfläche.
Welche dieser Pyramiden hat ein maximales Volumen?

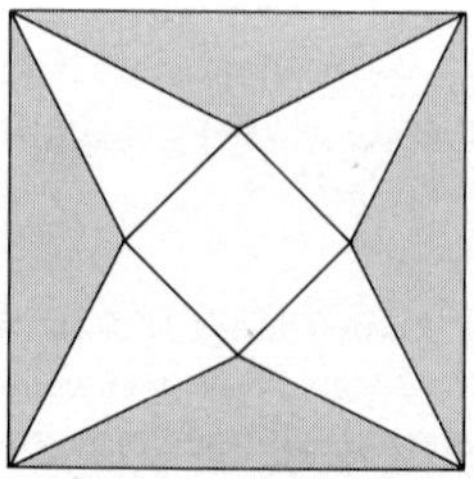

5.5. Vermischte Übungen

Untersuchung von Funktionenscharen

1.
Gegeben sind Funktionen f_k durch $f_k(x)=x^3-6x^2+9x+k,\ k\in\mathbb{R}$.

a) Untersuche die Funktionen f_k mit Ausnahme der Nullstellenbestimmung ausführlich.

b) Welche Bedingung muß k erfüllen, damit die Funktion f_k genau eine Nullstelle, genau zwei Nullstellen, genau drei Nullstellen besitzt?

c) Ist auch der Fall möglich, daß f_k keine Nullstelle besitzt?

2.
Die Funktion f mit $f(x)=x^3+ax^2+bx+c$ sei gegeben.

a) Beweise: Der Graph von f hat genau einen Wendepunkt.

b) Beweise: Es gibt zwei Fälle nämlich
(1) Der Graph von f hat genau einen relativen Hochpunkt und einen relativen Tiefpunkt und im Wendepunkt (siehe a)) negative Steigung.
(2) Der Graph von f hat keinen relativen Extrempunkt und im Wendepunkt eine nicht negative Steigung.
Die zwei Fälle liegen vor, je nachdem ob $a^2-3b>0$ oder $a^2-3b\leq 0$ ist.

3.
a) Zeige, daß bei den Funktionen f_k mit $f_k(x)=x^2-kx,\ k\neq 0$, die relative Extremstelle in der Mitte zwischen den beiden Nullstellen liegt.

b) Übertrage die Überlegung in a) auf die Funktionen f_k mit $f_k(x)=x^3-kx,\ k>0$.
Begründe die zusätzliche Bedingung $k>0$.

4.
Gegeben seien Funktionen f_k durch $f_k(x)=x^4-kx^2,\ k>0$.

a) Untersuche allgemein die Funktionen f_k. Skizziere den Graphen für $k=1,\ k=2$.

b) Bestimme die Kurve, auf der die Tiefpunkte aller Funktionsgraphen liegen.

c) Es seien $x_e\neq 0$ eine Extremstelle, x_w eine Wendestelle von f_k.
Zeige: $\frac{x_e}{x_w}$ hängt nicht von k ab.

5.
Gegeben seien Funktionen f_k mit $f_k(x)=k^2x^3-kx,\ k\neq 0$.

a) Untersuche die Funktionen f_k. Skizziere den Graphen für $k=1,\ k=-1$.

b) Prüfe, ob die Extrempunkte aller f_k auf einer Geraden liegen.

c) Hat die Tangentensteigung einen größten oder einen kleinsten Wert?

6.
Gegeben seien Funktionen f_k mit $f_k(x)=\frac{x^2}{k}+\frac{k^2}{x}$.

a) Untersuche die Funktionen mit $k=1,\ k=-1$ auf Extrema. Skizziere die Graphen.

b) Gegeben sei eine feste Stelle x_0. Für welches k ist der Funktionswert $f_k(x_0)$ extremal?

c) Auf welcher Kurve liegen die Extrempunkte der Graphen der Funktionen f_k?

7.
Gegeben seien Funktionen f_k mit $f_k(x)=\frac{1}{5k}x^5-\frac{k}{3}x^3$.

a) Untersuche allgemein die Funktionen f_k. Skizziere die Graphen für $k=1,\ k=\frac{1}{2}$ und $k=-1$.

b) Auf welcher Kurve liegen die Wendepunkte aller Graphen der Funktionen f_k?

Funktionsuntersuchungen mit Funktionsbestimmungen bzw. Extremwertaufgaben

8.

Gegeben ist eine Funktion f durch $f(x)=\frac{1}{8}x^4-3x^2+10$.

a) Untersuche die Funktion f.

b) Welche ganzrationale Funktion zweiten Grades besitzt einen Graphen, der den Graphen von f in seinen Wendepunkten berührt?

c) An welchen Stellen haben die beiden Funktionsgraphen voneinander extremale Abstände?

9.

a) Gesucht ist eine Funktion f mit $f(x)=ax^3+bx$.
1 ist relative Extremstelle der Funktion, und die Tangenten an den Graphen von f an den Stellen 0 und 2 sind zueinander orthogonal.

b) Untersuche die Funktion f.

10.

a) Untersuche die Funktion f mit $f(x)=x^4-6x^2+8$ ausführlich.

b) Bestimme die Steigung der Tangenten in den Nullstellen von f und bestätige, daß die Summe dieser Steigungen Null ergibt.

c) Begründe das Ergebnis in b) mit Hilfe von Symmetrieeigenschaften von f.

d) Verallgemeinere das Ergebnis in b) auf Funktionen, deren Graph zur 2. Achse symmetrisch ist. *Beachte:* Es kann auch noch der Fall $f(0)=0$ auftreten.

e) Sind die Steigungen der Tangenten des Graphen nach oben bzw. unten beschränkt?

f) Die Extrempunkte des Graphen von f [Die Wendetangenten und die 1. Achse] bestimmen ein Dreieck. Berechne seinen Flächeninhalt und seinen Umfang.

11.

Gegeben ist die Funktion f durch $f(x)=x^2-6x$. Welcher Punkt des Graphen von f ist im Intervall [0; 5] am weitesten vom Punkt O(0; 0) entfernt [ist im Intervall [3; 6] O(0; 0) am nächsten]?

12.

Aus einer rechteckigen Glasscheibe der Länge 5 dm und der Breite 2 dm ist das in der Zeichnung angegebene Flächenstück herausgebrochen.

Der Rand des Bruchstücks ist Graph einer ganzrationalen Funktion f zweiten Grades, deren Graph an der Stelle 0 eine waagerechte Tangente hat und die in der Skizze angegebenen Eigenschaften besitzt.

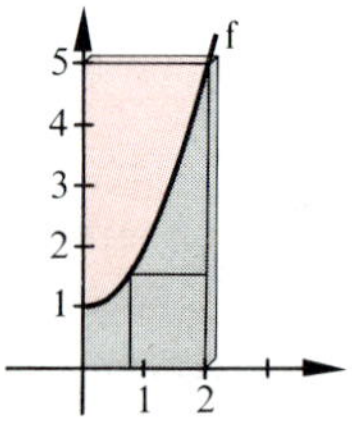

a) Gib die Funktion f an.

b) Aus dem Reststück (grau) wird ein Rechteck herausgeschnitten. In welchen Fällen hat es einen möglichst großen Inhalt?

c) Das ‚Gebilde' rotiere um die zweite Achse. Formuliere eine zu b) analoge Aufgabe und bestimme den ‚Restkörper' mit möglichst großem Volumen.

13.

Gegeben ist eine Funktion f durch $f(x)=-x^2+4$. Der Graph schließt mit der 1. Achse eine Fläche ein.

a) Beschreibe dieser Fläche ein achsenparalleles Rechteck mit möglichst großem Inhalt ein.

b) Beschreibe der Fläche ein zur 2. Achse symmetrisches gleichschenkliges Dreieck mit möglichst großem Inhalt ein, dessen Spitze im Punkt O(0; 0) liegt.

c) Beschreibe dieser Fläche ein rechtwinkliges Dreieck so ein, daß eine Kathete auf der 1. Achse und beide Hypotenusenendpunkte auf dem oberen Parabelbogen liegen und daß bei Drehung um die 1. Achse ein Kegel von möglichst großem Volumen entsteht.

14.

Der Graph der Funktion f mit $f(x) = -2x^3 + k$ schließt mit den beiden Achsen eine Fläche ein. Beschreibe dieser Fläche ein Rechteck mit größtmöglichem Inhalt ein.
Ist das Problem für jedes k lösbar?

15.

Der Graph der Funktion f mit $f(x) = (x^2 - 4)^2$ schließt mit der 1. Achse eine Fläche ein. Dieser Fläche kann man Dreiecke einbeschreiben, die gleichschenklig und symmetrisch zur 2. Achse sind und deren Spitze im Punkt $O(0; 0)$ liegt.
Läßt man diese Dreiecke um die 2. Achse rotieren, entstehen Kegel.
Welcher dieser Kegel hat ein möglichst großes Volumen?

16.

In die Figur aus den Graphen der zwei Funktionen f_1 und f_2 können Rechtecke mit achsenparallelen Seiten einbeschrieben werden. Welches der möglichen Rechtecke hat maximalen Inhalt?

$f_1(x) = -x^2 + 1; \quad f_2(x) = 4x^2 - 10$

17.

Ein Behälter soll die Form einer quadratischen Säule erhalten.

a) Die Oberfläche soll 200 dm^2 betragen. Welcher der möglichen Körper hat maximales Volumen?

b) Das Volumen der Säule soll 200 dm^3 betragen. 1 dm^2 des Materials für die Stand- und Deckfläche kostet 4 DM, 1 dm^2 des Materials für die Seitenfläche kostet 5 DM. Welcher der möglichen Behälter verursacht die geringsten Materialkosten?

c) Das Volumen betrage 1 dm^3. Welcher der möglichen Körper hat eine minimale Oberfläche?

Anwendungen – Aufgaben zum Wurf

18.

Der senkrechte Wurf im luftleeren Raum wird durch die Gleichung $y = at^2 + bt + c$ beschrieben. Dabei gibt y die Höhe des Körpers an, t die vom Wurfbeginn an zurückgelegte Zeit. Ein Wurf erfolgt 4 Längeneinheiten über dem Ausgangspunkt der Höhenmessung, die Anfangsgeschwindigkeit beträgt 5 Einheiten in Richtung der positiven 2. Achse, also vom Erdmittelpunkt weg. Die Erdbeschleunigung beträgt 10 Beschleunigungseinheiten.
Bestimme aus diesen Angaben a, b und c und damit die Weg-Zeit-Funktion des Wurfs.

Beachte: Die Geschwindigkeit wird durch die Ableitung y' angegeben, entsprechend die Beschleunigung durch y''.

19.

1,5 m über dem Boden wird eine Kugel waagerecht abgeschleudert und fliegt in horizontaler Richtung gemessen 4 m weit.

a) Wie lange war sie unterwegs?

b) Mit welcher Geschwindigkeit v_0 wurde sie abgeschossen?

c) Gib eine Gleichung der Bahnkurve an.

d) Unter welchem Winkel gegen die Horizontale trifft sie am Boden auf?

Beachte: Es gilt $y = 5t^2$; $s = v_0 \cdot t$; die Bahnkurve ist eine Parabel.

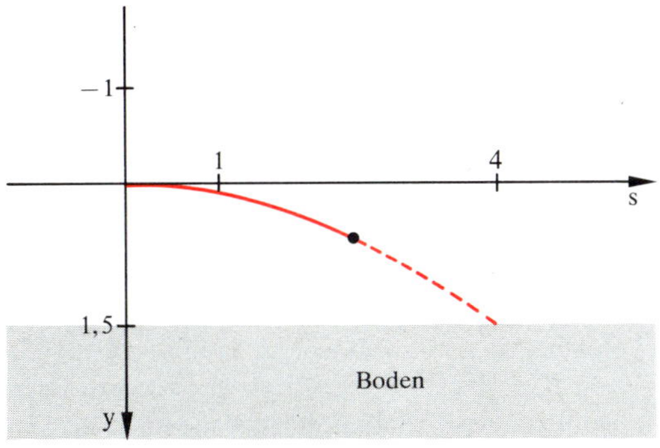

20.

a) Bestimme die Bahnkurve eines Körpers, der im luftleeren Raum mit der Anfangsgeschwindigkeit $v_0 = 28\,\frac{m}{s}$ vom Koordinatenursprung [vom Punkt P(0; 2)] unter dem Erhebungswinkel $\varphi = 45°$ [$\varphi = 20°$; $\varphi = 70°$] abgeworfen wird.

Anleitung zur Lösung: Für die vertikale Wurfkomponente gilt $y(t) = v_0\,t \sin\varphi - 5t^2$, für die horizontale Richtung gilt $x(t) = v_0 \cdot t \cdot \cos\varphi$. Eliminiere die Zeit t.

b) Wo hat der Körper die größte Höhe? Wie groß ist sie?

c) Wo und nach welcher Zeit trifft der Körper wieder auf dem Boden auf?

d) Wo hatte der Körper seine größte Geschwindigkeit?

Weitere Anwendungen

21.

Ein Metallstab mit rechteckigem Querschnitt ist auf einer Seite zwischen waagerechten Backen eingespannt.
In der Entfernung $e = 1$ m von der Einspannstelle liegt der Stab lose auf.
Durch Belastung wird der Stab so gebogen, daß sein tiefster Punkt den Abstand $a = 10{,}5$ cm von der Verbindungslinie Einspannstelle – Auflagepunkt besitzt.

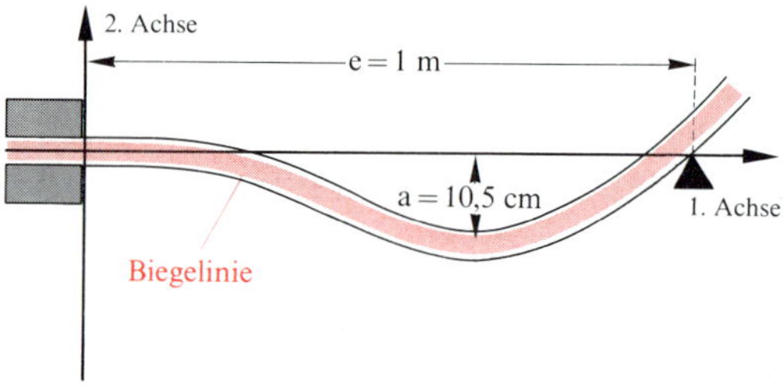

Legt man ein Koordinatensystem wie im Bild, so kann man die Form des gebogenen Stabes *(Biegelinie)* rechts vom Backen näherungsweise durch den Graph einer ganzrationalen Funktion f angeben. Aus physikalischen Gründen muß für die Näherungsfunktion f gelten: $f''(0) = 0$.

a) Gib eine Näherungsfunktion 4. Grades an.
Zeige: Es gibt keine Näherungsfunktion 3. oder niedrigeren Grades.

b) Löse die Aufgabe allgemein, d.h. gib zu vorgegebenem e und a eine Näherungsfunktion 4. Grades an.

c) Untersuche die in b) erhaltene zweiparametrige Kurvenschar (die Scharparameter sind e und a).

22.

Aus einem zylindrischen Baumstamm vom Durchmesser 0,12 m soll ein Balken mit rechteckigem Querschnitt und von größter Tragfähigkeit geschnitten werden.
Die Tragfähigkeit ist zur Breite und zum Quadrat der Höhe des Balkens proportional.

23.

Von einer Ware werden x Stücke hergestellt. Die Kosten K hierfür werden näherungsweise durch $K(x) = 0{,}01x^3 - 0{,}9x^2 + 40x + 100$ [$K(x) = (x-5)^3 + 125$] beschrieben.

a) Untersuche die Funktion K.

b) Die durchschnittlichen Kosten pro Stück werden durch $St(x) = \frac{K(x)}{x}$ beschrieben.

Untersuche die Funktion St.
Deute die Monotoniebereiche und die Extrema der Funktion St mit Hilfe wirtschaftlicher Begriffe.

c) Zeige: Liegt das Minimum von St an der Stelle x_0, so verläuft die Tangente an den Graphen von K an dieser Stelle durch den Koordinatenursprung.
Deute dieses Ergebnis entsprechend zu b).
Anleitung: Beachte, daß die Steigung jeder Geraden durch den Punkt O(0, 0) und einen Punkt des Graphen von K die Stückkosten angibt.

Exkurs: Algorithmen

1. Das Schema der Funktionsuntersuchung als Algorithmus

Funktionsuntersuchungen ganzrationaler Funktionen laufen immer nach demselben Schema wie bei einer Maschine ab (vgl. Seite 178). In der Tat können Funktionsuntersuchungen von einer Maschine, einem Computer nämlich, durchgeführt werden. Es gibt Software für den Computer, die folgendes leistet: Gibt man eine Funktion ein, so werden Nullstellen, Extrema, Wendepunkte usw. ausgegeben. Solche Schemata für Abläufe sind Algorithmen.

> Ein **Algorithmus** ist ein allgemeines, bis in die Einzelheiten festgelegtes, endliches Verfahren, welches zu vorgegebenen Eingangsgrößen Ausgangsgrößen angibt.

Der Name Algorithmus kommt – ebenso wie das Wort Algebra – von Al Chwarismi her, einem um 830 n. Chr. lebenden arabischen Gelehrten, der das Ziffernrechnen sowie die Anfangsgründe der Algebra weiter entwickelt hat.

2. Weitere Beispiele für Algorithmen

Die schriftlichen Rechenverfahren der Addition, Subtraktion, Multiplikation und Division sind weitere Beispiele für Algorithmen. Sie können auch von einer Maschine, dem Taschenrechner, ausgeführt werden.
In diesem Buch kommen u.a. folgende Algorithmen vor: das Berechnungsverfahren nach dem Horner Schema (Seite 33), das Verfahren der Polynomdivision (Seite 34), das Halbierungsverfahren (Seite 39), das Heronsche Verfahren (Seite 66), das Newtonsche Verfahren zur Nullstellenbestimmung (Seite 195) und das Sekantenverfahren (Seite 197 unten). Zu jedem dieser Algorithmen kann ein BASIC-Programm angegeben werden.
Allgemein gilt: Jedes (korrekte) BASIC- oder PASCAL-Programm beschreibt einen Algorithmus.
Computer können nur nach Algorithmen arbeiten.

3. Ist jedes mathematische Problem algorithmisch lösbar?

Descartes (1598–1650) sah die Bedeutung der von ihm entwickelten Analytischen Geometrie vor allem darin, daß jetzt algebraische Algorithmen zur Lösung geometrischer Probleme eingesetzt werden konnten.
Leibniz (1646–1716) hatte angesichts der seinerzeitigen starken Entwicklung der Algebra die Vision, daß jedes mathematische Problem durch einen Algorithmus lösbar sei. Im gegenwärtigen 20. Jahrhundert konnte man jedoch mathematische Probleme benennen, die nachweislich nicht algorithmisch lösbar sind. Das war eine große mathematische Forscherleistung und kann hier nur mitgeteilt werden, zumal dazu die obige Erklärung des Algorithmusbegriffs noch präzisiert werden mußte.

4. Der sinnvolle Umgang mit Algorithmen

Die Durchführung eines Algorithmus ist für einen Menschen im Grunde geistlos und langweilig. Es bedarf dazu keinerlei schöpferischer Phantasie. Geistreich sind das Erfinden von Algorithmen, das Aufstellen von Programmen zu Algorithmen und der raffinierte Einsatz von Algorithmen. Es verdient daher eine höhere Wertschätzung, wenn z. B. bei einer Funktionsuntersuchung anstelle einer sturen vollständigen Anwendung des Schemas geschicktes schließendes Argumentieren Teile des Schemas überflüssig macht.
Andererseits entlastet ein Algorithmus auch bei der geistigen Arbeit, da er im wesentlichen ohne Denkleistung durchgeführt werden kann.

6. Anwendungen der Differentialrechnung

(1) Herr Melter möchte mit einer Bank einen Sparratenvertrag abschließen. Er will vier Jahre lang zu Beginn eines jeden Jahres 5000 DM einzahlen. Die Bank bietet ihm einen Zinssatz von 3,75% pro Jahr an. Vom Endbetrag sollen (nur) 2% Bearbeitungsgebühr abgezogen werden. Herr Melter rechnet sich aus, daß ihm nach 4 Jahren 21 507,71 DM ausbezahlt werden. Er überlegt, daß jedoch der effektive Zinssatz wegen der Bearbeitungsgebühr niedriger als 3,75% ist. Die Bank ist gesetzlich verpflichtet, den effektiven Zinssatz bei Bankgeschäften anzugeben. Wie kann dieser berechnet werden?

Der effektive Zinssatz (die Rendite) p_{eff} ist der Zinssatz, der genau den ausgezahlten Betrag von 21 507,71 DM ergeben würde.
Ist nun ein Kapital K ein Jahr auf der Bank, so erhöht es sich auf:

$K + K \cdot \frac{p_{eff}}{100} = K \cdot \left(1 + \frac{p_{eff}}{100}\right) = K q$

Es ist günstig, mit $q = 1 + \frac{p_{eff}}{100}$ zu rechnen.

Ende des	Kapital
1. Jahres	$5000 \cdot q$
2. Jahres	$(5000 \cdot q + 5000) \cdot q$
3. Jahres	$((5000 \cdot q + 5000) \cdot q + 5000) \cdot q$
4. Jahres	$(((5000 \cdot q + 5000) \cdot q + 5000) \cdot q + 5000) \cdot q$ $= 5000 \cdot (q^4 + q^3 + q^2 + q)$

Die Tabelle zeigt: Man muß eine Lösung q der Gleichung $5000(q^4 + q^3 + q^2 + q) = 21\,507{,}71$ bestimmen. Daraus kann man mit Hilfe von $q = 1 + \frac{p_{eff}}{100}$ den effektiven Zinssatz $p_{eff}\%$ berechnen. Wir können eine Lösung der Gleichung mit Hilfe des Halbierungsverfahrens (S. 38) ermitteln. Doch wollen wir hier ein zweites Verfahren, das *Newtonsche Verfahren*, kennenlernen, welches schneller zu genaueren Werten führt.

(2) Bilder wie nebenstehend waren im Februar und März 1987 in vielen Tageszeitungen und Fernsehsendungen zu sehen. Eigentlich sollte jeder mündige Bürger die in diesen Bildern vorkommenden Begriffe wie *Steuersatz, Progression, lineare Progression, Progressionsbauch, Spitzensteuersatz, Eingangssteuersatz* kennen, da er mit seiner Stimme in Wahlen mitentscheidet.
Nun haben wir inzwischen in der Differentialrechnung so viele mathematische Hilfsmittel kennengelernt, daß wir eine genaue Sachklärung vornehmen können. Das soll im 2. Abschnitt dieses Kapitels geschehen

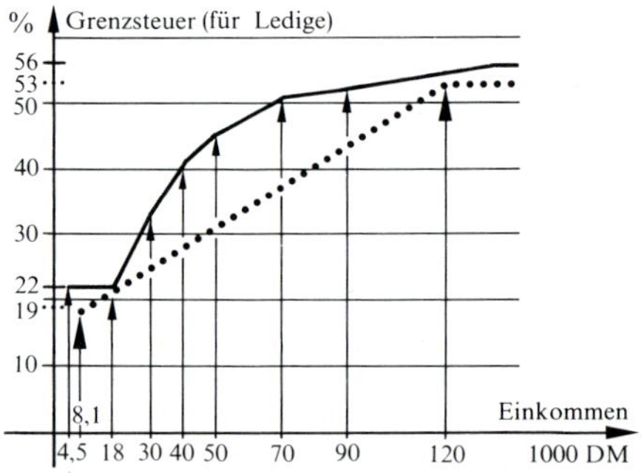

Das Bild zeigt den bisherigen „Progressionsbauch" und die ab 1990 geplante Neuregelung. Die Progression setzt niedriger ein und endet niedriger. Sie ist linear, also gleichmäßig. Der Spitzensteuersatz soll von 56% auf 53% gesenkt werden. Der Eingangssteuersatz ist von 22% auf 19% gesenkt.

Ziel des Kapitels:
(1) Die Ableitung soll zur schnellen numerischen Bestimmung der Nullstellen einer Funktion (Lösungen einer Gleichung) verwendet werden.
(2) Im Rahmen komplexer Beispiele z. B. aus der Steuergesetzgebung soll die Verwendung der Ableitung zur Präzisierung von Begriffen vertieft und die Nützlichkeit in Politik und Wirtschaft exemplarisch aufgezeigt werden.

6.1. Das Newtonsche Verfahren

Wir betrachten noch einmal die Gleichung $5000 \cdot (q^4 + q^3 + q^2 + q) = 21\,507{,}71$ zur Bestimmung des effektiven Zinssatzes p_{eff}. Eine Lösung dieser Gleichung ist eine Nullstelle der Funktion f mit $f(x) = 5000 \cdot (x^4 + x^3 + x^2 + x) - 21\,507{,}71$. Da p_{eff} in der Nähe von 3,75 liegt, erhalten wir mit $1 + \frac{3{,}75}{100}$, also mit 1,0375 einen ersten Näherungswert für eine solche Nullstelle.

Aufgabe

Gib eine Formel an, mit der man aus einem Näherungswert x_n für eine Nullstelle einer Funktion f einen besseren Näherungswert x_{n+1} berechnen kann. Zeichne dazu im Punkt $P_n(x_n; f(x_n))$ die Tangente an den Graphen der Funktion f.
Wende diese Formel auf das Beispiel oben an. Berechne auf vier Nachkommastellen genau.

Lösung

Der Schnittpunkt der Tangente mit der 1. Achse ist in vielen Fällen ein besserer Näherungswert x_{n+1}. Es gilt:

$$f'(x_n) = \frac{f(x_n)}{x_n - x_{n+1}}$$

Daraus folgt für $f'(x_n) \neq 0$:

$$x_n - x_{n+1} = \frac{f(x_n)}{f'(x_n)}, \quad \text{also} \quad x_{n+1} = x_n - \frac{f(x_n)}{f'(x_n)}$$

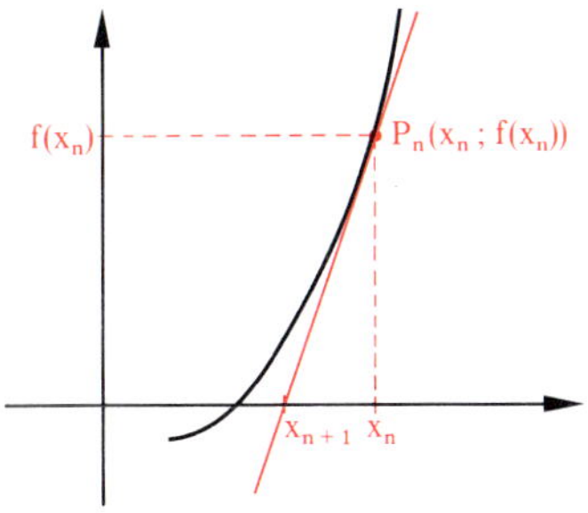

Im Beispiel oben ist $f(x) = 5000(x^4 + x^3 + x^2 + x) - 21\,507{,}71$
$f'(x) = 5000(4x^3 + 3x^2 + 2x + 1)$

Bei Verwendung einer Tabelle wird die Rechnung übersichtlicher.

n	x_n	$f(x_n)$	$f'(x)$	$\frac{f(x_n)}{f'(x_n)}$	x_{n+1}
1	1,0375	439,932	53856,5	8,51002	1,02935
2	1,02935	3,5	53000,1	6,60376	1,02928
3	1,02928	1,95313	52993,2	3,68561	1,02928

Auf 4 Nachkommastellen gerundet erhalten wir: $x = 1{,}0293$.

Da $1 + \frac{p_{eff}}{100} = 1{,}0293$, folgt $p_{eff} = 2{,}93$.

Der effektive Zinssatz beträgt 2,93%.

Zur Berechnung kann man auch das nebenstehende BASIC-Programm verwenden.

```
10  X=1.0375
20  PRINT X
30    F=5000*(X*X*X*X+X*X*X+X*X+X)-21507.71
40    FA=5000*(4*X*X*X+3*X*X+2*X+1)
50    XA=X
60    X=X-F/FA
70    PRINT X
80  IF ABS(X-XA)>=1/10000 THEN 30
90  PE=(X-1)*100
100 PRINT "EFFEKTIVER ZINSSATZ: "; PE
```

Information

(1) *Newtonsches Verfahren*

Das hier durchgeführte Verfahren heißt **Newtonsches Näherungsverfahren**.
Beim Newtonschen Näherungsverfahren wird zur Bestimmung immer genauerer Näherungswerte einer Lösung der Gleichung $f(x) = 0$ die Formel

$$x_{n+1} = x_n - \frac{f(x_n)}{f'(x_n)} \quad (\text{für } f'(x_n) \neq 0)$$

verwendet.

Man kann beweisen: Die Folge $\langle x_n \rangle$, die nach dem Newtonschen Verfahren gewonnen wird, konvergiert schneller als die Folge, die man nach dem Halbierungsverfahren (vgl. S. 38) erhält.

(2) *Aufsuchen eines Intervalles, in welchem eine Nullstelle liegt*

Um überhaupt festzustellen, wo die zu bestimmende Nullstelle liegt, ist es häufig günstig, eine Wertetabelle der Funktion mit Hilfe eines Taschenrechners nach dem Hornerschema (oder schneller mit Hilfe eines BASIC-Programmes) anzulegen.

Beispiel:

$$\begin{aligned} f(x) &= x^3+13x^2+54x-216 \\ &= (x^2+13x+54)x-216 \\ &= ((x+13)x+54)x-216 \end{aligned}$$

x	0	1	2	3	4	5
f(x)	−216	−148	−48	90	272	504

Da der Graph keine Sprungstelle hat, erkennt man: Eine Nullstelle liegt zwischen 2 und 3. $x_1=3$ (aber auch $x_1=2$) ist ein erster grober Näherungswert.

BASIC-Programm für die Erstellung der Wertetabelle

```
10 INPUT "UNTERE GRENZE: "; U
20 INPUT "OBERE GRENZE: "; O
30 FOR X=U TO O
40    Y=((X+13)*X+54)*X-216
50    PRINT X;"  "; Y
60 NEXT X
```

(3) *Für Gleichungen höheren als 4. Grades gibt es keine Lösungsformel*

Für jede Gleichung 2. Grades $x^2+px+q=0$ kann man die Lösungen exakt durch die Formel $x_{1,2}=-\frac{p}{2}\pm\sqrt{\frac{p^2}{4}-q}$ angeben. Für Gleichungen 3. Grades wurde eine solche Formel von TARTAGLIA (1500–1557), Professor in Venedig, und für Gleichungen 4. Grades von L. FERRARI (1522–1565), Professor in Bologna, gefunden. Sie sind jedoch nach G. CARDANO (1501–1576), Professor in Venedig, benannt, der sie als erster veröffentlichte. Erst drei Jahrhunderte später konnte der norwegische Mathematiker N.H. ABEL (1802–1829) beweisen, daß es für Gleichungen 5. und höheren Grades *prinzipiell keine* solche Formel geben kann. Das war eine große mathematische Entdeckung. Da es andererseits Gleichungen wie $x^6+px^3+q=0$ gibt, deren Lösungen durch eine Formel angegeben werden können, suchte man nach einer Theorie, welche das Ergebnis von ABEL in einen größeren Zusammenhang einordnete. Diese Theorie schrieb der zwanzigjährige Franzose E. GALOIS (1811–1832) in der Nacht vor einem Duell nieder, in welchem er tödlich verletzt wurde. Sie heißt heute *Galoistheorie* und wird in den mathematischen Vorlesungen an den Universitäten gelehrt.

Zum Weiterarbeiten

1.

a) Berechne einen Näherungswert für eine Lösung der Gleichung $x^3+13x^2+54x-216=0$ (siehe das Beispiel oben) mit $x_1=3$ als erstem Näherungswert.
Mache dir auch geometrisch klar, worin der Unterschied zu $x_1=2$ als erstem Näherungswert besteht. Führe auch mit $x_1=2$ die Rechnung durch.

b) Bestimme die zwischen 2 und 3 liegende Nullstelle nach dem Halbierungsverfahren (vgl. Seite 38) und vergleiche die Schnelligkeit, mit der die Folge $\langle x_n\rangle$ bei beiden Verfahren konvergiert.

2.

Nicht immer führt das Newtonsche Verfahren zu einem besseren Näherungswert. Zeichne den Graphen einer Funktion f mit einem Näherungswert x_n für die Nullstelle a, so daß x_{n+1} weiter von a entfernt ist als x_n.

△ **3.**

Das Newtonsche Verfahren läßt sich verfeinern, wenn anstelle der Tangente an den Graphen eine Parabel mit der Gleichung $y=ax^2+b$ verwendet wird, deren Koordinaten und deren Steigung im Ausgangspunkt mit der ursprünglichen Kurve übereinstimmen. Leite ähnlich wie beim Newtonschen Verfahren eine Formel ab und wende diese bei den obigen Beispielen an.

Übungen

4.

Bestimme einen bis auf zwei Stellen hinter dem Komma genauen Näherungswert einer Lösung der angegebenen Gleichung.

a) $x^3-x-0{,}5=0$ **b)** $x^3-3x-4=0$ **c)** $x^3+2x+1=0$
d) $x^3-30x+33=0$ **e)** $x^3-3x^2+8=0$ **f)** $x^3+13x+33=0$
g) $x^3-3x-11=0$ **h)** $5x^4-110x+100=0$ **i)** $2x^4+6x-40=0$

5.

Bestimme eine Nullstelle der angegebenen Funktion auf drei Stellen hinter dem Komma genau.

a) $f(x)=x^3-5x+80$ **b)** $f(x)=8+4x-x^3$
c) $f(x)=x^3-6x^2-83x-20$ **d)** $f(x)=3x^3-60x-72$

6.

a) $\sqrt{2}$ soll mit Hilfe des Newtonschen Verfahrens näherungsweise bestimmt werden. Gehe dabei von der Funktion f mit $f(x)=x^2-2$ aus, deren eine Nullstelle zu bestimmen ist. Zeige, daß sich folgende Rekursionsgleichung ergibt: $x_{n+1}=\frac{1}{2}\left(x_n+\frac{2}{x_n}\right)$, die mit der Rekursionsgleichung aus dem HERONschen Verfahren übereinstimmt (siehe Seite 66).

b) Leite entsprechend eine Rekursionsgleichung her zur näherungsweisen Bestimmung von:
(1) $\sqrt[2]{a}$ (2) $\sqrt[3]{a}$ (3) $\sqrt[n]{a}$

c) Gib einen Näherungswert an: (1) $\sqrt{10}$ (2) $\sqrt{20}$ (3) $\sqrt{\frac{1}{3}}$ (4) $\sqrt{15610}$ (5) $\sqrt{8211}$ (6) $\sqrt{4782}$

d) Gib einen Näherungswert an: (1) $\sqrt[3]{5}$ (2) $\sqrt[4]{4}$ (3) $\sqrt[5]{18}$ (4) $\sqrt[5]{10}$ (5) $\sqrt[7]{31}$ (6) $\sqrt[10]{180}$

7.

Bestimme eine Lösung der Gleichung auf zwei Dezimalen genau:

a) $\sin x=\frac{1}{2}x$ **b)** $\cos x=x$ **c)** $\sin x=x^2$ **d)** $\cos x=x^2$ **e)** $\sin x=2x^2-1$

8.

Bestimme Nullstellen sowie Hoch-, Tief- und Wendepunkte. Skizziere den Graphen.

a) $f(x)=x^3-x^2-5$ **b)** $f(x)=x^3-2x^2-5$
c) $f(x)=x^4-3x^3+2x^2-5$ **d)** $f(x)=x^5-x^4+x^3-x^2-4$
e) $f(x)=x^5-2x^3+x-7$ **f)** $f(x)=x^7-3x+5$

9.

In eine quadratische Pyramide mit der Grundkante $a=5$ cm und der Höhe $h=7$ cm soll ein Quader mit quadratischer Grundfläche gestellt werden. Sein Inhalt soll ein Drittel des Pyramideninhalts betragen. Seine Grundkanten sollen parallel zu den Grundkanten der Pyramide verlaufen. Welche Höhe hat der Quader?

10.

Ein Quader habe die Kantenlängen $a=6$ cm, $b=4$ cm und $c=3$ cm.
Jede Kante soll um x vergrößert werden. Wie groß muß man x wählen, damit ein viermal so großer Quader entsteht?

△ **11.**

Anstatt wie beim Newtonschen Verfahren den Schnittpunkt der Tangente mit der 1. Achse zu bestimmen, kann man auch die Sekante verwenden.
Leite die Formel
$$x_{n+1}=x_n-\frac{x_n-x_{n-1}}{f(x_n)-f(x_{n-1})}\cdot f(x_n)$$
her und verwende sie zur Bestimmung der Näherungswerte für Lösungen von Gleichungen. Die Formel heißt *regula falsi*.
Das Verfahren heißt auch *Sekantenverfahren.*

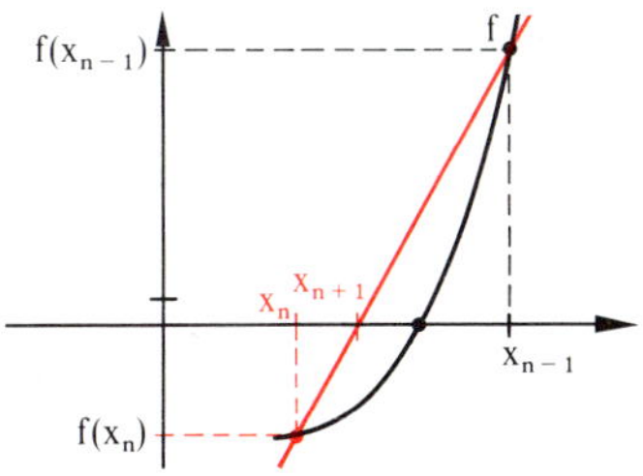

6.2. Anwendungen in der Steuergesetzgebung

6.2.1. Steuerfunktion, Einkommensteuertabelle

Die Einkommensteuer (im folgenden meist kurz Steuer genannt) wird folgendermaßen aus den gesamten Jahreseinkünften berechnet. Zunächst wird ein gewisser Betrag, der aus Freibeträgen, Werbungskosten, Sonderausgaben usw. besteht, abgezogen. Man erhält dann das zu *versteuernde Einkommen*, im folgenden kurz *Einkommen* genannt.
Es heißt in §32a des ab 1.1.1988 gültigen Einkommensteuergesetzes *für ledige Personen:*

(1) Die tarifliche Einkommensteuer bemißt sich nach dem zu versteuernden Einkommen. Sie beträgt ... jeweils in Deutsche Mark:
1. für zu versteuernde Einkommen bis 4536 Deutsche Mark (Grundfreibetrag): 0;
2. für zu versteuernde Einkommen von 4537 Deutsche Mark bis 18035 Deutsche Mark: $0{,}22\,x - 998$
3. für zu versteuernde Einkommen von 18036 Deutsche Mark bis 80027 Deutsche Mark: $\{[(0{,}79\,y - 30{,}82)\,y + 452]\,y + 2200\} \cdot y + 2962$;
4. für zu versteuernde Einkommen von 80028 Deutsche Mark bis 130031 Deutsche Mark: $(60\,z + 5000) \cdot z + 27798$;
5. für zu versteuernde Einkommen von 130032 Deutsche Mark an: $0{,}56\,x - 18502$

„x" ist das abgerundete zu versteuernde Einkommen. „y" ist ein Zehntausendstel des 18000 Deutsche Mark übersteigenden Teils des abgerundet zu versteuernden Einkommens. „z" ist ein Zehntausendstel des 80000 Deutsche Mark übersteigenden Teils des abgerundeten zu versteuernden Einkommens.

(2) Das zu versteuernde Einkommen ist auf den nächsten durch 54 ohne Rest teilbaren vollen Deutsche-Mark-Betrag abzurunden, wenn es nicht bereits durch 54 ohne Rest teilbar ist.

(3) Die zur Berechnung der tariflichen Einkommensteuer erforderlichen Rechenschritte sind in der Reihenfolge auszuführen, die sich nach dem Horner-Schema ergibt. Dabei sind die sich aus den Multiplikationen ergebenden Zwischenergebnisse für jeden weiteren Rechenschritt mit drei Dezimalstellen anzusetzen; die nachfolgenden Dezimalstellen sind fortzulassen. Der sich ergebende Steuerbetrag ist auf den nächsten vollen Deutsche-Mark-Betrag abzurunden.

Aufgabe

a) In dem Gesetzestext ist eine abschnittsweise definierte Funktion $x \mapsto st(x)$, die *Steuerfunktion,* implizit angesprochen. Sie gibt an, wie viele Steuern $st(x)$ für ein Einkommen x gezahlt werden müssen. Gib diese Funktion explizit an.

b) Lege eine Wertetabelle für die Steuerfunktion an für die Werte 20000 DM, 30000 DM, 40000 DM, 50000 DM, 70000 DM, 100000 DM, 130000 DM, 200000 DM. Beachte dabei die im Gesetz §32a Absatz (3) angegebenen Vorschriften für die Berechnung.
Absatz (2) soll zunächst unbeachtet bleiben.

c) Zeichne den Graph der Steuerfunktion.

Lösung

a) Die Steuerfunktion $x \mapsto st(x)$ ist folgendermaßen abschnittsweise definiert:

1. Intervall: $[0; 4537[$; $st(x) = 0$, Es werden keine Steuern bezahlt.

2. Intervall: $[4537; 18036[$; $st(x) = 0{,}22 \cdot x - 998$

3. Intervall: $[18036; 80028[$; $st(x) = ([(0{,}79 \cdot y - 30{,}82)\,y + 452] \cdot y + 2200) \cdot y + 2962$

mit $y = \frac{1}{10^4} \cdot (x - 18000)$

4. Intervall: $[80028; 130032[$; $st(x) = (60\,z + 5000) \cdot z + 27798$

mit $z = \frac{1}{10^4} \cdot (x - 80000)$

5. Intervall: $\{x \mid x \geq 130032\}$; $st(x) = 0{,}56 \cdot x - 18502$

b) Wir berechnen zunächst die Werte für y und z im 3. bzw. 4. Intervall.

x	20000	30000	40000	50000	70000
y	0,2	1,2	2,2	3,2	5,2

x	100000	130000
z	2	5

Die Berechnung der Wertetabelle kann mit dem Taschenrechner oder einem Programm erfolgen. Die Formeln haben bereits eine solche Form, daß sie dem Hornerschema entsprechen. Dabei muß auch beachtet werden, daß nur 3 Dezimalen verwendet werden sollen.

x	2500	5000	15000	20000	30000	40000	50000	70000	100000	130000	200000
st(x)	0	102	2302	3419	6201	9680	13703	22868	38038	54298	93498

c)

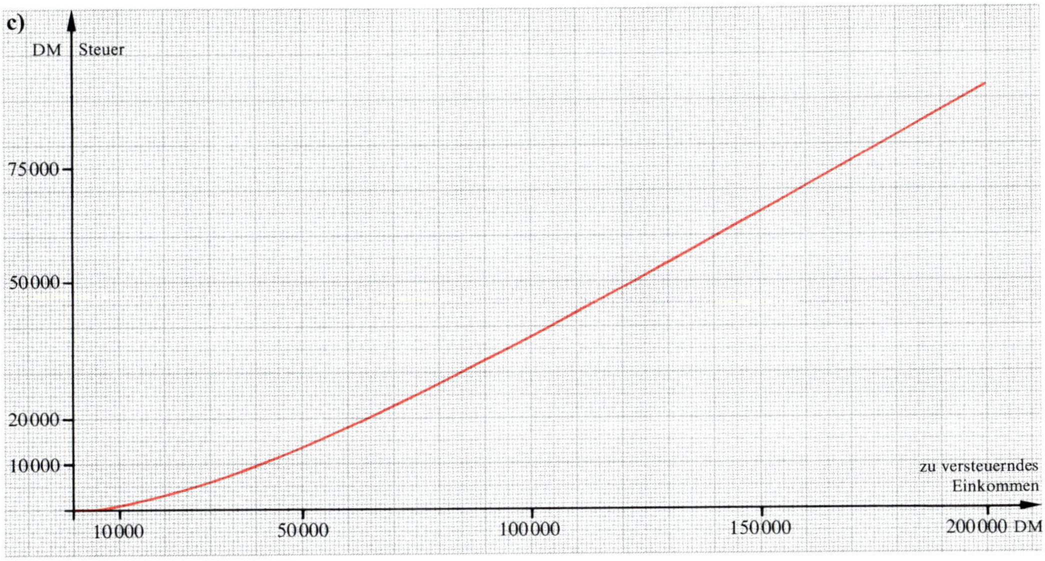

Zum Weiterarbeiten

1.

Die im Gesetz angegebene Steuerfunktion gilt für ledige Steuerzahler. Bei *Eheleuten wird die Steuer im allgemeinen nach dem sogenannten Splittingverfahren berechnet:* Das gesamte zu versteuernde Einkommen der Ehegatten wird halbiert und jede Hälfte für sich nach der Steuerfunktion besteuert.

a) Wieviel Steuern zahlt ein Ehepaar mit 30000 DM [100000 DM] zu versteuerndem Einkommen weniger gegenüber einem Ledigen mit demselben Einkommen?

b) Auch für das Splittingverfahren kann man eine abschnittsweise definierte Steuerfunktion aufstellen. Wie lautet diese?

2.

Untersuche, ob der Graph der Steuerfunktion an den Enden der Definitionsintervalle jeweils einen Sprung macht. Warum kann man das am Graphen nicht erkennen?

3.

§ 32 a Absatz (2) des Gesetzes ist bisher noch nicht beachtet worden. Er hat den Sinn, daß nur für bestimmte Werte des zu versteuernden Einkommens die Einkommensteuertabelle aufgestellt zu werden braucht. Welche sind das?

Besorge dir dazu eine Einkommensteuertabelle (z. B. bei einem Steuerberater oder beim Finanzamt) und kontrolliere dies nach.

Ergänzung

BASIC-Programm zur Berechnung der Steuertabelle

Das folgende BASIC-Programm berechnet zu jedem eingegebenen Einkommensbetrag die zu zahlende Steuer. Es kann also zum Aufstellen der Einkommensteuertabelle verwendet werden. Allerdings berücksichtigt es noch nicht, daß bei den einzelnen Rechenschritten nur drei Dezimalen zu verwenden sind.

```
10 INPUT "GIB DAS ZU VERSTEUERNDE EINKOMMEN EIN!"; X
20 Y=(X-18000)/10000
30 Z=(X-80000)/10000
40 IF X<4536 THEN ST=0
50 IF 4536<=X AND X<18036 THEN ST=0.22*X-998
60 IF 18036<=X AND X<80028 THEN ST=(((0.79*Y-30.82)*Y+452)*Y+2200)*Y+2962
70 IF 80028<=X AND X<130032 THEN ST=(60*Z+5000)*Z+27798
80 IF 130032<=X THEN ST=0.56*X-18502
90 PRINT "STEUERN:"; ST
```

Falls die Steuer nach dem Splitting-Verfahren berechnet wird, sind nebenstehende Zeilen einzufügen:

```
15 X=X/2
85 ST=ST*2
```

Übungen

4.

Gib für das 3. und 4. Intervall den Term der Steuerfunktion in der für ganzrationale Funktionen üblichen Gestalt $st(x)=a_n \cdot x^n + \ldots + a_2 \cdot x^2 + a_1 \cdot x + a_0$ an.

5.

a) Für die Jahre 1986 und 1987 galt für ledige Steuerzahler folgende Steuerfunktion:

1. Intervall: $[0; 4536[$; $st(x)=0$; es werden keine Steuern bezahlt.

2. Intervall: $[4536; 18036[$; $st(x)=0{,}22x-812$

3. Intervall: $[18036; 80028[$; $st(x)=([2{,}10y-56{,}02)\cdot y+600]\cdot y+2200)\,y+2962$ mit $y=\frac{1}{10^4}\cdot(x-18000)$

4. Intervall: $[80028; 130032[$; $st(x)=(42z+5180)\cdot z+29417$ mit $z=\frac{1}{10^4}\cdot(x-80000)$

5. Intervall: $\{x \mid x \geq 130032\}$; $st(x)=0{,}56x-16433$

Stelle die Einkommensteuertabelle für die folgenden Einkommen auf: 2500, 5000, 15000, 20000, 30000, 40000, 50000, 70000, 100000, 130000, 200000.

Vergleiche mit den Werten für die Steuerfunktion, die ab 1988 gültig ist.

b) Gib den Term der Steuerfunktion für das 3. und 4. Intervall in der für ganzrationale Funktionen üblichen Gestalt $st(x)=a_n \cdot x^n + \ldots + a_2 \cdot x^2 + a_1 \cdot x + a_0$ an.

c) Stelle auch eine Steuertabelle nach dem Splitting-Verfahren auf.

6.2.2. Steuersatz

Aufgabe

a) Welcher Bruchteil des Einkommens wird bei einem Einkommen von a DM als Steuer eingezogen? Deute diesen Bruchteil geometrisch am Graphen der Steuerfunktion.

b) Wieviel Prozent des Einkommens wird bei einem Einkommen von a DM als Steuer eingezogen?

Lösung

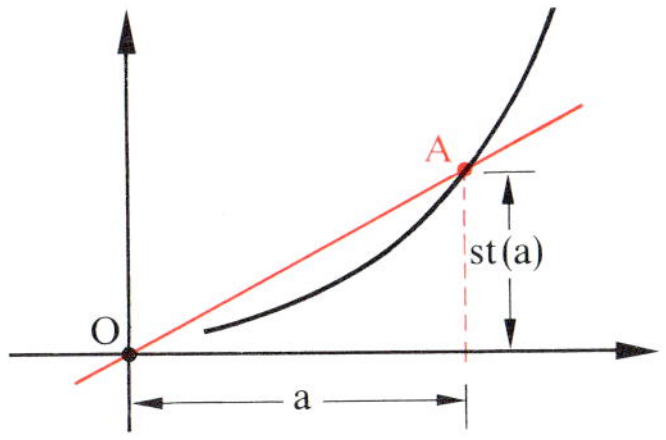

a) Es muß der Bruchteil $\frac{st(a)}{a}$ als Steuer gezahlt werden.

Dieser Bruchteil heißt **Steuersatz**.
Der Steuersatz bedeutet geometrisch die Steigung der Sekante durch die Punkte O und A.

b) Es gilt: $\frac{st(a)}{a} = \frac{100 \cdot st(a)}{a} \cdot \frac{1}{100} = \frac{100 \cdot st(a)}{a}\%$

Der Steuersatz beträgt $\frac{100 \cdot st(a)}{a}\%$.

> Der Steuersatz $\frac{st(x)}{x}$ beim Einkommen x gibt an, welcher Bruchteil des Einkommens x als Steuer zu zahlen ist. Der Steuersatz ist eine Zahl und kein Geldwert und wird häufig in Prozent angegeben.
>
> Es gilt: $\frac{st(x)}{x} = \frac{100 \cdot st(x)}{x}\%$.

Zum Weiterarbeiten

1.

a) Berechne den Steuersatz (in %) für folgende Einkommen: 2500, 5000, 15000, 20000, 30000, 40000, 50000, 70000, 100000, 130000, 200000. Lege eine Tabelle (die Steuersatztabelle) an.

b) Berechne den Steuersatz (in %) nach dem Splitting-Verfahren.

△ *Ergänzung*
△ *BASIC-Programm für die Berechnung des Steuersatzes* (in Prozent)
△ Einzufügen in das Programm auf Seite 200 ist die Zeile 87 SS=St/a * 100: REM SS=Steuer-Satz.
△ Abzuändern ist die Zeile 90 PRINT "Steuersatz: "; SS;" % ".

Übungen

2.

a) Die Steuersatztabelle gehört zu einer Funktion, der *Steuersatzfunktion*. Zeichne ihren Graphen.

b) Gib in den Definitionsintervallen der Steuerfunktion den Term der Steuersatzfunktion an.

c) Für welches Einkommen beträgt der Steuersatz (1) 50%, (2) 10%, (3) 15%, (4) 55%?

3.

Um wieviel Prozentpunkte wächst der prozentuale Steuersatz jeweils zwischen den Grenzen der fünf Definitionsintervalle?

4.

a) Gibt es auch ein Einkommen, bei dem der Steuersatz 60% beträgt?

b) Welches ist die obere Grenze aller Steuersätze, die überhaupt vorkommen können?

c) Gibt es ein Einkommen, bei dem diese obere Grenze als Steuersatz vorkommt?

5.

a) Wie muß der Funktionsterm einer Steuerfunktion lauten, bei der für alle Einkommen der Steuersatz konstant ist?

b) Zeichne (qualitativ) den Graphen einer Steuerfunktion, bei der der Steuersatz monoton fällt.

c) Zeichne (qualitativ) den Graphen einer Steuerfunktion, bei der der Steuersatz zunächst steigt [fällt], dann einen Hochpunkt [Tiefpunkt] hat und dann fällt [steigt].

6.2.3. Grenzsteuer – Spitzensteuersatz

Aufgabe

Frau Meier hat ein Einkommen von a DM. Angenommen, sie verdient jetzt noch h DM mehr.

a) Wieviel Steuern zahlt Frau Meier für den Mehrverdienst h?

b) Welchen Bruchteil von h muß sie als Steuer zahlen? Dies ist der durchschnittliche Steuersatz im Intervall $[a; a+h]$. Gib diesen Bruchteil auch in Prozent an.

c) Frau Meier überlegt: Wenn der Mehrverdienst h immer geringer wird und gegen Null strebt, dann müßte auch der durchschnittliche Steuersatz für diesen Mehrverdienst (d. h. für das Intervall $[a; a+h]$) gegen Null streben. Hat Frau Meier recht?

Lösung

a) Für das Einkommen $a+h$ beträgt die Steuerschuld $st(a+h)$, für das Einkommen a beträgt sie $st(a)$. Für den Mehrverdienst h allein zahlt sie an Steuern: $st(a+h)-st(a)$.

b) Der gesuchte Bruchteil lautet:

$\frac{st(a+h)-st(a)}{h}$ bzw. in Prozent: $100 \cdot \frac{st(a+h)-st(a)}{h}\,\%$.

Dieser Bruchteil ist der *durchschnittliche Steuersatz im Einkommensintervall* $[a; a+h]$.

Der **durchschnittliche Steuersatz im Einkommensintervall [a; b]** beträgt $\frac{st(b)-st(a)}{b-a}$.

Er gibt den Bruchteil an, der vom Mehrverdienst $b-a$ als Steuer gezahlt werden muß.
Der durchschnittliche Steuersatz ist eine Zahl und kann daher auch in Prozent angegeben werden.
Der durchschnittliche Steuersatz bedeutet geometrisch die Steigung der Sekante durch die Punkte $A(a; st(a))$ und $B(b; st(b))$.

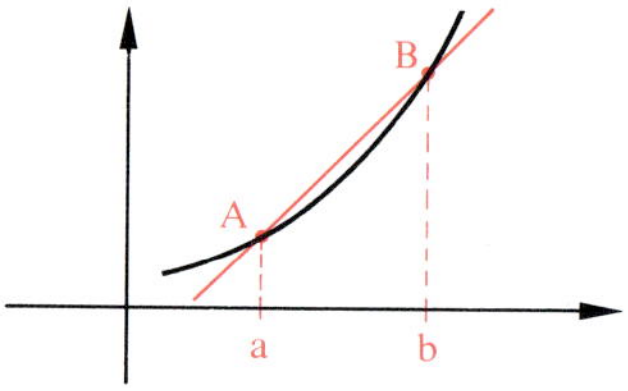

c) Frau Meier hat unrecht. Wenn h gegen 0 strebt, so gilt: $\lim\limits_{h \to 0} \frac{st(a+h)-st(a)}{h} = st'(a)$ (wobei wir annahmen, daß die Steuerfunktion st an der Stelle a differenzierbar ist). Es gilt aber $st'(a) > 0$.

Information

Die *Ableitung st'(a) der Steuerfunktion st an der Stelle a* heißt *Grenzsteuer* (oder auch *Grenzsteuersatz*) beim Einkommen a.
Die Grenzsteuer beim Einkommen a ist gleich der Steigung der Tangente an den Graphen der Steuerfunktion an der Stelle a.
Der Graph der 1. Ableitung der Steuerfunktion ist bereits auf Seite 194 angegeben. Er ist hier noch einmal gezeichnet. Den mittleren Teil nennt man auch „Mittelstandsbauch".
Da die Tangentenfunktion eine lineare Näherungsfunktion der Ausgangsfunktion ist (vgl. Seite 138), gibt die Grenzsteuer ziemlich genau an, welcher Bruchteil von einem relativ kleinen Hinzuverdienst h versteuert werden muß. Man beachte, daß gilt:

$$st'(a) \approx \frac{st(a+h)-st(a)}{h}$$

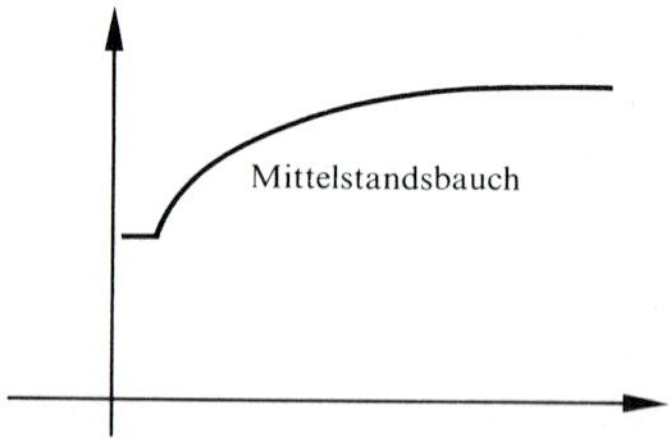

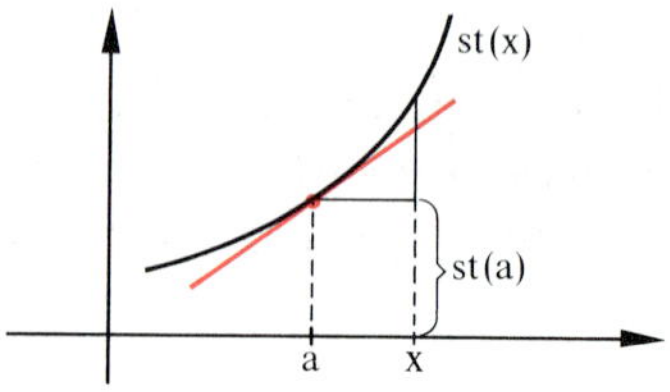

Die höchste Grenzsteuer, die überhaupt vorkommen kann, heißt *Spitzensteuersatz*. Da für sehr hohe Einkommen x (d.h. mit $x \geq 130032$) gilt: $st(x) = 0{,}56x - 18502$, folgt $st'(x) = 0{,}56 = 56\%$. Dies ist die höchste Grenzsteuer und damit der gegenwärtige Spitzensteuersatz. Er soll ab 1990 auf 53% gesenkt werden.

> Die Ableitung der Steuerfunktion heißt **Grenzsteuer**. Sie gibt ungefähr an, welcher Bruchteil eines (im Vergleich zum Einkommen kleinen) Hinzuverdienstes versteuert wird.
> Die höchste Grenzsteuer heißt **Spitzensteuersatz**.
> Die Grenzsteuer ist die Steigung der Tangente an den Graphen der Steuerfunktion.

Zum Weiterarbeiten

1.

In wirtschaftswissenschaftlichen Arbeiten wird die Grenzsteuer manchmal anschaulich folgendermaßen erklärt: *Sie ist der Bruchteil, mit dem die letzte hinzuverdiente Mark steuerlich belastet wird.* Nimm dazu Stellung.

2.

Es ist beabsichtigt, ab 1990 eine Grenzsteuer einzuführen, deren Graph linear ist (vgl. das Bild rechts und das Bild Seite 194).

a) Gib die Gleichung der Geraden an. Versuche daraus die Steuerfunktion zu bestimmen.

b) Es wird behauptet, der lineare Verlauf der Grenzsteuer sei gerechter als der Verlauf mit dem Mittelstandsbauch. Diskutiere dieses Problem. Warum spricht man vom Mittelstandsbauch?

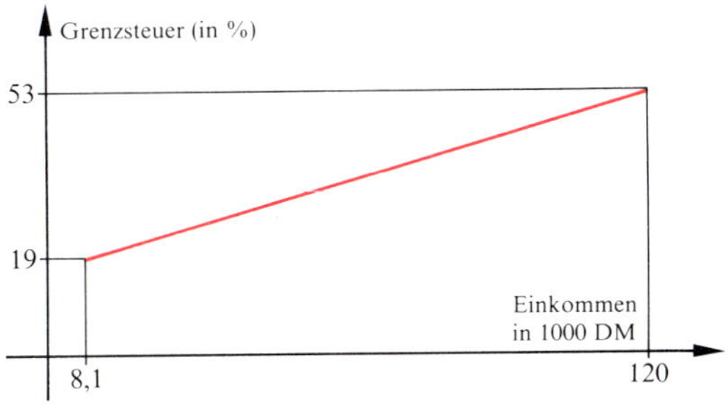

Übungen

3.

a) Frau Müller hat ein Einkommen von 15000 DM. Sie hat die Möglichkeit, durch eine Nebentätigkeit noch 1000 DM zusätzlich zu verdienen. Sie überlegt, ob es sich lohnt, die Arbeit anzunehmen. Sie berechnet deshalb den Bruchteil des zusätzlich verdienten Geldes, den sie als Steuer zahlen muß. Gib diesen Bruchteil auch in Prozent an.

b) Herr Schulz hat ein Einkommen von 40000 DM [125000 DM]. Er kann sich beruflich verbessern, so daß er dann 48000 DM [130000] DM verdient. Welchen Bruchteil des zusätzlich verdienten Geldes zahlt er als Steuer?

4.

Frau Pram hat ein Einkommen von 70000 DM. Sie hat für 1000 DM Fachbücher gekauft. Diesen Betrag kann sie „von der Steuer absetzen". Das bedeutet: Vor der Berechnung der Steuer durch die Formel wird dieser Betrag vom Einkommen abgezogen.

a) Wieviel Steuern hat Frau Pram so gespart?

b) Gib in Prozent an, welcher Bruchteil dieser 1000 DM die Steuerersparnis darstellt.

c) Zeige, daß auch bei dieser Aufgabe die Formel für den durchschnittlichen Steuersatz im Einkommensintervall [a; b] angewendet werden kann. Welches Vorzeichen hat h?

5.

a) Berechne die Ableitung der Steuerfunktion getrennt in den fünf Definitionsintervallen.

b) Herr Hohl hat ein Einkommen von 15000 DM [30000 DM; 70000 DM; 150000 DM]. Er verdient den vergleichsweise geringen Betrag von 400 DM hinzu. Berechne mit Hilfe der Grenzsteuer, welcher Bruchteil dieses Mehrverdienstes ungefähr als Steuer bezahlt werden muß. Wieviel DM beträgt die Steuer für diese 400 DM?

c) Frau Manke hat ein Einkommen von 5000 DM [40000 DM, 100000 DM, 200000 DM]. Sie kann den vergleichsweise geringen Betrag von 700 DM „von der Steuer absetzen". Berechne mit Hilfe der Grenzsteuer, wieviel Prozent dieses Betrages ungefähr an Steuern eingespart werden. Wieviel DM sind das?

6.

a) Zeichne (qualitativ) den Graphen einer monoton wachsenden Steuerfunktion, bei der an einer Stelle die Grenzsteuer 0 ist. Wie heißt der zugehörige Kurvenpunkt?

b) Zeichne (qualitativ) den Graphen einer Steuerfunktion, zu der auch negative Grenzsteuern gehören. Warum würde eine Steuergesetzgebung mit einer solchen Steuerfunktion zu vielen Nebenverdiensten anreizen? Diskutiere auch, ob sie sozial gerecht wäre.

c) Zeichne (qualitativ) den Graphen einer Steuerfunktion, bei der an einer Stelle die Grenzsteuer gleich dem (gewöhnlichen) Steuersatz ist.

6.2.4. Steuerprogression

In der Umgangssprache des Alltags versteht man unter Steuerprogression die Tatsache, daß die Steuern st(x) nicht proportional zum Einkommen x, sondern stärker als proportional wachsen. Wären die Steuern proportional zum Einkommen, so wäre der Steuersatz $\frac{st(x)}{x} = \text{const.}$ Wenn die Steuern stärker wachsen, bedeutet dies, daß die Steuersatzfunktion $x \mapsto \frac{st(x)}{x}$ streng monoton wachsend ist. Unser Ziel ist, über diese qualitative Betrachtung hinaus ein Maß für die Steuerprogression zu bestimmen. Dazu müssen wir aber einen gänzlich anderen Weg einschlagen.

Aufgabe

Die Steuerprogression hängt offensichtlich auch eng damit zusammen, daß sich die Grenzsteuern ständig erhöhen. Gib hiervon ausgehend ein Maß für die Steuerprogression an.

Lösung

Die *durchschnittliche Steuerprogression* im Einkommensintervall [a; a + h] ist gleich der Änderung der Grenzsteuern in dem Intervall dividiert durch h, also gleich:

$$\frac{st'(a+h) - st'(a)}{h}$$

Dann ist offensichtlich $\lim\limits_{h \to 0} \frac{st'(a+h) - st'(a)}{h}$, also die *zweite* Ableitung der Steuerfunktion an der Stelle a, ein Maß für die *Steuerprogression* beim Einkommen a.

Unter der **Steuerprogression beim Einkommen a** versteht man die punktuelle Änderungsrate der Grenzsteuer, also die 2. Ableitung der Steuerfunktion an der Stelle a.
Die Steuerprogression ist die Steigung der Tangente an den Grenzsteuergraphen.

Zum Weiterarbeiten

1.
Berechne die Steuerprogression für die Steuerfunktion

a) für Ledige; **b)** für Verheiratete nach dem Splittingverfahren.

2.

a) Warum heißen das 3. und 4. Definitionsintervall der ab 01.01.1988 gültigen Steuerfunktion „Progressionszonen"?

b) Ab 1990 soll eine Grenzsteuer eingeführt werden, deren Graph linear ist (vgl. Aufgabe **2**, Seite 203). Wie groß ist für diese Steuerfunktion die Steuerprogression?

c) Diskutiere jetzt erneut die Frage, ob ein linearer Anstieg der Grenzsteuer gerechter ist als ein anderer Anstieg. Gib dazu auch an, in welchem Bereich des „Mittelstandsbauches" die Progression besonders groß ist.

3.
Für welche Steuerfunktion ist die Steuerprogression gleich 0 [konstant positiv; konstant negativ]?

6.3. Anwendungen in der Wirtschaftslehre – Kostenfunktion – Erlösfunktion – Gewinnfunktion

Zur Herstellung einer Ware sind gewisse Aufwendungen (Kosten der Rohstoffe, Betriebskosten der Maschinen, Löhne der Mitarbeiter, Miete des Gebäudes usw.) nötig, die Kosten verursachen. Zu jeder hergestellten Warenmenge gehört ein bestimmter Kostenbetrag. Die hierdurch bestimmte Funktion *Warenmenge* → *Kosten* heißt **Kostenfunktion**.

Der Graph dieser Funktion heißt **Kostenkurve**. Das Bild zeigt ein typisches Beispiel einer Kostenkurve für eine bestimmte Ware in einem bestimmten Betrieb.

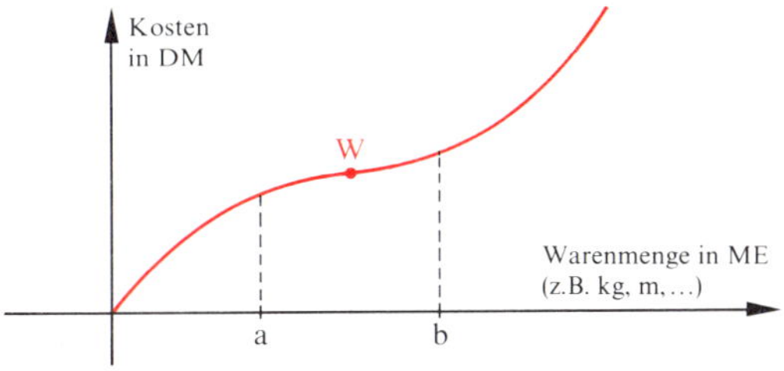

Die **Kostenfunktion** bezeichnen wir mit K.
Dann ist:
K(x) = Kostenbetrag, der zur Herstellung der Warenmenge x benötigt wird.

Aufgabe

a) Beschreibe den Verlauf der Kostenkurve oben und versuche, eine Erklärung dafür zu finden.

b) Angenommen, die Produktion der Warenmenge x wird um h erhöht. Um wieviel steigen die Kosten? Wie groß ist die durchschnittliche Erhöhung der Kosten, d.h. die Erhöhung der Kosten pro Mengeneinheit?

c) Versuche, eine Deutung der Steigung der Kostenkurve in einem Punkt zu geben.

Lösung

a) Mit einer Erhöhung der produzierten Warenmenge steigen auch die Kosten an, d.h. die *Kostenfunktion ist monoton wachsend.* Der Anstieg der Kosten (d.h. die Steigung der Kostenkurve) ist jedoch unterschiedlich. Zunächst steigen die Kosten bis zur Stelle a relativ steil an. Dann erfolgt im Intervall [a; b] ein ausgeglichener Anstieg, weil sich vielleicht die Vorteile der Massenproduktion bemerkbar machen. Hinter der Stelle b steigen die Kosten sehr steil an, weil sich vielleicht eine Erhöhung der Produktion z.B. nur mit teuren Überstunden erzielen läßt.
Die Steigung der Kostenkurve an der Stelle x heißt *Grenzkosten bei der Warenmenge x.*
Man sieht, daß die Grenzkosten bis zum Wendepunkt W fallen und dann wieder steigen.

b) Die Kosten steigen um den Betrag $K(x+h)-K(x)$. Die durchschnittliche Erhöhung der Kosten beträgt:

$$\frac{K(x+h)-K(x)}{h}$$

Dieser Ausdruck gibt die Steigung der Sekante durch die Punkte $A(x;\, K(x))$ und $B(x+h;\, K(x+h))$ der Kostenkurve an.

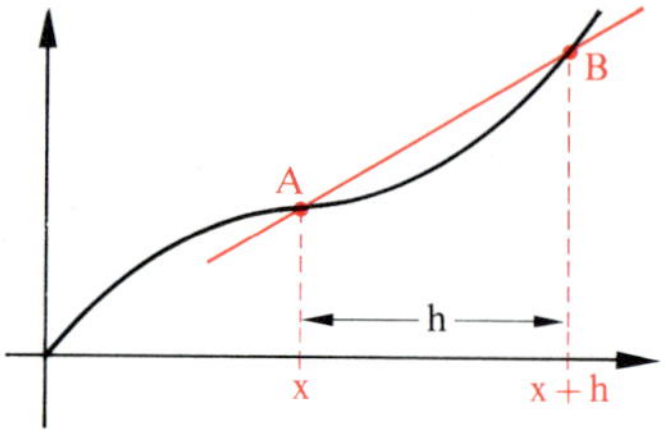

c) Die Grenzkosten stellen den Grenzwert der durchschnittlichen Kosten für eine Erhöhung der Produktion um h für $h \to 0$ dar. Grenzkosten an der Stelle x:

$$K'(x)=\lim_{h\to 0}\frac{K(x+h)-K(x)}{h}$$

Weil für in der Nähe von 0 gelegene h gilt $K'(x)\approx\frac{K(x+h)-K(x)}{h}$, geben die Grenzkosten ziemlich genau die durchschnittliche Erhöhung der Kosten an, falls die Produktion geringfügig erweitert wird. Man könnte auch sagen: Die Grenzkosten sind ziemlich genau gleich den durchschnittlichen Kosten für die zuletzt produzierte Mengeneinheit der Ware.

Grenzkosten für die Warenmenge x = Ableitung der Kostenfunktion an der Stelle x

Information

Erlösfunktion E – Gewinnfunktion G

Der Erlös einer Ware ist der Geldbetrag, der durch den Verkauf der Warenmenge eingenommen wird. Die Zuordnung *Warenmenge → Erlös* ist eine Funktion, die wir mit E bezeichnen.
Der *Gewinn einer Ware* ist der Geldbetrag, der nach Abzug der Kosten noch vom Erlös übrigbleibt. Die Zuordnung *Warenmenge → Gewinn* ist eine Funktion, die wir mit G bezeichnen.
Bei der Erlösfunktion E, der Gewinnfunktion G und auch der Kostenfunktion K setzen wir voraus, daß sie differenzierbar sind.

Zum Weiterarbeiten

1.

Die Grenzkostenfunktion liefert zu jeder Warenmenge x die Grenzkosten. Die Grenzkostenkurve ist der Graph der Grenzkostenfunktion. Zeichne zu dem Beispiel der Kostenkurve oben die Grenzkostenkurve.

2.

a) Definiere $E(x)$ und $G(x)$ und drücke $G(x)$ durch $K(x)$ und $E(x)$ aus.
Wann ist $G(x)<0$? Wie nennt man dann $G(x)$?

b) Was versteht man unter Erlöskurve und Gewinnkurve (denke an den analogen Begriff der Kostenkurve)?

c) Definiere analog zu Grenzkosten die Begriffe *Grenzerlös* und *Grenzgewinn* und deute beide Begriffe anschaulich.

d) Gegeben sind Kostenfunktion K und Erlösfunktion E.
Berechne Grenzkosten, Grenzerlös und Grenzgewinn.
$K(x)=(x-7)^3+7^3;\quad E(x)=49x$

e) Zeige: Wenn der Gewinn am größten ist, dann sind die Grenzkosten gleich dem Grenzerlös. Diese Aussage nennt man das *Gewinnmaximierungsprinzip.*
Anleitung: Wenn der Gewinn am größten ist, dann hat dort die Gewinnkurve ein Maximum, die Ableitung hat an dieser Stelle den Wert 0.

Übungen

3.

Beschreibe den Verlauf der Kostenkurve und versuche eine Erklärung zu finden. Zeichne qualitativ darunter die Grenzkostenkurve.

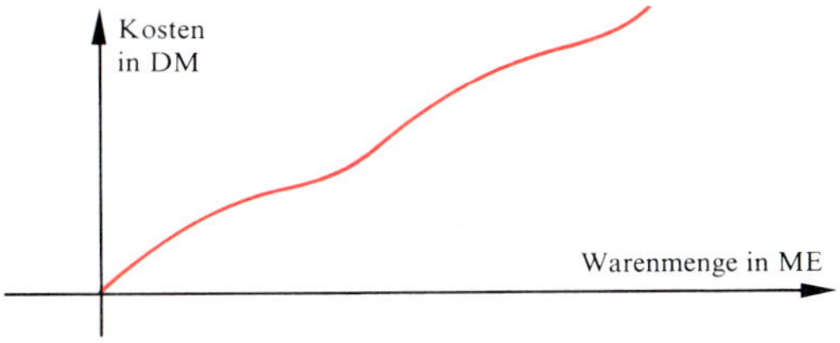

4.

Die Kostenfunktion K ist gegeben. Bestimme die Grenzkostenfunktion.

a) $K(x)=(x-5)^3+125$ **b)** $K(x)=x^3-12x^2+55x$ **c)** $K(x)=(x^3-6)^3+18x+216$

5.

Die Kostenfunktion K ist gegeben. Wie hoch sind die durchschnittlichen Kosten für die zuletzt produzierte Mengeneinheit? Verwende das Hornerschema und einen Taschenrechner.

a) $K(x)=(x-7)^3+7^3$; $x=5$ [7; 10; 20]

b) $K(x)=x^3-12x^2+55x$; $x=2$ [4; 12; 30]

c) $K(x)=(x-6)^3+40x+6^3$; $x=2$ [5; 8; 15]

6.

Gegeben sind Kostenfunktion K und Erlösfunktion E. Berechne Grenzkosten, Grenzerlös und Grenzgewinn.

a) $K(x)=x^3-12x^2+55x$; $E(x)=23x$

b) $K(x)=(x-6)^3+40x+6^3$; $E(x)=\frac{1}{5}\sqrt{x}$

7.

Durchschnittliche Kosten und ihre Minimierung

a) Gib einen Ausdruck für die durchschnittlichen Kosten für die Produktion der Warenmenge x an.

b) Deute diesen Ausdruck geometrisch an der Kostenkurve.

c) Offensichtlich ist es für einen Betrieb sehr günstig, wenn die durchschnittlichen Kosten minimal sind. Überlege anhand der geometrischen Deutung der durchschnittlichen Kosten an der Kostenkurve, bei welcher Warenmenge x_0 dies eintritt.

d) Gib eine Kostenkurve an, bei der minimale und maximale durchschnittliche Kosten auftreten.

e) Gib eine Kostenkurve an, bei der keine minimalen, wohl aber maximale durchschnittliche Kosten auftreten.

f) Gib (qualitativ) eine Kostenkurve an, bei der weder maximale noch minimale Kosten auftreten.

g) Zeichne die Kostenkurve zur Funktion K. Bestimme zeichnerisch die Warenmenge mit minimalen durchschnittlichen Kosten:

(1) $K(x)=(x-2)^3+8$ (2) $K(x)=(x-1)^3+5x+1$

h) Entscheide, ob folgende Aussage zutrifft:
Wenn die durchschnittlichen Kosten minimal sind, dann sind sie gleich den Grenzkosten. Gilt auch die Umkehrung dieser Wenn-dann-Aussage? (Unterscheide verschiedene Arten von Kostenkurven.)

Exkurs: Mathematik und Wirklichkeit – Anwendungen und Modellbildung

1. Ein Beispiel: Einkommensteuern

Am Beispiel Einkommensteuern (Seite 198ff.) soll demonstriert werden, wie man allgemein vorgehen kann, wenn man Probleme aus der „Wirklichkeit" (d.h. aus dem Alltag oder aus einer anderen Disziplin) mit Hilfe von Mathematik lösen will.

Ausgangspunkt ist das Problem, auf Einkommen (z.B. Lohn, Gehalt) Steuern zu erheben. Wie soll das – möglichst „gerecht" – geschehen? Offenbar gibt es dafür ganz verschiedene Möglichkeiten, die von Interessen und Wertsetzungen abhängen: Der Staat will möglichst viele Steuereinnahmen kassieren, Steuerpflichtige wollen möglichst wenig Steuern zahlen, Politiker einer bestimmten Partei wollen, daß ihre Stammwähler möglichst wenig und andere dafür um so mehr abführen.
Ein Expertenteam, dem auch ein Mathematiker angehört, werde beauftragt, das Problem zu lösen.

In einem *ersten Schritt* wird das Problem *strukturiert* und *präzisiert*, indem das Team gewisse Eckdaten setzt und Bedingungen aufstellt wie z.B. „Wer mehr verdient als ein anderer, der soll (nicht nur absolut, sondern sogar) prozentual mindestens ebenso viele Steuern zahlen."

In einem *zweiten Schritt* wird alles in die Sprache der Mathematik übersetzt, das Problem wird *mathematisiert*. Dies kann etwa so geschehen: Mit x wird das Einkommen (in DM) bezeichnet, wobei man *idealisiert* und für x jede nichtnegative reelle Zahl zuläßt; st(x) bezeichne die beim Einkommen x zu zahlende Steuer (in DM). Dann ist $st: x \mapsto st(x)$ die Einkommensteuerfunktion. Die Eckdaten und Bedingungen werden nun als Eigenschaften dieser Funktion ausgedrückt, z.B. „Für $x_1 < x_2$ gilt $\frac{st(x_1)}{x_1} \leq \frac{st(x_2)}{x_2}$". Dabei werden zweckmäßigerweise auch neue Begriffe gebildet, z.B. der Begriff des Grenzsteuersatzes $st'(x) = \lim\limits_{h \to 0} \frac{st(x+h) - st(x)}{h}$. All dies zusammen nennt man ein **mathematisches Modell** des ursprünglichen Problems.

In einem *dritten Schritt* werden *innermathematische Überlegungen* durchgeführt; u.a.: Mit Hilfsmitteln der Differentialrechnung werden (z.B. ganzrationale) Funktionen konstruiert, die die geforderten Eigenschaften erfüllen (vgl. Seite 182ff.); mit Hilfe von Computern werden verschiedene Funktionsverläufe durchgespielt; konkrete Funktionen werden darauf untersucht, ob sie die geforderten Eigenschaften erfüllen (vgl. Seite 160–181). Als Resultat ergeben sich eine oder mehrere konkrete Einkommensteuerfunktionen.

In einem *vierten Schritt* werden diese mathematischen Resultate in das Ausgangsproblem zurückübersetzt. Das heißt, es wird *interpretiert*, was diese Resultate für die Steuererhebung bedeuten, z.B. welche langfristigen Auswirkungen diese oder jene Einkommensteuerfunktion hat. Dabei *prüft* das Team auch, ob all seine Eckdaten und Bedingungen überhaupt sinnvoll waren.

Wenn diese Überprüfung unbefriedigend ausfällt, beginnt der ganze Prozeß von vorne. Das mathematische Modell muß *verbessert* werden, eventuell mehrfach.

2. Schritte beim Lösen realer Probleme mit Hilfe von Mathematik

Wie eben gesehen, können wir folgende Schritte unterscheiden:
Eine reale Problemsituation (A) wird zuerst vereinfacht, strukturiert und präzisiert (1.). Das dabei entstehende „Realmodell" (B) wird mathematisiert (2.), es resultiert ein mathematisches Modell (C).

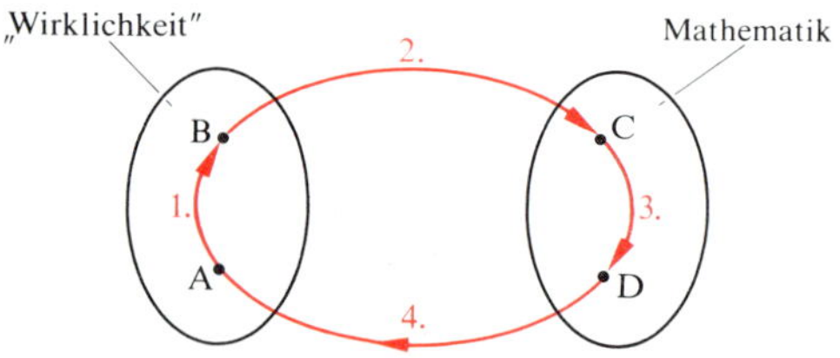

Der Prozeß von A über B nach C wird auch als **Modellbildung** bezeichnet. Innermathematische Überlegungen (3.) liefern dann mathematische Resultate (D), die schließlich in der Ausgangssituation interpretiert werden (4.). Gegebenfalls müssen alle Schritte nochmals durchlaufen werden, um bessere Ergebnisse zu erhalten. Wenn ein zufriedenstellendes Modell gefunden ist, so können damit auch Prognosen abgegeben und Entscheidungen getroffen werden.

Oft gibt es Abkürzungen dieses Kreislaufs. So kann man etwa, wenn mathematische Hilfsmittel für ein bestimmtes Problem schon erarbeitet sind, diese bei einem ähnlichen Problem *direkt* zur Beschreibung und zur Lösung *anwenden* (d.h. sofort Schritt 4 durchführen).

3. Anwendungen und Modelle

Auch wenn das Wort „Anwendung" nur einen Teilbereich betrifft, ist es üblich, allgemein von *Anwendungen* der Mathematik und von *angewandter Mathematik* zu reden, wenn es um Beziehungen zwischen Wirklichkeit und Mathematik geht. In diesem Sinne sind neben den Einkommensteuern z.B. auch Bremswege bei Autos, Zinseszinsen, Kugelstoßen oder die Sonnenscheindauer Anwendungen, die in diesem Buch vorkommen.

Wenn wir die Anwendungsbeispiele im Buch näher betrachten, so können wir grob *zwei Arten von Modellen* unterscheiden. Beim Beispiel Einkommensteuern wird durch das Modell *festgelegt*, wie Steuern zu erheben sind, was dabei „Gerechtigkeit" bedeutet oder wessen Interessen besonders berücksichtigt werden. Man spricht dann von **normativen Modellen**. Dagegen dienen z.B. in Abschnitt 2.1 S. 65ff. geometrische Folgen dazu, den radioaktiven Zerfall möglichst gut zu *beschreiben*. Man spricht dann von **deskriptiven Modellen**. Insbesondere bei physikalischen Beispielen (geschichtlich mit die ältesten und wichtigsten) entsprechen die deskriptiven Modelle so exakt der Wirklichkeit, daß man oft Realsituation und mathematische Beschreibung als untrennbare *Einheit* sieht. Beispiele hierfür sind Naturgesetze wie der freie Fall.

4. Zur Bedeutung von Anwendungen für die Mathematik

In der *Geschichte* der Mathematik sind zahlreiche mathematische Gegenstände durch Mathematisierung von Realsituationen entstanden. So ist z.B. der Begriff der Ableitung einer Funktion im 17. Jahrhundert so entwickelt worden, daß er zur Beschreibung von Bewegungsvorgängen geeignet ist (vgl. Seite 152). Deshalb ist es kein Zufall, daß Mathematik in sehr vielen Disziplinen angewandt wird und daß vor allem auch naturwissenschaftliche Phänomene so gut mathematisch beschreibbar sind. Neben den „klassischen" Anwendungen in der Physik oder bei alltäglichen Geldgeschäften gibt es heute eine große Vielfalt von Anwendungen, u.a. in der Biologie, der Psychologie oder den Sozial- und Wirtschaftswissenschaften.

Es gibt aber auch sehr viele mathematische Gegenstände, die aus „reinem" Forscherdrang entdeckt oder geschaffen und weiterentwickelt worden sind und die erst nachträglich auf reale Probleme angewandt worden sind. Ein Beispiel dafür sind die „Kegelschnitte" (vgl. Leistungskurs Lineare Algebra).

Weshalb kommen in diesem Schulbuch Anwendungen vor? Ein wesentlicher (nicht der einzige) Grund, warum Mathematik ein so wichtiges Schulfach ist, ist ihre Bedeutung für das Beschreiben, Verstehen und Bewältigen der Wirklichkeit. Dies gilt insbesondere für die Analysis, und dies soll im Buch durch zahlreiche Beispiele deutlich werden. Anwendungsbeispiele sollen aber auch dazu dienen, mathematische Stoffe – die schon für sich genommen bildungswirksam sind – zu motivieren oder zu illustrieren. So versteht und behält man den Ableitungsbegriff besser, wenn man ihn mit Änderungsraten verbindet (siehe Seite 152ff.). Schließlich sollen hier in angemessenem Umfang Wirklichkeitsbezüge auftreten, um ein Bild von Mathematik (hier also von Analysis) zu vermitteln, welches auch deren Bedeutung in Geschichte und Gegenwart widerspiegelt.

7. Weitere Ableitungsregeln

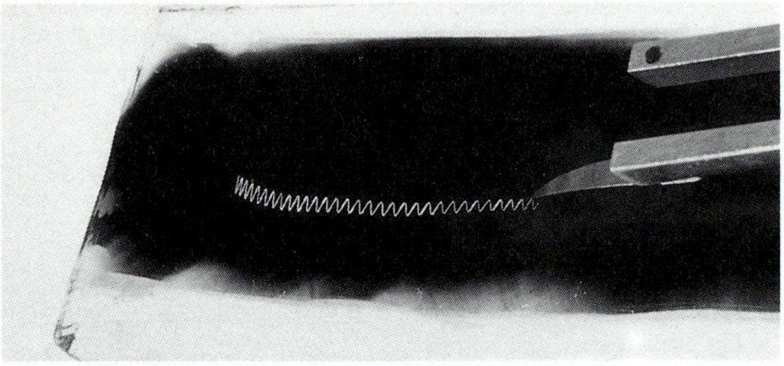

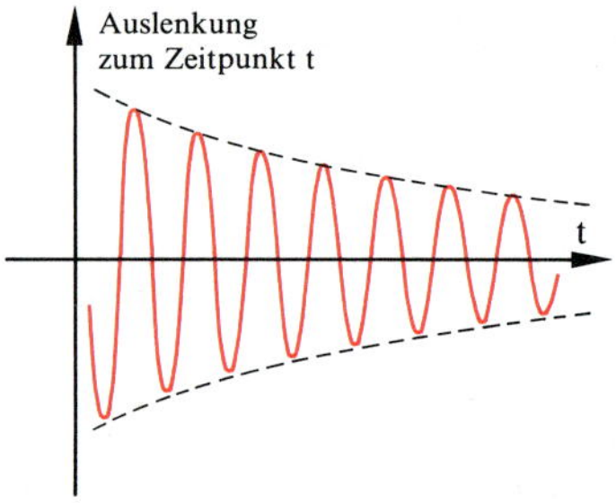

Schwingungen (z. B. einer Stimmgabel) klingen allmählich ab. Mit Hilfe einer berußten Glasplatte kann man den zeitlichen Verlauf der Stimmgabelschwingung aufzeichnen. Auf der Glasplatte erscheint der Graph der Weg-Zeit-Funktion:
Zeitpunkt t → Auslenkung der Stimmgabel zum Zeitpunkt t.
Man kann versuchen, für diese Funktion einen Funktionsterm anzugeben. Dazu gehen wir zunächst von einer ungedämpften Schwingung aus.

(1) *Weg-Zeit-Funktion der ungedämpften Schwingung*

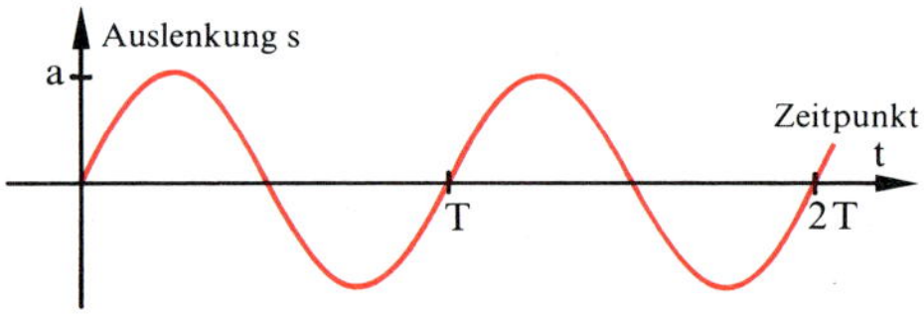

Es sei T die Schwingungsdauer, also die Zeit, die für eine volle Schwingung benötigt wird. Das Bild rechts gibt dann den Graphen der Weg-Zeit-Funktion an. a ist die größte Auslenkung, die sogenannte *Amplitude* der Schwingung. Vorausgesetzt ist ferner, daß zum Zeitpunkt $t=0$ ein Nulldurchgang erfolgt, also keine Auslenkung vorhanden ist.

Dann gilt für den Term der Weg-Zeit-Funktion: $s(t)=a\cdot\sin\frac{2\pi}{T}\cdot t$.

Meist setzt man abkürzend $\omega=\frac{2\pi}{T}$. Dann gilt: $s(t)=a\cdot\sin\omega t$.

(2) *Weg-Zeit-Funktion der gedämpften Schwingung*

Da die Amplitude abnimmt, kann man in erster Näherung den Term ansetzen:
$s(t)=\frac{a}{t}\cdot\sin\omega t$. Damit macht man die Modellannahme, daß sich die Amplitude mit der Funktion $t\mapsto\frac{a}{t}$ verändert. Noch bessere Näherungen werden wir im Band 2 besprechen.

(3) *Ableitung der Weg-Zeit-Funktion der gedämpften Schwingung*

Will man aus der Weg-Zeit-Funktion die Geschwindigkeits-Zeit-Funktion bestimmen, so muß man die Funktion s mit $s(t)=\frac{a}{t}\cdot\sin\omega t$ differenzieren. Nun können wir zwar die Funktionen $t\mapsto\frac{a}{t}$ und $x\mapsto\sin x$ differenzieren, wir wissen aber nicht, wie man $t\mapsto\sin\omega t$ und wie man das ganze Produkt $t\mapsto\frac{a}{t}\cdot\sin\omega t$ differenziert. Es ergeben sich zwei Fragen:

1. Frage: Welche Regel gilt für die Differentiation eines Produktes von Funktionen?

2. Frage: Wie differenziert man $t\mapsto\sin\omega t$?

Ziel des Kapitels: Es sollen weitere Ableitungsregeln hergeleitet werden, mit denen man Produkte und Quotienten von Funktionen sowie „ineinandergeschachtelte" Funktionen differenzieren kann. Zur Präzisierung des Begriffs „ineinandergeschachtelt" muß die Verkettung von Funktionen eingeführt werden.

7.1. Produkt- und Quotientenregel

7.1.1. Produktregel

Aufgabe

a) Wir stellen die Frage: Darf man ein Produkt eventuell gliedweise differenzieren? Untersuche diese Frage an einfachen Beispielen. Wenn nein, versuche eine Regel zu finden.

b) Bestimme dann die Ableitung von $x \mapsto \frac{a}{x} \cdot \sin x$.

Lösung

a) Wir gehen von dem Beispiel $f(x) = u(x) \cdot v(x) = x^2 \cdot x = x^3$ aus.
Es ist $u(x) = x^2$; $v(x) = x$; $f(x) = x^3$.
Dann gilt: $u'(x) = 2x$; $v'(x) = 1$; $u'(x) \cdot v'(x) = 2x$.
Die Ableitung des Produktes ergibt aber: $f'(x) = 3x^2$.

> Ein Produkt von Funktionen darf man im allgemeinen nicht gliedweise differenzieren.

Wir müssen daher versuchen, die Ableitung von f an der Stelle a aufgrund der Definition der Ableitung (vgl. Seite 136) zu bestimmen.

$$f'(a) = \lim_{x \to a} \frac{f(x) - f(a)}{x - a} = \lim_{x \to a} \frac{u(x) \cdot v(x) - u(a) \cdot v(a)}{x - a}$$

Um $f'(a)$ auf $u'(a)$ und $v'(a)$ zurückzuführen, formen wir den Term rechts so um, daß die Differenzenquotienten von u und v auftreten. Dies wird erreicht, wenn wir im Zähler des Bruches das Produkt $u(a) \cdot v(x)$ zugleich subtrahieren und addieren. Dann erhalten wir:

$$f'(a) = \lim_{x \to a} \frac{u(x) \cdot v(x) - u(a) \cdot v(x) + u(a) \cdot v(x) - u(a) \cdot v(a)}{x - a}$$

$$= \lim_{x \to a} \left(\frac{u(x) - u(a)}{x - a} \cdot v(x) + u(a) \cdot \frac{v(x) - v(a)}{x - a} \right)$$

Wir müssen untersuchen, ob dieser Grenzwert existiert und welchen Wert er hat. Hierzu müssen wir voraussetzen, daß $\lim\limits_{x \to a} \frac{u(x) - u(a)}{x - a}$, also $u'(a)$, sowie $\lim\limits_{x \to a} v(x)$ und $\lim\limits_{x \to a} \frac{v(x) - v(a)}{x - a}$, also $v'(a)$ existieren.
Unter diesen Voraussetzungen folgt:

$$f'(a) = \lim_{x \to a} \frac{u(x) - u(a)}{x - a} \cdot \lim_{x \to a} v(x) + u(a) \cdot \lim_{x \to a} \frac{v(x) - v(a)}{x - a}$$

Wie aber berechnet man $\lim\limits_{x \to a} v(x)$? Wir wissen: $v'(a) = \lim\limits_{x \to a} \frac{v(x) - v(a)}{x - a}$.

Hier geht der Nenner gegen 0. Da insgesamt ein endlicher Wert herauskommt, muß auch der Zähler gegen 0 gehen, d.h. $v(x)$ strebt gegen $v(a)$. Es gilt $\lim\limits_{x \to a} v(x) = v(a)$. Dies besagt, daß v an der Stelle a stetig ist (vgl. dazu auch Satz **2**, Seite 212).
Also folgt: $f'(a) = u'(a) \cdot v(a) + u(a) \cdot v'(a)$

> **Satz 1:** *Produktregel*
> Wenn die Funktionen u und v an der Stelle a differenzierbar sind, so ist auch die Funktion f mit $f(x) = u(x) \cdot v(x)$ an der Stelle a differenzierbar, und es gilt:
> $f'(a) = u'(a) \cdot v(a) + u(a) \cdot v'(a)$. Wir schreiben kurz:
> $(u \cdot v)' = u' \cdot v + u \cdot v'$

b)

Es ist: $f(x)=\frac{a}{x}\cdot\sin x$

Wir setzen: $u(x)=\frac{a}{x}$ $\quad v(x)=\sin x$

Dann ist: $u'(x)=-\frac{a}{x^2}$ $\quad v'(x)=\cos x$

$f'(x)=u'(x)\cdot v(x)+u(x)\cdot v'(x)=-\frac{a}{x^2}\cdot\sin x+\frac{a}{x}\cdot\cos x$

Zum Weiterarbeiten

1.

Differenziere nach der Produktregel.

a) $f(x)=x^2\cdot\sin x$
b) $f(x)=x\cdot\sqrt{x}$
c) $f(x)=\frac{1}{x}\cdot\cos x$
d) $f(x)=\frac{\sqrt{x}}{x}$
e) $f(x)=\sin x\cdot\cos x$
f) $f(x)=\sqrt{x}\cdot\cos x$
g) $f(x)=(3x^2+7)\cdot\sqrt{x}$
h) $f(x)=\sqrt{x}\cdot\sin x$
i) $f(x)=\frac{x}{x}$ (!)

2.

Die Faktorregel (für $f(x)=c\cdot u(x)$ ist $f'(x)=c\cdot u'(x)$, vgl. Seite 145) kann man als Spezialfall der Produktregel ansehen. Zeige dies.

3.

a) Zeige, daß für drei Funktionen folgende Regel gilt: $(u\cdot v\cdot w)'=u'\cdot v\cdot w+u\cdot v'\cdot w+u\cdot v\cdot w'$
Bestimme dann die Ableitung der Funktion f mit $f(x)=\frac{1}{x}\cdot\sqrt{x}\cdot\sin x$.

b) Verallgemeinere die Regel auf vier [fünf] Funktionen.

c) Zeige mit Hilfe der Produktregel: (1) $(u^2)'=2\cdot u\cdot u'$ (2) $(u^3)'=3\cdot u^2\cdot u'$
Wende die neue Regel auf $\sin^2 x$ bzw. $\sin^3 x$ an.

Information

Satz 2:
Jede an der Stelle a differenzierbare Funktion ist an der Stelle a auch stetig.

Beweis: Es gilt: $f(x)=f(a)+\frac{f(x)-f(a)}{x-a}\cdot(x-a)$. Dann folgt nach den Grenzwertsätzen:

$\lim\limits_{x\to a} f(x)=f(a)+f'(a)\cdot 0=f(a)$, d.h. f ist an der Stelle a stetig.

Übungen

4.

Wende die Produktregel an.

a) $f(x)=(3x+4)\cdot(7x^2+5)$
b) $f(x)=(2x+2)\cdot(4x^5+7x+2)$
c) $f(x)=(2x^2-9)\cdot(3x^2-4x)$
d) $f(x)=(4x^3-1)\cdot\frac{1}{x}$
e) $f(x)=(7x^2+5x+3)\cdot\sqrt{x}$
f) $f(x)=(6x^7+5)\cdot\frac{1}{x}$
g) $f(x)=3x^4\cdot\sqrt{x}$
h) $f(x)=x\cdot\sin x$
i) $f(x)=x^3\cdot\sin x$
j) $f(x)=4x\cdot\cos x$
k) $f(x)=\sin^2 x$
l) $f(x)=\cos^2 x$
m) $f(x)=\sqrt{x}\cdot(\sin x-\cos x)$
n) $f(x)=(x^2+1)\cdot\sin x$
o) $f(x)=(2x^2+x)\cdot\cos x$
p) $f(x)=(2\cdot\sqrt{x}+4)\cdot\cos x$
q) $f(x)=\sqrt{x}\cdot\left(\sin x-\frac{1}{x}\right)$
r) $f(x)=\sin x\cdot\sin x+\cos^2 x$

5.
Bilde die erste und zweite Ableitung von f, ohne vorher die Klammern aufzulösen.

a) $f(x)=(x^2+1)\cdot(3x-7)$
b) $f(x)=(8x^2-5x+7)\cdot(4x^7-3x^4+2x)$
c) $f(x)=(4x-1)\cdot(7x^3-4x^2+x+2)$
d) $(5x^7-3x)\cdot(9x^6+4x^2+9)$

6.
Bilde die erste Ableitung von f.

a) $f(x)=(x-1)\cdot(x^2+3)\cdot(x-7)$
b) $f(x)=(x+5)\cdot(3x^4+7)\cdot(x^4-7x+5)$
c) $f(x)=(8x^3-4)\cdot(4x^4-7)\cdot(5x^8-7x+5)$
d) $f(x)=(x-1)\cdot\sqrt{x}\cdot(x^2-1)$
e) $f(x)=\frac{1}{x}\cdot\sqrt{x}\cdot(x^2-1)$
f) $f(x)=\sqrt{x}\cdot\sin x\cdot\cos x$
g) $f(x)=\frac{\sin x\cdot\cos x}{x}$
h) $f(x)=x\cdot\sqrt{x}\cdot\frac{1}{x}$

7.
Bilde die Ableitung.

a) $f(x)=(a+x)\cdot\cos x$
b) $f(x)=a x^2\cdot\sin x$
c) $f(x)=a\sqrt{x}\cdot\sin x$
d) $f(x)=\frac{\sqrt{x}}{c\cdot x}$; $(c\neq 0)$
e) $f(x)=(2ax)^2\cdot\frac{1}{x}$
f) $f(x)=\frac{\sin x\cdot\cos x}{p}$; $(p\neq 0)$

7.1.2. Quotientenregel

Die Funktion $x\mapsto\frac{a}{x}\cdot\sin x$ haben wir mit Hilfe der Produktregel differenziert. Man kann auch den Funktionsterm umformen: $\frac{a}{x}\cdot\sin x=\frac{a\cdot\sin x}{x}$. Um dann zu differenzieren, ist es günstig, eine Regel für die Ableitung eines Quotienten von Funktionen zur Verfügung zu haben.

Aufgabe

a) Leite eine Formel (Quotientenregel) für die Ableitung einer Funktion f mit $f(x)=\frac{u(x)}{v(x)}$ her. Gehe ähnlich wie bei der Herleitung der Produktregel vor und formuliere einen entsprechenden Satz.

b) Wende die Quotientenregel auf folgende Funktionen f an:

(1) $f(x)=\frac{3x+1}{x^2+1}$; (2) $f(x)=\frac{a\cdot\sin x}{x}$; (3) $f(x)=\tan x=\frac{\sin x}{\cos x}$

Lösung

a) Nach der Definition der Ableitung von f an der Stelle a (mit $v(a)\neq 0$) gilt:

$$f'(a)=\lim_{x\to a}\frac{f(x)-f(a)}{x-a}=\lim_{x\to a}\frac{\frac{u(x)}{v(x)}-\frac{u(a)}{v(a)}}{x-a}$$

$$f'(a)=\lim_{x\to a}\frac{\frac{u(x)\cdot v(a)-u(a)\cdot v(x)}{v(x)\cdot v(a)}}{x-a}=\lim_{x\to a}\frac{u(x)\cdot v(a)-u(a)\cdot v(x)}{(x-a)\cdot v(x)\cdot v(a)}$$

Um $f'(a)$ auf $u'(a)$ und $v'(a)$ zurückführen zu können, wird im Zähler das Produkt $u(a)\cdot v(a)$ subtrahiert und zugleich addiert (vgl. auch den entsprechenden Schritt bei der Herleitung der Produktregel, S. 211).

$$f'(a) = \lim_{x \to a} \frac{u(x) \cdot v(a) - u(a) \cdot v(a) - u(a) \cdot v(x) + u(a) \cdot v(a)}{(x-a) \cdot v(x) \cdot v(a)} = \lim_{x \to a} \frac{[u(x) - u(a)] \cdot v(a) - u(a) \cdot [v(x) - v(a)]}{(x-a) \cdot v(x) \cdot v(a)}$$

$$= \lim_{x \to a} \frac{\frac{[u(x) - u(a)] \cdot v(a) - u(a) \cdot [v(x) - v(a)]}{x-a}}{v(x) \cdot v(a)} = \lim_{x \to a} \frac{\frac{u(x) - u(a)}{x-a} \cdot v(a) - u(a) \cdot \frac{v(x) - v(a)}{x-a}}{v(x) \cdot v(a)}$$

Nach den Grenzwertsätzen folgt, sofern die Grenzwerte existieren:

$$f'(a) = \frac{\lim\limits_{x \to a} \frac{u(x) - u(a)}{x-a} \cdot v(a) - u(a) \cdot \lim\limits_{x \to a} \frac{v(x) - v(a)}{x-a}}{\lim\limits_{x \to a} v(x) \cdot v(a)}$$

Nun gilt $\lim\limits_{x \to a} v(x) = v(a)$. (Vgl. dazu Satz **2**, Seite 212.) Also gilt:

$$f'(a) = \frac{u'(a) \cdot v(a) - u(a) \cdot v'(a)}{(v(a))^2}$$

Satz 3: *Quotientenregel*
Wenn die Funktionen u und v an der Stelle a (mit $v(a) \neq 0$) differenzierbar sind, dann ist auch die Funktion f mit $f(x) = \frac{u(x)}{v(x)}$ an der Stelle a differenzierbar, und es gilt:
$f'(a) = \frac{u'(a) \cdot v(a) - u(a) \cdot v'(a)}{(v(a))^2}$. Wir schreiben kurz: $\left(\frac{u}{v}\right)' = \frac{u' \cdot v - u \cdot v'}{v^2}$.

b) (1) Es ist: $f(x) = \frac{3x+1}{x^2+1}$

Wir setzen: $u(x) = 3x+1$; $v(x) = x^2+1$
Dann ist: $u'(x) = 3$; $v'(x) = 2x$

$$f'(x) = \frac{u'(x) \cdot v(x) - u(x) \cdot v'(x)}{(v(x))^2}$$

$$f'(x) = \frac{3 \cdot (x^2+1) - (3x+1) \cdot 2x}{(x^2+1)^2} = \frac{3x^2+3-6x^2-2x}{(x^2+1)^2}$$

$$f'(x) = \frac{-3x^2-2x+3}{(x^2+1)^2}$$

(2) Es ist: $f(x) = \frac{a \cdot \sin x}{x}$

Wir setzen: $u(x) = a \cdot \sin x$; $v(x) = x$
Dann ist: $u'(x) = a \cdot \cos x$; $v'(x) = 1$

$$f'(x) = \frac{a \cdot \cos x \cdot x - a \cdot \sin x \cdot 1}{x^2} = \frac{a}{x} \cdot \cos x - \frac{a}{x^2} \cdot \sin x$$

Dies stimmt mit dem Ergebnis von Seite 212 überein.

(3) Es ist: $f(x) = \tan x = \frac{\sin x}{\cos x}$

$u(x) = \sin x$; $v(x) = \cos x$
$u'(x) = \cos x$; $v'(x) = -\sin x$

$$f'(x) = \frac{\cos x \cdot \cos x - \sin x \cdot (-\sin x)}{\cos^2 x}$$

$$f'(x) = \frac{\cos^2 x + \sin^2 x}{\cos^2 x} = \frac{1}{\cos^2 x}$$

$\tan' x = \frac{1}{\cos^2 x}$ (für $\cos x \neq 0$)

Zum Weiterarbeiten

○ **1.**

a) Beweise mit Hilfe der Quotientenregel: $\left(\frac{a}{v(x)}\right)' = -\frac{a \cdot v'(x)}{(v(x))^2}$

b) Stelle eine Formel für die Ableitung der Funktion f mit (1) $f(x)=\frac{u(x)\cdot v(x)}{w(x)}$; (2) $f(x)=\frac{u(x)}{v(x)\cdot w(x)}$ auf.

○ **2.**

Beweise mit Hilfe der Quotientenregel, daß eine Konstante $a \neq 0$ im Nenner bei der Differentiation erhalten bleibt.

○ **3.**

Bei der Funktion f mit $f(x)=\frac{12x^3+7x^2+5x+1}{4x+1}$ ist der Grad der Zählerfunktion größer als der Grad der Nennerfunktion. Erläutere die beiden Wege zur Bestimmung der Ableitung.

1. Weg: Man dividiert zunächst den Zähler durch den Nenner:

$$
\begin{array}{l}
(12x^3+\ 7x^2\ +5\,x+8):(4x+1)=3x^2+x+1+\dfrac{7}{4x+1} \\
\underline{-(12x^3+\ 3x^2)} \\
\qquad\quad 4x^2\ +\ 5\,x+8 \\
\qquad \underline{-(4x^2\ +\ x)} \\
\qquad\qquad\quad 4\,x+8 \\
\qquad\qquad \underline{-(4\,x+1)} \\
\qquad\qquad\qquad\ \ 7
\end{array}
$$

Dann wendet man die Summen- und die Quotientenregel an.

2. Weg: Man wendet sofort die Quotientenregel an.
Verfahre im folgenden nach beiden Wegen und vergleiche.

a) $f(x)=\frac{2x^3+5x+2}{x+1}$
c) $f(x)=\frac{x^3+2x^2+1}{x^2+1}$
e) $f(x)=\frac{x^2-\frac{1}{2}x+\frac{3}{4}}{\frac{1}{4}x-\frac{1}{2}}$

b) $f(x)=\frac{x^4+2x^2-3}{x+4}$
d) $f(x)=\frac{x^5-x+1}{x^2-1}$
f) $f(x)=\frac{7x^6-14x^4+4x^2}{x^6-24}$

○ **4.**

Bilde die Ableitung von f mit $f(x)=x^{-n}$ $(n\in\mathbb{N})$. Zeige, daß gilt:

> Die Funktion f mit $f(x)=x^{-n}$ $(n\in\mathbb{N})$ ist an jeder Stelle ihres Definitionsbereiches differenzierbar, und es gilt:
> $f'(x)=(-n)\cdot x^{-n-1}$

Die Differentiation erfolgt also wie bei der Potenzregel.

Übungen

○ **5.**

Differenziere nach der Quotientenregel. Bilde auch die 2. Ableitung.

a) $f(x)=\frac{x^2}{x^2+1}$
c) $f(x)=\frac{7x+4}{2x+6}$
e) $f(x)=\frac{x^2+1}{x}$
g) $f(x)=\frac{8x^2-1}{x+2}$

b) $f(x)=\frac{3x}{x^2-1}$
d) $f(x)=\frac{1}{x^2-1}$
f) $f(x)=\frac{3x}{7x^5-1}$
h) $f(x)=\frac{2x^2+5}{x-1}$

○ **6.**

Bilde die Ableitung.

a) $f(x)=\frac{x^3+2x-1}{x-1}$
c) $f(x)=\frac{x^3+x^2+1}{x^2-1}$
e) $f(x)=\frac{\frac{1}{2}x^2-x+\frac{1}{7}}{\frac{3}{2}x+1}$

b) $f(x)=\frac{x^4-x^2+1}{x-2}$
d) $f(x)=\frac{x^5+x^3+1}{2x^2-4}$
f) $f(x)=\frac{x^6-2x^4+x^2}{x^6-2x^3}$

7.
Differenziere nach der Quotientenregel.

a) $f(x)=\frac{\sqrt{x}}{\sin x}$ f) $f(x)=\frac{\cos x}{x^2}$ k) $f(x)=\frac{\cos x}{\sqrt{x}}$ p) $f(x)=\frac{a\sin x}{b\cdot\sqrt{x}}$

b) $f(x)=\frac{1}{\tan x}$ g) $f(x)=\frac{x^2}{\cos x}$ l) $f(x)=\frac{\frac{1}{x}+\sqrt{x}}{\frac{1}{x}-\sqrt{x}}$ q) $f(x)=\frac{a\sin x+b\cos x}{c\cdot x^2}$

c) $f(x)=\frac{x}{\cos x}$ h) $f(x)=\frac{\sqrt{x}+x}{\sin x}$ m) $f(x)=\frac{\sqrt{x}+4}{\cos x}$ r) $f(x)=\frac{x\cdot\cos x}{\sqrt{x}}$

d) $f(x)=\frac{1}{\cos x}$ i) $f(x)=\frac{\sqrt{x}}{x}$ n) $f(x)=\frac{4ax^2}{\sqrt{x}}$ s) $f(x)=\frac{1}{x\cdot\sin x}$

e) $f(x)=\frac{1}{\sin x}$ j) $f(x)=\frac{x}{\sqrt{x}}$ o) $f(x)=\frac{\sqrt{ax}}{2bx}$ t) $f(x)=\frac{ax^2\cdot\sqrt{x}}{bx\cdot\cos x}$

8.
Bilde die Ableitung der Funktionen:
$x\mapsto x^{-1}$; $x\mapsto x^{-2}$; $x\mapsto x^{-3}$; $x\mapsto x^{-4}$; $x\mapsto x^{-5}$

9.
Warum erniedrigt sich häufig bei der Differentiation einer gebrochen rationalen Funktion der Grad des Zählers nicht, wenn der Grad des Nenners mindestens 1 ist?

10.
Zeige, daß für die Ableitung der Tangensfunktion auch gilt: $\tan' x = 1+\tan^2 x$.

7.2. Verketten von Funktionen – Kettenregel

Wir betrachten in diesem Abschnitt die zweite Frage, die wir auf Seite 210 gestellt haben:
Wie bestimmt man die Ableitung der Funktion f mit $f(t)=\sin\omega t$?
Bei dieser Funktion können wir keine der bisherigen Regeln anwenden.
Nun können wir Funktionen wie $x\mapsto 2x^2-4x+5$, $x\mapsto x\cdot\sin x$, $x\mapsto\frac{x+1}{x^2+1}$ dadurch differenzieren, daß wir sie uns als eine Summe, eine Differenz, ein Produkt oder einen Quotienten von differenzierbaren Grundfunktionen wie x, x^2, sin x usw. vorstellen und dann die entsprechenden Regeln anwenden.
Das gelingt uns bei Funktionen wie $t\mapsto\sin\omega t$, $x\mapsto\sqrt{x+1}$ noch nicht.
Es ist das Ziel dieses Abschnitts 7.2, auch solche Funktionen in geeignete Teilfunktionen zu zerlegen und mit Hilfe einer geeigneten Regel dann auch zu differenzieren.

7.2.1. Verketten von Funktionen

Aufgabe

a) Stelle für die folgenden Funktionen mit Hilfe eines Taschenrechners jeweils eine Wertetabelle auf. Beschreibe den Rechenablauf.
(1) $x\mapsto\sin x^2$; $x\in\mathbb{R}$ (2) $x\mapsto(\sin x)^2$; $x\in\mathbb{R}$

b) Gegeben sind die Funktionen v und u mit:

(1) $v(x)=2x-3;\ x\in[2;6]$ und $u(x)=\sqrt{x};\ x\in[0;9]$

(2) $v(x)=-x^2-2;\ x\in\mathbb{R}$ und $u(x)=\sqrt{x};\ x\in\mathbb{R}_0^+$

Zeichne jeweils das Pfeilbild, das durch Hintereinanderausführen der Zuordnungsvorschriften von v und u in dieser Reihenfolge entsteht. Liefert das entstandene Pfeildiagramm eine Funktion f? Gib gegebenenfalls ihren Funktionsterm und ihren Definitionsbereich an.

Lösung

a) (1) Wertetabelle zu $x\mapsto\sin x^2$

x	x^2	sin
−2	4	−0,7568025
−1	1	0,8414710
0	0	0
1	1	0,8414710
2	4	−0,7568025

Zu jeder Zahl für x wird hier zunächst das Quadrat berechnet, d.h. die Funktionswerte von $x\mapsto x^2$. Anschließend werden zu den erhaltenen Werten jeweils die Sinuswerte berechnet, d.h. die Funktionswerte von $x\mapsto\sin x$.
Die Funktion $x\mapsto\sin x^2$ können wir uns durch das *Hintereinanderausführen* der Funktionen $x\mapsto x^2$ und $x\mapsto\sin x$ in dieser Reihenfolge entstanden denken.

(2) Wertetabelle zu $x\mapsto(\sin x)^2$

x	sin	x^2
−2	−0,9092974	0,8268218
−1	−0,8414710	0,7080734
0	0	0
1	0,8414710	0,7080734
2	0,9092974	0,8268218

Zu jeder Zahl für x wird hier zunächst der Sinuswert berechnet, d.h. die Funktionswerte von $x\mapsto\sin x$. Anschließend werden zu diesen erhaltenen Werten die Quadrate berechnet, d.h. die Funktionswerte von $x\mapsto x^2$.
Die Funktion $x\mapsto(\sin x)^2$ können wir uns durch das *Hintereinanderausführen* der Funktionen $x\mapsto\sin x$ und $x\mapsto x^2$ in dieser Reihenfolge (!) entstanden denken.

Statt „Hintereinanderausführen" sagt man auch „Hintereinanderschalten" oder „Verketten".

b) (1) Man erhält das gesuchte Pfeildiagramm, indem man an die Pfeile der Funktion v die Pfeile der Funktion u hängt (im Bild rot gezeichnet).

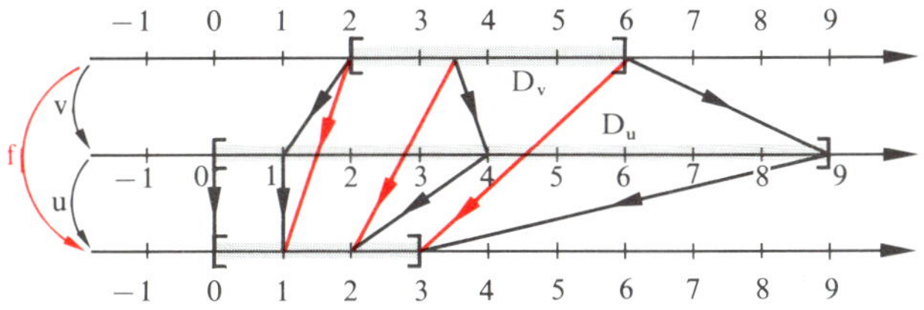

x	$2x-3$	$\sqrt{2x-3}$
2	1	1
$\frac{7}{2}$	4	2
6	9	3

(v: x → 2x−3; u: 2x−3 → $\sqrt{2x-3}$; f: x → $\sqrt{2x-3}$)

Man erhält eine neue Funktion f mit dem Definitionsbereich [2; 6], also dem Definitionsbereich von v, denn jeder Zahl aus dem Intervall [2; 6] wird durch das Hintereinanderausführen der Funktionen v und u genau eine reelle Zahl zugeordnet.

Wir bestimmen nun den Funktionsterm von f: Dazu wählen wir eine Zahl x aus D_v.
Auf x wenden wir zuerst die Vorschrift von v an, d.h. wir multiplizieren x mit 2 und subtrahieren 3:

$$x\overset{v}{\mapsto}2x-3$$

Auf $2x-3$ wenden wir dann die Vorschrift von u an, d.h. wir ziehen die Wurzel:

$$2x-3\overset{u}{\mapsto}\sqrt{2x-3}$$

> Insgesamt:
> $$x\overset{v}{\mapsto}2x-3\overset{u}{\mapsto}\sqrt{2x-3}$$
> (f: $x\mapsto\sqrt{2x-3}$)

Die Funktion f hat also den Term $f(x)=\sqrt{2x-3}$ und lautet somit f: $x\mapsto\sqrt{2x-3};\ x\in[2;6]$.

(2) Das Pfeildiagramm liefert hier keine Funktion, denn die Funktion v liefert nur negative Werte, die Funktion u ist jedoch für negative Zahlen nicht definiert.

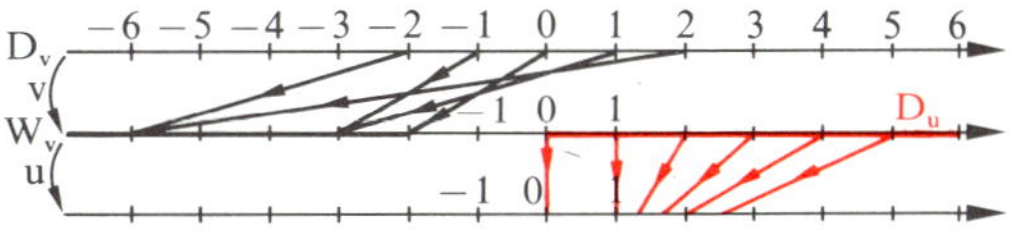

Information

Die Lösung der obigen Aufgabe zeigt uns ein Verfahren, wie man aus den Funktionstermen zweier Funktionen v und u durch Hintereinanderausführen (Verketten) den Funktionsterm einer neuen Funktion f erhält:

Man wende auf x zuerst die Funktion v an:

$x \overset{v}{\longmapsto} v(x)$

Auf v(x) wende man dann die Funktion u an:

$u(x) \overset{u}{\longmapsto} u(v(x))$

Insgesamt:

$x \overset{v}{\longmapsto} v(x) \overset{u}{\longmapsto} u(v(x))$, insgesamt $x \overset{f}{\longmapsto} u(v(x))$

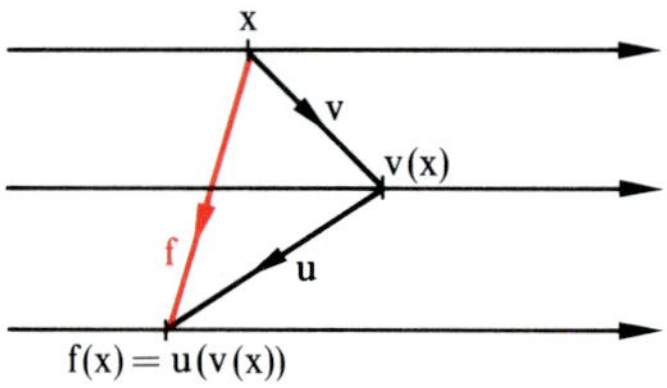

Den Funktionsterm f(x) erhält man also, indem man in dem Term u(x) anstelle der Variablen x den Term v(x) einsetzt.

Diese Funktion f mit $f(x)=u(v(x))$ mit dem Definitionsbereich D_v ist nur dann erklärt, wenn der Wertebereich von v eine Untermenge des Definitionsbereiches von u ist: $W_v \subseteq D_u$.

Definition 1

Es seien $v\colon\ x \mapsto v(x);\ x \in D_v$ und $u\colon\ x \mapsto u(x);\ x \in D_u$ zwei Funktionen mit $W_v \subseteq D_u$.

Hängt man im Pfeildiagramm an die Pfeile von v die Pfeile von u, so entsteht eine neue Funktion f mit $f(x)=u(v(x))$ für alle $x \in D_v$.

Die Funktion f heißt die **Verkettung** von v und u. Die Funktion v nennt man auch *innere Funktion* und u *äußere Funktion.*

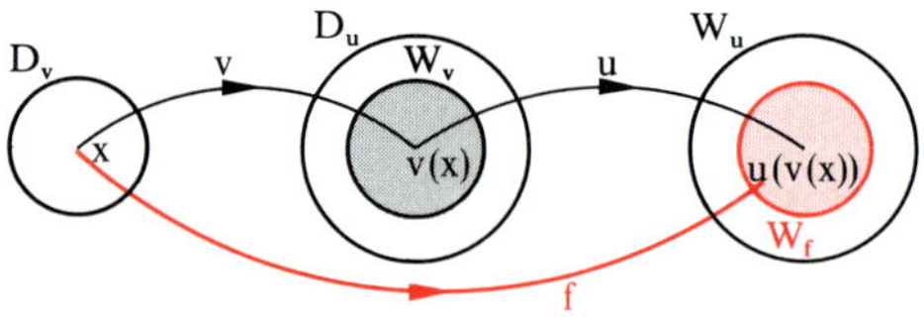

Beispiel: Gegeben seien die Funktionen u und v mit $v(x)=2x-1;\ x \in \mathbb{R}$ und $u(x)=x^2;\ x \in \mathbb{R}$. Dann ist offenbar $W_v = \mathbb{R} \subseteq D_u$, und es gilt: $f(x)=u(v(x))=(2x-1)^2$.

Zum Weiterarbeiten

1.

Gegeben sind die Funktionen v und u. Gib den Funktionsterm und den Definitionsbereich (1) der Funktion f mit $f(x)=u(v(x))$ und (2) der Funktion g mit $g(x)=v(u(x))$ an.
Zeichne jeweils auch ein Pfeildiagramm. Was fällt auf?

a) $v\colon\ x \mapsto 7x;\ x \in \mathbb{R}_0^+$
$u\colon\ x \mapsto \sqrt{x};\ x \in \mathbb{R}_0^+$

b) $v\colon\ x \mapsto 2x-1;\ x \in \mathbb{R}$
$u\colon\ x \mapsto \sin x;\ x \in \mathbb{R}$

c) $v\colon\ x \mapsto 4x+2;\ x \in \mathbb{R}$
$u\colon\ x \mapsto x^3;\ x \in \mathbb{R}$

d) $v\colon\ x \mapsto x^2+1;\ x \in \mathbb{R}$
$u\colon\ x \mapsto \frac{1}{x};\ x \in \mathbb{R}\setminus\{0\}$

2.

Zerlege f (mit maximalem Definitionsbereich) in Teilfunktionen v und u so, daß gilt: $f(x)=u(v(x))$

a) $f\colon\ x \mapsto \frac{1}{x+1}$ **b)** $f\colon\ x \mapsto \cos 3x$ **c)** $f\colon\ x \mapsto \sqrt{2x^2+1}$ **d)** $f\colon\ x \mapsto (x^2+2x+5)^3$

3.

Die Verkettung zweier Funktionen v und u (in dieser Reihenfolge) mit dem Definitionsbereich D_v ist nur erklärt, wenn $W_v \subseteq D_u$. Gelegentlich kann man den Definitionsbereich der Funktion v jedoch so einschränken, daß dann die Verkettung definiert ist.

Es seien $v\colon\ x \mapsto \frac{1}{2}x-1;\ x \in \mathbb{R}$ und $u\colon\ x \mapsto \sqrt{x};\ x \in \mathbb{R}$.
Schränke den Definitionsbereich von v so ein, daß die Verkettung von v und u erklärt ist.

4.

Gegeben sind die Funktionen w, v und u mit $w(x)=2x+1;\ x \in \mathbb{R}_0^+$, $v(x)=\sqrt{x};\ x \in \mathbb{R}_0^+$ und $u(x)=\sin x;\ x \in \mathbb{R}$. Gib die Funktion f mit $f(x)=u(v(w(x)))$ an.

Übungen

○ **5.**
Bestimme – soweit möglich – die Verkettung f mit $f(x)=u(v(x))$ [die Verkettung g mit $g(x)=v(u(x))$] der Funktionen v und u.

a) $v: x \mapsto 3x;\quad x \in \mathbb{R}$
$u: x \mapsto 4x;\quad x \in \mathbb{R}$

b) $v: x \mapsto \frac{3}{4}x - 4;\quad x \in \mathbb{R}$
$u: x \mapsto \frac{8}{3}x + 5;\quad x \in \mathbb{R}$

c) $v: x \mapsto x^2 + 3;\quad x \in \mathbb{R}$
$u: x \mapsto \sqrt{x};\quad x \in \mathbb{R}_0^+$

d) $v: x \mapsto 2x^2 - 4x + 1;\quad x \in \mathbb{R}$
$u: x \mapsto \sin x;\quad x \in \mathbb{R}$

e) $v: x \mapsto 2x - 3;\quad x \in \mathbb{R}$
$u: x \mapsto x^5;\quad x \in \mathbb{R}$

f) $v: x \mapsto \cos x;\quad x \in \mathbb{R}$
$u: x \mapsto x^3;\quad x \in \mathbb{R}$

g) $v: x \mapsto x^2 - 4x + 5;\quad x \in \mathbb{R}$
$u: x \mapsto \frac{1}{x};\quad x \in \mathbb{R}_0^+$

h) $v: x \mapsto \sqrt{x};\quad x \in \mathbb{R}^+$
$u: x \mapsto \frac{1}{x};\quad x \in \mathbb{R} \setminus \{0\}$

i) $v: x \mapsto \frac{1}{x};\quad x \in \mathbb{R} \setminus \{0\}$
$u: x \mapsto x^3;\quad x \in \mathbb{R}$

j) $v: x \mapsto -2x + 1;\quad x \in \mathbb{R}$
$u: x \mapsto |x|;\quad x \in \mathbb{R}$

k) $v: x \mapsto \sin x;\quad x \in \mathbb{R}$
$u: x \mapsto |x|;\quad x \in \mathbb{R}$

l) $v: x \mapsto 5x + 3;\quad x \in \mathbb{R}$
$u: x \mapsto \mathrm{INT}(x);\quad x \in \mathbb{R}$

○ **6.**
Zerlege die angegebene Funktion f in Teilfunktionen v und u so, daß gilt: $f(x)=u(v(x))$.

a) $x \mapsto \cos(2x-1);\quad x \in \mathbb{R}$

b) $x \mapsto \sqrt{3x-2};\quad x \geq \frac{2}{3}$

c) $x \mapsto \frac{1}{x^2+2x+4};\quad x \in \mathbb{R}$

d) $x \mapsto (5x-4)^3;\quad x \in \mathbb{R}$

e) $x \mapsto \left(\frac{x-1}{x+1}\right)^2;\quad x \in \mathbb{R} \setminus \{-1\}$

f) $x \mapsto \frac{1}{x^2-4};\quad x \in \mathbb{R} \setminus \{-2; 2\}$

g) $x \mapsto \sqrt{\sin x};\quad x \in]0; \pi[$

h) $x \mapsto \frac{1}{\cos x};\quad x \in \left]-\frac{\pi}{2}; \frac{\pi}{2}\right[$

i) $x \mapsto \cos x^3;\quad x \in \mathbb{R}$

j) $x \mapsto |-3x+5|;\quad x \in \mathbb{R}$

k) $x \mapsto \mathrm{INT}(x^2-1);\quad x \in \mathbb{R}$

l) $x \mapsto \mathrm{sgn}(-2x-4);\quad x \in \mathbb{R}$

○ **7.**
Gegeben seien die Funktion w, v und u mit $w(x)=-2x+1$, $v(x)=\sin x$ und $u(x)=x^2$, jeweils mit dem Definitionsbereich $\mathbb{R}$. Gib die Verkettung der drei Funktionen an:

a) $f_1(x)=w(v(u(x)))$ **b)** $f_2(x)=w(u(v(x)))$ **c)** $f_3(x)=v(w(u(x)))$ **d)** $f_4(x)=v(u(w(x)))$

○ **8.**
Zerlege die angegebene Funktion f in Teilfunktionen w, v und u so, daß gilt: $f(x)=u(v(w(x)))$.

a) $f(x)=\frac{1}{(x^3-2x)^4}$

b) $f(x)=\sqrt{\sin 3x}$

c) $f(x)=\frac{1}{\sqrt{\cos x}}$

d) $f(x)=\sin\sqrt{x^2+1}$

e) $f(x)=\sqrt{(x^2+4x+4)^5}$

f) $f(x)=[\sin(2x+1)]^3$

○ **9.**
Es sei $u: x \mapsto \sqrt{x};\ x \in \mathbb{R}_0^+$. Schränke den Definitionsbereich der inneren Funktion v so ein, daß die Verkettung f mit $f(x)=u(v(x))$ erklärt ist.

a) $v: x \mapsto \frac{2}{3}x + 5;\quad x \in \mathbb{R}$ **b)** $v: x \mapsto x^2 - 4;\quad x \in \mathbb{R}$ **c)** $v: x \mapsto \frac{1}{x+1};\quad x \in \mathbb{R} \setminus \{-1\}$

△ **10.**
Zeige:

a) Die Verkettung einer linearen Funktion und der Quadratfunktion ist eine quadratische Funktion.

a) Die Verkettung zweier linearer Funktionen ist wieder eine lineare Funktion.

△ **11.**
Es seien u eine ganzrationale Funktion vom Grad n und v eine ganzrationale Funktion vom Grad m. Was kann man dann über den Grad der Verkettung von v und u aussagen?

△ **a)** $m \neq 0$, n beliebig **b)** $m \neq 0,\ n=0$ **c)** $m>0,\ n>0$ **d)** $m=1,\ n>0$

▲ **12.**
Die Funktionen v und u seien stetig an der Stelle a bzw. v(a). Begründe, daß dann die Verkettung f mit $f(x)=u(v(x))$ an der Stelle a stetig ist.

△ **13.**
Beweise den folgenden Satz:
Es seien v und u streng monotone Funktionen mit $W_v \subseteq D_u$. Dann ist auch die Verkettung f mit $f(x)=u(v(x))$ streng monoton. Untersuche, ob f wächst oder fällt wenn:
(1) v und u wachsend sind
(2) v und u fallend sind
(3) v wachsend und u fallend ist
(4) v fallend und u wachsend ist

7.2.2. Ableitung der Verkettung von Funktionen – Kettenregel

Aufgabe

Die Funktion v sei an der Stelle a differenzierbar, und es sei $v(a)=b$ (sowie $v(x)=y$). Die Funktion u sei an der Stelle b differenzierbar.

a) Versuche die Ableitung der Funktion f mit $f(x)=u(v(x))$ an der Stelle a zu bestimmen und formuliere eine Regel.
Anleitung: Erweitere den Differenzenquotienten so, daß der Differenzenquotient der Funktion v auftritt.

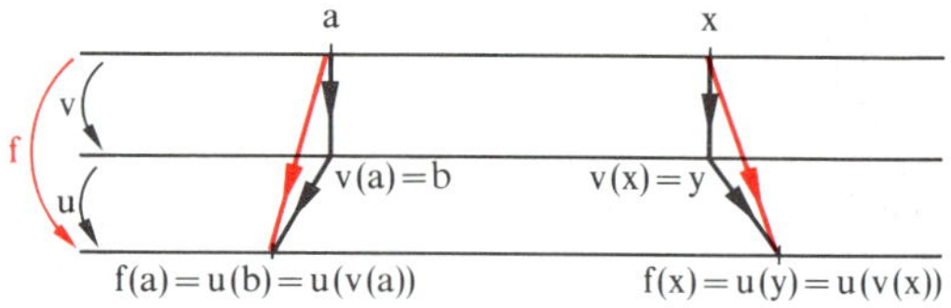

b) Bestimme nach dieser Regel die Ableitung der Funktion f mit: (1) $f(x)=\sqrt{x^2+1}$ (2) $f(t)=\sin \omega t$

Lösung

a) $f'(a)=\lim\limits_{x\to a}\frac{f(x)-f(a)}{x-a}=\lim\limits_{x\to a}\left(\frac{f(x)-f(a)}{v(x)-v(a)}\cdot\frac{v(x)-v(a)}{x-a}\right)=\lim\limits_{x\to a}\frac{f(x)-f(a)}{v(x)-v(a)}\cdot\lim\limits_{x\to a}\frac{v(x)-v(a)}{x-a}$

Die letzte Umformung ist nur dann richtig, falls die beiden Grenzwerte existieren.

Der zweite Grenzwert existiert, weil v an der Stelle a differenzierbar ist: $\lim\limits_{x\to a}\frac{v(x)-v(a)}{x-a}=v'(a)$.

Um den ersten Grenzwert zu bestimmen, versuchen wir diesen als Grenzwert der Funktion u auszudrücken. Dazu ersetzen wir f(x) durch u(y), f(a) durch u(b), v(x) durch y und v(a) durch b (vgl. das Bild oben). Der Grenzprozeß $x\to a$ entspricht dann dem Grenzprozeß $y\to b$, denn: Weil v an der Stelle a differenzierbar ist, ist v dort auch stetig (vgl. Seite 212) und es gilt: $\lim\limits_{x\to a} v(x)=v(a)=b$.

Daher folgt nun: $\lim\limits_{x\to a}\frac{f(x)-f(a)}{v(x)-v(a)}=\lim\limits_{y\to b}\frac{u(y)-u(b)}{y-b}=u'(b)$.

Insgesamt erhalten wir: $f'(a)=u'(b)\cdot v'(a)=u'(v(a))\cdot v'(a)$.

Satz 4: *Kettenregel*
Die Funktion v sei in einem Intervall I_1 definiert und an der Stelle a des Intervalls I_1 differenzierbar. Es gelte $v(a)=b$.
Die Funktion u sei in einem Intervall I_2 definiert, es gelte $v(x)\in I_2$ für alle $x\in I_1$ (insbesondere gehört dann b zu dem Intervall I_2). u sei an der Stelle b differenzierbar.
Dann ist die Funktion f mit $f(x)=u(v(x))$ an der Stelle a differenzierbar, und es gilt:
$f'(a)=v'(a)\cdot u'(v(a))=u'(v(a))\cdot v'(a)$

Diese Regel heißt *Kettenregel*, weil die Funktion f die Verkettung der Funktionen u und v ist.
Da der Faktor v′(a) die Ableitung der *inneren* Funktion v ist, gilt folgende Merkregel:

Ableitung der Gesamtfunktion = innere Ableitung · äußere Ableitung = äußere Ableitung · innere Ableitung

b)

(1) $\boxed{\text{Ableitung der Gesamtfunkt.}} = \boxed{\text{äußere Ableitung}} \cdot \boxed{\text{innere Ableitung}}$

$$f'(x) = \frac{1}{2\cdot\sqrt{x^2+1}} \cdot 2x$$

$$f'(x) = \frac{2x}{2\sqrt{x^2+1}} = \frac{x}{\sqrt{x^2+1}}$$

(2) $\boxed{\text{Ableitung der Gesamtfunkt.}} = \boxed{\text{innere Ableitung}} \cdot \boxed{\text{äußere Ableitung}}$

$$f'(t) = \omega \cdot \cos \omega t$$

$$f'(t) = \omega \cdot \cos \omega t$$

Zum Weiterarbeiten

1.
Bestimme die Ableitung einmal nach der Kettenregel und zum anderen unmittelbar.

a) $f(x) = (2x+1)^2$ **b)** $f(x) = (3x^2+x+1)^2$ **c)** $f(x) = \frac{1}{x^2+1}$

2.
a) Formuliere eine Ableitungsregel für die Funktion f mit $f(x) = u(v(w(x)))$.

b) Bilde die Ableitung: (1) $f(x) = (\sin 4x)^2$ (2) $f(x) = \sqrt{(x^2+4)^5}$

Information

Kritische Anmerkungen zur Herleitung der Kettenregel

Der auf Seite 220 angegebene Beweis der Kettenregel weist leider eine Lücke auf. Es kann nämlich sein, daß es in jeder noch so kleinen Umgebung von a Zahlen x gibt mit $v(x) = b = v(a)$. In diesem Fall ist $v(x) - v(a) = 0$, und es wäre mit 0 erweitert worden, was aber nicht gestattet ist. Der Beweis der Kettenregel ist daher nur für solche Funktionen v geführt, für die in einer vollen Umgebung von a gilt: $v(x) \neq v(a)$.

Dies ist im allgemeinen der Fall, doch gibt es Funktionen v, bei denen es in jeder noch so kleinen Umgebung von a noch ein x gibt mit $v(x) = v(a)$.

Ein triviales Beispiel ist die konstante Funktion v mit $v(x) = b$, in deren Pfeildiagramm alle Pfeile in b enden. Ein kompliziertes Beispiel:

$$v(x) = \begin{cases} x^2 \cdot \sin\frac{1}{x} & \text{für } x \neq 0 \\ 0 & \text{für } x = 0 \end{cases} \quad \text{mit } a = b = 0.$$

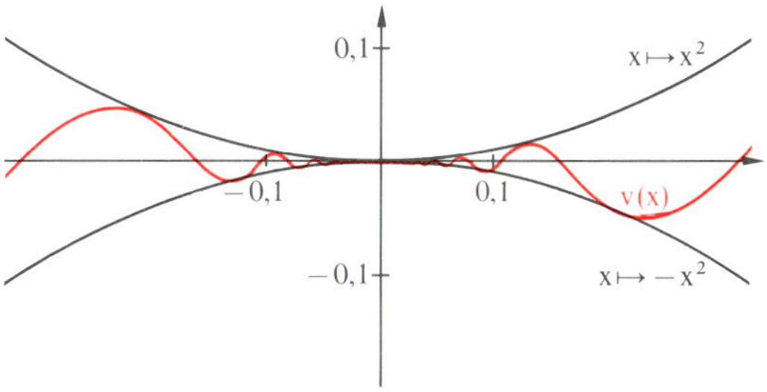

Der Graph dieser Funktion oszilliert in jeder Umgebung von 0 unendlich oft zwischen den Graphen der Funktionen $x \mapsto x^2$ und $x \mapsto -x^2$ hin und her.

Im Pfeildiagramm dieser Funktion gehen in jeder (noch so kleinen) Umgebung von 0 unendlich viele Pfeile aus, die in 0 enden. Die Kettenregel gilt jedoch auch für solche Funktionen.

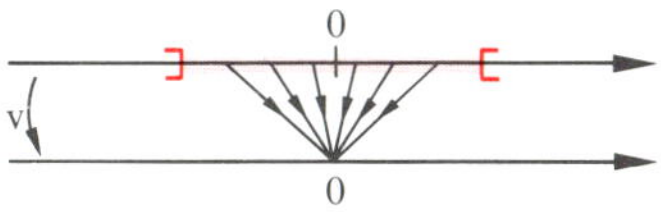

Übungen

3.
Differenziere nach der Kettenregel.

a) $f(x) = \sin(4x+5)$
b) $f(x) = \sin(9x^2-2x+5)$
c) $f(x) = \sin(-x)$
d) $f(x) = 8\cdot\cos(2x+5)$
e) $f(x) = 9\cdot\sin x^2$
f) $f(x) = \sqrt{-x}$
g) $f(x) = \sqrt{x^2+1}$
h) $f(x) = \sqrt{3x-9}$
i) $f(x) = (\cos x)^2$

○ **4.**

Bestimme die Ableitung mit Hilfe der Kettenregel. In einigen Fällen gibt es auch andere Wege zur Bestimmung der Ableitung. Gib dann auch diese an.

a) $f(x)=(x-2)^2$
b) $f(x)=(3x-5)^2$
c) $f(x)=(2x^3+1)^2$
d) $f(x)=(\sqrt{x}+1)^2$
e) $f(x)=\left(2+\frac{1}{x}\right)^2$
f) $f(x)=(x-4)^5$
g) $f(x)=2\cdot(3x-2)^3$
h) $f(x)=\sqrt{x^2-4}$
i) $f(x)=3\cdot\sqrt{4x+2}$
j) $f(x)=5\cdot\sqrt{x-4}$
k) $f(x)=(2x^2+x-1)^4$
l) $f(x)=\sqrt{x\cdot(x+1)}$
m) $f(x)=\sqrt{\frac{1}{2x+1}}$
n) $f(x)=8\cdot\sqrt{2x+1}$
o) $f(x)=\sqrt{2x}+\frac{1}{2x}$
p) $f(x)=(\frac{1}{2}x)^4+\sqrt{5x}$
q) $f(x)=(x-4)^3+(x-4)^2$
r) $f(x)=(x+2)^5+(4-x)^9$
s) $f(x)=2(x-2{,}5)^2+4(2-x)^3$
t) $f(x)=(2x^4-1)^2+\sqrt{x^3}$
u) $f(x)=\frac{1}{x^2+0{,}5}-2\cdot(x+\frac{1}{2})^7$
v) $f(x)=\sqrt{2x+5}+\sin(x^2+1)$
w) $f(x)=\frac{1}{x^2+1}+2\cdot(\frac{1}{2}x)^2$
x) $f(x)=(2x)^4-(2x)^3+\sqrt{x^2+1}$

○ **5.**

Bestimme die 1. und 2. Ableitung der Funktion f.

a) $f(x)=(3x+5)^2$
b) $f(x)=(2x-5)^3$
c) $f(x)=(\frac{1}{3}x^2-2)^4$
d) $f(x)=\sqrt{2x+5}$
e) $f(x)=\frac{1}{3x-5}$
f) $f(x)=\sqrt{x^2-x}$
g) $f(x)=(9x+8)^4$
h) $f(x)=3\cdot(2x-4)^5$
i) $f(x)=\frac{1}{4x+2}$
j) $f(x)=\sqrt{2x-5}+\frac{1}{2x-5}$
k) $f(x)=(4x^2-2x)^3$
l) $f(x)=(4x-1)^3+(1-4x)^4$
m) $f(x)=(2x+5)^2-(5-2x)^3$
n) $f(x)=\sqrt{2x^2+25}$
o) $f(x)=12\cdot(\frac{1}{4}x-9)^6$

○ **6.**

Bestimme die 1. und 2. Ableitung der Funktion f.

a) $f(x)=\sin(2x+1)$
b) $f(x)=\sin(4x+4)$
c) $f(x)=\cos(3x-2)$
d) $f(x)=7\cdot\sin(4x+1)$
e) $f(x)=2\cdot\sin x^2$
f) $f(x)=5\cdot\sin(3x^2-1)$
g) $f(x)=2\cos(7x^2-1)$
h) $f(x)=2\cos(4x^2)+7\sin(4x^2-1)$
i) $f(x)=(\tan x)^2$

○ **7.**

Bestimme die Ableitung auf zwei verschiedene Weisen.

a) $f(x)=\frac{1}{x^n}$
b) $f(x)=\sqrt{x^n}\quad(x>0)$
c) $f(x)=\tan^n x$

△ **8.**

a) Deute durch eine Zeichnung den Graph der Funktion f in einer Umgebung der Stelle 0 an und beschreibe den Verlauf etwas näher.

(1) $f(x)=\sin\frac{1}{x}$ (2) $f(x)=x\cdot\sin\frac{1}{x}$ (3) $f(x)=\cos\frac{1}{x}$ (4) $f(x)=x\cdot\cos\frac{1}{x}$

b) Wie entsteht in der Nähe der Null der Graph von f aus dem der Funktion g?

(1) $f(x)=g(x)\cdot\sin\frac{1}{x}$ (2) $f(x)=g(x)\cdot\cos\frac{1}{x}$

▲ **9.**

Zeige, daß bei der Funktion v als innerer Funktion der auf Seite 220 angegebene Beweis der Kettenregel versagt (vgl. auch Information S. 221).

a) $v(x)=3$ (a beliebig)
b) $v(x)=0\cdot x+n$ (a beliebig)
c) $v(x)=(2x-1)^2-4x^2+4x$ (a beliebig)
d) $v(x)=\frac{x^2+x-2}{(x-1)(x+2)}$ $a\neq 1;\ a\neq 2$
e) $v(x)=\begin{cases} x^2\cdot\cos\frac{1}{x} & \text{für } x\neq 0 \\ 0 & \text{für } x=0 \end{cases}$ $a=0$

7.3. Vermischte Übungen

1.
Bestimme die Ableitung.

a) $f(x)=\sin(\pi x)\cdot\cos(2\pi x)$
b) $f(x)=\sqrt{5x+4}\cdot\sqrt{9x-4}$
c) $f(x)=\tan(4x+5)$
d) $f(x)=(2x+5)^2\cdot\frac{1}{5x^2-3x+4}$
e) $f(x)=\frac{(2x+4)^2\cdot\sqrt{x+2}}{(x+5)^2}$
f) $f(x)=\frac{\sin(2x+4)\cdot\cos(3x-4)}{\sin(2x+5)}$
g) $f(x)=\frac{(x^2+5)^2\cdot(3x-4)^2}{(7x-5)^2}$
h) $f(x)=\frac{\sqrt{x^2+5}}{(4x-3)^2\cdot\sqrt{x+6}}$
i) $f(x)=\sqrt{x\cdot\sqrt{x+2}}$
j) $f(x)=\sqrt{\cos\sqrt{x}}$
k) $f(x)=\sqrt{\frac{x}{x^2+1}}$
l) $f(x)=\sin^2(\pi x)\cdot\cos^2(\pi x)$

2.
An welcher Stelle ist die Tangente an den Graphen der Funktion f parallel zu der angegebenen Geraden?

a) $f(x)=\frac{x^2}{x+1}$; $x+y=1$
b) $f(x)=\frac{1+x}{2+x}$; $6x-4y=10$
c) $f(x)=-\frac{1}{x^2}$; $6y-x=1$
d) $f(x)=\frac{2x}{1+2x}$; $\frac{1}{2}x-\frac{2}{5}y=2$

3.
Führe eine Funktionsuntersuchung durch: **a)** $f(x)=\frac{1}{x^2+1}$ **b)** $f(x)=\frac{2x}{x^2+1}$ **c)** $f(x)=\frac{x^2}{x^2+1}$

4.
Bestimme Extrempunkte und Wendepunkte der Funktion f mit $f(x)=\sqrt{x^2+1}$. Bestimme dann $\lim_{x\to+\infty} f'(x)$ und $\lim_{x\to-\infty} f'(x)$. Was folgt daraus für den Graphen?

5.
Gesucht ist im Koordinatensystem die Menge aller Punkte, deren Koordinaten x, y die Gleichung erfüllen. *Beachte:* Die Punktmenge kann man sich aus zwei Funktionsgraphen zusammengesetzt denken, die symmetrisch zur 1. Achse sind. Die zugehörigen Funktionen sind nicht für alle x definiert.

a) $y^2=x\cdot(x^2-4)$
b) $y^2=x^2(3x-1)$
c) $y^2=x^2\cdot(4x-x^2)$
d) $y^2=-x(x+3)^2$
e) $y^2=(x-3)^2\cdot(x-1)$
f) $y^2=x\cdot(x^2-9)$
g) $y^2=x^2(9-x^2)$
h) $y^2=x^4\cdot(4-x^2)$
i) $y^2=4x^3-x^4$
j) $y^2=-x^3\cdot(x-2)$
k) $y^2=x^2\cdot(x^2-4)$
l) $y^2=(6x-1)\cdot(x-1)^3$

6.
Zwei Bretter gleicher Breite sind aneinandergesetzt. Wie groß muß der Winkel zwischen ihnen sein, damit die entstehende Rinne ein möglichst großes Volumen hat?

7.
Zeige: Der Graph der Funktion $x\mapsto\frac{\tan x}{\tan(x+c)}$ hat an der Stelle $\frac{\pi}{4}-\frac{c}{2}$ eine horizontale Tangente.

8.
Ein Lichtstrahl gehe von A aus und gelange über P an der Wasseroberfläche zu einem Punkt B im Wasser. Seine Geschwindigkeit in Luft sei v_1 und in Wasser v_2.

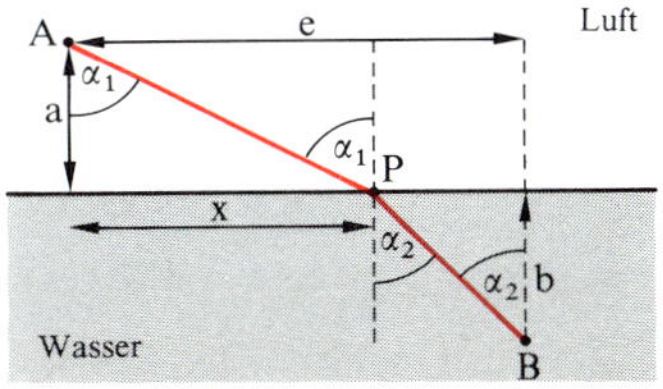

a) Zeige, daß für die Zeit t(x), die der Lichtstrahl benötigt, gilt:
$$t(x)=\frac{\sqrt{x^2+a^2}}{v_1}+\frac{\sqrt{(e-x)^2+b^2}}{v_2}$$

b) Zeige, daß t(x) genau dann minimal ist, wenn das Brechungsgesetz gilt: $\frac{\sin\alpha_1}{\sin\alpha_2}=\frac{v_1}{v_2}$.

c) Zeige für die Reflexion eines Lichtstrahls an einem Spiegel: Wenn die Zeit, die der Strahl benötigt, um von A über P nach B zu gelangen, minimal ist, dann gilt das Reflexionsgesetz:
Einfallswinkel α_1 = Ausfallswinkel α_2

Anhang

A 1 Das Beweisverfahren der vollständigen Induktion

Beispiel

Addiert man die ungeraden Zahlen von 1 angefangen bis zu einer bestimmten ungeraden Zahl, z.B. bis zu 7 oder bis zu 11, so erhält man eine Quadratzahl:

$1+3+5+7=16=4^2 \qquad 1+3+5+7+9+11=36=6^2 \qquad 1+3+5=9=3^2$

Wir wollen versuchen, durch ein systematisches, schrittweises Vorgehen herauszufinden, ob das nur zufällig oder *immer* so ist.

1. Schritt: Im einfachsten Fall besteht die Summe der ungeraden Zahlen nur aus der Zahl 1. 1 ist aber Quadratzahl: $1=1^2$.

2. Schritt: Wir addieren auf beiden Seiten die nächste ungerade Zahl 3.
Aus $1=1^2$ folgt dann nacheinander:

$$\begin{aligned}1+3&=1^2+3\\&=1^2+2\cdot 1+1\\&=(1+1)^2=2^2\end{aligned}$$

3. Schritt: Wir addieren auf beiden Seiten die nächste ungerade Zahl.
Aus $1+3=2^2$ folgen die Gleichungen:

$$\begin{aligned}1+3+5&=2^2+5\\&=2^2+2\cdot 2+1\\&=(2+1)^2=3^2\end{aligned}$$

4. Schritt: Wir addieren wieder auf beiden Seiten die nächste ungerade Zahl 7.
Aus $1+3+5=3^2$ folgen die Gleichungen:

$$\begin{aligned}1+3+5+7&=3^2+7\\&=3^2+2\cdot 3+1\\&=(3+1)^2=4^2\end{aligned}$$

5. Schritt: Wir addieren auf beiden Seiten die nächste ungerade Zahl 9.
Aus $1+3+5+7=4^2$ folgen die Gleichungen:

$$\begin{aligned}1+3+5+7+9&=4^2+9\\&=4^2+2\cdot 4+1\\&=(4+1)^2=5^2\end{aligned}$$

So könnte man immer nach demselben Schema fortfahren.
Wir versuchen dieses Schema allgemein zu beschreiben.

Man beachte: Die k-te gerade Zahl ist $2\cdot k$, die k-te ungerade Zahl also $2\cdot k-1$.

Allgemeine Beschreibung des Verfahrens

Wenn für die Summe der k ersten ungeraden Zahlen $1+3+5+\ldots+(2k-1)=k^2$ gilt, dann erhält man die Summe der $(k+1)$ten ungeraden Zahlen durch Addition der nächsten ungeraden Zahl $2k-1+2$, also von $2k+1$:

$$\begin{aligned}1+3+5+\ldots+(2k-1)+(2k+1)&=k^2+(2k+1)\\&=(k+1)^2\end{aligned}$$

Fast alle Einzelschritte hätten wir uns sparen können, wenn wir nur diese letzte Überlegung und Rechnung durchgeführt hätten, da sie die Einzelrechnungen als Spezialfall enthalten. Überflüssig waren die Schritte 2, 3, 4, 5, nicht dagegen Schritt 1, der Anfang der Überlegung.
Der ganze Beweis läßt sich daher auf *zwei* Teile verkürzen:

Zu beweisen ist die Gleichung: $1+3+5+\ldots+(2n-1)=n^2$

D.h. zu beweisen ist die Behauptung:
Die Summe der n ersten ungeraden Zahlen ist eine Quadratzahl, nämlich n^2.

1. Teil: Anfang der Überlegung

Die Gleichung gilt für $n=1$, denn links vom Gleichheitszeichen steht nur die Zahl 1 und rechts 1^2.

2. Teil: Schluß von k auf k+1

Zu beweisen ist: *Wenn die Gleichung für $n=k$ gilt, dann auch für $n=k+1$.*
Für $n=k$ lautet die Gleichung:

$$1+3+5+\ldots+(2k-1)=k^2$$

Wir addieren auf beiden Seiten die $(k+1)$-te ungerade Zahl $2(k+1)-1$:

$$\begin{aligned}1+3+5+\ldots+(2k-1)+[2(k+1)-1] &= k^2+[2(k+1)-1]\\ &= k^2+2k+2-1\\ &= k^2+2k+1\\ &= (k+1)^2\end{aligned}$$

Die vorher durchgeführten Einzelschritte (Seite 224) sind überflüssig. Sie werden durch den logischen Schluß von k auf $k+1$ zusammengefaßt. Man kann sich vorstellen, daß k nacheinander die Zahlen 1, 2, 3, 4, ... durchläuft. Für $k=1$ erhält man den 2. Schritt, für $k=2$ den 3. Schritt usw. Das durchgeführte Verfahren trägt den Namen **vollständige Induktion**. Der Anfang der Überlegung heißt **Induktionsanfang**, der logische Schluß von k auf $k+1$ heißt **Induktionsschluß**.

Beweisverfahren der vollständigen Induktion
Um die Gültigkeit einer Gleichung g(n) (oder eines mathematisches Satzes) für alle *natürlichen Zahlen* n zu beweisen, genügt der Beweis folgender Teile:

1. Teil: **Induktionsanfang**
Nachweis der Gültigkeit der Gleichung g(n) (oder des Satzes) für $n=1$.

2. Teil: **Induktionsschluß von k auf k+1**
Nachweis von:
Wenn g(k), dann $g(k+1)$ für alle k. (Wenn der Satz für k gilt, dann auch für $k+1$.)

Das Verfahren der vollständigen Induktion läßt sich nur anwenden, wenn die zu beweisende Behauptung schon vorher bekannt ist oder vermutet wird.

Beispiele für Beweise durch vollständige Induktion

Beispiel 1

Man beweise durch vollständige Induktion: $2+4+6+\ldots+2n=n(n+1)$,
d.h. die Summe der n ersten geraden Zahlen ist gleich $n\cdot(n+1)$.

1. Induktionsanfang:
Die Gleichung gilt für $n=1$, denn links vom Gleichheitszeichen steht dann nur die Zahl 2 und rechts $1\cdot(1+1)=2$.

2. Induktionsschluß:
Zu beweisen ist:
Wenn $2+4+6+\ldots+2k=k\cdot(k+1)$, dann $2+4+6+\ldots+2k+2(k+1)=(k+1)\cdot((k+1)+1)$.
Es sei:

$$2+4+6+\ldots+2k=k(k+1) \qquad \textit{Induktionsannahme}$$

Wir addieren auf beiden Seiten die $(k+1)$-te gerade Zahl $2(k+1)$:

$$\begin{aligned}2+4+6+\ldots+2k+2(k+1) &= k\cdot(k+1)+2(k+1)\\ &= (k+1)\cdot(k+2)\\ &= (k+1)\cdot((k+1)+1)\end{aligned}$$

Beispiel 2

Man beweise durch vollständige Induktion: 5 ist ein Teiler von 6^n+4.

1. Induktionsanfang:
Die Behauptung gilt für $n=1$, denn 5 ist ein Teiler von 6^1+4, d.h. von 10.

2. Induktionsschluß:
Zu beweisen ist:
Wenn 5 ein Teiler von 6^k+4 ist, dann ist 5 auch ein Teiler von $6^{k+1}+4$.

5 sei ein Teiler von 6^k+4 (Induktionsannahme).
Es gilt: $6^{k+1}+4=6^1\cdot 6^k+4=5\cdot 6^k+1\cdot 6^k+4$
$=5\cdot 6^k+(6^k+4)$

Nun wissen wir:
5 ist Teiler von 6^k+4 (Induktionsannahme), und 5 ist auch Teiler von $5\cdot 6^k$.
Wir können daraus schließen:
5 ist Teiler von $5\cdot 6^k+(6^k+4)$, also von $6^{k+1}+4$.

Induktion in den Naturwissenschaften und vollständige Induktion in der Mathematik

(1) Naturgesetze wie das Ohmsche Gesetz der Elektrizitätslehre, das Reflexionsgesetz der Optik, die Mendelschen Gesetze in der Biologie oder das Gesetz der multiplen Proportionen in der Chemie werden durch *Induktion* gewonnen, das bedeutet: Durch Betrachtung von Einzelbeispielen in naturwissenschaftlichen Experimenten wird die Vermutung eines allgemeinen Gesetzes gewonnen. Kurz: *Induktion ist das Aufsteigen von Einzelfällen zu einem allgemeinen Gesetz.* Dieses ist damit keineswegs zwingend bewiesen. Es hat vielmehr den Charakter einer Annahme, einer Hypothese. Die Beispiele bestätigen es nur. Je mehr Bestätigungsbeispiele es gibt, um so mehr ist das Gesetz erhärtet. Erst wenn man alle Einzelfälle vollständig zur Bestätigung erfassen würde, wäre das Gesetz zwingend bewiesen. Das ist aber nicht möglich.

(2) Die *vollständige Induktion* in der Mathematik ist etwas prinzipiell anderes. Sie hat strengen Beweischarakter. Durch den Induktionsanfang wird die Gültigkeit der Gleichung $g(n)$ (bzw. des mathematischen Satzes) für den Fall $n=1$ bewiesen, durch den Induktionsschluß für jeden anderen Fall einer natürlichen Zahl n. Es werden also alle Einzelfälle *vollständig* erfaßt, daher die Bezeichnung vollständige Induktion.

Übungen

1.
Beweise die Formel $\frac{1}{1\cdot 2}+\frac{1}{2\cdot 3}+\frac{1}{3\cdot 4}+\ldots+\frac{1}{n(n+1)}=\frac{n}{n+1}$ durch vollständige Induktion.
Gehe dabei vor wie im Beispiel auf Seite 224.

2.
Beweise durch vollständige Induktion.

a) $1+2+3+4+\ldots+n=\frac{n(n+1)}{2}$

b) $1^2+2^2+3^2+\ldots+n^2=\frac{n(n+1)(2n+1)}{6}$

c) $1^3+2^3+3^3+\ldots+n^3=\left(\frac{n(n+1)}{2}\right)^2$

d) $1\cdot 2+2\cdot 3+3\cdot 4+\ldots+n(n+1)=\frac{n(n+1)(n+2)}{3}$

e) $1\cdot 2\cdot 3+2\cdot 3\cdot 4+\ldots+n(n+1)(n+2)=\frac{n(n+1)(n+2)(n+3)}{4}$

f) $\frac{1}{1\cdot 3}+\frac{1}{3\cdot 5}+\frac{1}{5\cdot 7}+\ldots+\frac{1}{(2n-1)(2n+1)}=\frac{n}{2n+1}$

g) $\frac{1}{1\cdot 4}+\frac{1}{4\cdot 7}+\frac{1}{7\cdot 10}+\ldots+\frac{1}{(3n-2)(3n+1)}=\frac{n}{3n+1}$

3.
Beweise durch vollständige Induktion. Für alle $n \in \mathbb{N}$ gilt:

a) 7 ist Teiler von $2^{3n}+13$
b) 3 ist Teiler von 13^n+2
c) 5 ist Teiler von 7^n-2^n
d) 4 ist Teiler von 5^n+7
e) 7 ist Teiler von 50^n+6
f) 8 ist Teiler von $3^{2n}-1$
g) 3 ist Teiler von $2^{3n}-5^n$
h) 3 ist Teiler von n^3+5n+3

4.
Beweise durch vollständige Induktion. Für alle $n \in \mathbb{N}$ gilt:

a) Die Anzahl der Untermengen einer Menge mit n Elementen ist 2^n.

b) $(1+a)^n \geq 1+n \cdot a$ (für $a>-1$) *(Bernoullische Ungleichung)*

c) Die Winkelsumme eines n-Ecks (ohne stumpfe Innenwinkel) beträgt $(n-2) \cdot 180°$.

▲ **d)** Ist ein Rechteck durch n Geraden in Teilgebiete zerlegt, so läßt es sich mit 2 Farben so färben, daß benachbarte Gebiete verschiedene Farben haben.

5.
Für alle $n \in \mathbb{N}$ gilt: $4n \leq n^2+4$.

a) Beweise die Ungleichung durch vollständige Induktion.

b) Beweise die Ungleichung durch Umformung und Anwenden der binomischen Formel.

△ ***6.***
Zeige, daß der Induktionsschluß durchführbar ist, die Formel jedoch für alle $n \in \mathbb{N}$ falsch ist.

a) $\frac{1}{2^1}+\frac{1}{2^2}+\frac{1}{2^3}+\ldots+\frac{1}{2^n}=2-\frac{1}{2^n}$ **b)** 2 ist Teiler von 3^n+4

c) $1 \cdot 2+2 \cdot 3+3 \cdot 4+\ldots+n \cdot (n+1)=\frac{1}{3}n(n+1) \cdot (n+2)+5$

7.
Beweise: Für $n \in \mathbb{N}$ und $n>6$ gilt: $2^{n-1}>n^2$.

8.
Beweise durch vollständige Induktion mit Hilfe der Produktregel der Differentiation:

a) Wenn $f(x)=x^n$, dann ist $f'(x)=n \cdot x^{n-1}$.

b) Wenn $f(x)=(u(x))^n$, dann ist $f'(x)=n \cdot (u(x))^{n-1} \cdot u'(x)$.

9.
Beweise die folgenden *Sätze über Folgen* (vgl. Kapitel 2) durch vollständige Induktion

a) Für eine geometrische Folge $\langle a_n \rangle$ mit $a_{n+1}=a_n \cdot q$ $(a_1 \neq 0, q \neq 0)$ gilt:
(1) $a_n=a_1 \cdot q^{n-1}$ (2) Wenn $a_1>0$ und $q>1$, dann ist $\langle a_n \rangle$ monoton wachsend.

b) Für eine arithmetische Folge $\langle a_n \rangle$ mit $a_{n+1}=a_n+d$ gilt: $a_n=a_1+(n-1) \cdot d$

c) Für eine geometrische Reihe sind die beiden folgenden rekursiven Definitionen (1) und (2) gleichwertig. *Anleitung*: Zeige: Aus (1) folgt (2) und aus (2) folgt (1).
(1) $s_{n+1}=s_n+a_1 \cdot q^n$; $s_1=a_1$ $(a_1 \neq 0, q \neq 0)$ (2) $s_{n+1}=a_1+q \cdot s_n$; $s_1=a_1$ $(a_1 \neq 0, q \neq 0)$

d) Die Summenformel $s_n=a_1 \cdot \frac{q^n-1}{q-1}$ $(q \neq 1)$ für geometrische Reihen mit Hilfe der Rekursionsgleichung (1) [der Rekursionsgleichung (2)] aus Teil c).

e) Für eine Folge $\langle a_n \rangle$ des beschränkten Wachstums mit $a_{n+1}=a_n+q \cdot (G-a_n)$, wobei $0<q<1$, $0<a_1<G$ gilt:
(1) $\langle a_n \rangle$ hat G als obere Schranke; (2) $\langle a_n \rangle$ ist monoton wachsend.

f) Für eine Folge $\langle a_n \rangle$ des logistischen Wachstums mit $a_{n+1}=a_n+q \cdot a_n \cdot (G-a_n)$, wobei $0<q<\frac{1}{G}$, $0<a_1<G$ gilt:
(1) $\langle a_n \rangle$ hat G als obere Schranke; (2) $\langle a_n \rangle$ ist monoton wachsend.

A 2 Wiederholungsaufgaben

1. Koordinatensystem – Punktmengen im Koordinatensystem

1.
Bestimme die Koordinaten der Punkte $P_1, P_2, \ldots, P_8$.

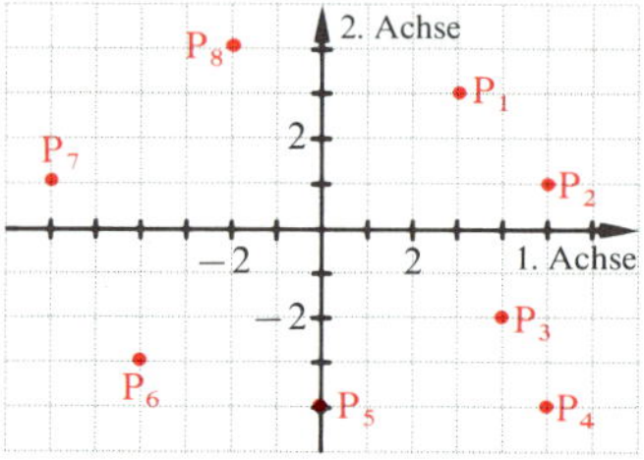

2.
Zeichne die Punkte in ein Koordinatensystem ein:
$P_1(3;4)$; $P_2(-1;3)$; $P_3(-4;-5)$; $P_4(-1;0)$; $P_5(0;-3)$

3.
Wo liegen die Punkte,
- deren 1. Koordinate 2 [−3; 0; 1,5] ist?
- deren 2. Koordinate 3,4 [−2; 0; 1] ist?
- deren 1. Koordinate gleich der 2. Koordinate ist?
- deren Koordinaten sich nur durch das Vorzeichen unterscheiden?

4.
Gegeben sind
(1) das Dreieck ABC mit den Ecken $A(-2;-3)$, $B(4;-1)$, $C(-1;5)$;
(2) das Viereck ABCD mit den Ecken $A(2;-4)$, $B(4;5)$, $C(-3;4)$, $D(-1;-3)$.

a) Zeichne die Figuren.

b) Spiegele die Figuren und gib die Koordinaten der Bilder der Ecken an:
(1) an der 1. Achse (2) an der 2. Achse (3) an der Hauptwinkelhalbierenden
(4) am Koordinatenursprung (5) am Punkt $P(0;1)$ [$Q(-1;0)$, $R(1;1)$]

c) Gib den Abstand der Punkte [Spiegelpunkte] von den Achsen an.

5.
Wo liegen alle Punkte, deren Koordinaten x, y die folgende Bedingung erfüllen? Skizziere.

a) $y \geq x$ **b)** $|x| \leq 1$; y beliebig **c)** $x > 3$ und $y > 4$ **d)** $x \cdot y \leq 0$
e) $x \geq 3$ und $|y| \leq 4$ **f)** $x^2 = y^2$ **g)** $x \cdot y = 3$ **h)** $x \cdot y \leq 3$
i) $|x \cdot y| \leq 3$ **j)** $|x| \leq 3$ und $|y| \leq 4$ **k)** $|x| - |y| \leq 3$ **l)** $|x - y| \leq 3$

2. Lineare Gleichungssysteme

6.
Zeichne die beiden Geraden, die durch das Gleichungssystem gegeben sind.
Bestimme zeichnerisch und rechnerisch die Lösungsmenge des Systems.

a) $\left|\begin{array}{l} y = \frac{1}{4}x + \frac{1}{2} \\ y = -\frac{1}{2}x + 2 \end{array}\right|$ **b)** $\left|\begin{array}{l} y = \frac{1}{2}x \\ y = \frac{1}{2}x + 2 \end{array}\right|$

c) $\left|\begin{array}{l} y = -x + 3 \\ y = 2 \end{array}\right|$ **d)** $\left|\begin{array}{l} y = -\frac{1}{2}x \\ y = 2x \end{array}\right|$

e) $\left|\begin{array}{r} y - 2x = -1 \\ 2y - 2x = 4 \end{array}\right|$ **f)** $\left|\begin{array}{r} y - x = 2 \\ -3y + 3x = -6 \end{array}\right|$

g) $\left|\begin{array}{l} 3x + 2y = 12 \\ 5x + 4y = 22 \end{array}\right|$ **h)** $\left|\begin{array}{r} 2x + 3y = 5 \\ -2x + 4y = 16 \end{array}\right|$

$\left|\begin{array}{l} y = -2x + 4 \\ y = x + 1 \end{array}\right|$

Gleichsetzen
$-2x + 4 = x + 1$
$x = 1$

Einsetzen von $x = 1$
in $y = -2x + 4$
$y = 2$ $L = \{(1;2)\}$

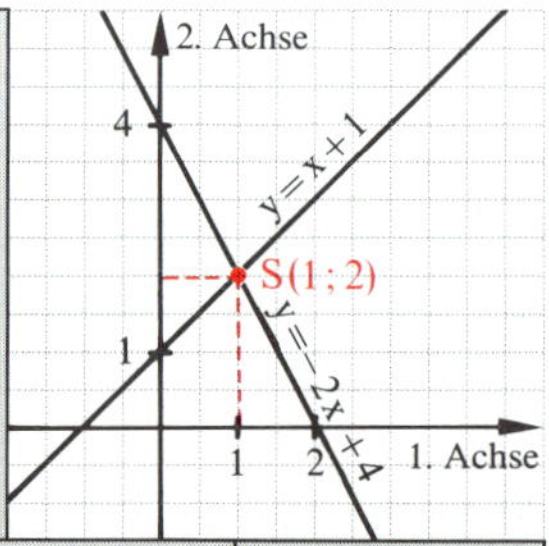

Fälle	Anzahl der Lösungen
Die beiden Geraden schneiden sich.	genau eine
Die beiden Geraden sind zueinander parallel.	keine
Die beiden Geraden fallen zusammen.	unendlich viele

7.

Berechne die Lösungsmenge des Gleichungssystems. Prüfe die Lösung zeichnerisch nach.

a) $\left|\begin{array}{r} 3x+5y=38 \\ y=6x+1 \end{array}\right|$ **b)** $\left|\begin{array}{r} 5x-y=4 \\ y=2x+8 \end{array}\right|$

c) $\left|\begin{array}{r} 4y=2x+10 \\ x=\frac{1}{2}y+2 \end{array}\right|$ **d)** $\left|\begin{array}{r} 3y-8x=-14 \\ x=y+\frac{1}{2} \end{array}\right|$

e) $\left|\begin{array}{l} x+y=15 \\ x-y=3 \end{array}\right|$ **f)** $\left|\begin{array}{l} 7x+y=10 \\ 3x+y=6 \end{array}\right|$

g) $\left|\begin{array}{r} 7x+3y=100 \\ 3x-y=20 \end{array}\right|$ **h)** $\left|\begin{array}{r} x-5y=17 \\ 2x+3y=-5 \end{array}\right|$

i) $\left|\begin{array}{l} 2x+3y=41 \\ 3x+2y=39 \end{array}\right|$ **j)** $\left|\begin{array}{r} 8x-15y=-30 \\ 2x+3y=15 \end{array}\right|$

k) $\left|\begin{array}{l} x=3y-19 \\ y=3x-23 \end{array}\right|$ **l)** $\left|\begin{array}{r} 21x+8y=-66 \\ -23y+28x=13 \end{array}\right|$

m) $\left|\begin{array}{r} \frac{1}{2}x-\frac{1}{3}y=1 \\ -\frac{1}{4}x+\frac{4}{3}y=10 \end{array}\right|$ **n)** $\left|\begin{array}{r} 2\frac{1}{3}x+1\frac{2}{9}y=18 \\ -1\frac{1}{9}x+2\frac{2}{3}y=20\frac{2}{3} \end{array}\right|$

Einsetzungsverfahren	Additions-, Subtraktionsverfahren
$\left\vert\begin{array}{r} 4x+3y=6 \\ y=2x-8 \end{array}\right\vert$ *Einsetzen* von $2x-8$ *in die 1. Gleichung* an die Stelle von y: $4x+3\cdot(2x-8)=6$ $x=3$ Einsetzen in die 2. Gleichung: $y=-2$ $L=\{(3;\,-2)\}$ **Probe:** $4\cdot 3+3(-2)=6$ (w) $-2=2\cdot 3-8$ (w)	Umformen der Gleichungen, so daß bei *Addition bzw. Subtraktion der Gleichungen* eine Variable wegfällt. $\left\vert\begin{array}{l} 2x+5y=1 \\ 3x-4y=13 \end{array}\right\vert \begin{array}{l} \cdot 4 \\ \cdot 5 \end{array}$ $\left.\begin{array}{r} 8x+20y=4 \\ 15x-20y=65 \end{array}\right\}+$ $23x=69$ $x=3$ Einsetzen in die 1. Gleichung: $y=-1$ $L=\{(3;\,-1)\}$ **Probe:** $2\cdot 3+5\cdot(-1)=1$ (w) $3\cdot 3-4\cdot(-1)=13$ (w)

o) $\left|\begin{array}{r} 3y=2x+2 \\ x=1{,}5y-2 \end{array}\right|$ **p)** $\left|\begin{array}{l} 4y=3x-4 \\ 2x=4y+6 \end{array}\right|$ **q)** $\left|\begin{array}{l} \frac{1}{5}y=\frac{1}{17}x-\frac{1}{85} \\ 5x=1+17y \end{array}\right|$ **r)** $\left|\begin{array}{r} 3x+3y=7 \\ y=\frac{4}{3}-x \end{array}\right|$

3. Anwenden des Distributivgesetzes – binomische Formeln

8.

Löse die Klammern auf und fasse zusammen.

$$a(b+c)=ab+ac$$
$$ab+ac=a(b+c)$$
$$a-(b-c)=a-b+c$$

a) $7(a+b)+3(a-b)$

b) $3(7x^2+4x-2)+x(8x-15)$

c) $25(x-y)-7(x-y)$

d) $5x(6x-12)-4x(x^2-1)$

e) $4(\frac{1}{2}x^2-2)-x^2\left(1-\frac{x}{2}\right)$

f) $a(b^2-\frac{1}{2}c)-2b(a^2+\frac{1}{3}c^2)+2c(a-\frac{1}{3}bc)$

g) $\sqrt{2}a(x-\sqrt{2}a)-2x(\sqrt{2}a-\frac{1}{2}x)$

h) $x^3a^2(x-\frac{1}{2}a)-\frac{1}{2}x^2a^3(a-x)$

9.

Bestimme die Lösungsmenge.

a) $3(7-2x)+7x=20$

b) $4(y-3)-2y=5(3y+1)$

c) $18+5(3x-2)=2(7x+1)$

d) $6\cdot(\frac{3}{4}x+2)-9\left(\frac{x}{2}+1\right)=3$

e) $\frac{3}{4}x+\frac{1}{2}=\frac{1}{2}x-\frac{9}{4}$

f) $4x+(3-x)\cdot 9x=72-9x^2+21$

g) $\frac{2}{3}(x-\frac{3}{8})=\frac{1}{8}(4x+2{,}4)$

h) $\frac{7\cdot(8x+9)}{11}-2(4x-3)=\frac{5(3x-1)}{8}-2$

10.

Klammere aus.

a) $5x+5x$; $4x+xy$; $ab+ac$; $3xy-2xy^2$; $\frac{1}{2}a^2-a$; $\frac{1}{2}x^2+\frac{1}{2}$; $24uv+36vw$

b) $24xy^3+18yz^2$; $12a^3bx^2-30ab^2x^3-6ab^2x^2$; $35a^3b^3c^3-28a^2b^2c^2+42a^2b^3c^4-49a^4b^2c^2$

c) $\frac{x^4}{8}-\frac{x^3}{4}+\frac{x^2}{8}$; $\sqrt{2}a^2b^3-2\pi a^4b^3+\frac{1}{\sqrt{2}}a^2b^2$; $\sqrt{3}x^4y^3+\sqrt{12}x^3y^3-\sqrt{27}x^4y^3$

d) $x(y-z)-a(y-z)$; $a(5-x)+x-5$; $-ab(3x+y)+cd(3x+y)$

e) $\frac{1}{2}(x-2)^2+\frac{1}{4}(x-2)^3$; $\frac{1}{2}a(b+c)^3-2b(b+c)$; $ax+ay-bx-by$

11.

Löse die Klammern auf.

$(a+b)(c+d) = ac+ad+bc+bd$

a) $(x-4)(x+2)+(3-x)(x+2)$

b) $(8u-3v)(12v-\frac{1}{2}u)$

c) $(x+y-2)(x-y)$

d) $(3a^2+2a-1)(2a-1)$

e) $(\frac{1}{2}x^2-\frac{1}{4}x+1)(\frac{1}{2}x-2)$

f) $(x^2+x+1)(x-1)-x(x^2-1)$

g) $(x-1)(x^2-4x+4)(x^2-1)$

h) $20x^2-(\frac{1}{4}x-1)(12x+8)$

i) $(x-4)(x^2+1)+(x-4)(1-x^2)$

j) $(x^4+x^3+x^2+x+1)(x-1)-x^5+1$

12.

Wende die binomischen Formeln an.

Binomische Formeln

$(a+b)^2 = a^2+2ab+b^2$

$(a-b)^2 = a^2-2ab+b^2$

$(a+b)(a-b) = a^2-b^2$

a) $(x+y)^2$; $(x-y)^2$; $(x+y)(x-y)$

b) $(x+2)^2$; $(x-1)^2$; $(x+2)(x-2)$

c) $(3x-4y)^2$; $(x^2+3)^2$; $(3x-4y)(3x+4y)$

d) $(\frac{1}{3}x+\frac{1}{2}y)^2$; $(\frac{1}{3}x-\frac{1}{2}y)\cdot(\frac{1}{3}x+\frac{1}{2}y)$; $(1{,}2x-1{,}5y)^2$; $(-3x-2)^2$; $(-x+\frac{1}{2})^2$

e) $(4x^2-\frac{1}{2}yz)^2$; $(\frac{1}{3}a^2b^3-6a^2b)^2$; $(\frac{1}{4}x^2y-1)(\frac{1}{4}x^2y+1)$; $(\frac{1}{3}x-3y)^2$; $\left(0{,}5u+\frac{v}{4}\right)^2$

f) $(x^2+1)^3$; $(\frac{1}{2}x-y+2z)^2$; $(x^2+y-z)(x^2+y+z)$; $(2a-\frac{1}{2}b+\frac{1}{4}c)^2$

g) $(2x+0{,}5)^2-(2x-0{,}5)^2$; $(6x^2-1)(6x^2+1)-x(x-2)$; $(9x-5y)^2-(15y-16x)^2$

h) $(3x-4y)^2-(4y-3x)^2$; $(\frac{1}{2}x+2y)(\frac{1}{2}x-2y)+(x-\frac{1}{2}y)^2$; $(x^2+1)^2-(x^2-1)(x^2+1)$

i) $(\sqrt{2}-\sqrt{3})^2$; $\left(\sqrt{2}x-\frac{1}{\sqrt{2}}y\right)\left(\sqrt{2}x+\frac{1}{\sqrt{2}}y\right)$; $(\sqrt{2}a-\sqrt{3}b)^2-\left(\frac{a}{\sqrt{3}}+\frac{b}{\sqrt{2}}\right)\left(\frac{a}{\sqrt{3}}-\frac{b}{\sqrt{2}}\right)$

j) $\left(\frac{1}{\sqrt{2}}-\sqrt{2}y\right)^2-\left(\frac{1}{\sqrt{2}}x-\sqrt{2}y\right)\left(\frac{1}{\sqrt{2}}x+\sqrt{2}y\right)$; $(\sqrt{3}x-\sqrt{5}y)^2-(\sqrt{3}x-\sqrt{5}y)(\sqrt{3}x+\sqrt{5}y)$

13.

Faktorisiere mit Hilfe einer geeigneten binomischen Formel.

a) $u^2-2uv+v^2$; u^2+4u+4; u^2-4; $9a^2-6ab+b^2$; z^2-1

b) $x^2-x+0{,}25$; $\frac{1}{4}x^2-2xy+4y^2$; $\frac{1}{4}x^2+x+1$; $108x^2-288xy+192y^2$

c) $\frac{1}{11}a^2+\frac{1}{11}ab+\frac{1}{44}b^2$; $2x^2+2\sqrt{2}xy+y^2$; $\frac{1}{8}a^2-\frac{1}{98}b^2$; $\frac{1}{18}x^2+\frac{2}{3}xy+2y^2$

14.

Bestimme die Lösungsmenge.

a) $(2-x)(5-x)=x^2-3$

b) $(2x+1)(7x+2)=7(2x^2-4)-3$

c) $(x-2)^2=(x-5)(x+4)$

d) $(10-x)^2=(3x+4)^2-8x^2+40$

e) $(x+1)^2=(x-2)(x+7)$

f) $(x-3)^2=x^2-3(x+1)$

g) $(x+1)^2+(x+4)^2=(x+2)^2+(x+3)^2$

h) $(x+5)(x-5)=(x-2)^2$

4. Rechnen mit Bruchtermen – Bruchgleichungen

15.

Erweitere den Bruch $\frac{2x}{6y}$ mit:

a) 2 **b)** x **c)** $x+y$ **d)** $4a^2$ **e)** $\frac{1}{2}x$

→ Erweitern mit 4

$\frac{a}{b}=\frac{4a}{4b}$ $(b \neq 0)$

← Kürzen durch 4

16.

Kürze den Bruch soweit wie möglich.

a) $\frac{6a}{3b}$

b) $\frac{11a}{3a}$

c) $\frac{6a}{a}$

d) $\frac{-x}{3x}$

e) $\frac{4x^3}{2x^2}$

f) $\frac{27a^2bc^2}{4abc^2}$

g) $\frac{x^2y(a-b)}{xy^2(a-b)}$

h) $\frac{5(x-y)^2}{15(y-x)}$

17.
Kürze; vorher muß faktorisiert werden.

a) $\frac{4x^2}{8x+12}$ c) $\frac{x^2+x}{x^3-x^2}$ e) $\frac{xy^2-y^2}{x^2y-xy}$ g) $\frac{2y^4}{y^5-2y^3}$

b) $\frac{x^2-1}{x+1}$ d) $\frac{6a-12b}{a-2b}$ f) $\frac{3x^2-x}{x^3}$ h) $\frac{x^2-16}{(x-4)^2}$

18.
Mache die Brüche gleichnamig.

a) $\frac{x}{3}; \frac{y}{5}$ c) $\frac{2}{x}; \frac{3}{y}$ e) $\frac{1}{x}; \frac{2}{x^2}$ g) $\frac{2}{x}; \frac{1}{x+1}$

b) $\frac{a}{3}; \frac{y}{b}$ d) $\frac{x}{2y}; \frac{3x}{4y}$ f) $\frac{2}{(x-y)^2}; \frac{1}{x-y}$ h) $\frac{3}{a^2b}; \frac{2}{ab^2}$

19.
Addiere bzw. subtrahiere.

a) $\frac{7x}{5y}+\frac{9x}{5y}-\frac{6x}{5y}$; $\frac{2x}{3y}-\frac{x}{6y}+\frac{x}{2y}$

b) $\frac{7b-5a}{4}+\frac{5b-11a}{12}-\frac{5b-3a}{6}$

c) $\frac{1}{a}+\frac{1}{b}$; $\frac{1}{x}+\frac{2}{x+1}$; $\frac{3}{x^2}-\frac{4x-7}{x}$

d) $\frac{x}{x+y}-\frac{y}{x-y}$; $\frac{x}{x-y}-\frac{y}{y-x}$; $6x-\frac{4}{x+1}$

> $\frac{a}{c}+\frac{b}{c}=\frac{a+b}{c}$ $\frac{a}{c}-\frac{b}{c}=\frac{a-b}{c}$
> Ungleichnamige Brüche werden vorher gleichnamig gemacht.

20.
Rechne aus.

a) $\frac{x}{2}\cdot\frac{2y}{z}$; $\frac{x^2}{2}\cdot\frac{4}{x^3}$; $\frac{8a^2u^2}{b^3v}\cdot\frac{v^2ab}{2u^3}$; $\left(\frac{1}{x}+\frac{1}{y}\right)^2$;
$\frac{2}{x+2}\cdot\frac{(x+2)^2}{4}$; $\left(\frac{x}{2}\right)^3$; $\left(\frac{2x}{y}\right)^2$; $\frac{2x}{4y}\cdot 3y$

b) $\frac{x}{2}:\frac{x}{3}$; $\frac{a^2}{b^3}:\frac{a}{b}$; $\frac{4}{(x-2)^2}:\frac{2}{x-2}$; $\frac{x^2y}{ab}:\frac{xy}{a^2b}$; $\frac{x}{y}:\frac{y}{x}$; $\frac{\sqrt{2}\,x}{y^2}:\frac{x^2}{y\sqrt{8}}$
$\frac{x}{y}:y$; $6x^2y:\frac{x}{y}$; $\frac{5x(a+b)}{4}:5(a+b)^2$; $(9r^2s+12rs^2):(3rs)$; $(x-y):(y-x)$

> $\frac{a}{b}\cdot\frac{c}{d}=\frac{a\cdot c}{b\cdot d}$
> $\frac{a}{b}:\frac{c}{d}=\frac{a\cdot d}{b\cdot c}$

21.
Bestimme die Lösungsmenge.

a) $\frac{x+1}{7}=2$; $\frac{x+4}{3}-\frac{x}{5}=4$

b) $\frac{x-3}{3}-\frac{x+2}{4}=12$; $\frac{1}{x}+5=7$

c) $\frac{x}{x-3}=1+\frac{12}{x}$; $\frac{x+3}{x-1}-1=\frac{2}{2x-5}$

d) $1-\frac{1}{x}=\frac{x^2+x+1}{x^2+x}$; $3-\frac{1}{x}=1+\frac{1}{x}$

> Multiplikation mit gemeinsamem Nenner zur Beseitigung des Bruchs.

e) $\frac{2x-3}{2x+3}-\frac{48}{4x^2-9}=\frac{2x+3}{2x-3}$

f) $\frac{1}{1-x}=\frac{2x-3}{(1-x)(x-2)}-\frac{2}{1-x}$

g) $\frac{1}{x^2-x}=\frac{5}{x^2+x}-\frac{1}{x^2-1}$

22.
Gib die Lösungsmenge an.

a) $\frac{2}{x}=\frac{5}{11}$ d) $\frac{4x-1}{3x+2}=\frac{4x-21}{3x-14}$

b) $\frac{x+2}{4}=\frac{3}{5}$ e) $\frac{2x-1}{x+2}=\frac{x}{x+2}$

c) $\frac{4}{x-3}=\frac{3}{x-2}$ f) $\frac{x+1}{x+2}=\frac{7-x}{8-x}$

> Bruchgleichungen der Form $\frac{a}{b}=\frac{c}{d}$ (Proportionen) lassen sich durch Bilden der *Produktgleichung* $a\cdot d=b\cdot c$ lösen.

23.

Bestimme die Lösungsmenge der Gleichung für x als Lösungsvariable.
Welche Voraussetzung macht man zweckmäßig über die Parameter?

a) $\frac{b}{ax}=c$ **c)** $\frac{a}{x}-\frac{b}{x}=c$ **e)** $\frac{b-x}{a}=\frac{x-a}{b}$

b) $\frac{a}{x}+b=c$ **d)** $\frac{1}{a}+\frac{1}{b}=\frac{1}{x}$ **f)** $\frac{3x+c}{3x-c}=1$

24.

Löse die Bruchgleichung nach jeder der Variablen auf. Gib jeweils auch die einschränkende Bedingung für die Variablen an.

a) $r=k\frac{1}{q}$ **c)** $\frac{1}{g}+\frac{1}{b}=\frac{1}{f}$ **e)** $a=\frac{b-c}{b\cdot c}$

b) $\frac{y}{x}=\frac{b}{g}$ **d)** $\frac{a}{1-q}=s$ **f)** $\frac{a+b}{a-b}=c$

5. *Rechnen mit Quadratwurzeln – quadratische Gleichungen*

25.

$\sqrt{a^2}=|a|;\ a\in\mathbb{R}$
$\sqrt{a}\cdot\sqrt{b}=\sqrt{a\cdot b};\ a\geq 0,\ b\geq 0$
$\frac{\sqrt{a}}{\sqrt{b}}=\sqrt{\frac{a}{b}};\ a\geq 0,\ b>0$

Berechne.

a) $\sqrt{\frac{9}{4}}$; $\sqrt{\frac{1}{16}}$; $\sqrt{0{,}01}$; $\sqrt{0{,}0001}$; $\sqrt{9a^2}$; $\sqrt{\frac{a^2}{49}}$;
$\sqrt{x^2y^2}$; $\sqrt{\frac{81x^2}{169x^4}}$; $\sqrt{144x^4y^6z^2}$; $\sqrt{\frac{900}{1{,}21}a^2}$; $\sqrt{9\cdot(x-y)^2}$

b) $\sqrt{2}\cdot\sqrt{32}$; $\sqrt{80}\cdot\sqrt{1{,}8}$; $\sqrt{\frac{1}{7}x}\cdot\sqrt{63x}$; $\sqrt{3x}\cdot\sqrt{27x}$; $\sqrt{2ab^3c}\cdot\sqrt{8a^3b^5c}$

c) $\sqrt{\frac{36}{49}}$; $\sqrt{\frac{4x^2}{9y^4}}$; $\sqrt{a^3}:\sqrt{a}$; $\sqrt{\frac{x^2}{y}}:\sqrt{y}$; $\sqrt{\frac{2a}{3b}}:\sqrt{\frac{2b}{3a}}$; $\sqrt{\frac{a^4}{6}}:\sqrt{\frac{a^3}{3}}$; $\sqrt{\frac{abc}{9}}:\sqrt{\frac{9}{abc}}$

d) $(1-\sqrt{5})(1+\sqrt{5})$; $(2-\sqrt{3})^2$; $(\sqrt{8}-\sqrt{5})(\sqrt{6}+\sqrt{5})$; $(2\sqrt{5}-3\sqrt{3})^2$; $(2\sqrt{2}-\sqrt{8})^2$

e) $\left(\frac{1}{2\sqrt{x}}-\frac{2}{\sqrt{y}}\right)^2$; $\left(\frac{1}{\sqrt{x}+\sqrt{y}}-\frac{1}{\sqrt{y}}\right)^2$; $\left(\frac{1}{\sqrt{x}}-\frac{2}{\sqrt{y}}\right)\left(\frac{1}{\sqrt{x}}+\frac{2}{\sqrt{y}}\right)$; $\left(\frac{1}{2x^2\sqrt{y}}-\frac{2}{x\sqrt{y}}\right)^2$

26.

$\sqrt{a^2b}=a\cdot\sqrt{b};\ a\geq 0,\ b\geq 0$
$\sqrt{\frac{a}{b^2}}=\frac{1}{b}\sqrt{a};\ a\geq 0,\ b>0$

Vereinfache durch teilweises Wurzelziehen.

a) $\sqrt{75}$; $\sqrt{27}$; $\sqrt{\frac{7}{81}}$; $\sqrt{0{,}5}$; $\sqrt{\frac{a}{36}}$; $\sqrt{\frac{x^2}{10}}$

b) $\sqrt{8}-\sqrt{2}$; $\sqrt{18}+\sqrt{18}+\sqrt{32}+\sqrt{50}$; $\sqrt{a^3}-\sqrt{a}$

27.

$x^2-2x=0$
$x(x-2)=0$ $\quad L=\{0;\ 2\}$
$x=0$ oder $x=2$

Bestimme die Lösungsmenge.

a) $x^2-7x=0$; $\frac{1}{2}x^2+9x=0$; $7x=-0{,}7x^2$

b) $3x^2=6x$; $x^2+8x=0$; $-\frac{3}{4}x^2-\frac{9}{2}x=0$

28.

Bestimme die Lösungsmenge.

a) $x^2+4x-5=0$ **e)** $x^2-0{,}5x-1{,}3=0$

b) $x^2+4x+5=0$ **f)** $x^2-\frac{1}{3}x+\frac{1}{3}=0$

c) $x^2-3{,}4x+2{,}8=0$ **g)** $x^2-1\frac{1}{3}x+\frac{1}{3}=0$

d) $x^2+18x+17=0$ **h)** $x^2-27x+1=0$

$x^2+px+q=0;\ \left(\frac{p}{2}\right)^2-q\geq 0$:

$x=-\frac{p}{2}+\sqrt{\left(\frac{p}{2}\right)^2-q}$ *oder* $x=-\frac{p}{2}-\sqrt{\left(\frac{p}{2}\right)^2-q}$

$\left(\frac{p}{2}\right)^2-q<0$: *keine* Lösung

29.

Bestimme die Lösungsmenge. Stelle zunächst die Form $x^2+px+q=0$ her.

a) $6x^2-14x+24=0$ **d)** $26x=21-15x^2$ **g)** $1\frac{2}{3}x-\frac{1}{3}x^2=2$

b) $25x^2-30x=-2$ **e)** $1\frac{3}{5}x^2+16=-14x$ **h)** $x^2-7x=3-x^2+8x$

c) $2x^2-2=2x$ **f)** $\frac{1}{5}x^2-7x+12=0$ **i)** $(\frac{1}{2}x-2)^2=(2x-3)^2+1$

Bestimme die Lösungsmenge.

30.

a) $(x-2)^2+(x+3)^2=(x-1)^2-4x$

b) $(3x+5)(2x-7)=7(7x-5)$

c) $(5x-7)(x+3)=(1-2x)(9-x)$

d) $\frac{4}{x}+x=5;\quad x=\frac{9}{x};\quad x+\frac{9}{x}=0$

e) $\frac{5x+6}{3x+2}=x;\quad \frac{10}{x}-\frac{3}{x-2}=1$

f) $\frac{3}{x+1}+5=-x;\quad \frac{6}{x}-3=\frac{8}{2-x}$

g) $\frac{21}{x}-23=\frac{32-11x}{x^2};\quad \frac{2x-3}{x+5}-\frac{3x-2}{x-5}=\frac{1}{12}$

h) $\frac{5x}{x^2-4}-\frac{3}{x-2}+\frac{x}{x+2}+1=\frac{2x^2-10}{x^2-4}$

31.

a) $x^4-16=0;\quad x^4+16=0;\quad x^3=-1;\quad (x^4-1)^2=1;\quad x^4-4x^2+4=0$

b) $x^3-2x^2=0;\quad x^4=4x^2\quad x^4-2x^2=0;\quad \frac{1}{3}x^3=x;\quad \frac{2}{3}x^6-3x^4=0$

c) $x^3+12x^2+32x=0;\quad x^3-0{,}6x^2-0{,}4x=0;\quad x^4-7x^3+3x^2=0;\quad 6x^3-14x^2=-24x$

Lösungsmöglichkeiten:
- Klammere eine möglichst hohe Potenz von x aus.
- Setze $x^2=z$ und löse die sich ergebende quadratische Gleichung.

d) $x^4-5x^2+4=0;\quad x^4+10x^2+9=0;\quad x^4-24x^2-25=0;\quad x^4+26x^2+25=0$

e) $4x^2-x^4=1;\quad 16x^2(8-x^2)=31;\quad x^5-3x^3=6x;\quad x^5-0{,}9x^4=0{,}9x^3$

f) $x^4=3x;\quad x^4=7x^2;\quad x^4+3x^2=0;\quad x^6=-2x^2;\quad 9x^4-66x^3+137x^2=0$

32.

a) $\sqrt{x}+2=5;\quad \sqrt{x^2-2x+1}=0$

b) $x+5=\sqrt{6x+31};\quad \sqrt{8x-7}=x$

c) $\sqrt{x}+\frac{1}{4}x+\frac{3}{4}=0;\quad \sqrt{6x+1}=2x-3$

d) $\sqrt{x+2}+\sqrt{2x-5}=6$

e) $\sqrt{4x-3}=7-\sqrt{5x+1}$

Isoliere die Wurzel und beseitige die Wurzel dann durch geeignetes Quadrieren auf beiden Seiten. Mache auf jeden Fall die Probe, denn das Quadrieren ist nicht immer eine Äquivalenzumformung. Manchmal muß zweimal quadriert werden.

6. Strahlensätze

Strahlensätze

Für $A_1B_1 \parallel A_2B_2$ gilt:

1. Strahlensatz	2. Strahlensatz
$\frac{\lvert ZA_1\rvert}{\lvert ZA_2\rvert}=\frac{\lvert ZB_1\rvert}{\lvert ZB_2\rvert}$;	$\frac{\lvert ZA_1\rvert}{\lvert ZA_2\rvert}=\frac{\lvert A_1B_1\rvert}{\lvert A_2B_2\rvert}$;
$\frac{\lvert ZA_1\rvert}{\lvert A_1A_2\rvert}=\frac{\lvert ZB_1\rvert}{\lvert B_1B_2\rvert}$;	$\frac{\lvert ZB_1\rvert}{\lvert ZB_2\rvert}=\frac{\lvert A_1B_1\rvert}{\lvert A_2B_2\rvert}$

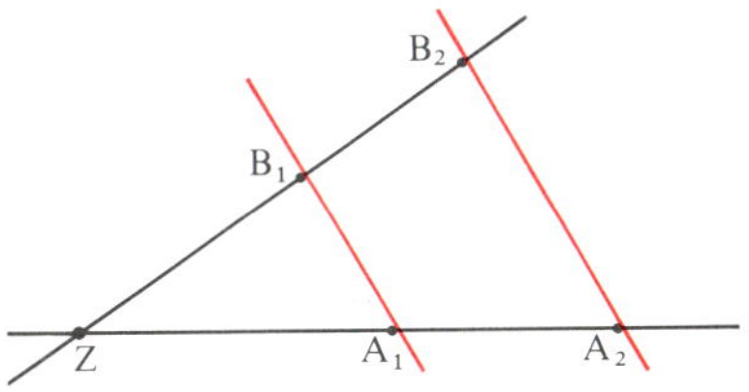

33.

Berechne die Längenverhältnisse (siehe Bild).

a) $\frac{|ZC|}{|ZD|}$ **b)** $\frac{|ZE|}{|ZF|}$ **c)** $\frac{|AC|}{|BD|}$ **d)** $\frac{|CE|}{|DF|}$ **e)** $\frac{|EF|}{|ZE|}$

f) $\frac{|ZC|}{|CD|}$ **g)** $\frac{|CD|}{|ZD|}$ **h)** $\frac{|FZ|}{|EZ|}$ **i)** $\frac{|BF|}{|AE|}$ **j)** $\frac{|AC|}{|CE|}$

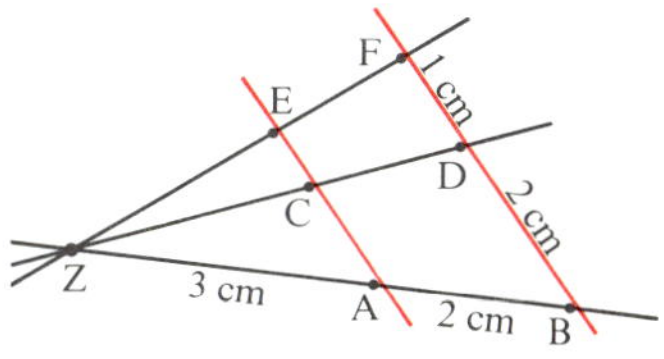

34.

Stelle eine Verhältnisgleichung auf und berechne x (Maße in cm).

a)

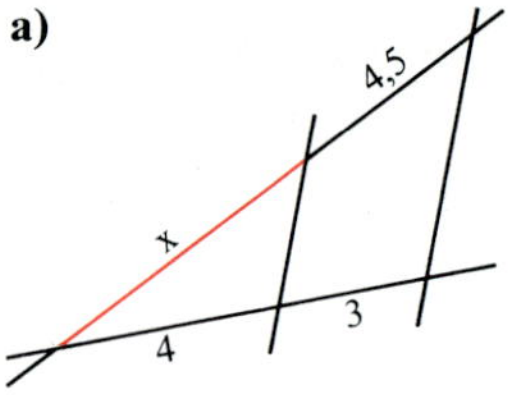

b)

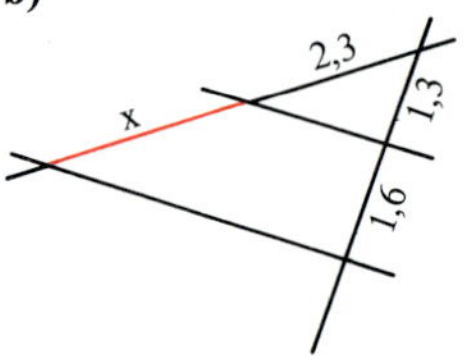

c)

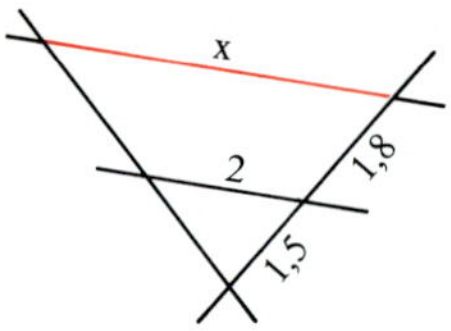

d)

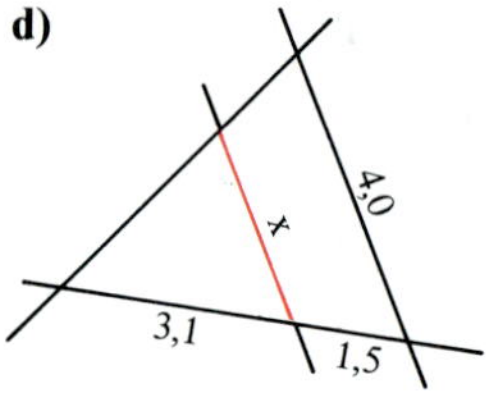

35.

Stelle eine Verhältnisgleichung auf und gib einen Term für x an.

a)

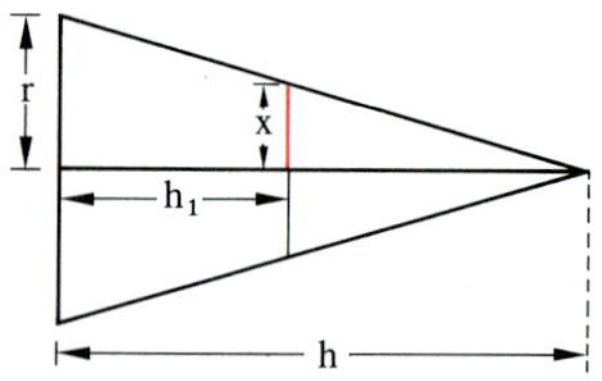

b)

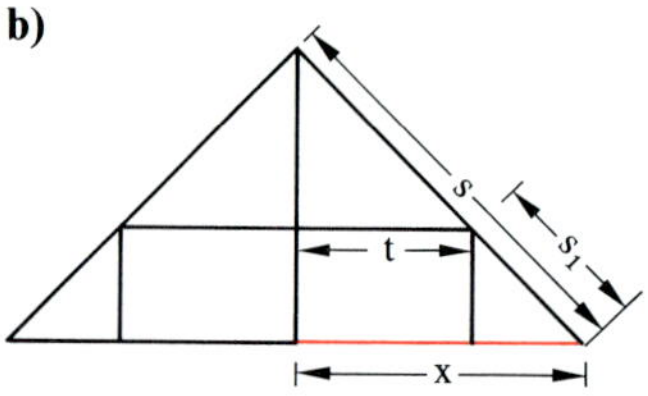

c)

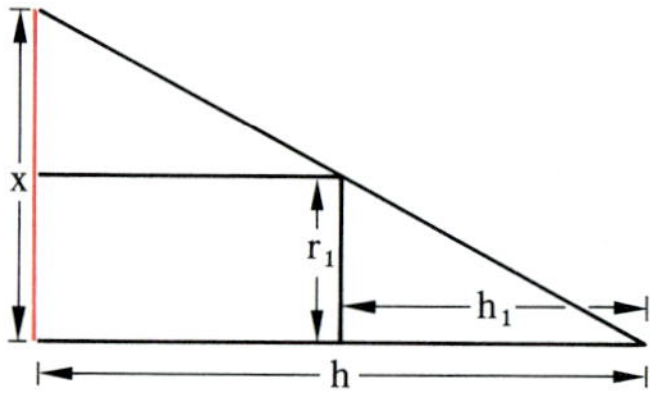

36.

In dem Trapez ABCD ist DC ∥ FE ∥ AB, |AB| = 7 cm, |DC| = 4 cm, |BE| = 2 cm und |EC| = 1 cm.
Wie lang ist die Strecke $\overline{EF}$?

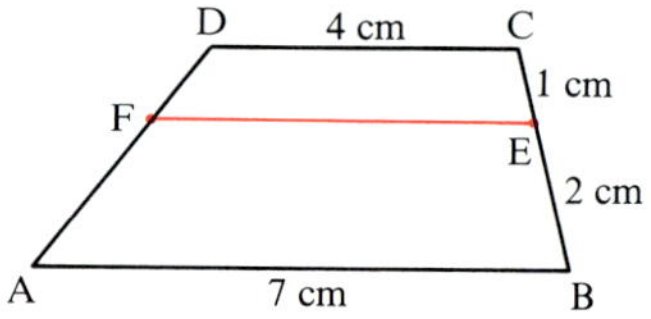

7. Satz des Pythagoras

37.

In einem rechtwinkligen Dreieck sind die Längen zweier Seiten gegeben.
Berechne die Länge der dritten Seite.

a) (1) a = 3 cm; b = 4 cm; $\gamma = 90°$
(2) b = 5 cm; c = 12 cm; $\alpha = 90°$
(3) c = 4,3 cm; a = 2,7 cm; $\beta = 90°$

b) (1) b = 5 cm; c = 10 cm; $\alpha = 90°$
(2) b = 4 cm, c = 5 cm; $\gamma = 90°$
(3) b = 11 cm; a = 17 cm; $\beta = 90°$

Im rechtwinkligen Dreieck sind die beiden Kathetenquadrate zusammen genauso groß wie das Hypotenusenquadrat.

$a^2 + b^2 = c^2$

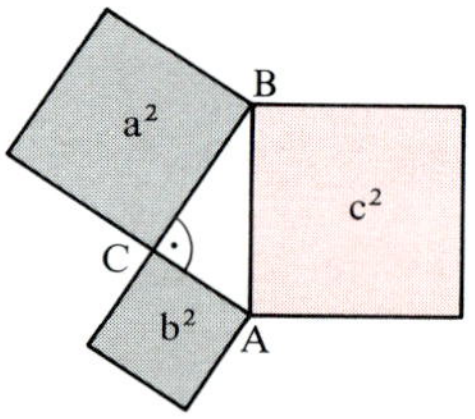

38.

Von den drei Größen c, s und h eines gleichschenkligen Dreiecks sind zwei gegeben.
Berechne die dritte Größe und den Flächeninhalt des Dreiecks.

a) (1) c = 8 cm; s = 5 cm
(2) s = 5 cm; h = 2 cm
(3) h = 8 cm; c = 8 cm

b) (1) h = 6 cm; c = 8 cm
(2) c = 4 cm; h = 2,1 cm
(3) c = h = 3 cm

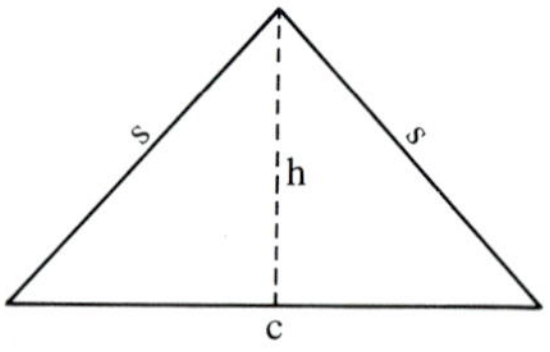

39.

a) Ein Quader ist 8 cm lang, 6 cm breit und 4 cm hoch. Berechne die Längen der Diagonalen der Seitenflächen sowie die Längen der Raumdiagonalen.

b) Ein Würfel habe die Kantenlänge 6 cm. Berechne entsprechend die Länge der Diagonalen der Seitenflächen und die Länge der Raumdiagonalen.

40.

Eine Pyramide mit quadratischer Grundfläche ist durch die Grundkante $a = 6$ cm und die Seitenkante $s = 8$ cm gegeben.

a) Berechne die Körperhöhe h und die Höhe h_a einer Seitenfläche sowie die Größe der Seitenfläche.

b) Berechne den Oberflächeninhalt und das Volumen der Pyramide.

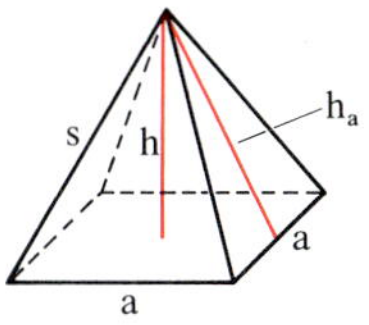

8. Trigonometrie

41.

Gegeben ist ein rechtwinkliges Dreieck mit $\gamma = 90°$. Berechne zunächst die dritte Seite und dann $\sin\alpha$, $\cos\alpha$, $\sin\beta$, $\cos\beta$, $\tan\alpha$, $\tan\beta$.

a) $c = 13$ cm; $a = 5$ cm

b) $a = 3$ cm; $b = 4$ cm

c) $b = 2$ cm; $c = 8$ cm

d) $a = 4$ cm; $b = 7$ cm

e) $a = 4$ cm; $c = 7$ cm

f) $a = b = 4$ cm

Sinus, Kosinus, Tangens:
Für spitze Winkel im rechtwinkligen Dreieck gilt:

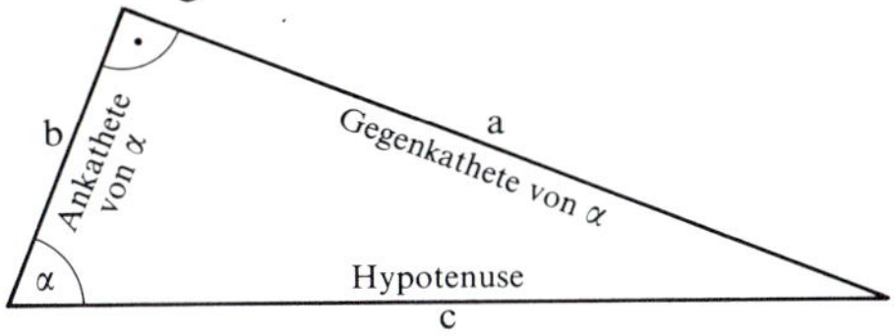

$$\sin\alpha = \frac{\text{Länge der Gegenkathethe}}{\text{Länge der Hypotenuse}} = \frac{a}{c}$$

$$\cos\alpha = \frac{\text{Länge der Ankathete}}{\text{Länge der Hypotenuse}} = \frac{b}{c}$$

$$\tan\alpha = \frac{\text{Länge der Gegenkathete}}{\text{Länge der Ankathete}} = \frac{a}{b}$$

42.

Berechne aus den gegebenen Stücken des rechtwinkligen Dreiecks ABC die übrigen.

a) $b = 7$ cm; $\alpha = 13°$; $\gamma = 90°$

b) $c = 9$ cm; $b = 7$ cm; $\alpha = 90°$

c) $b = 19$ cm; $\gamma = 60°$; $\beta = 90°$

d) $a = 6$ cm; $b = 5$ cm; $\alpha = 90°$

43.

Gegeben ist ein gleichschenkliges Dreieck durch

a) $a = b = 6$ cm; $c = 4$ cm.
Berechne die Innenwinkel und die Höhe h_c.

b) $\alpha = \beta = 33°$; $h_c = 6{,}5$ cm.
Berechne die Seiten und den fehlenden Winkel.

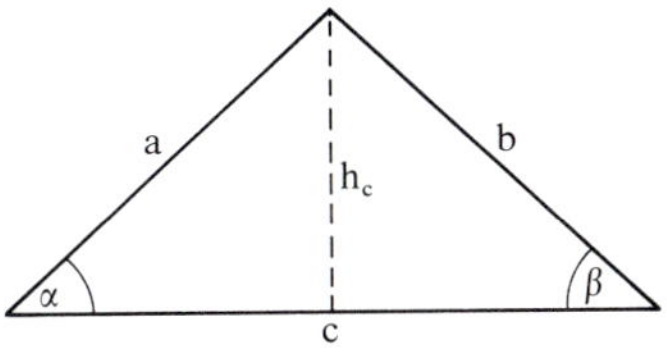

44.

Gegeben ist ein Würfel mit der Kantenlänge $a = 16$ cm. Wie groß ist der Winkel, den die Raumdiagonale mit der Flächendiagonale bildet?

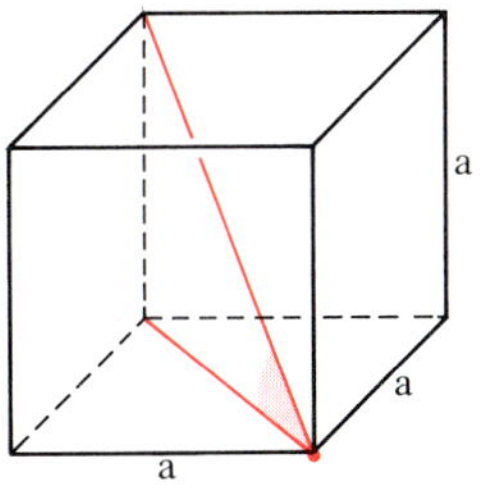

45.

Gegeben ist ein Quader mit den Kantenlängen
$a = 4{,}5$ cm, $b = 3$ cm, $c = 6$ cm.

a) Wie groß ist der Winkel, den die Flächendiagonale mit der Kante a bildet?

b) Wie groß ist der Winkel, den die Flächendiagonale mit der Raumdiagonalen bildet?

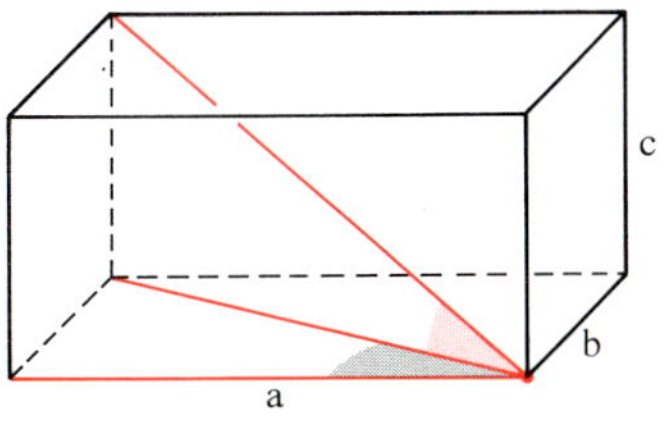

A 3 Funktionenkatalog

Lineare Funktionen $x \mapsto mx + b$; $x \in \mathbb{R}$

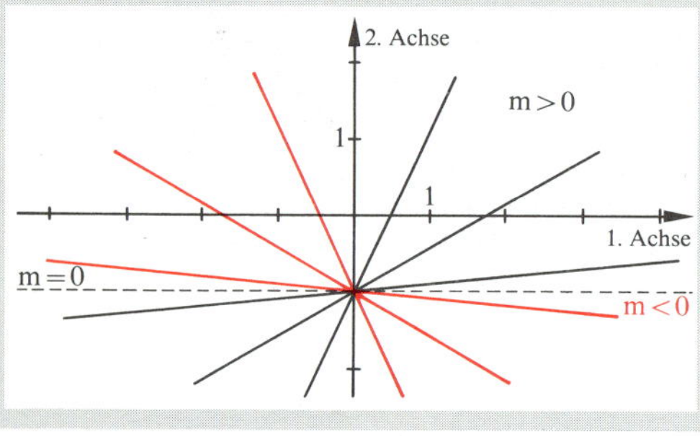

Für alle linearen Funktionen gilt:
(1) Die Funktion ist
- streng monoton steigend für $m > 0$
- streng monoton fallend für $m < 0$

(2) Der Wertebereich der Funktion ist
- $\mathbb{R}$ für $m \neq 0$
- $\{b\}$ für $m = 0$

(3) Der Graph ist eine Gerade mit der Steigung m. Sie geht durch den Punkt A(0; b).

Potenzfunktionen $x \mapsto x^n$; $x \in \mathbb{R}$ mit geraden, positiven Exponenten n ($n \in \mathbb{N}$)

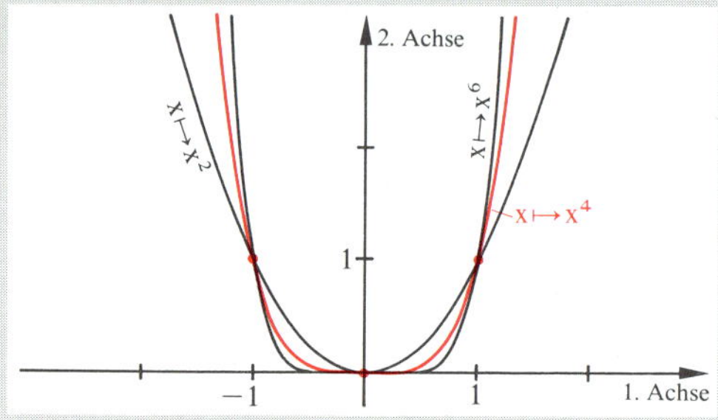

Für alle Potenzfunktionen mit geraden, positiven Exponenten gilt:
(1) Die Funktion ist
- streng monoton fallend für $x \leq 0$
- streng monoton steigend für $x \geq 0$

(2) Der Wertebereich der Funktion ist $\mathbb{R}_0^+$.
(3) Der Graph ist symmetrisch zur 2. Achse.
(4) Alle Graphen haben die Punkte O(0; 0), P(1; 1), Q(−1; 1) und nur diese gemeinsam.

Potenzfunktionen $x \mapsto x^n$; $x \in \mathbb{R}$ mit ungeraden, positiven Exponenten n ($n \in \mathbb{N}$)

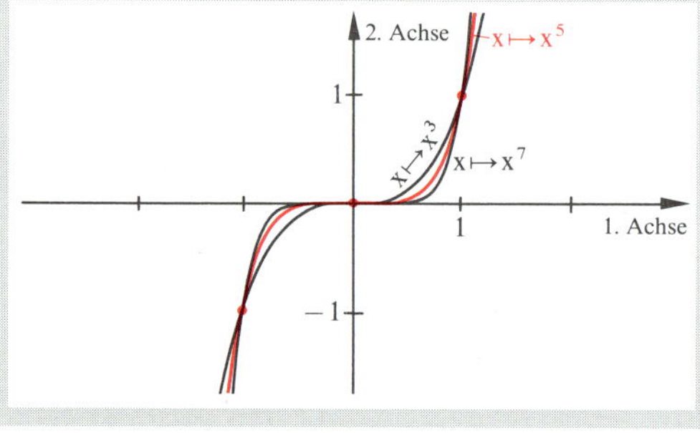

Für alle Potenzfunktionen mit ungeraden, positiven Exponenten gilt:
(1) Die Funktion ist streng monoton steigend.
(2) Der Wertebereich der Funktion ist $\mathbb{R}$.
(3) Der Graph ist punktsymmetrisch zum Ursprung O.
(4) Alle Graphen haben die Punkte O(0; 0), P(1; 1), Q(−1; −1) und nur diese gemeinsam.

Wurzelfunktionen $x \mapsto \sqrt[n]{x}$; $x \in \mathbb{R}_0^+$ mit $n \geq 2$ ($n \in \mathbb{N}$)

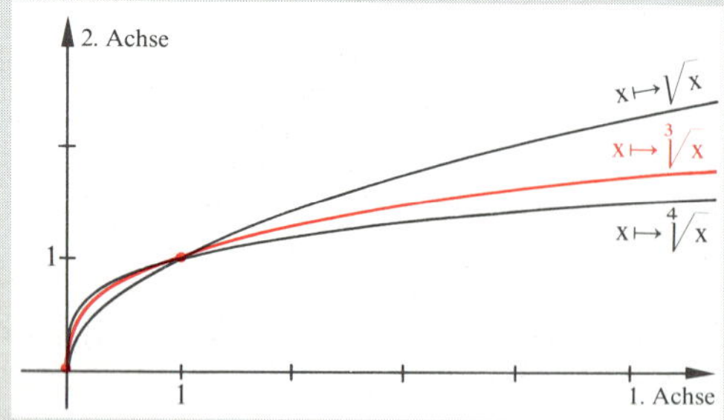

Für alle Wurzelfunktionen gilt:
(1) Die Funktion ist streng monoton steigend.
(2) Der Wertebereich der Funktion ist $\mathbb{R}_0^+$.
(3) Alle Graphen haben die Punkte O(0; 0) und P(1; 1) und nur diese gemeinsam.

Potenzfunktionen $x \mapsto x^{-n}$; $x \in \mathbb{R} \setminus \{0\}$ mit geraden, negativen Exponenten ($n \in \mathbb{N}$)

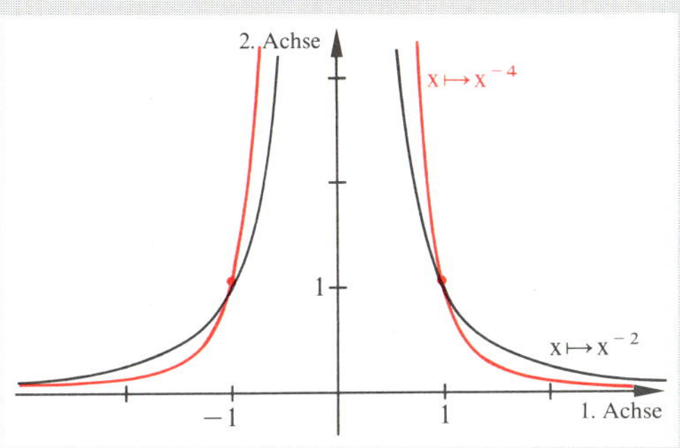

Für alle Potenzfunktionen mit geraden, negativen Exponenten gilt:

(1) Die Funktion ist
- streng monoton steigend für $x < 0$
- streng monoton fallend für $x > 0$

(2) Der Wertebereich der Funktion ist $\mathbb{R}^+$.
(3) Der Graph ist symmetrisch zur 2. Achse.
(4) Jeder Teilgraph schmiegt sich sowohl der 1. Achse als auch der 2. Achse an.
(5) Alle Graphen haben die Punkte P(1; 1) und Q(−1; 1) und nur diese gemeinsam.

Potenzfunktion $x \mapsto x^{-n}$; $x \in \mathbb{R} \setminus \{0\}$ mit ungeraden, negativen Exponenten ($n \in \mathbb{N}$)

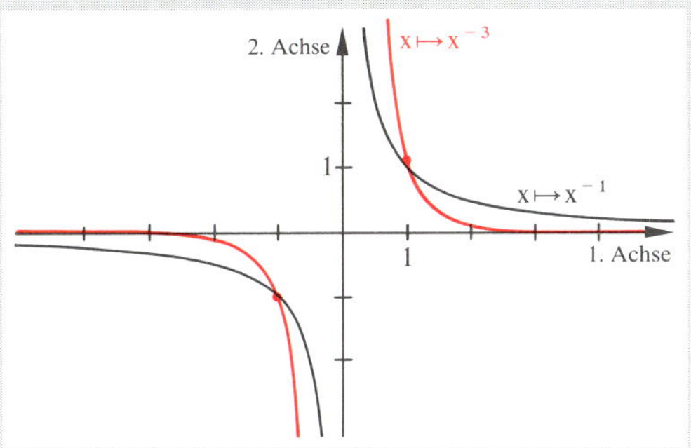

Für alle Potenzfunktionen mit ungeraden, negativen Exponenten gilt:

(1) Die Funktion ist streng monoton fallend für $x < 0$ wie auch für $x > 0$.
(2) Der Wertebereich der Funktion ist $\mathbb{R} \setminus \{0\}$.
(3) Der Graph ist punktsymmetrisch zum Ursprung O.
(4) Jeder Teilgraph schmiegt sich sowohl der 1. Achse als auch der 2. Achse an.
(5) Alle Graphen haben die Punkte P(1; 1) und Q(−1; 1) und nur diese gemeinsam.

Exponentialfunktionen $x \mapsto b^x$; $x \in \mathbb{R}$, mit $b \in \mathbb{R}^+ \setminus \{1\}$

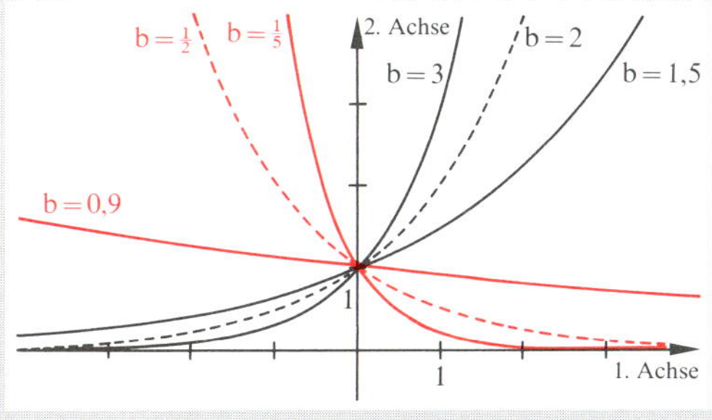

Für alle Exponentialfunktionen gilt:

(1) Die Funktion ist
- streng monoton steigend für $b > 1$
- streng monoton fallend für $0 < b < 1$

(2) Der Wertebereich der Funktion ist $\mathbb{R}^+$.
(3) Der Graph schmiegt sich der 1. Achse an
- für $b > 1$ dem negativen Teil
- für $0 < b < 1$ dem positiven Teil

(4) Alle Graphen haben den Punkt A(0; 1) und nur diesen gemeinsam.

Logarithmusfunktionen $x \mapsto \log_b x$; $x \in \mathbb{R}^+$, mit $b \in \mathbb{R}^+ \setminus \{1\}$

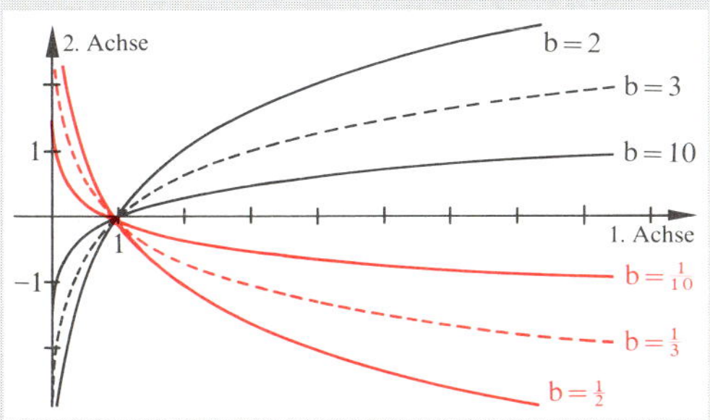

Für alle Logarithmusfunktionen gilt:

(1) Die Funktion ist
- streng monoton steigend für $b > 1$
- streng monoton fallend für $0 < b < 1$

(2) Der Wertebereich der Funktion ist $\mathbb{R}$.
(3) Der Graph schmiegt sich der 2. Achse an
- für $b > 1$ dem negativen Teil
- für $0 < b < 1$ dem positiven Teil

(4) Alle Graphen haben den Punkt B(1; 0) und nur diesen gemeinsam.

Sinusfunktion $x \mapsto \sin x;\ x \in \mathbb{R}$

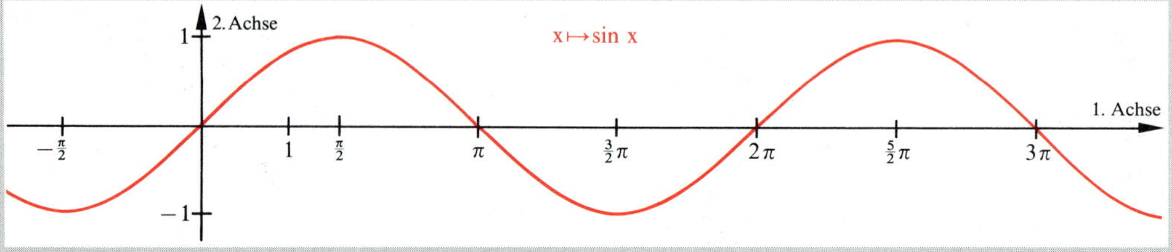

Für die Sinusfunktion gilt:

(1) Der Graph entsteht aus dem Teilgraphen zwischen 0 und 2π einschließlich durch Verschiebung um Vielfache von 2π in Richtung der 1. Achse (periodischer Verlauf).
(2) Der Wertebereich der Funktion ist das Intervall $[-1; 1]$.
(3) Der Graph ist punktsymmetrisch zum Ursprung O.
(4) Der Graph schneidet die 1. Achse an den Stellen $0;\ \pi;\ -\pi;\ 2\pi;\ -2\pi;\ 3\pi;\ -3\pi;\ \ldots$

Kosinusfunktion $x \mapsto \cos x;\ x \in \mathbb{R}$

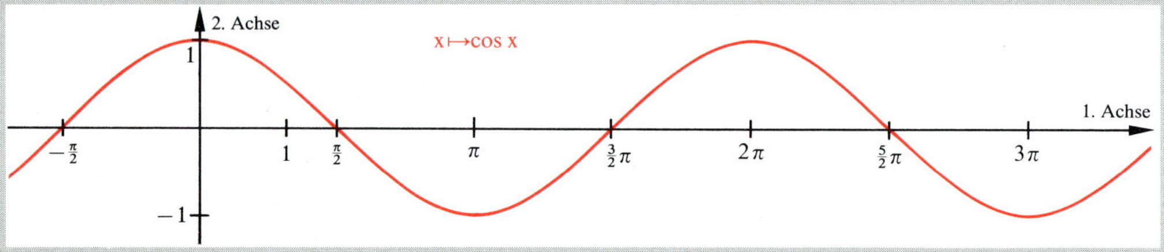

Für die Kosinusfunktion gilt:

(1) Der Graph entsteht aus dem Teilgraphen zwischen 0 und 2π einschließlich durch Verschiebung um Vielfache von 2π in Richtung der 1. Achse (periodischer Verlauf).
(2) Der Wertebereich der Funktion ist das Intervall $[-1; 1]$.
(3) Der Graph ist symmetrisch zur 2. Achse.
(4) Der Graph schneidet die 1. Achse an den Stellen $\frac{\pi}{2};\ -\frac{\pi}{2};\ \frac{3}{2}\pi;\ -\frac{3}{2}\pi;\ \frac{5}{2}\pi;\ -\frac{5}{2}\pi;\ \ldots$

Tangensfunktion $x \mapsto \tan x;\ x \in \mathbb{R} \setminus \left\{-\frac{\pi}{2}, \frac{\pi}{2}, -\frac{3}{2}\pi, \frac{3}{2}\pi, -\frac{5}{2}\pi, \frac{5}{2}\pi, \ldots\right\}$

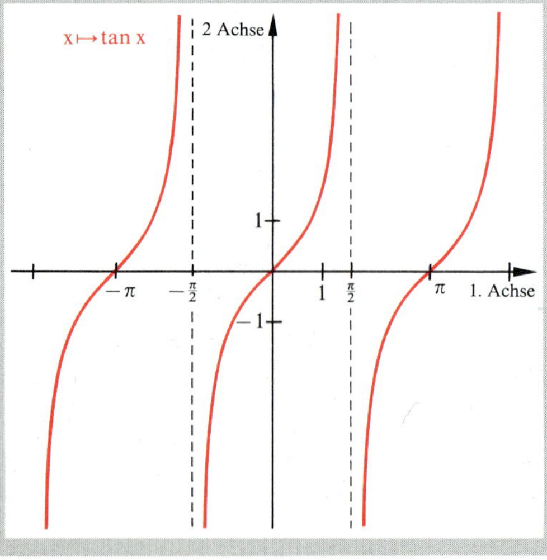

Für die Tangensfunktion gilt:

(1) Die Funktion ist streng monoton steigend.
(2) Der Graph entsteht aus dem Teilgraphen zwischen $-\frac{\pi}{2}$ und $\frac{\pi}{2}$ durch Verschiebung um Vielfache von π in Richtung der 1. Achse.
(3) Der Wertebereich der Funktion ist $\mathbb{R}$.
(4) Der Graph ist punktsymmetrisch zum Ursprung O.

Stichwortverzeichnis

Bildquellenverzeichnis

Seite 7 Daimler Benz AG ● Seite 39, 85 Scholz, Hannover ● Seite 49, 184 MIKE, Michael Frühsorge ● Seite 86 Landwirtschaftskammer Hannover ● Seite 87, 210 Tegen, Hambühren ● Seite 88 From STUDIES IN GEOMETRY by Leonard M. Blumental and Karl Menger. Copyright © 1970 W.H. Freeman and Company. Reprinted with permission. ● Seite 154 Mauritius (Manus) ● Seite 159 Mauritius (Leser)